Tutorium Mathe für Biologen

Lorenz Adlung · Christian Hopp
Alexandra Köthe · Niko Schnellbächer
Oskar Staufer

Tutorium Mathe für Biologen

Von Studenten für Studenten

Lorenz Adlung
Dossenheim, Deutschland

Oskar Staufer
Mannheim, Deutschland

Christian Hopp
Alexandra Köthe
Niko Schnellbächer
Heidelberg, Deutschland

ISBN 978-3-642-37785-3   ISBN 978-3-642-37786-0   (eBook)
DOI 10.1007/978-3-642-37786-0

Die Deutsche Nationalbibliothek verzeichnet diese Publikation in der Deutschen Nationalbibliografie; detaillierte bibliografische Daten sind im Internet über http://dnb.d-nb.de abrufbar.

Springer Spektrum
© Springer-Verlag Berlin Heidelberg 2014
Das Werk einschließlich aller seiner Teile ist urheberrechtlich geschützt. Jede Verwertung, die nicht ausdrücklich vom Urheberrechtsgesetz zugelassen ist, bedarf der vorherigen Zustimmung des Verlags. Das gilt insbesondere für Vervielfältigungen, Bearbeitungen, Übersetzungen, Mikroverfilmungen und die Einspeicherung und Verarbeitung in elektronischen Systemen.

Die Wiedergabe von Gebrauchsnamen, Handelsnamen, Warenbezeichnungen usw. in diesem Werk berechtigt auch ohne besondere Kennzeichnung nicht zu der Annahme, dass solche Namen im Sinne der Warenzeichen- und Markenschutz-Gesetzgebung als frei zu betrachten wären und daher von jedermann benutzt werden dürften.

Planung und Lektorat: Kaja Rosenbaum, Dr. Meike Barth
Redaktion: Dr. Birgit Jarosch
Einbandentwurf: deblik, Berlin

Gedruckt auf säurefreiem und chlorfrei gebleichtem Papier

Springer Spektrum ist eine Marke von Springer DE. Springer DE ist Teil der Fachverlagsgruppe Springer Science+Business Media
www.springer-spektrum.de

Vorwort

Die modernen Biowissenschaften sind weit gefächert. Sie reichen von der klassischen Biologie um die Artenwelt in Botanik und Zoologie bis hin zur synthetischen Biologie, in der biologische Maschinen konstruiert werden. Mit dieser Vielfalt in der Forschungslandschaft entsteht auch eine immense Interdisziplinarität, die den Biowissenschaften in all ihren hochspezialisierten Zweigen mittlerweile innewohnt. Viele Fachrichtungen tummeln sich auf den Gebieten, wobei eine darunter ganz prominent vertreten ist: die Mathematik. Aber warum ist das so? Wozu benötigen Biowissenschaftler die Mathematik? Hat ein Biologe nicht mehr Spaß daran Gene auszuschalten, Proteine zum Leuchten zu bringen oder ein Bakterium, das Krebszellen frisst, zu designen? Das sture Rumrechnen mit Buchstaben passt nun so gar nicht in das Klischee eines Otto Normalbiologen. Und trotzdem: Die riesigen Datenmengen, die mithilfe moderner Methoden erzeugt werden, wollen ausgewertet und analysiert werden. Nur durch Anstarren ist es schwierig zu erkennen, ob die Unterschiede zwischen Messreihen zufällig oder signifikant sind. Auch fällt es schwer, durch einfache Überlegungen vorherzusagen, welchen Einfluss ein gewisses Protein auf einen Signalweg hat, erst recht, wenn es eins von mehreren Hundert interagierenden Molekülen ist. Probleme wie diese lassen sich in Mathematik übersetzen und dann systematisch lösen. Bereits der griechische Philosoph Pythagoras von Samos (etwa 580 bis 500 v. Chr.) postulierte, dass der Natur und allen natürlichen Prozessen mathematische Gesetzmäßigkeiten zugrunde liegen und wir deshalb viele Dinge in Zahlen ausdrücken und beschreiben können. Deshalb ist die Mathematik ein integraler Bestandteil der universitären Ausbildung – speziell bei den Biowissenschaftlern.

Dieses Buch ist von Studenten für Studenten geschrieben. Warum? Die einfache Antwort ist, dass wir gerade erst erfahren (haben), was Biologen an Mathe wirklich brauchen. Wir wissen, dass das Bestehen der Klausur höchste Priorität genießt. Der Inhalt dieses Buches deckt den Lehrplan für Mathematik I im Bachelor-Studium Biologie ab. Eine einleitende „**Motivation**" zu Beginn jedes Kapitels erklärt, welche Problemstellungen im jeweiligen Kapitel behandelt werden und warum diese für Biologen relevant sind. Dahinter folgt ein Abschnitt „**Wichtiges in Kürze**", der wesentliche Definitionen, Terme und Gleichungen zusammenfasst, die benötigt werden, um die Matheprüfung zu bestehen. Zentrale Punkte werden dafür zudem in separaten blau eingefärbten Boxen wiederholt und zusammengefasst oder im Textverlauf hervorgehoben. Die behandelten

Themen werden anhand aktueller, **anwendungsbezogener Beispiele** aus den modernen Biowissenschaften eingeführt. Wir haben also bewusst auf die sonst sehr beliebte Fibonacci-Folge verzichtet, die die Entwicklung einer Hasenpopulation modelliert. Wer nicht ganz auf die Häschen verzichten mag, kann einen Blick in den Anhang werfen.

Da einige von uns selbst noch vor Kurzem Hörer einer „Mathe für Biologen"-Vorlesung waren, haben wir den Anspruch, euch möglichst einfach und anwendungsbezogen die wichtigsten Aspekte der Mathe für Biologen näher zu bringen. Die theoretischen Hintergründe sollen dabei zwar korrekt, allerdings auch so knapp wie möglich gehalten werden. Außerdem wurde vor einiger Zeit ein ganz nützliches Werkzeug erfunden, dessen sich auch der Otto Normalbiologe bedienen kann: der Computer. Zwar sollte man wissen, was Mittelwert und Median sind und in welcher Situation welcher davon zu verwenden ist. Aber warum sollte man gefühlte Ewigkeiten auf einem Taschenrechner herumtippen, wenn man die Berechnung auch einfach von seinem Computer ausführen lassen kann? Dieses Buch behandelt einige aktuelle Forschungsarbeiten und bietet die Möglichkeit, Originalquellen und Daten online einzusehen, sowie Aufgaben mit kommentierten Skripten am Computer nachzurechnen.

Am Ende jedes Kapitels findet ihr zusätzlich **Verständnis- und Anwendungsaufgaben** oder **Übungsbeispiele**, deren Lösungen online unter www.springer.com/978-3-642-37785-3 einsichtig sind. Dort findet ihr auch die Daten und Softwarehilfen. Im Glossar am Ende des Buches finden sich Erklärungen mathematischer Begriffe.

Euch gefällt unser Buch? Dann bleibt auf dem Laufenden unter:
http://www.facebook.com/haeschenfreieMathe.

Auf diesem Weg möchten wir uns für all die Unterstützung bedanken, die dieses Projekt erst möglich gemacht hat. Da sei an erster Stelle Frau Kaja Rosenbaum-Feldbrügge von SpringerSpektrum genannt, außerdem Frau Dr. Meike Barth, Merlet Behncke-Braunbeck, Marika Ziesack und Willem van Dijk. Besonderer Dank gilt zudem Herrn Dr. Andreas Rüdinger für seine Anmerkungen zum Manuskript, die immer pragmatisch, konstruktiv und wohlbedacht waren. Nicht zuletzt möchten wir den zahlreichen studentischen Testlesern für all ihre hilfreichen Kommentare und Fragen danken, sowie den Fachschaften der Biologie an Universitäten in ganz Deutschland, die uns erst ermöglichten, die Inhalte wirklich an die Bedürfnisse der Studierenden anzupassen.

Inhaltsverzeichnis

1 **Funktionen, Differenziale und Integrale**............................... 1
   1.1 Motivation... 1
   1.2 Funktionen 4
         1.2.1   Stetigkeit.. 8
         1.2.2   Mathematisch relevante Bausteine...................... 8
         1.2.3   Biologisch relevante Funktionen 16
   1.3 Folgen, Reihen und Konvergenz 24
         1.3.1   Folgen und ihre Konvergenzkriterien 24
         1.3.2   Reihen und ihre Konvergenzkriterien 26
   1.4 Differenzialrechnung... 28
         1.4.1   Wozu brauche ich denn den Anstieg einer Kurve? 28
         1.4.2   Der Weg zum Differenzial........................... 29
         1.4.3   Zweite Ableitung und Extrema........................ 33
         1.4.4   Ableitungsregeln................................. 34
   1.5 Integralrechnung 39
         1.5.1   Wer braucht schon Flächen unter Kurven? 39
         1.5.2   Mit Rechtecken zum Integral 40
         1.5.3   Der Fundamentalsatz der Analysis...................... 41
         1.5.4   Integrationsregeln................................ 46
   1.6 Aufgaben... 48

2 **Beschreibende Statistik**... 49
   2.1 Motivation... 49
         2.1.1   Grundbegriffe 50
   2.2 Lage- und Streuungsmaße 51
         2.2.1   Lagemaße..................................... 55
         2.2.2   Streuungsmaße 59
   2.3 Kenngrößen für den Zusammenhang von Merkmalen 63
         2.3.1   Korrelation..................................... 63
         2.3.2   Lineare Regression 67
   2.4 Aufgaben... 68

3 Wahrscheinlichkeitsrechnung ... 71
3.1 Motivation ... 71
3.2 Kombinatorik ... 73
3.3 Ergebnisse und Ereignisse ... 75
3.4 Erwartungswert einer Zufallsvariablen ... 78
3.4.1 Linearität des Erwartungswertes ... 80
3.5 Varianz und Standardabweichung ... 81
3.5.1 Eigenschaften der Varianz ... 82
3.6 Stochastische Unabhängigkeit ... 83
3.7 Bedingte Wahrscheinlichkeiten ... 83
3.8 Verteilungen ... 90
3.8.1 Diskrete Verteilungen ... 91
3.8.2 Kontinuierliche Verteilungen ... 96
3.9 Zentraler Grenzwertsatz ... 100
3.10 Aufgaben ... 101

4 Schließende Statistik ... 103
4.1 Motivation ... 103
4.2 Realisierung von Zufallsvariablen ... 105
4.2.1 Diskrete Zufallsvariablen ... 106
4.2.2 Stetige Zufallsvariablen ... 107
4.3 Schätzer ... 109
4.3.1 Schätzung des wahren Mittelwertes aus einer Stichprobe ... 109
4.3.2 Schätzung der wahren Varianz aus einer Stichprobe ... 111
4.4 Testen von Hypothesen ... 112
4.4.1 Hypothesen ... 113
4.4.2 p–Wert ... 116
4.4.3 Konfidenzintervall ... 118
4.5 Statistische Tests ... 121
4.5.1 Ziel ... 121
4.5.2 Ablauf ... 121
4.5.3 Voraussetzungen ... 122
4.5.4 Fehler ... 123
4.5.5 t-Test ... 124
4.5.6 Z–Test ... 126
4.5.7 χ^2–Test ... 129
4.6 Aufgaben ... 130

5 Lineare Gleichungssysteme ... 133
5.1 Motivation ... 134
5.2 Lineare Gleichungssysteme ... 136
5.2.1 Konzentrationsbestimmung ... 136
5.2.2 Modellierung mit Rekursionsgleichungen ... 139

5.3	Matrizen und Vektoren		140
	5.3.1	Vektoren	141
	5.3.2	Rechnen mit Vektoren	142
	5.3.3	Matrizen	144
	5.3.4	Rechnen mit Matrizen	146
	5.3.5	Vektor–Matrix–Multiplikation	147
	5.3.6	Matrixmultiplikation	148
5.4	Lösen von LGS		150
	5.4.1	Gaußverfahren	152
	5.4.2	Bestimmung von Inversen	156
	5.4.3	LGS mit der inversen Matrix lösen	158
	5.4.4	Determinanten	159
	5.4.5	Inverse einer 2×2–Matrix	161
	5.4.6	Ausblick	162
5.5	Lineare Abbildungen		163
	5.5.1	Vektorräume	163
	5.5.2	Matrizen als lineare Abbildungen	166
	5.5.3	Eigenwerte und Eigenvektoren	167
5.6	Datenfitten von Polynomfunktionen		175
	5.6.1	Minimierung der Fehlerquadrate	175
5.7	Aufgaben		178

6 Modellierung mit gewöhnlichen Differenzialgleichungen ... 181

6.1	Motivation		182
6.2	Mathematische Modellierung in den Biowissenschaften		186
	6.2.1	Was ist ein Modell?	186
	6.2.2	Warum lohnt es sich, mathematische Modelle zu formulieren?	188
	6.2.3	Modellierungsprozess	189
	6.2.4	Wann kann man gewöhnliche Differenzialgleichungen zum Modellieren verwenden?	190
6.3	Modellierung biochemischer Prozesse		193
	6.3.1	Die Grundprinzipien für das Aufstellen einer gewöhnlichen Differenzialgleichung	193
	6.3.2	Massenwirkungsgesetz	198
	6.3.3	Enzymkinetik	200
	6.3.4	Modellierung von Signalwegen	208
6.4	Einführung in die Theorie gewöhnlicher Differenzialgleichungen		211
	6.4.1	Lösbarkeit von Differenzialgleichungen	212
	6.4.2	Separation der Variablen	214
	6.4.3	Richtungsfeld	220
	6.4.4	Gleichgewichtspunkte	222
	6.4.5	Stabilität nichtlinearer Differenzialgleichungen	226
	6.4.6	Phasendiagramm	228

	6.5	Systeme gewöhnlicher Differenzialgleichungen	230
		6.5.1 Lineare Systeme von gewöhnlichen Differenzialgleichungen	232
		6.5.2 Stabilität von Gleichgewichtspunkten bei linearen Systemen	246
		6.5.3 Nichtlineare Systeme von gewöhnlichen Differenzialgleichungen .	250
		6.5.4 Phasendiagramme..	262
	6.6	Aufgaben	273

Glossar... 275

Anhang für Häschenfreunde 279

Literaturverzeichnis.. 281

Sachverzeichnis... 283

Funktionen, Differenziale und Integrale 1

Übersicht

1.1	Motivation	1
1.2	Funktionen	4
	1.2.1 Stetigkeit	8
	1.2.2 Mathematisch relevante Bausteine	8
	1.2.3 Biologisch relevante Funktionen	16
1.3	Folgen, Reihen und Konvergenz	24
	1.3.1 Folgen und ihre Konvergenzkriterien	24
	1.3.2 Reihen und ihre Konvergenzkriterien	26
1.4	Differenzialrechnung	28
	1.4.1 Wozu brauche ich denn den Anstieg einer Kurve?	28
	1.4.2 Der Weg zum Differenzial	29
	1.4.3 Zweite Ableitung und Extrema	33
	1.4.4 Ableitungsregeln	34
1.5	Integralrechnung	39
	1.5.1 Wer braucht schon Flächen unter Kurven?	39
	1.5.2 Mit Rechtecken zum Integral	40
	1.5.3 Der Fundamentalsatz der Analysis	41
	1.5.4 Integrationsregeln	45
1.6	Aufgaben	48

1.1 Motivation

Will man Messungen miteinander in Beziehung setzen, bieten sich Funktionen an. Mit ihnen kann man beispielsweise Proportionen oder Abhängigkeitsverhältnisse zwischen Ergebnissen darstellen. Wir werden zunächst erklären, was Funktionen sind und wie man mit ihnen umgeht. Dann werden wir uns ein paar klassische Bausteine in Form von mathematisch relevanten Funktionen ansehen und ihre Eigenschaften wie Anstiegsverhalten und Periodizität beschreiben. Anschließend werden wir mit diesen Bausteinen biologisch relevante Funktionen darstellen und diese mithilfe von Beispielen näher bringen.

Darüber hinaus werden wir erklären, wie man allgemein den Anstieg einer Kurve berechnet und damit Maxima und Minima bestimmen kann. Zu guter Letzt werden wir uns mit der Integration befassen. Mit ihr lassen sich, geometrisch betrachtet, Flächen unter Kurven berechnen. Wenn durch eine Kurve beispielsweise die Geschwindigkeit eines bestimmten Prozesses gegeben ist, lässt sich mithilfe der Integration auch bei nichtlinearen Reaktionsgeschwindigkeiten die Menge des umgesetzten Substrats bestimmen. Wir werden die Idee der Integralrechnung an einem Beispiel erläutern, das Signalwege in Zellen behandelt.

An dieser Stelle wollen wir anmerken, dass das Thema Analysis, mit dem wir uns auf den folgenden Seite beschäftigen werden, nicht allein steht. Die darauffolgenden Kapitel stehen damit in engem Zusammenhang. Im letzten Kapitel werden wir auf Differenzialgleichungen eingehen und auf die Möglichkeit, mit ihnen Modellierungen zu betreiben. So entstehen die Funktionen, mit denen wir in der Analysis rechnen. Sollte es also den Anschein haben, als würden manche Funktionen „vom Himmel fallen", so wollen wir auf das letzte Kapitel verweisen, in dem erklärt wird, wie man bei der Modellierung vorgeht. Um die Grundlagen für Differenzialgleichungen zu legen, benötigen wir allerdings die Grundlagen von Funktionen sowie der Differenzial- und Integralrechnung.

Wichtiges in Kürze

- Polynom, allgemein: $f(x) = a_n x^n + a_{n-1} x^{n-1} + a_{n-2} x^{n-2} + \ldots + a_2 x^2 + a_1 x + a_0$
- Rechenregeln für die Exponentialfunktion $\exp(x)$:

$$\exp(a + b) = \exp(a) \cdot \exp(b)$$

$$\exp(a \cdot b) = \exp(a)^b$$

$$\exp(-a) = \frac{1}{\exp(a)} \quad \text{(s. Abschn. 1.2.2, S. 9)}$$

- Rechenregeln für den Logarithmus $\ln(x)$:

$$\ln(x_1 \cdot x_2) = \ln(x_1) + \ln(x_2)$$

$$\ln\left(\frac{x_1}{x_2}\right) = \ln(x_1) - \ln(x_2)$$

$$\ln(\exp(x)) = \exp(\ln(x)) = x \quad \text{(s. Abschn. 1.2.2, S. 11)}$$

- Rechenregeln für Sinus und Cosinus:

$$\sin(x_1 + x_2) = \sin(x_1) \cdot \cos(x_2) + \cos(x_1) \cdot \sin(x_2)$$
$$\cos(x_1 + x_2) = \cos(x_1) \cdot \cos(x_2) - \sin(x_1) \cdot \sin(x_2)$$
$$\sin^2(x) + \cos^2(x) = 1$$
$$\frac{\sin(x)}{\cos(x)} = \tan(x) \quad \text{(s. Abschn. 1.2.2, S. 14)}$$

- Funktionsgleichung der allgemeinen Gompertz-Kurve:

$$N(t) = N_{stat} \exp\left(\ln\left(\frac{y_0}{N_{stat}}\right) \exp(-\alpha t)\right) \quad \text{(s. Abschn. 1.2.3, S. 17)}$$

- eine Folge (a_n) ist eine durchnummerierte Menge von Zahlen (s. Abschn. 1.3.1, S. 24)
- Cauchy-Folge: wenn für jeden Schlauchdurchmesser ε ab einem Index N alle Folgenglieder innerhalb des Schlauchs liegen (s. Abschn. 1.3.1, S. 24)
- Cauchy-Kriterium (2. Hauptkriterium) für Folgen: eine Folge konvergiert genau dann, wenn sie eine Cauchy-Folge ist (s. Abschn. 1.3.1, S. 24)
- eine Folge konvergiert, wenn (1. Hauptkriterium) sie monoton wachsend und nach oben beschränkt oder monoton fallend und nach unten beschränkt ist (s. Abschn. 1.3.1, S. 24)
- eine Reihe ist die Folge der Partialsummen einer zugrunde liegenden Folge $\sum_{n=0}^{\infty} a_n$ (s. Abschn. 1.3.2, S. 26)
- die verschiedenen Reihkriterien (s. Abschn. 1.3.2, S. 26)
- der Anstieg der Tangente an der Funktion f im Punkt $(x, f(x))$ wird durch das Differenzial bestimmt:

$$f'(x) = \frac{d}{dx}f(x) = \lim_{h \to 0} \frac{f(x+h) - f(x)}{h} \quad \text{(s. Abschn. 1.4.2, S. 29)}$$

- Kettenregel der Differenzialrechnung:

$$f(g(x))' = g'(x) \cdot f'(g(x)) \quad \text{(s. Abschn. 1.4.4, S. 35)}$$

- Produktregel der Differenzialrechnung:

$$(g(x) \cdot h(x))' = g'(x) \cdot h(x) + g(x) \cdot h'(x) \quad \text{(s. Abschn. 1.4.4, S. 36)}$$

- Quotientenregel der Differenzialrechnung:

$$\left(\frac{g(x)}{h(x)}\right)' = \frac{g'(x) \cdot h(x) - g(x) \cdot h'(x)}{h(x)^2} \quad \text{(s. Abschn. 1.4.4, S. 38)}$$

- der Fundamentalsatz der Analysis besagt für eine stetige Funktion $f(x)$:
  1. sie besitzt eine Stammfunktion $F(x)$, welche abgeleitet wieder $f(x)$ ergibt, also
  $$F'(x) = f(x)$$
  2. $F(x)$ ist eindeutig, bis auf eine Konstante c, also $F(x) + c$
  3. $\int_a^b f(x)\,dx = F(b) - F(a)$ (s. Abschn. 1.5.3, S. 41)
- die Regel des konstanten Faktors k der Integration für $f(x) = k \cdot g(x)$ lautet:
  $$\int_a^b k \cdot g(x)\,dx = k \cdot \int_a^b g(x)\,dx \quad \text{(s. Abschn. 1.5.4, S. 35)}$$
- für die Summe $f(x) = g(x) + h(x)$ gilt die Summenregel der Integration:
  $$\int_a^b g(x) + h(x)\,dx = \int_a^b g(x)\,dx + \int_a^b h(x)\,dx \quad \text{(s. Abschn. 1.5.4, S. 35)}$$
- die Regel zur partiellen Integration bei einem Produkt $f(x) = g(x) \cdot h(x)$ lautet:
  $$\int_a^b g'(x) \cdot h(x)\,dx = \left[g(x) \cdot h(x)\right]_a^b - \int_a^b g(x) \cdot h'(x)\,dx \quad \text{(s. Abschn.1.5.4, S. 47)}$$
- die Substitutionsregel für eine verschachtelte Funktion $f(x) = g(h(x))$ lautet:
  $$\int_a^b g(h(x)) \cdot h'(x)\,dx = \int_{h(a)}^{h(b)} g(y)\,dy \text{ mit } y = h(x) \text{ und } dy = h'(x)\,dx$$

  (s. Abschn. 1.5.4, S. 46)

1.2 Funktionen

Funktionen
Funktionen sind Zuordnungen zwischen den Werten der Definitionsmenge und den Funktionswerten und zwar so, dass jedem Wert (Element) der Definitionsmenge ein Element der Menge des Wertebereichs zugeordnet wird. Es kann auch sein, dass ein Element des Wertebereichs nicht getroffen wird.

1.2 Funktionen

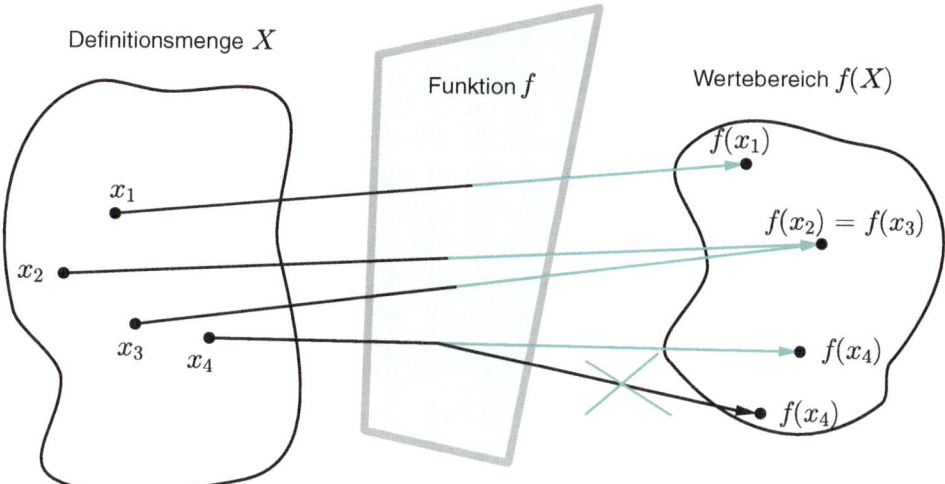

Abb. 1.1 Zuordnung der Punkte x_i (mit $i = 1, 2, 3, 4$) aus der Definitionsmenge X zu den Punkten $f(x_i)$ aus dem Wertebereich. Es kann vorkommen, dass zwei x-Werte demselben Funktionswert zugeordnet werden. Ein Beispiel dafür ist $f(x) = x^2$. Dabei wird beispielsweise den Zahlen 1 und -1 derselbe Funktionswert zugeordnet – nämlich 1. Beachtet, dass dieser Fall durch die Definitionswerte x_2 und x_3 dargestellt wird. Der umgekehrte Fall, also dass einem Definitionswert zwei Funktionswerte zugeordnet werden, ist nicht zulässig. Den abknickenden schwarzen Pfeil darf es also gar nicht geben

Das klingt zu kompliziert? Dann werft doch mal einen Blick auf Abb. 1.1.

> **Ein kleiner Exkurs in die Welt der Zahlen**
> Wenn wir von Definitionsmengen oder dem Wertebereich reden, meinen wir immer eine Menge von Zahlen. Die einfachste Menge ist die der **natürlichen Zahlen** ($\mathbb{N} = \{1, 2, 3, 4, \ldots\}$), also alle diejenigen Zahlen, mit denen man z. B. die Anzahl von Bäumen, Menschen oder Zellen beschreiben kann. Es gibt weder eine negative Anzahl von Menschen, noch gibt es einen halben Baum. Beschäftigt man sich mit Bilanzen von Individuen, können natürlich auch negative Zahlen oder null herauskommen. Zusammen ergeben die positiven und negativen Zahlen mit der Null die **ganzen Zahlen** ($\mathbb{Z} = \{\ldots -2, -1, 0, 1, 2, \ldots\}$). Nun gibt es aber auch noch die Brüche (**rationale Zahlen**). Zu denen gehören auch die ganzen Zahlen. Neben den Brüchen gibt es die **irrationalen Zahlen**, welche alle diejenigen sind, die sich nicht durch einen Bruch darstellen lassen, z. B. π, die Eulersche Zahl e oder $\sqrt{2}$.
> Alle zusammen ergeben die Menge der **reellen Zahlen**. Das sind alle Zahlen, die sich auf einem Zahlenstrahl oder einer Achse eintragen lassen. Daher eignen sie sich für sehr fein skalierte Messungen.

Die Funktionswerte einer Funktion werden durch eine Vorschrift ($f(x)$) aus den Definitionswerten gebildet. f ist sozusagen eine Zuordnung, die den Elementen der Definitionsmenge (z. B. Bakterien) Elemente des Wertebereichs (z. B. Fresszellen) zuordnet. Eine Fresszelle frisst ein Bakterium, wodurch die Zuordnung der beiden entsteht. Manche Fresszellen fressen mehrere Bakterien, andere gar keine. Die Zuordnungspfeile in Abb. 1.1 bedeuten in diesem Beispiel „wird gefressen von". Wird den gesamten Elementen des Wertebereichs mindestens ein Element des Definitionsbereichs zugeordnet, frisst also jede Fresszelle mindestens ein Bakterium, so spricht man bei einer Funktion von **surjektiv**. Frisst jede Fresszelle maximal ein Bakterium, nennt man die Funktion **injektiv**. Ist eine Funktion injektiv und surjektiv, nennt man sie **bijektiv**. Das bedeutet, dass jede Fresszelle genau ein Bakterium frisst, nicht mehr und nicht weniger. Bijektivität ist eine Grundvoraussetzung für das Bilden einer Umkehrfunktion, worauf wir später noch eingehen werden.

In wissenschaftlichen Zusammenhängen stellen Funktionen Verbindungen zwischen zwei Größen her, wie der Salzkonzentration und dem osmotischem Druck, der Temperatur und dem Bakterienwachstum oder dem Photosynthesepotenzial und den Lichtverhältnissen. Man bringt die beiden Größen in einen Zusammenhang, indem man beispielsweise vom Photosynthesepotenzial in Abhängigkeit der Lichtverhältnisse spricht und diesen Zusammenhang eindeutig und möglichst einfach darstellt. Dazu definiert man eine Funktion, die beschreibt, wie die Werte der Lichtintensität aus dem Definitionsbereich auf die Photosyntheserate im Wertebereich abgebildet werden.

In der Biologie und in anderen Naturwissenschaften werden Funktionswerte oft in Abhängigkeit von der Zeit grafisch dargestellt. Das heißt, dass die Definitionsmenge aus verschiedenen Zeitpunkten besteht. So lässt sich z. B. das Wachstum eines Tumors grafisch darstellen, indem man zu verschiedenen Zeitpunkten Größenmessungen anstellt und sie anschließend in eine Excel-Tabelle einträgt, welche die Werte dann in einem Koordinatensystem darstellt. Funktionen stellen dann einen Bezug zwischen der Zeit und den Messungen her, sodass man zwischen zwei Messpunkten dennoch eine gute Vorstellung über die Größenordnung bekommt, auch wenn die Zusammenhänge komplizierter sind oder die Messpunkte weit auseinander liegen.

Ein proportionaler Zusammenhang – wie in Abb. 1.2 dargestellt – wird durch lineare Funktionen, z. B. $f(x) = x$, beschrieben, und die Abb. 1.3 zeigt zwei weitere nicht lineare Funktionstypen, die ebenfalls bestimmte Zusammenhänge beschreiben. Allen ist gemein, dass man sie den gegebenen Messwerten anpassen kann, ohne ihren Typ komplett verändern zu müssen. Dazu werden wir im Folgenden ein paar Worte verlieren.

Wir werden uns auf die stetigen Funktionen beschränken, da man mit ihnen einen Großteil aller biologisch interessanten Phänomene beschreiben kann. Doch was heißt eigentlich stetig?

1.2 Funktionen

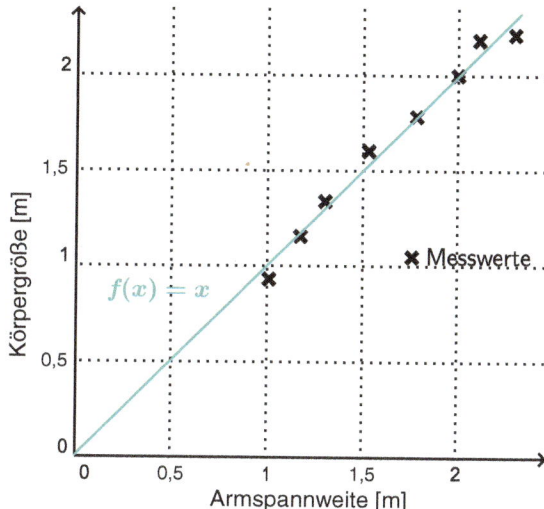

Abb. 1.2 Messung von Körpergröße und Armspannweite verschiedener Personen. Die Gerade $f(x) = x$ stellt einen Zusammenhang zwischen Armspannweite und Körpergröße grafisch dar. In der Natur ist kaum etwas perfekt modellierbar. Die geringen Abweichungen der Messwerte von der Gerade sollen uns daher nicht stören. In diesem Fall zeigt die Gerade, dass die Armspannweite eines Menschen recht genau seiner eigenen Körpergröße entspricht. Wer Zweifel daran hat, sollte ein Maßband zücken und es überprüfen

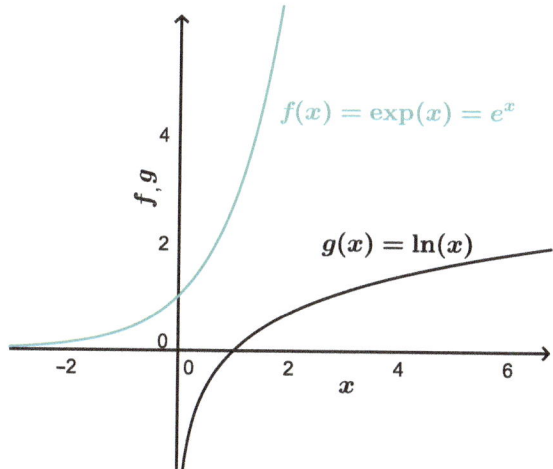

Abb. 1.3 Exponentialfunktion (*blau*) mit einem unbeschränkten Definitionsbereich und Logarithmusfunktion (*schwarz*), die nur auf der positiven x-Achse definiert ist. Beide Kurven könnten das Wachstum von Bakterien darstellen. Während die Exponentialfunktion dem ungebremsten Wachstum entspricht, zeigt die Logarithmusfunktion ein gehemmtes Wachstum

1.2.1 Stetigkeit

Stellt euch einen Bachlauf vor, auf dem sich ein Blatt von der Strömung getragen fortbewegt. Stetig ist, wenn das Blatt in seiner Bewegung eine durchgehende Linie beschreibt. Es kann dabei die Richtung wechseln oder sich mal schneller, mal langsamer bewegen. Nicht stetig wäre, wenn das Blatt an einer Stelle verschwinden und dann an einer anderen wieder auftauchen würde. Berichte über spontane Teleportationen von Blättern in Bachläufen liegen unseres Wissens nach noch nicht vor.

Wir werden uns später noch mit Ableitungen und Integralen beschäftigen. Damit man eine Funktion ableiten oder integrieren kann, muss sie stetig sein.

Klassische stetige Funktionen sind sämtliche trigonometrische Funktionen (Sinus, Cosinus, Tangens), alle Polynome sowie die e-Funktion, die Logarithmusfunktion und alle Sigmoidfunktionen.

1.2.2 Mathematisch relevante Bausteine

Wenn wir kompliziertere Zusammenhänge in einer Funktion darstellen wollen, benötigen wir das Wissen über einige mathematisch relevante Funktionen, die als Bausteine fungieren. Diese „Bausteine" werden dann im Abschn. 1.2.3 in biologisch relevanten Funktionen wieder auftauchen.

Lineare Funktionen und Polynome

Lineare Funktionen beschreiben proportionale Zusammenhänge wie die Armlänge in Abhängigkeit der Körpergröße eines Menschen (s. Abb. 1.2, S. 7). Sie haben die Form

$$f(x) = a_1 x + a_0.$$

Dabei ist durch a_1 der Anstieg der Gerade gegeben und durch a_0 der Schnittpunkt mit der y-Achse.

Lineare Funktionen sind ein Spezialfall von **Polynomen**. Diese lassen sich allgemein wie folgt schreiben:

$$f(x) = a_n x^n + a_{n-1} x^{n-1} + a_{n-2} x^{n-2} + \ldots + a_2 x^2 + a_1 x + a_0.$$

n ist dabei der höchste Exponent des Polynoms. Sind alle Koeffizienten ($a_n, a_{n-1}, \ldots$) bis a_2 null, bleibt nur noch eine lineare Funktion (blau markiert) übrig:

$$f(x) = \underbrace{a_n x^n + a_{n-1} x^{n-1} + a_{n-2} x^{n-2} + \ldots + a_2 x^2}_{= 0} + a_1 x + a_0.$$

1.2 Funktionen

Deren höchster Exponent ist 1. Bei einer **quadratischen Funktion** sind alle Koeffizienten bis a_3 gleich null

$$f(x) = \underbrace{a_n x^n + a_{n-1} x^{n-1} + a_{n-2} x^{n-2} + \ldots}_{= 0} + a_2 x^2 + a_1 x + a_0,$$

wodurch deren höchster Exponent 2 ist. Polynome sind wichtige Bausteine für verschiedene Prozessmodellierungen.

Exponentialfunktion

Die Exponentialfunktion (auch e-Funktion) ist durch ein unbegrenzt hohes Wachstum gekennzeichnet. Werfen wir einen Blick auf ein abgegrenztes System, in dem die Fortpflanzung einer bestimmten Population nicht beschränkt ist. Ein Parasit, der sich in einem neuen Lebensraum ohne natürliche Feinde unbegrenzt vermehren kann, wäre ein Beispiel, oder die Ausbreitung eines Virus im Körper. Es gibt für die Exponentialfunktion zwei gleichbedeutende Schreibweisen:

$$\exp(x) = e^x.$$

Die Schreibweise rechts ist vermutlich etwas intuitiver, aber die linke hat einen optischen Nutzen. Nehmen wir z. B. die Funktion

$$\exp\left(2 + \exp\left(x^{\frac{3}{4}}\right)\right) = e^{2 + e^{x^{\frac{3}{4}}}}.$$

Man kann sich vorstellen, dass man bei noch komplizierteren Ausdrücken auf der rechten Seite eine Lupe benötigen würde. Bei $\exp(x)$ ist e die Basis und entspricht der Eulerschen Zahl ($e \approx 2{,}718$). x heißt deren Exponent, von dem sich auch der Name der Funktion ableitet. Der Schnittpunkt der Exponentialfunktion mit der y-Achse liegt bei $y = 1$, da $e^0 = 1$ ist. Übrigens gilt allgemein $x^0 = 1$ für alle x. Die x-Achse wird von $\exp(x)$ überhaupt nicht geschnitten, jedoch nähern sich die Funktionswerte der Achse immer mehr an, je weiter man sich ins Negative bewegt. In Abb. 1.3 ist die Exponentialfunktion dargestellt. Der Verlauf der e-Funktion lässt sich durch Verschiebungen, Stauchungen und Streckungen beeinflussen (s. Abschn. 1.2.2). Ein paar einfache Beispiele liefert Abb. 1.4.

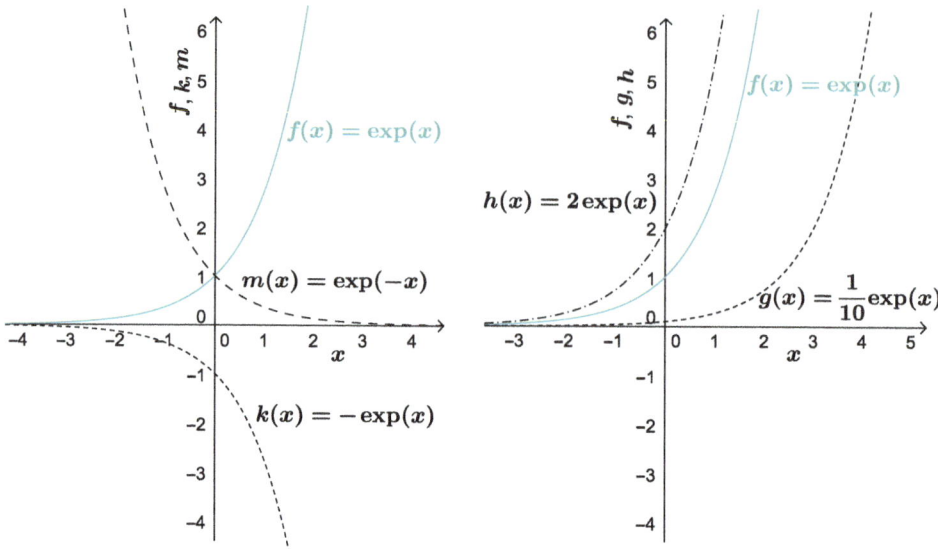

Abb. 1.4 Spiegelungen ($m(x)$ und $k(x)$, *links*) und eine Stauchung ($g(x)$, *rechts*) bzw. eine Streckung ($h(x)$, *rechts*) der Exponentialfunktion (*blau*)

Rechenregeln für die Exponentialfunktion
Im Umgang mit der Exponentialfunktion benötigt man drei wichtige Rechenregeln:

$$\exp(x_1 + x_2) = \exp(x_1) \cdot \exp(x_2)$$

$$\exp(x_1 \cdot x_2) = \exp(x_1)^{x_2}$$

$$\exp(-x_1) = \frac{1}{\exp(x_1)}.$$

Umkehrfunktionen
Unter der Umkehrfunktion einer Funktion $f(x)$ versteht man diejenige Funktion $f^{-1}(x)$, für die die folgende Bedingung gilt:

$$f\left(f^{-1}(x)\right) = f^{-1}\left(f(x)\right) = x.$$

Für das Bilden einer Umkehrfunktion wird Bijektivität von $f(x)$ vorausgesetzt. Man kann das erreichen, indem man bei fehlender Surjektivität den Wertebereich der Funktion oder bei nicht vorhandener Injektivität den Definitionsbereich einschränkt.

1.2 Funktionen

Ansonsten hätte die Umkehrfunktion für einen x-Wert mehrere y-Werte. Zum Beispiel ist die Umkehrfunktion von x^2 nicht bijektiv. Es gibt zwei x-Werte, denen derselbe Funktionswert zugeordnet wurde. Die Wurzelfunktion $\sqrt{x}$, die der Umkehrung entspräche, hätte dann für einen x-Wert zwei Funktionswerte, was nicht geht. Man schränkt daher den Definitionsbereich entweder auf $(-\infty, 0]$ oder $[0, \infty)$ ein. Außerdem ist die Funktion nicht surjektiv, wodurch man den Wertebereich auf die positiven Zahlen mit der Null einschränkt. Dann lässt sich die Umkehrfunktion bilden. Es ist

$$\sqrt{x^2} = \left(\sqrt{x}\right)^2 = x \quad \text{für } 0 \leq x.$$

Die Umkehrfunktion ist die an der Diagonalen gespiegelte Funktion. Entsprechend sind Funktionswerte der Definitionsbereich von $f(x)$ der Wertebereich der Umkehrfunktion und umgekehrt. Die Schreibweise $f^{-1}(x)$ bezeichnet übrigens *nicht* $\frac{1}{f(x)}$. Abbildung 1.3 zeigt den Spiegelungszusammenhang anhand der Exponentialfunktion und deren Umkehrfunktion, der natürlichen Logarithmusfunktion $\ln(x)$. Der Nutzen besteht darin, eine gegebene Funktionsgleichung nach x umzustellen.

Logarithmusfunktion

Die Umkehrfunktion der Exponentialfunktion ist in vielen Berechnungen sehr wichtig. Es stellt sich also die Frage, für welche Zahl x die Gleichung $e^x = 2$ gilt. Eine allgemeine Lösung solch einer Frage liefert die Logarithmusfunktion $\ln(x)$. Sie entspricht der Umkehrfunktion von $\exp(x)$ und ist zusammen mit der Exponentialfunktion in Abb. 1.3 dargestellt. Man sieht, dass sich der Definitionsbereich der Logarithmusfunktion auf die positiven Zahlen beschränkt. Nähert man sich der Null, fällt der Logarithmus ins Bodenlose.

Rechenregeln für den Logarithmus

$$\ln(x_1 \cdot x_2) = \ln(x_1) + \ln(x_2) \quad (1.1)$$

$$\ln\left(\frac{x_1}{x_2}\right) = \ln(x_1) - \ln(x_2) \quad (1.2)$$

$$\ln(\exp(x)) = \exp(\ln(x)) = x \quad (1.3)$$

Lasst uns nun einen kleinen Sprung zur Praxis wagen.

Beispiel 1.1: *E. coli*

Escherichia coli (*E. coli*) ist ein Darmbakterium, das einen nicht unwichtigen Teil unserer Darmflora ausmacht. *E. coli* fordert keine komplexen Nährstoffbedingungen und gehört zu den flexibelsten Mikroben überhaupt. Wenn wir eine Probe mit einer bekannten Anzahl N_0 an *E. coli*-Bakterien besitzen und sie wachsen lassen, können wir nach einer gewissen Zeitspanne t (sagen wir 3 Tage) die neue Anzahl an Bakterien $N(t)$ bestimmen und dadurch die Wachstumsrate k berechnen. Die folgende Gleichung beschreibt die Anzahl Bakterien in Abhängigkeit der Zeit. Da die Zahl der Bakterien exponentiell wächst, kommt darin eine e-Funktion vor. Der Faktor N_0 gibt den Anfangswert vor, denn ist $t = 0$ wird $e^{kt} = 1$. Wir versuchen nun also die Wachstumsrate zu bestimmen. Dazu müssen wir nach k umstellen. Zunächst bringen wir N_0 auf die andere Seite:

$$N(t) = N_0 e^{kt}$$

$$\frac{N(t)}{N_0} = e^{kt}.$$

Dann logarithmieren wir auf beiden Seiten, um an kt heranzukommen (s. Rechenregel 1.3 auf S. 11):

$$\ln\left(\frac{N(t)}{N_0}\right) = \ln(e^{kt})$$

$$\ln\left(\frac{N(t)}{N_0}\right) = kt.$$

Zuletzt bringen wir noch t auf die andere Seite und haben somit erfolgreich nach k umgestellt:

$$\frac{1}{t}\ln\left(\frac{N(t)}{N_0}\right) = k. \tag{1.4}$$

Nun würden wir unsere Werte für t, N_0 und $N(t)$ einsetzen und erhielten dann unser k. Diesen Wert kann man sich als eine Teilungsrate vorstellen, welche unter konstanten Bedingungen immer gleich bleibt. k kann man nun wiederum in die erste Gleichung einsetzen und für eine beliebige Populationsgröße N_0 nach einem beliebigen Zeitraum t die neue Größe $N(t)$ berechnen und muss nicht erneut messen.

In der Praxis kennt man die konkrete Anzahl der Bakterien nicht. Man benutzt die optische Dichte der Bakterienkultur, also die Menge des von den Bakterien absorbierten Lichts, um die Größe der Population abschätzen zu können. Wir wollen an dieser Stelle den Begriff der **Generationszeit** nennen. Sie beschreibt den Zeitraum, in dem eine Kolonie ihre Population verdoppelt. Bei der Berechnung ist die Bakterienzahl zum Zeitpunkt t genau zweimal so hoch wie zum Zeitpunkt $t = 0$ ($N(t) = 2N_0$). Das setzen wir in die Gl. 1.4 ein und erhalten

$$\frac{1}{t}\ln\left(\frac{2\cancel{N_0}}{\cancel{N_0}}\right) = \frac{1}{t}\ln(2) = k.$$

Wir bringen t und k jeweils auf die andere Seite:

$$\frac{1}{k}\ln(2) = t$$

Auf diese Weise können wir in Abhängigkeit von k die Generationszeit berechnen. Übrigens ist $\ln(2) \approx 0{,}69$. □

Glücklicherweise ist das Wachstum in der Natur begrenzt. Eine Zellkolonie behindert sich passiv dadurch selbst, dass sie die ausreichende Versorgung aller Zellen der Kolonie ab einer kritischen Gesamtgröße nicht mehr gewährleisten kann. Genauso schränken Bakterien ihre Teilung ein, wenn die Nährstoffe knapp werden. Diesen Zustand nennt man dann stationäre Phase. Das bedeutet aber, dass die Kolonie unbegrenzt wächst, bis die Nährstoffe oder der Platz limitierend werden. Diese Größe der Bakterienkultur ist dann auch im mathematischen Sinne ein Wendepunkt. Eine Funktion, die sich durch eine solche S-Form auszeichnet, nennt man Sigmoidfunktion.

Modifikationen von Funktionen

Funktionen haben grundsätzlich die Form $f(x) = [\ldots]$. Auf der rechten Seite wird die Funktion näher beschrieben. Ihre grundlegenden Eigenschaften wie die maximale oder minimale Anzahl an Hoch-, Wende- und Tiefpunkten werden durch den Funktionstyp festgelegt. Beispielsweise besitzen quadratische Funktionen wie $f(x) = x^2$ von vornherein maximal einen Hoch- oder Tiefpunkt und keinen Wendepunkt egal wie man die Funktion modifiziert. Erst wenn man den Typ z. B. in eine lineare Funktion ändert, ändert sich auch das grundsätzliche Verhalten.

Man kann Funktionen beliebig entlang der Achsen verschieben. Wir nehmen uns dieses Mal die Funktion $f(x) = x^3$ vor. Indem man eine Zahl addiert, verschiebt man die Funktion entlang der y-Achse; bei einer positiven Zahl nach oben ($f(x) = x^3 + 2$), bei einer negativen nach unten ($f(x) = x^3 - 2$). Genauso lässt sich eine Verschiebung entlang der x-Achse erreichen, indem man zu dem x eine positive Zahl addiert, um sie nach links zu verschieben ($f(x) = (x+2)^3$), bzw. subtrahiert, um sie nach rechts zu verschieben ($f(x) = (x-2)^3$). Als Gedankenstütze mag vielleicht der Start einer Rakete helfen. Wenn bei einem Countdown die Aussage „t minus drei Minuten" fällt, liegt der Start in der Zukunft, also rechts vom Nullpunkt auf der Zeitachse. Befindet sich aber die Startrampe auf einem 500 Meter hohen Berg, beginnt ihr Aufsteigen nach dem Start auch schon bei 500 Metern, also oberhalb des Nullpunkts.

Man kann die beiden Verschiebungen natürlich auch kombinieren, wie Abb. 1.5 andeutet.

Außerdem gibt es noch Stauchungen ($f(x) = \frac{1}{2}x^3$) und Streckungen ($f(x) = 2x^3$) der Funktion. Durch Multiplizieren von Zahlen, die größer als 1 sind, erreicht man Streckungen, und Stauchungen durch das Multiplizieren von Zahlen, die zwischen 0 und 1 liegen.

Dann gibt es noch die Möglichkeit der Spiegelung. An der x-Achse könnt ihr die Funktion spiegeln, indem ihr die gesamte Funktion $f(x)$ mit -1 multipliziert, und an der y-Achse, wenn ihr alle x mit -1 multipliziert.

Eine Zusammenfassung hierfür liefert Tab. 1.1.

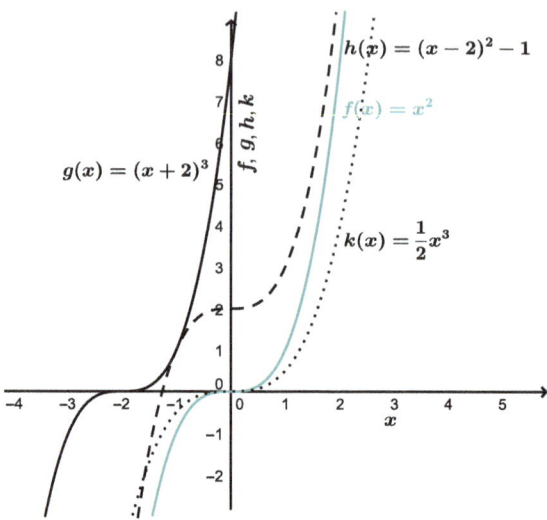

Abb. 1.5 Übersicht der Funktion x^3 und dreier Modifikationen. Der blaue Graph stellt $f(x) = x^3$ dar. Die Funktion $g(x)$ wurde um zwei Einheiten nach links verschoben und $h(x)$ um zwei Einheiten nach oben. $k(x)$ wurde entlang der y-Achse gestaucht. Macht euch klar, warum man für eine Verschiebung in positive Richtung bei der y-Achse eine positive Zahl addiert und bei der x-Achse eine negative

Tab. 1.1 Modifikationen von $f(x) = x^3$. Die fett markierten Modifikationen sind in Abb. 1.5 dargestellt

Funktion	Effekt
f(x)=x³ + 2	**Verschiebung um zwei Einheiten nach oben**
$f(x) = x^3 - 2$	Verschiebung um zwei Einheiten nach unten
f(x)=(x + 2)³	**Verschiebung um zwei Einheiten nach links**
$f(x) = (x - 2)^3$	Verschiebung um zwei Einheiten nach rechts
$f(x) = 2x^3$	Streckung um den Faktor 2
f(x)=½x³	**Stauchung um den Faktor $\frac{1}{2}$**
$f(x) = (-x)^3$	Spiegelung an der y-Achse
$f(x) = -(x^3)$	Spiegelung an der x-Achse

Periodische Funktionen

Einige Phänomene in der Natur weisen einen gewissen Zyklus auf. Da weder Polynome noch die Exponentialfunktion oder die Logarithmusfunktion solche Beschreibungen ermöglichen, bedient man sich des Sinus und des Cosinus.

1.2 Funktionen

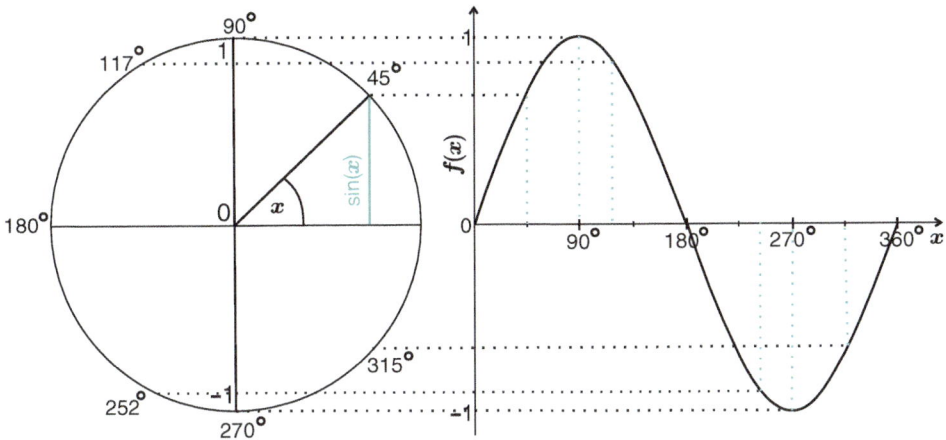

Abb. 1.6 sin(x) und Einheitskreis. Die x-Werte entsprechen dem Winkel zwischen der Gerade und der positiven x-Achse. Die Funktionswerte (*blau*) ergeben sich aus den y-Koordinaten der Schnittpunkte zwischen dem Einheitskreis und der Geraden. Wir haben hier zum besseren Verständnis die Gradzahlen angegeben. 360° entsprechen 2π

ATP weiß auch nicht, was es will!

Ein Beispiel für periodische Funktionen findet sich in der Glykolyse. Die Phosphorylierung von Fructose-6-phosphat zu Fructose-1,6-bisphosphat wird durch das Enzym Phosphofructokinase katalysiert. ATP wird dabei als Energieträger benötigt. Es phosphoryliert die Phosphofructokinase und wird als ADP wieder abgegeben. Im späteren Verlauf der Glykolyse wird ADP wieder in ATP umgewandelt. Dabei wird jedoch mehr ATP frei, als durch die Aktivität der Phosphofructokinase verbraucht wurde. Dieses überschüssige ATP wirkt nun als Inhibitor der Aktivierung der Phosphofructokinase, wodurch die Katalyse der Reaktion von Fructose-6-phosphat in Fructose-1,6-bisphosphat gehemmt wird.
Nach einiger Zeit gleichen sich die Mengen an ATP und ADP wieder aus, wodurch die Katalyse erneut in Gang kommt.

$\sin(x)$ und $\cos(x)$ sind über den Einheitskreis definiert. Dieser Kreis hat den Radius $r = 1$. Legt man ein Koordinatensystem mit Ursprung im Mittelpunkt des Kreises, so schneidet der Kreis die x- und y-Achse jeweils bei 1 und -1. Wie in Abb. 1.6 dargestellt, beginnt man bei dem Kreis auf der rechten Seite und wandert mit einer Gerade entgegen dem Uhrzeigersinn einmal herum. Dabei werden die x-Werte durch den Winkel zwischen der positiven x-Achse und der Geraden bestimmt. Die Funktionswerte werden durch die Koordinaten der Schnittpunkte zwischen der Geraden und dem Kreis gegeben. Beim Sinus sind die Funktionswerte durch die y-Werte, beim Cosinus durch die x-Werte des Kreises gegeben.

Sinus und Cosinus haben beide eine Wellenform. Der Cosinus entspricht dabei dem Sinus, um $\frac{\pi}{2}$ nach links verschoben. Jede Welle wiederholt sich nach 2π. Den Abstand zwischen je zwei Wellenbergen bezeichnet man als **Periode** (T). Sie ist ein Maß für die Dauer eines Zyklus. Je größer sie ist, desto länger dauert auch der Zyklus.

Für Sinus und Cosinus benötigt man einige Rechenregeln, die im Folgenden aufgeführt sind.

> **Additionstheoreme von Sinus und Cosinus**
>
> $$\sin(x_1 + x_2) = \sin(x_1) \cdot \cos(x_2) + \cos(x_1) \cdot \sin(x_2)$$
>
> $$\cos(x_1 + x_2) = \cos(x_1) \cdot \cos(x_2) - \sin(x_1) \cdot \sin(x_2)$$
>
> Darüber hinaus gilt noch:
>
> $$\sin^2(x) + \cos^2(x) = 1. \tag{1.5}$$

Teilt man den Sinus durch den Cosinus erhält man den Tangens:

$$\frac{\sin(x)}{\cos(x)} = \tan(x). \tag{1.6}$$

Seine Eigenschaften ergeben sich durch Sinus und Cosinus. Da der Cosinus im Nenner (unter dem Bruchstrich) steht, ist der Tangens bei den Nullstellen (Schnittpunkte mit der x-Achse) des Cosinus nicht definiert. Seine Nullstellen stimmen mit denen des Sinus überein.

1.2.3 Biologisch relevante Funktionen

Oszillationen

> **Rein und wieder raus**
> Eine für unser Immunsystem äußerst wichtige Familie von Transkriptionsfaktoren ist NF-κB. Das NF-κB-Dimer liegt im Cytoplasma als Komplex mit dem Inhibitor κB (IκB) vor. Signale über entsprechende Rezeptoren stimulieren die IκB-Kinase, welche durch die Phosphorylierung von IκB die Spaltung des Komplexes verursacht. Dadurch wird das bisher gebundene NF-κB frei und wandert in den Nucleus, wo es die Transkription reguliert. Dadurch wird neben der Beeinflussung der Zellfunktion auch IκB exprimiert. Das so entstandene Protein IκB kann nun in den Nucleus eindringen, an NF-κB binden und es aus dem Zellkern geleitet. Wenn man NF-κB mit einem fluoreszierenden Protein markiert, kann man diese Translokation über einen entsprechenden Zeitraum beobachten. Mal ist es im Zellkern mal ist es draußen [13].

1.2 Funktionen

Abb. 1.7 Gedämpfte Schwingung. Die Schwingung wird durch die obere Kurve majorisiert. Beachtet dabei, dass sich die Periode dabei nicht verändert

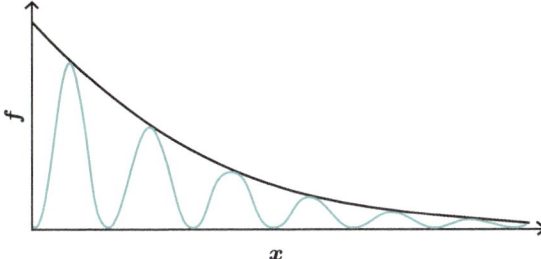

Unter Oszillationen versteht man im Prinzip schwingende Systeme. Beim Beispiel NF-κB schwingt die Menge des Moleküldimers im Zellkern. Zunächst beginnt sie zuzunehmen bis sie ihr Maximum erreicht, dann nimmt sie wieder ab. Dann beginnt der Zyklus von vorn.

Wir können die Schwingung in erster Linie über Sinus und Cosinus beschreiben. Wir haben uns für den Cosinus entschieden, weil dieser mit einem Maximum beginnt. Die Wahl hängt davon ab, zu welchem Zeitpunkt man die Beobachtung beginnt. Beim Zeitpunkt $t = 0$ soll kein NF-κB-Molekül im Nucleus sein, wobei der Zellkern natürlich nie komplett leer ist. Daher müssen wir die Funktion entlang der x-Achse spiegeln, sodass sie bei $t = 0$ ein Minimum besitzt (s. Tab. 1.1). Dann verschieben wir die Funktion so weit nach oben, dass sich dieses Minimum genau auf dem Nullpunkt befindet.

Je nach Stimulus verändert sich die Amplitude der Schwingung. Nach einiger Zeit nimmt die Amplitude immer weiter ab, was vermutlich mit dem Abbau von NF-κB oder den veränderten Stimuli zusammenhängt. Bleibt eine Schwingung in ihrer Amplitude konstant, so nennt man sie **harmonische Schwingung**. Bei einer abnehmenden Amplitude spricht man von einer **gedämpften Schwingung**, wie sie in Abb. 1.7 dargestellt ist.

Auch die Periode lässt sich verändern. Im einfachsten Fall multipliziert man eine Konstante mit x, also z. B. $\sin(kx)$. Bei Zahlen, die größer sind als eins, wird die Periode entlang der x-Achse gestaucht, und bei Zahlen zwischen null und eins gestreckt. Ein negatives Vorzeichen spiegelt die Kurve entlang der y-Achse. Statt mit einer Konstante zu multiplizieren, kann man x auch durch eine Funktion ersetzen. Dadurch erhält man eine Schwingung mit einer sich verändernden Periode.

Sigmoidfunktionen

Sigmoidfunktion
Der Name Sigmoidfunktion leitet sich vom griechischen Buchstaben Sigma ab, der dem lateinischen S entspricht. Diese S-förmige Kurve ist durch jene Größe, bei der die Kolonie in die stationäre Phase übergeht (N_{stat}), nach oben beschränkt. Nach unten wird sie durch die x-Achse begrenzt. Außerdem besitzt sie einen Wendepunkt bei einem Funktionswert von $\frac{N_{stat}}{2}$ (s. Abb. 1.8).

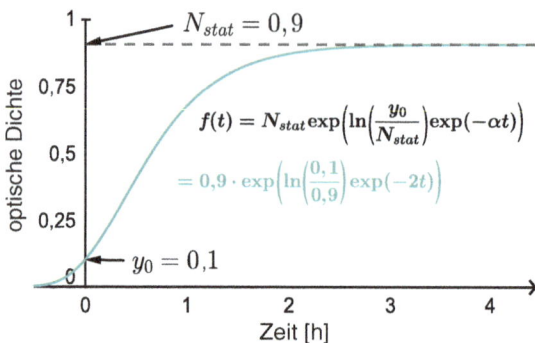

Abb. 1.8 Gompertz-Kurve mit der Anfangskoloniedichte $y_0 = 0{,}1$, der stationären Koloniedichte $N_{stat} = 0{,}9$ und dem Wachstumsmodifikator $\alpha = 2$. Die Koloniedichte wird häufig in optischer Dichte (OD) angegeben. Diese ist dimensionslos. Eine optische Dichte von 1 entspräche einer Dichte von 100 %. Mit solch einer Kurve lassen sich z. B. Wachstumsentwicklungen von Bakterien oder Tumoren darstellen

Eine andere Gruppe nützlicher Funktionen sind die Sigmoidfunktionen, welche in vielen Bereichen der Biologie Anwendung finden. Sie spielen vor allem dann eine Rolle, wenn es zu Rückkopplungseffekten kommt. Positive Rückkopplungseffekte bewirken die Verstärkung eines Prozesses, negative eine Abschwächung (Synergie und Kooperation). So verstärkt ein Populationswachstum den schnelleren Verbrauch von Nährstoffen und deren folgender Mangel führt wiederum zu einer Einschränkung des Wachstums.

Sigmoidale Kurven definieren sich mathematisch über zwei Bedingungen: Zum einen sind sie alle nach oben und unten beschränkt. Logischerweise kann sich eine Population nicht vergrößern, wenn kein einziges Individuum vorhanden ist, und sie erreicht, wie bereits im vorigen Abschnitt erläutert wurde, irgendwann auch eine maximale Größe, also die stationäre Phase. Zum anderen besitzen Sigmoidfunktionen keine Hoch- oder Tiefpunkte – dafür aber genau einen Wendepunkt.

Es gibt verschieden definierte sigmoidale Kurven. Ein Beispiel ist die Gompertz-Kurve, die sich über die Exponentialfunktion definiert. Damit bekommt ihr noch eine weitere Möglichkeit an die Hand, den Verlauf einer Kurve zu beeinflussen, indem ihr eine andere Funktion an Stelle des x einsetzt.

Funktionsgleichung der allgemeinen Gompertz-Kurve

$$N(t) = N_{stat} \exp\left(\ln\left(\frac{y_0}{N_{stat}}\right) \exp(-\alpha t)\right) \qquad (1.7)$$

N_{stat} ist die obere Beschränkung der Funktion, y_0 der Schnittpunkt mit der y-Achse, t die Zeit und α ist ein Wachstumsmodifikator. Schaut euch dazu am besten Abb. 1.8 an.

1.2 Funktionen

Jetzt schauen wir uns die Gleichung mal von innen nach außen an. Ganz innen wird $-\alpha t$ mit zunehmender Zeit t aufgrund des Minus immer kleiner. α bestimmt dabei die Geschwindigkeit, mit der der Ausdruck fällt. Legen wir nun die Exponentialfunktion darüber $(\exp(-\alpha t))$, erhalten wir eine Kurve, die $m(x)$ aus Abb. 1.4 ähnelt. Je größer α ist, desto steiler fällt $(\exp(-\alpha t))$. Beachtet aber, dass sie dennoch die x-Achse nicht schneidet. Der Faktor $\ln\left(\frac{y_0}{N_{stat}}\right)$ enthält einen kleinen Trick. Wenn man $t = 0$ setzt, wird $\exp(-\alpha t) = 1$, wodurch nur noch

$$N(t) = N_{stat} \exp\left(\ln\left(\frac{y_0}{N_{stat}}\right)\right)$$

stehen bleibt. Mit der Anwendung der Rechenregel 1.3 von Seite 11

$$N(t) = \cancel{N_{stat}} \frac{y_0}{\cancel{N_{stat}}} = y_0$$

verbleibt lediglich y_0, was dem Schnittpunkt mit der y-Achse entspricht. Dasselbe ließe sich noch einmal mit einem extrem großen t machen. Wir erwarten dabei, dass die Kurve sich der stationären Größe N_{stat} annähert. Für ein sehr großes t wird $\exp(-\alpha t)$ näherungsweise gleich null, wodurch

$$N(t) = N_{stat} \exp\left(\ln\left(\frac{y_0}{N_{stat}}\right) \underbrace{\exp(-\alpha t)}_{=0}\right) = N_{stat} \underbrace{\exp(0)}_{=1} = N_{stat}$$

wird, was genau unserer Erwartung entspricht.

Die Gompertz-Kurve ist eine Sigmoidfunktion in Abhängigkeit von der Zeit und beschreibt beispielsweise die Größe von Tumorzellkolonien. Diese können zunächst auf dem Nährboden ungehindert wachsen. Da sie sich über Zellteilung fortpflanzen, ist das Wachstum exponentiell, bis zum maximalen Wachstum der Kolonie. Ab diesem Punkt nimmt die Nährstoffversorgung aufgrund der Größe der Kolonie ab und hemmt auf diese Weise das Wachstum. Diesen Punkt bezeichnet man als den Wendepunkt. Die Kolonie wächst nun zwar weiter bis sie ihre kritische Größe erreicht, das Wachstum wird aber immer langsamer. Abbildung 1.8 zeigt ein Beispiel mit der Anfangsgröße y_0, der stationären Größe N_{stat} und dem Wachstumsmodifikator α.

Die Gompertz-Kurve bietet euch die Möglichkeit, aus einer Menge von Werten eine durchgehende Kurve zu konstruieren. Wir wollen euch an dieser Stelle anhand eines Beispiels das Potenzial dieser Methode vor Augen führen.

Beispiel 1.2

Zellwandsynthese und Wachstum
Im Zusammenhang mit alternativen Energieressourcen wird häufig von Biokraftstoffen gesprochen. Zum einen sind die fossilen Brennstoffe sehr begrenzt und zum

anderen haben sie ein nicht zu verachtendes klimaveränderndes Potenzial durch die großen Mengen an Kohlenstoffdioxid, die bei der Verbrennung freigesetzt werden. Aus diesen Gründen beschäftigen sich einige Forschungszweige mit der synthetischen Herstellung von Biokraftstoff aus pflanzlichen Bestandteilen.

Da *E. coli*-Bakterien mittlerweile sehr gut erforscht sind, ihr Genom vollständig sequenziert und auch die Kultivierung der Bakterien wenig kompliziert ist, greift man in vielen Fällen auf sie zurück – so auch bei der Herstellung von Biokraftstoffen. Die Idee ist es, ein Bakterium Cellulose in Glucose und diese wiederum in Biodiesel umwandeln zu lassen. Es gibt Bakterien, die diese Fähigkeit von Natur aus besitzen, ihre Erforschung ist aber in den meisten Fällen noch nicht sehr weit fortgeschritten oder die Kultivierung der Bakterien ist sehr kompliziert. Daher versucht man Schritt für Schritt, *E. coli* die Fähigkeit zu geben, selbst die notwendigen Enzyme für diese Umwandlungsprozesse herzustellen, indem man die entsprechenden Gene extrahiert und in das Genom von *E. coli* einfügt [7].

Unser folgendes Beispiel behandelt den molekularen Biosyntheseweg, der aus dem Ausgangsstoff Succinyl-CoA Diaminopimelinsäure (DAP) herstellt, welche zur Bildung von Zellwandbestandteilen und der Aminosäure Lysin benötigt wird. Der Bakterienstamm BW25113 kann Succinyl-CoA selbst herstellen und wird daher unabhängig von externem DAP wachsen können. Bei dem Stamm sucAD[pUC57] ist das allerdings anders. Dieser Stamm kann DAP nicht selbst herstellen, ist also davon abhängig, wie viel DAP für die Zellwandbildung und damit für das Wachstum im Medium zur Verfügung steht. Um den Bakterien dennoch die Möglichkeit zu geben, selbstständig zu wachsen, exprimierte man zwei Enzyme (7ab und 10) aus den Bakterien des Stammes *Chloroflexus aurantiacus* in sucAD[pUC57], die für die Bildung von Succinyl-CoA in *C. aurantiacus* verantwortlich sind.

Zu Beginn wurde allen Bakterienkolonien 60 µM (Mikromol je Liter) DAP als Starthilfe zur Verfügung gestellt. Da mit besserer Zellwandbildung auch das Wachstum der Kolonie zusammenhängt, misst man die optische Dichte, um eine Vorstellung über die Dichte der Kolonie und damit auch deren Größe zu bekommen.

Die Mutanten mit den exprimierten Enzymen sollten nun besser wachsen können, da sie selbst zusätzlich DAP produzieren können. Tabelle 1.2 beschreibt die gemessene optische Dichte zu bestimmten Messzeitpunkten. Wir haben nicht alle Werte des Experiments benutzt, um den Rahmen nicht zu sprengen. BW25113 ist das Bakterium mit dem eigenen, gut funktionierenden Enzym, sucAD[pUC57] die Kontrolle, die nur mit dem leeren Vektor pUC57 transformiert wurde, und sucAD[pUC57_7ab10] das zu untersuchende Bakterium. □

Da sich heutzutage niemand mehr die Mühe macht, die Werte von Hand in ein Koordinatensystem einzutragen, schlagen wir als Alternative eine Excel-Tabelle vor. Im Plot, den man sich dann ausgeben lassen kann, ist ein sigmoidaler Charakter der Kurve zu sehen.

Tab. 1.2 Messwerte für die optische Dichte von sucAD[pUC57_7ab10]

Zeitpunkt [min]	optische Dichte (OD)		
	BW25113	sucAD[pUC57]	sucAD[pUC57_7ab10]
15	0,01	0,01	0,01
105	0,08	0,02	0,01
210	0,43	0,02	0,01
315	0,68	0,03	0,01
405	0,79	0,05	0,02
510	0,83	0,07	0,09
615	0,81	0,08	0,16
705	0,79	0,09	0,17
810	0,77	0,09	0,17
915	0,75	0,09	0,17
1005	0,74	0,09	0,17

In der Tabelle ist ein Auszug aus den Messwerten des Experiments zur künstlichen Produktion von DAP aufgeführt. Es wurde jeweils die optische Dichte gemessen. BW25113 ist das Bakterium mit der natürlichen Succinyl-CoA-Produktion, sucAD[pUC57] die Kontrollgruppe und sucAD[pUC57_7ab10] das untersuchte Bakterium. Wenngleich der Unterschied zwischen sucAD[pUC57_7ab10] und der Kontrollgruppe gering ausfällt, ist eine erhöhte optische Dichte sichtbar, aus der auf eine Eigenproduktion von DAP in sucAD[pUC57_7ab10] geschlossen werden kann

Wir wollen nun eine Gleichung aufstellen, die die Messwerte möglichst genau beschreiben kann. Das bedeutet, wir wenden unsere Gompertz-Gleichung an. Bevor wir uns nun ins mathematische Getümmel stürzen, müssen wir eines anmerken. Rein sigmoidale Kurven sind für die Beschreibung dieses Prozesses nicht perfekt, aber um eine Vorstellung über die Methodik zu erhalten, vollkommen ausreichend. Schließlich lässt sich jede Funktion beliebig verkomplizieren, aber noch komplizierter will doch niemand, oder?

Nun benutzen wir unser Wissen über die Gompertz-Kurve und konstruieren jeweils eine Funktion mit den entsprechenden Eigenschaften. Wir zeigen das einmal für die erste Funktion. Bei den anderen beiden könnt ihr es selbst einmal ausprobieren. Damit die Gompertz-Kurve überhaupt anwendbar ist – erinnert euch, sie hat als Sigmoidfunktion keine Hoch- oder Tiefpunkte – müssen wir den Ausschlag nach oben erst einmal ignorieren. Wir werden dazu gleich noch ein Wort verlieren. Abbildung 1.9 eröffnet die Frage, warum BW25113 und sucAD[pUC57_7ab10] nach der Hälfte der Zeit ihr Wachstum nicht nur einstellen, sondern die Populationen sogar kleiner werden. Es scheint, dass die Sterberate die Teilungsrate übersteigt.

Die ersten beiden Schritte

Die Form der Gompertz-Kurve ist, wie bereits erwähnt, nur von **drei Parametern** abhängig. Der erste ist der Schnittpunkt mit der y-Achse. Wir haben diesen mit ein wenig Augenmaß auf $y_0 = 0{,}005$ geschätzt. Es handelt sich hierbei um den Funktionswert (hier die optische Dichte) zu Beginn des Experiments. y_0 entspricht also der Anfangsgröße der Kolonien.

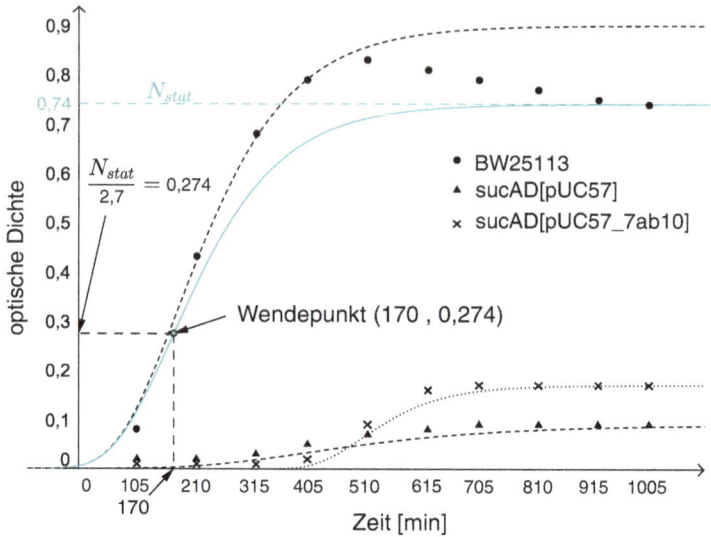

Abb. 1.9 Verschiedene Wachstumskurven für *E. coli*. Die optische Dichte der drei *E. coli*-Kolonien ist gegen die Zeit aufgetragen. Die Messwerte aus Tab. 1.2 wurden zusammen mit der Dichte in der stationären Phase (N_{stat}) und dem Wendepunkt von BW25113 eingezeichnet. Im Bezug auf die Dichte der stationären Phase von sucAD[pUC57_7ab10] ist zu erkennen, dass sie im Gegensatz zu sucAD[pUC57] leicht zugenommen hat. Daraus lässt sich schließen, dass die Bakterien mit den exprimierten Enzymen 7ab und 10 nun selbst zu einem kleinen Teil Succinyl-CoA und damit auch DAP produzieren können. Die abfallende optische Dichte von BW25113 ist vermutlich darauf zurückzuführen, dass die Bakterien das anfänglich gegebene DAP verbrauchen und dabei eine Populationsdichte erreichen, die sie durch die eigene Produktion nicht aufrechterhalten können. Bei der Konstruktion der beiden unteren Gompertz-Kurven haben wir die Funktion von sucAD[pUC57_7ab10] um 400 und von sucAD[pUC57] um 200 Minuten entlang der Zeitachse nach rechts verschoben (zu Verschiebungen s. Tab. 1.1 auf S. 14)

Diese ist aus Vergleichsgründen bei allen Stämmen gleich. Der zweite Parameter ist durch die obere Beschränkung N_{stat} gegeben. Im Falle von BW25113 haben wir ihn auf 0,74 festgelegt. Wenn man ihn über den beobachteten Zeitraum weiter verfolgt, würde sich BW25113 tatsächlich bei einer stationären optischen Größe von 0,74 einpendeln.

Der dritte Schritt

Der noch verbliebene Einflussfaktor für den Verlauf der Kurve ist α. Da hauptsächlich α das Krümmungsverhalten beeinflusst, haben wir den Wendepunkt, also den Zeitpunkt, an dem der Übergang vom exponentiellen zum beschränkten Wachstum stattfindet, als Stütze zur Berechnung von α benutzt. Dazu nehmt ihr $\frac{N_{stat}}{2,7}$ und lest in der Abbildung ab, zu welchem Zeitpunkt t diese optische Dichte erreicht wird. Dann setzt ihr t, N_{stat} und y_0 in die folgende Gleichung ein und errechnet somit α

1.2 Funktionen

$$\alpha = \frac{\ln\left(-\ln\left(\frac{y_0}{N_{stat}}\right)\right)}{t}. \tag{1.8}$$

Diese Gleichung ist nicht vom Himmel gefallen, wir werden sie noch herleiten, aber dazu benötigen wir das Werkzeug der Differenzialrechnung, der wir uns in Abschn. 1.4 widmen. Ihr könnt es nicht abwarten? Dann werft mal einen Blick auf Seite 34. Ein Problem eröffnet sich nun, denn man kann den Zeitpunkt t, bei dem der Wendepunkt liegt, recht schwer ablesen. Um dieses Problem zu beheben, setzen wir die Gl. 1.8 in die Funktionsgleichung der allgemeinen Gompertz-Kurve

$$N(t) = N_{stat} \exp\left(\ln\left(\frac{y_0}{N_{stat}}\right) \exp(-\alpha t)\right)$$

ein. Das ergibt dann

$$N(t) = N_{stat} \exp\left(\ln\left(\frac{y_0}{N_{stat}}\right) \exp\left(-\frac{\ln\left(-\ln\left(\frac{y_0}{N_{stat}}\right)\right)}{t}t\right)\right).$$

Da $\exp(-x) = \frac{1}{\exp(x)}$ gilt, können wir den hinteren Teil unter den Bruchstrich ziehen. Außerdem heben sich exp und ln an dieser Stelle gegenseitig auf (s. Logarithmusregel 1.3 auf S. 11):

$$N(t) = N_{stat} \exp\left(\ln\left(\frac{y_0}{N_{stat}}\right) \frac{1}{\exp\left(\ln\left(-\ln\left(\frac{y_0}{N_{stat}}\right)\right)\right)}\right).$$

Und wir kürzen weiter...

$$N(t) = N_{stat} \exp\left(\ln\left(\frac{y_0}{N_{stat}}\right) \frac{1}{\left(-\ln\left(\frac{y_0}{N_{stat}}\right)\right)}\right)$$

$$N(t) = N_{stat} \exp\left(\frac{1}{(-1)}\right) = N_{stat} \exp(-1) = \frac{N_{stat}}{\exp(1)}$$

mit $e^1 = e \approx 2{,}7$.

Das macht die Bestimmung des Wendepunkts deutlich leichter und genauer.

> **Bestimmung der Gompertz-Kurve eines Experiments**
> Wir benötigen drei Parameter:
> N_{stat} kann man ablesen. Es ist der Funktionswert (z. B. optische Dichte), bei dem sich die Messwerte einpegeln. y_0 ist der Funktionswert zum Zeitpunkt $t = 0$, also die

optische Dichte zu Beginn des Experiments. Für den dritten Parameter zeichnet man eine zur x-Achse parallele Gerade bei einer Höhe von $\frac{N_{stat}}{2{,}7}$. Der Schnittpunkt dieser Gerade mit den Messwerten entspricht dem Wendepunkt der Kurve. Den x-Wert dieses Punktes setzt man zusammen mit N_{stat} und y_0 in die Gleichung

$$\alpha = \frac{\ln\left(-\ln\left(\frac{y_0}{N_{stat}}\right)\right)}{t}$$

ein. So erhält man α, den dritten Parameter. Nun setzt man alle drei Parameter in die Formel der allgemeinen Gompertz-Funktion

$$N(t) = N_{stat} \exp\left(\ln\left(\frac{y_0}{N_{stat}}\right) \exp(-\alpha t)\right)$$

ein und kann sich die Kurve dann von einem beliebigen Programm plotten lassen (s. Abb. 1.9 auf S. 22).

Das geplottete Ergebnis kann man mit den Messwerten vergleichen. Die geplottete Kurve sollte im besten Fall durch die Messpunkte verlaufen. Natürlich wird die Kurve nie perfekt passen. Liegen die Messwerte jedoch sehr weit entfernt von der geplotteten Kurve, gilt es auf Fehlersuche zu gehen. Entweder man hat Fehler beim Messen oder Berechnen gemacht oder ein bisher vernachlässigter Faktor spielt eine wichtige Rolle bei dem Experiment. So könnte die Probe beispielsweise kontaminiert gewesen sein oder die Wachstumsbedingungen haben sich stark verändert.

Wir haben nach dem beschriebenen Verfahren drei Kurven durch die Punkte der Messungen aus Tab. 1.2 gelegt. Das Ergebnis ist Abb. 1.9 auf Seite 22.

Es ist uns wichtig darauf hinzuweisen, dass die Gompertz-Kurve nicht die einzige Sigmoidfunktion ist. Sie hat ihre Stärken und ihre Schwächen. In einigen Bereichen ist die Anwendung einer anderen Kurve sinnvoller.

1.3 Folgen, Reihen und Konvergenz

1.3.1 Folgen und ihre Konvergenzkriterien

Das Konzept von Folgen benutzt ihr ständig. Wir haben im vorangegangnen Abschnitt zu bestimmten Zeitpunkten Messungen der optischen Dichte von drei Bakterienstämmen vorgenommen und diese in ein Koordinatensystem eingezeichnet. Nehmen wir die Messungen jedes Stammes und numerieren sie chronologisch, haben wir eine **Folge**. Jeden Messwert zusammen mit seiner Nummerierung nennt man ein **Folgenglied**.

1.3 Folgen, Reihen und Konvergenz

> **Folgen**
>
> Eine Folge ist eine durchnummerierte Menge von Zahlen (z. B. Messungen). Die Bezeichnung dafür ist (a_n). n ist dabei die Nummerierung (**Index**; Mehrzahl: Indizes), a_n das Folgenglied und die Klammer darum bezeichnet die Gesamtheit der Folgenglieder, also die Folge an sich. Eine Folge ändert sich, wenn man die Indizes ändert. Eine **unendliche Folge** ist eine chronologisch geordnete Messung bis zum Sankt-Nimmerleins-Tag.

Beispiele von Folgen sind $(a_n) = \frac{1}{n}$, $(a_n) = \ln(n)$ oder auch $(a_n) = x^n$. Im Zusammenhang mit Folgen wird häufig nach der Beschränktheit gefragt, also ob eine Folge unbegrenzt wächst oder sie nach oben oder unten beschränkt ist. $\ln(n)$ und x^n sind beide **monoton steigend**. Jedes Folgenglied ist größer als das davor. Außerdem sind beide unbeschränkt. Auch wenn der ln immer langsamer wächst, gibt es keinen Wert (Schranke), den er nicht übersteigt. $\frac{1}{n}$ ist eine **monoton fallende** Folge. Das heißt, dass jedes Folgenglied kleiner ist als das vorige. Darüber hinaus fällt die Folge nie unter null. Das bedeutet, sie ist beschränkt. Da es keine Schranke oberhalb von null gibt, unter die $\frac{1}{n}$ nie fällt, nennt man die Null in diesem Fall die **größte untere Schranke**. Die kleinstmögliche obere Schranke einer Folge bezeichnet man entsprechend als **kleinste obere Schranke**.

> **Konvergenz, Grenzwert, Nullfolge**
>
> Wir sprechen von Konvergenz, wenn sich die Werte einer unendlichen Folge bei einem bestimmten Wert einpegeln. Den Wert, um den es sich dabei handelt, nennt man Grenzwert. Man beschreibt den Grenzwert einer Folge mit
>
> $$\lim_{n \to \infty} a_n. \qquad (1.9)$$
>
> Der Limes $\left(\lim_{n \to \infty}\right)$ bedeutet dabei, dass man sich für immer größer werdende n anschaut, wie die a_n reagieren. Eine Folge, deren Grenzwert null ist, nennt man Nullfolge.

Das **erste Hauptkriterium** der Folgenkonvergenz beruht auf der Monotonie. Demnach konvergiert eine monoton fallende, nach unten beschränkte beziehungsweise eine monoton steigende, nach oben beschränkte Folge. Wir haben bereits festgestellt, dass $\frac{1}{n}$ nach unten beschränkt und monoton fallend ist. Daher ist diese Folge konvergent. Mehr noch können wir sagen, dass die höchste untere Schranke (also die Null) der Grenzwert ist.

Das **zweite Hauptkriterium** der Konvergenz ist das **Cauchy-Kriterium**. Stellt euch einen „Schlauch" mit dem Durchmesser ε vor. Am Anfang sollen noch alle Folgenglieder innerhalb dieses Schlauchs sein. Wir verringern nun den Durchmesser, sodass nicht mehr alle Folgenglieder hineinpassen. Als eine **Cauchy-Folge** bezeichnet man eine Folge, wenn

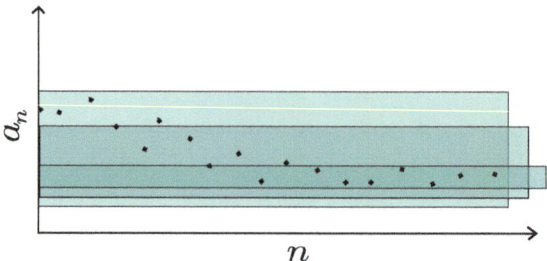

Abb. 1.10 Cauchy-Kriterium. Die drei ε-Schläuche werden immer schmaler. Wenn es für jeden noch so dünnen Schlauch ein Folgenglied gibt, nach welchem alle weiteren Glieder innerhalb des Schlauchs liegen, ist die Folge eine Cauchy-Folge und damit zwingend konvergent

für einen beliebig schmalen Schlauch ($\varepsilon > 0$) ab einem bestimmten Index N alle auf N folgenden Glieder innerhalb dieses Schlauchs liegen (s. Abb. 1.10). Eine Cauchy-Folge ist konvergent und umgekehrt ist jede konvergente Folge eine Cauchy-Folge.

Neben den Hauptkriterien gibt es noch eine Reihe von Konvergenzkriterien, die sich aus den Hauptkriterien ableiten. Beispielsweise besagt das „Sandwich"-Kriterium, dass eine Folge konvergiert, wenn sie von zwei anderen Folgen eingeschlossen wird und beide den gleichen Grenzwert besitzen. Die oberhalb liegende Folge nennt man Majorante, die unterhalb liegende heißt Minorante. Auf dieselbe Weise funktionieren auch das Majoranten- und das Minorantenkriterium.

In der Praxis sind Folgen von Messdaten nicht unendlich lang. Sobald man aus dem Zusammenhang heraus voraussagen kann, dass sich am Ergebnis nicht mehr viel ändern wird, stellt man die Messungen in der Regel ein. Man sollte allerdings immer im Kopf haben, dass Grenzwerte nur für unendliche Folgen existieren.

1.3.2 Reihen und ihre Konvergenzkriterien

Eine spezielle Form von Folgen sind Reihen.

> **Reihen, Partialsummen**
> Reihen sind Folgen von Summen über einer anderen Folge. Sie besitzen selbst wieder einzelne Glieder, die wir als Partialsummen bezeichnen. Die n-te Partialsumme ist die Summe aus dem n-ten Folgenglied a_n und den davorliegenden Folgengliedern a_k
>
> $$\sum_{k=1}^{n} a_k.$$
>
> Unter dem Summenzeichen ($\sum$) ist der Startwert der Summe, darüber der Endwert angegeben. Für $n \to \infty$ bezeichnet man das Ganze als Reihe.

1.3 Folgen, Reihen und Konvergenz

Man muss bei Reihen etwas vorsichtiger sein als bei klassischen Folgen. Nicht jede Reihe, die auf den ersten Blick konvergent aussieht, ist es auch. So konvergiert die Reihe $\sum_{n=0}^{\infty} \frac{1}{n}$ nicht. Dagegen konvergiert $\sum_{n=0}^{\infty} \frac{1}{n^2}$ sehr wohl. Um Entscheidungen über die Konvergenz treffen zu können, gibt es zahlreiche Konvergenzkriterien. Wir werden nicht alle nennen, sondern uns auf einige wichtige beschränken.

Für die Konvergenzkriterien von Reihen benötigen wir noch das Konzept des **Betrags**. Der Betrag einer Zahl entspricht ihrem Abstand zur Null. Entsprechend kann der Betrag niemals negativ werden. Für den Betrag gelten die folgenden Rechenregeln:

$$|x_1 \cdot x_2| = |x_1| \cdot |x_2|$$

$$|x_1 + x_2| \leq |x_1| + |x_2|$$

Der Betrag wird uns noch in anderen Zusammenhängen begegnen. Ist beispielsweise die Folge der Partialsummen eine Cauchy-Folge, so konvergiert die Reihe. Ist die Folge der Partialsummen von positiven Reihengliedern nach oben beschränkt, so konvergiert die Reihe. Ihr Grenzwert ist dann die kleinste obere Schranke.

Über den einfachen Konvergenzbegriff hinaus gibt es noch den der **absoluten Konvergenz**. Eine Reihe konvergiert absolut, wenn

$$\sum_{n=0}^{\infty} |a_n|$$

konvergent ist. Konvergiert eine Reihe absolut, so konvergiert sie auch normal. Einige Kriterien beziehen sich speziell auf die absolute Konvergenz, was uns aber nicht stören soll.

Das **Majorantenkriterium für Reihen** ist dem für Folgen sehr ähnlich. Gibt es eine konvergente Reihe $\sum_{n=0}^{\infty} b_n$ mit nicht negativen Reihengliedern, und für fast alle n gilt $|a_n| \leq b_n$, so ist die Reihe

$$\sum_{n=0}^{\infty} a_n$$

absolut konvergent. „Fast alle" bedeutet in diesem Zusammenhang übrigens: alle, bis auf endlich viele Ausnahmen.

Über die Hauptkriterien hinaus gibt es noch zahlreiche andere Konvergenzkriterien für Reihen. Eines der prominenteren Beispiele ist das **Leibniz-Kriterium**. Es besagt, dass mit einer monoton fallenden Nullfolge (a_n) die alternierende Reihe

$$\sum_{n=0}^{\infty} (-1)^n a_n$$

konvergiert. Unter einer **alternierenden Reihe** versteht man eine Reihe, welche periodisch wechselnde Vorzeichen der Folgenglieder (a_n) aufweist. Außerdem sind noch das Wurzel- und das Quotientenkriterium zu nennen.

Nach dem **Wurzelkriterium** ist eine Reihe absolut konvergent, wenn für fast alle Indizes n die Ungleichung $\sqrt[n]{|a_n|} \leq C$ mit einer positiven Konstante $C < 1$ erfüllt ist. Im Falle $\sqrt[n]{|a_n|} \geq 1$ divergiert die Reihe, weil die Folgenglieder keine Nullfolge mehr bilden, was eine Voraussetzung für Konvergenz darstellt. Vorsicht ist anzuraten, wenn sich kein C findet, das kleiner als eins ist, aber dennoch $\sqrt[n]{|a_n|} \leq 1$ gilt. In diesem Fall kann man nichts über die Konvergenz aussagen.

Das **Quotientenkriterium** funktioniert ganz ähnlich. Auch hier benötigt man wieder eine positive Konstante $C < 1$. Ist die Ungleichung

$$\frac{|a_{n+1}|}{|a_n|} \leq C$$

für fast alle Indizes n erfüllt, so ist die Reihe absolut konvergent. Die Divergenz und die kritische Bedingung gelten wie beim Wurzelkriterium.

Am Anfang ist es vielleicht ganz hilfreich, die entsprechenden Glieder einzusetzen und auszuprobieren. Keine Sorge, mit ein bisschen Übung wird der Umgang mit den Reihen leichter. Ein kleiner Hinweis sei von uns noch gegeben. Manchmal hilft es, eine Reihe umzuschreiben, in zwei Reihen aufzuspalten und mit anderen gegebenen Reihen zu vergleichen.

1.4 Differenzialrechnung

1.4.1 Wozu brauche ich denn den Anstieg einer Kurve?

Bei der Differenzialrechnung geht es um die Frage, welche Anstiege die Funktion entlang ihres Verlaufs annimmt. Man kann auf diese Weise Hoch- und Tiefpunkte und über einen weiteren Schritt auch Wendepunkte berechnen.

Ohne die Differenzialrechnung zu benutzen ist es oft recht schwierig, die Wendepunkte einer Funktion zu bestimmen. Nehmen wir uns beispielsweise einen der Graphen aus Abb. 1.9, so erkennen wir, dass die Wendepunkte der Funktion nur schwer ganz genau festgelegt werden können. Außerdem könnten wir beispielsweise die von der allgemeinen Gompertz-Funktion gebildete zweite Ableitung dazu benutzen, um aus dem Wendepunkt der Funktion das α zu berechnen.

1.4.2 Der Weg zum Differenzial

Hinter dem Konzept des Anstiegs einer Funktion versteckt sich das Verhältnis zwischen der Differenz zweier Funktionswerte und deren Definitionswerten. Man könnte dies mit dem Anstieg an einem Berg vergleichen. Zum Beispiel wäre bei einer Höhendifferenz von 1 m und einer horizontalen Entfernung von 10 m das Verhältnis 1/10. Man überträgt das auf eine lineare Funktion, deren Bedeutung darin liegt, einen konstanten Anstieg vorzuweisen. Es genügt, für zwei vollkommen beliebige Definitionswerte x_1 und x_2 das Verhältnis

$$\frac{f(x_1) - f(x_2)}{x_1 - x_2} \tag{1.10}$$

zu errechnen, um deren Anstieg zu bestimmen. Eine konstante Funktion besitzt demnach übrigens gar keinen Anstieg, denn für beliebige x_1 und x_2 ist $f(x_1) = f(x_2)$. Daraus ergibt sich mit der Formel 1.10 der Anstieg

$$\frac{f(x_1) - f(x_2)}{x_1 - x_2} = \frac{0}{x_1 - x_2} = 0.$$

Wie aber errechnet man nun den Anstieg einer Funktion, die nicht linear ist? Dazu verwendet man ein Konzept aus der Geometrie. Es handelt sich dabei um die Tangente.

> **Position einer Gerade zu einer Funktion**
> Es gibt drei Möglichkeiten, wie eine Gerade zu einer Funktion liegen kann. Eine Passante passiert die Funktion, ohne sie zu schneiden. Sie ist für unsere folgenden Erklärungen unerheblich. Eine **Sekante** schneidet die Funktion an genau zwei Stellen und die **Tangente** berührt sie genau an einer Stelle. Die drei Möglichkeiten beziehen sich auf einen eingegrenzten Bereich, denn es gibt Fälle, in denen eine Gerade die Funktion insgesamt mehr als zweimal schneidet.

Das Konzept der Tangente will man auf Kurven übertragen. Man konstruiert eine Sekante, die die Kurve in einem bestimmten Bereich genau zweimal schneidet. Die Sekante kann die Kurve natürlich auch noch weitere Male schneiden. Aus diesem Grund grenzt man den Bereich ein. Der eine Schnittpunkt ist x_2 mit dem entsprechenden Funktionswert $f(x_2)$, an dem wir den Anstieg der Kurve am Ende errechnen wollen. Daher bleibt dieser Punkt fixiert. Der andere Punkt ist x_1 mit dem Funktionswert $f(x_1)$. Für die nächsten Schritte nehmen wir uns die Beispielfunktion $f(x) = x^2$, anhand derer man die Schritte nachvollziehen kann. Wir wollen den Anstieg der Funktion an der Stelle $x_2 = 1$ errechnen. In unserem Fall haben wir $x_1 = 0$ eingesetzt. Die Funktionswerte an den beiden Stellen sind dann $f(x_1) = 0$ und $f(x_2) = 1$. Das Ergebnis ist die Gerade auf der linken Seite von Abb. 1.11. Den Anstieg dieser Sekante errechnen wir über die Formel 1.10 auf Seite 29. Er ist demnach

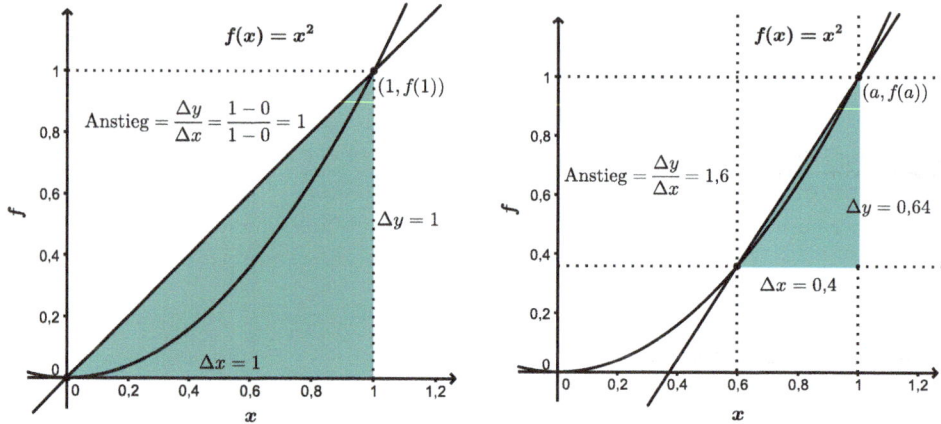

Abb. 1.11 Konstruktion einer Tangente im Punkt $(a, f(a))$ mithilfe von Sekanten. Indem man den Abstand zwischen x und a verringert, nähern sich auch deren Funktionswerte einander an. Die Verbindungsgerade zwischen den Punkten $(x, f(x))$ und $(a, f(a))$ wird dadurch immer mehr zu der gewünschten Tangente (Das Ergebnis dieses Prozesses ist in Abb. 1.12 dargestellt.)

$$\frac{f(x_1) - f(x_2)}{x_1 - x_2} = \frac{0-1}{0-1} = 1.$$

Der Anstieg der Sekante, die durch die beiden Punkte (1;1) und (0;0) verläuft, ist also gleich eins. Wichtig ist, dass diese Sekante nicht die Funktion darstellt. Sie ist lediglich ein Schritt, der uns der Tangente näher bringen soll. Letztere berührt die Funktion genau an einem Punkt $(x_2, f(x_2))$ und besitzt damit in diesem Punkt denselben Anstieg wie die Funktion. Um aus der bestehenden Sekante die Tangente zu machen, bringen wir $(x_2, f(x_2))$ näher an $(x_2, f(x_2))$ heran.

Für $x_1 = 0{,}6$ ergibt sich ein Anstieg der Sekante von 1,6 denn

$$\frac{f(x_1) - f(x_2)}{x_1 - x_2} = \frac{0{,}36 - 1}{0{,}6 - 1} = \frac{-0{,}64}{-0{,}4} = 1{,}6.$$

Diese Sekante ist auf der rechten Seite der Abb. 1.11 dargestellt. Man kann erkennen, das wir dem Anstieg von $f(x)$ in $x_2 = 1$ immer näher kommen, je mehr wir den Abstand zwischen x_1 und x_2 verringern. Das Ergebnis kann sich sehen lassen. Man kann jetzt versuchen, immer noch nähere x_1 zu wählen. Das wird immer bessere Ergebnisse liefern. Ganz exakt wird es so jedoch nie. Darüber hinaus müsste man den Anstieg so für jeden Punkt errechnen, um eine Aussage über das Anstiegsverhalten treffen zu können. Das Anstiegsverhalten entspricht beispielsweise der Wachstumsgeschwindigkeit von Bakterien.

Wir gehen einen Schritt weiter und formulieren x_1 in $x_2 + h$ um. Dabei kann h jeden beliebigen Wert annehmen. Damit sieht die Gl. 1.10 auf Seite 29 nun so aus:

$$\frac{f(x_2 + h) - f(x_2)}{x_2 + h - x_2}.$$

1.4 Differenzialrechnung

Da im Nenner (unten) unter anderem $x_2 - x_2 = 0$ steht, bleibt h im Nenner übrig:

$$\frac{f(x_2 + h) - f(x_2)}{h}. \tag{1.11}$$

Uns interessiert nun der Übergang zur Tangente, also wenn die beiden Punkte der Sekante zu einem werden. Leider können wir nicht einfach $h = 0$ setzen, da wir durch Null teilen würden. Wir müssen uns also „unendlich" nah an $h = 0$ heranbewegen. Dazu benutzen wir den Grenzwertbegriff von Seite 25. Wir stellen einfach den Ausdruck 1.9 vor unsere Formel 1.11 und ersetzen das „unendlich" (∞) durch Null und n durch h, denn wir wollen ja nun nicht mehr den Grenzwert von n gegen unendlich, sondern den Grenzwert von h gegen null:

$$\lim_{h \to 0} \frac{f(x_2 + h) - f(x_2)}{h}. \tag{1.12}$$

Diesen Ausdruck bezeichnet man als den Differenzialquotienten.

Wir probieren das Ganze mal für unsere Beispielfunktion $f(x) = x^2$ und die Stelle x_2 aus:

$$\lim_{h \to 0} \frac{f(x_2 + h) - f(x_2)}{h} = \lim_{h \to 0} \frac{(x_2 + h)^2 - x_2^2}{h}.$$

Hier verwenden wir nun die erste binomische Formel $(x_2 + h)^2 = x_2^2 + 2x_2 h + h^2$.

$$= \lim_{h \to 0} \frac{x_2^2 + 2x_2 h + h^2 - x_2^2}{h} = \lim_{h \to 0} \frac{2x_2 h + h^2}{h}.$$

Im nächsten Schritt klammern wir ein h aus dem Zähler (oben) aus, was dann mit dem h im Nenner gekürzt wird.

$$= \lim_{h \to 0} \frac{\cancel{h}(2x_2 + h)}{\cancel{h}} = \lim_{h \to 0} (2x_2 + h).$$

Nun können wir $h = 0$ einsetzen, denn die Gefahr, durch null zu teilen, ist nun gebannt. Das Ergebnis ist dann für $x_2 = 1$

$$= 2x_2 = 2 \cdot 1 = 2.$$

Abbildung 1.12 zeigt, dass unsere Berechnungen richtig waren.

Der Differenzialquotient beschränkt sich in dieser Form auf ein ganz spezielles x_2, das wir vorher festgelegt haben. Man kann ihn aber auch genauso für alle x umschreiben. Dazu ersetzt man alle x_2 in der Formel 1.12 durch x.

$$\lim_{h \to 0} \frac{f(x + h) - f(x)}{h} \tag{1.13}$$

Diese Form des Differenzialquotienten gibt uns für eine gegebene Funktion $f(x)$ an jeder Stelle x den Anstieg von $f(x)$. Eine Funktion mit dieser Eigenschaft nennen wir **die Ablei-**

Abb. 1.12 Tangente am Graph von $f(x) = x^2$ an der Stelle a. Der Anstieg der Tangente entspricht exakt dem Anstieg von $f(x)$ in a. In dem blau markierten Bereich wird die Funktion $f(x)$ durch die Gerade sehr gut beschrieben

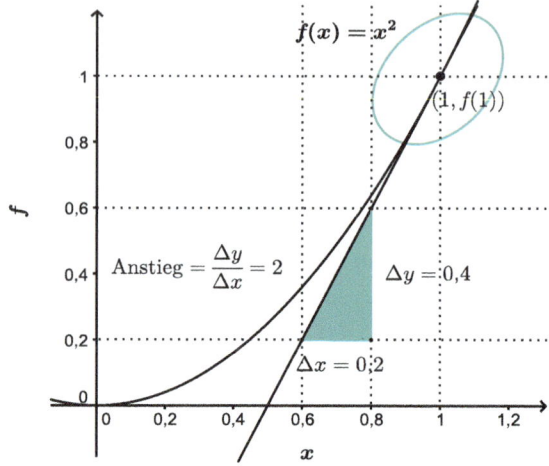

tung von *f(x)*. Das bedeutet, dass die Ableitung von $f(x)$ selbst wieder eine Funktion ist, deren Funktionswerte die Anstiege von $f(x)$ an der Stelle x sind. Für x^2 sieht das wie folgt aus:

$$\lim_{h\to 0} \frac{f(x+h) - f(x)}{h} = \lim_{h\to 0} \frac{(x+h)^2 - x^2}{h} = \lim_{h\to 0} \frac{x^2 + 2hx + h^2 - x^2}{h} = \lim_{h\to 0} \frac{2hx + h^2}{h}.$$

Wir können nun h im Zähler ausklammern:

$$\lim_{h\to 0} \frac{2hx + h^2}{h} = \lim_{h\to 0} \frac{h(2x+h)}{h} = \lim_{h\to 0} (2x + h) = 2x.$$

h geht gegen null und somit bleibt $2x$ übrig, was der 1. Ableitung von x^2 entspricht. Für die 1. Ableitung gibt es zwei gängige Schreibweisen:

Schreibweisen für die 1. Ableitung

$$f'(x) = \frac{\mathrm{d}}{\mathrm{d}x} f(x)$$

Es kann natürlich auch sein, dass die Variable nicht x, sondern t ist. In diesem Fall ist die Schreibweise für die Ableitung

$$f'(t) = \frac{\mathrm{d}}{\mathrm{d}t} f(t).$$

$\frac{\mathrm{d}}{\mathrm{d}x}$ (gesprochen d nach dx) bezeichnet man als Differenzialoperator. Dieser ist prinzipiell nichts anderes als eine Maschine, die einer gegebenen Funktion ihre Ableitung zuordnet, und zwar jeweils an der Stelle x. Das Prinzip ist dasselbe wie das, was wir gerade benutzt haben.

1.4 Differenzialrechnung

Wir verweilen noch kurz bei unserer Beispielfunktion. Deren Ableitung ist $\frac{d}{dx}x^2 = 2x$. Wir können nun ein paar Werte in die Ableitung einsetzen, um zu prüfen, ob unsere Behauptung stimmt. Für $x = 0$ ist die erste Ableitung null. Das bedeutet, dass $f(x)$ an dieser Stelle keinen Anstieg besitzt. Wie wir aus dem Schaubild ablesen können, haben wir recht behalten, und für die Stelle $x = 1$ haben wir die Behauptung gerade überprüft.

1.4.3 Zweite Ableitung und Extrema

Die wichtigste Bedeutung der ersten Ableitung liegt in der Betrachtung der Extrema einer Funktion. Dabei geht es um Stellen, an denen die Funktion Hoch- oder Tiefpunkte hat. Bei beiden Möglichkeiten ist die 1. Ableitung an diesen Stellen gleich null, aber um sagen zu können, um was es sich dabei handelt, benötigt man die 2. Ableitung von $f(x)$.

Das Prinzip ist dasselbe wie bei der 1. Ableitung, nur dass wir statt der eigentlichen Funktion ihre Ableitung in den Differenzialquotienten einsetzen. Daraus ergibt sich fast von selbst, dass die 2. Ableitung gerade die Anstiege der 1. Ableitung an der Stelle x beschreibt. Für die Funktion $f(x)$ gibt die 2. Ableitung das Krümmungsverhalten an.

> **2. Ableitung**
> Für die 2. Ableitung leitet man die 1. Ableitung nochmal nach x oder t ab. Das ergibt
> $$f''(x) = \frac{d^2}{dx^2} f(x) = \frac{d}{dx} f'(x)$$
> beziehungsweise
> $$f''(t) = \frac{d^2}{dt^2} f(t) = \frac{d}{dt} f'(t).$$

Stellt man sich die Funktion wie eine ebene Straße aus der Vogelperspektive vor (man schaut also auf die x-y-Ebene), auf der ein Motorradfahrer in positive x-Richtung entlangfährt, dann ergibt ein positiver Wert der 2. Ableitung an der Stelle x eine Linkskurve für den Motorradfahrer, ein negativer Wert dagegen eine Rechtskurve. Je weiter die Zahl von null entfernt ist, umso enger ist die Kurve beziehungsweise desto höher ist die Neigung des Fahrers, um die Kurve überhaupt nehmen zu können. Für eine Null gibt es daher zwei Möglichkeiten: Entweder fährt das Motorrad für einen bestimmten Bereich geradeaus oder die Kurve wechselt von einer Links- in eine Rechtskurve beziehungsweise umgekehrt.

Entsprechend kann sich ein Maximum nur in einer Rechtskurve und ein Minimum nur in einer Linkskurve befinden.

Tab. 1.3 Spezielle Ableitungen einiger wichtiger Funktionen

Funktion	1. Ableitung	2. Ableitung
$\exp(x)$	$\exp(x)$	$\exp(x)$
$\ln(x)$	$\frac{1}{x}$	$-\frac{1}{x^2}$
$\sin(x)$	$\cos(x)$	$-\sin(x)$
$\cos(x)$	$-\sin(x)$	$-\cos(x)$
$\tan(x)$	$1 + \tan^2(x) = \frac{1}{\cos^2(x)}$	$2 \cdot \tan(x) \cdot (1 + \tan^2(x))$
x^n	$n \cdot x^{n-1}$	$n \cdot (n-1) \cdot x^{n-2}$

Hochpunkt, Tiefpunkt, Sattelpunkt

Wenn die 1. Ableitung an der Stelle x gleich null ist, kann es ein Hochpunkt, Tiefpunkt oder Sattelpunkt sein. In allen Fällen betrachtet man die 2. Ableitung an der Stelle x_0.

Die zweite Ableitung ist in x_0 ...	Art der Extremstelle
positiv	Tiefpunkt
negativ	Hochpunkt
null	Sattelpunkt

An dieser Stelle muss man hinzufügen, dass es noch eine weitere Möglichkeit gibt. Beispielsweise hat $f(x) = x^4$ ein Minimum an der Stelle $x = 0$. Beide Ableitungen sind jedoch an dieser Stelle null. Das heißt, man würde auf einen Sattelpunkt schließen, welcher allerdings nicht da ist. Weist die 2. Ableitung an dieser Stelle keinen Vorzeichenwechsel auf, kann es sich nicht um einen Wendepunkt und damit auch nicht um einen Sattelpunkt handeln. Entsprechend ist es ein Hoch- oder Tiefpunkt.

Mit den Ableitungen kann man so weiterverfahren und erhält nach dem immer gleichen Prinzip die 3. Ableitung, die 4, die 5. und so weiter. Jede beschreibt die Anstiege ihres Vorgängers und das Kurvenverhalten ihres Vorvorgängers.

Am Ende dieses Abschnitts möchten wir noch Tab. 1.3 mit den wichtigsten speziellen Ableitungen zeigen. Die Variable, nach der abgeleitet wird, ist x. Wenn die Funktionen von t abhängen – oder von welcher Variable auch immer – funktioniert das übrigens ganz genauso.

1.4.4 Ableitungsregeln

Häufig sind die Funktionen, mit denen man sich beschäftigt, verschachtelt. In so einem Fall kann man sich der folgenden Ableitungsregeln bedienen.

1.4 Differenzialrechnung

Konstanter Faktor und Summenregel

Ein Faktor, der nicht von der jeweiligen Variable abhängt, bleibt bestehen und wird nicht mit abgeleitet. Bei einer Funktion, die aus einer Summe besteht, kann man die Summenglieder einzeln ableiten.

> **Konstanter Faktor und Summenregel**
> Mit einer Konstante a gilt für $f(x) = a \cdot g(x)$ die folgende Ableitungsregel (konstanter Faktor):
> $$(a \cdot g(x))' = a \cdot g'(x)$$
> und bei einer Funktion $f(x) = g(x) + h(x)$ kann man sich der Summenregel bedienen:
> $$(g(x) + h(x))' = g'(x) + h'(x).$$

Kettenregel

Wir haben in der Gl. 1.8 auf Seite 23 das α durch den Wendepunkt ersetzt, weil wir diesen aus den gegebenen Messwerten besser abschätzen können. Mit dem Konzept der Differenzialrechnung können wir nun diese Umformung erklären. Die Idee besteht darin, den Wendepunkt einer allgemeinen Gompertz-Kurve zu berechnen, den abgelesenen Punkt einzusetzen und nach α umzustellen.

Der erste Schritt besteht darin, die beiden ersten Ableitungen der allgemeinen Gompertz-Funktion

$$N(t) = N_{stat} \exp\left(\ln\left(\frac{y_0}{N_{stat}}\right) \exp(-\alpha t)\right)$$

zu berechnen. Ihr benötigt dazu die Kettenregel. Diese besagt, dass man bei einer verschachtelten Funktion wie dieser jeden einzelnen Teil von innen heraus ableiten muss.

> **Kettenregel für einfache und doppelte Verschachtelungen**
> Die Kettenregel für eine einfache Verschachtelung lautet:
> $$f(g(x))' = g'(x) \cdot f'(g(x)). \tag{1.14}$$
> Für eine doppelte Verschachtelung lautet sie:
> $$f(g(h(x)))' = h'(x) \cdot g'(h(x)) \cdot f'(g(h(x))). \tag{1.15}$$

Man kann sich das Prinzip wie bei einer Kiste vorstellen, in der eine Kiste liegt, in der wiederum eine Kiste liegt usw. Wir nehmen den gesamten Kistenkomplex auseinander und stellen alle Kisten, in denen die Variable – in unserem Fall t – vorkommt, nebeneinander. Alles, was mit der Variable nichts zu tun hat, belassen wir an seinem Ort. Dann beginnen wir mit dem Ableiten der Kisten. Die Reihenfolge spielt dabei eigentlich keine Rolle, aber wir werden der Übersichtlichkeit halber von innen beginnen.

$$N(t) = \underbrace{N_{stat} \exp}_{f} \left(\underbrace{\ln\left(\frac{y_0}{N_{stat}}\right) \exp\underbrace{(-\alpha t)}_{h(t)}}_{g} \right)$$

$$\underbrace{\phantom{N_{stat} \exp \left(\ln\left(\frac{y_0}{N_{stat}}\right) \exp(-\alpha t) \right)}}_{f(g(h(t)))}$$

$$N'(t) = f(g(h(t)))' = h'(t) \cdot g'(h(t)) \cdot f'(g(h(t))).$$

Unsere erste Kiste von $f(g(h(t)))$ ist $h(t) = -\alpha t$. Abgeleitet ergibt das $h'(t) = -\alpha$.

$$N'(t) = f(g(h(t)))' = -\alpha \cdot g'(h(t)) \cdot f'(g(h(t))).$$

Bei der zweiten Kiste handelt es sich um $g(h(t))$. In ihr ist die erste Kiste enthalten. Für die Ableitung von $g(h(t)) = \ln\left(\frac{y_0}{N_{stat}}\right) \exp(-\alpha t)$ beachten wir drei Dinge: die einfache Kettenregel 1.14, die spezielle Ableitung der Exponentialfunktion aus Tab. 1.3 von Seite 34 und dass sich **eine Konstante, die nicht von t abhängig ist**, bei der Ableitung nicht verändert.

$$g(h(t)) = \ln\left(\frac{y_0}{N_{stat}}\right) \cdot \underbrace{\exp(-\alpha t)}_{\text{Kettenregel}}$$

$$g(h(t))' = h'(t) \cdot g'(h(t)) = \underbrace{-\alpha t}_{h'(t)} \cdot \underbrace{\ln\left(\frac{y_0}{N_{stat}}\right) \cdot \exp(-\alpha t)}_{g'(h(t))}. \quad (1.16)$$

Nun bleibt nur noch die dritte Kiste $f(g(h(t)))$ übrig, aus der wir die ersten beiden herausgeholt haben.

$$N(t) = N_{stat} \exp\left(\ln\left(\frac{y_0}{N_{stat}}\right) \exp(-\alpha t) \right).$$

Auch hier gibt es wieder eine Konstante (N_{stat}), die bei der Ableitung unverändert bleibt, und die Exponentialfunktion. Fügen wir nun alles zusammen, erhalten wir

$$N'(t) = \underbrace{-\alpha \cdot \ln\left(\frac{y_0}{N_{stat}}\right) \exp(-\alpha t)}_{\text{Gl. 1.16}} \cdot N_{stat} \exp\left(\ln\left(\frac{y_0}{N_{stat}}\right) \exp(-\alpha t) \right).$$

Produktregel

Wir müssen noch einmal ableiten, haben nun aber ein Produkt von zwei Funktionen ($m(t)$ und $n(t)$), die beide von t abhängen. Dazu benutzt man die Produktregel.

1.4 Differenzialrechnung

> **Produktregel**
> Die Produktregel für eine Funktion $f(x) = g(x) \cdot h(x)$ lautet:
> $$(g(x) \cdot h(x))' = g'(x) \cdot h(x) + g(x) \cdot h'(x). \tag{1.17}$$

Wenn ihr nun diese Regel auf den Ausdruck anwendet, wird er beängstigend groß. Daher machen wir einen kleinen Kunstgriff. Wir ersetzen $\ln(\frac{y_0}{N_{stat}})$ durch C. Da es sich dabei um eine Konstante handelt, können wir dabei auch nichts falsch machen. Außerdem lässt sich der Ausdruck dann besser überblicken.

$$N'(t) = -\alpha \cdot \ln\left(\frac{y_0}{N_{stat}}\right) \exp(-\alpha t) \cdot N_{stat} \exp\left(\ln\left(\frac{y_0}{N_{stat}}\right) \exp(-\alpha t)\right)$$

$$N'(t) = \underbrace{-\alpha \cdot C \exp(-\alpha t)}_{m(t)} \cdot \underbrace{N_{stat} \exp(C \exp(-\alpha t))}_{n(t)}.$$

Wir leiten ab. Dazu benutzen wir die Produktregel und wieder die Kettenregel.

$$N''(t) = \underbrace{(-\alpha) \cdot (-\alpha) \cdot C \exp(-\alpha t)}_{m'(t)} \cdot \underbrace{N_{stat} \exp(C \exp(-\alpha t))}_{n(t)}$$

$$+ \underbrace{(-\alpha) \cdot C \exp(-\alpha t)}_{m(t)} \cdot \underbrace{N_{stat} \cdot (-\alpha) \cdot C \exp(-\alpha t) \cdot \exp(C \exp(-\alpha t))}_{n'(t)}$$

Damit wir einen besseren Überblick bekommen, klammern wir ein paar Dinge aus. In beiden Summanden kommen nämlich zweimal $(-\alpha)$, einmal $C \exp(-\alpha t)$, einmal N_{stat} und einmal $\exp(C \exp(-\alpha t))$ vor.

$$N''(t) = \underbrace{\alpha^2 \cdot C \exp(-\alpha t) \cdot N_{stat} \exp(C \exp(-\alpha t))}_{A} \cdot \underbrace{(1 + C \exp(-\alpha t))}_{B}.$$

Nun setzen wir $N''(t)$ gleich null, da wir den Wendepunkt errechnen wollen, und müssen ein wenig argumentieren. Der Ausdruck wird nur dann null, wenn entweder der Faktor A oder der Faktor B null werden. Schauen wir uns zunächst den Faktor A an. Der besteht, abgesehen von ein paar Konstanten, nur aus Exponentialfunktionen. Die können allein nie null werden (s. Abschn. 1.2.2 oder Abb. 1.3 auf S. 7).

Das bedeutet aber, dass wir uns nur Faktor B widmen müssen.

$$0 = \underbrace{\alpha^2 \cdot C \exp(-\alpha t) \cdot N_{stat} \exp(C \exp(-\alpha t))}_{\neq 0} \cdot \underbrace{(1 + C \exp(-\alpha t))}_{=0 \text{ für } C \exp(-\alpha t) = -1}.$$

Wir stellen nun

$$C \exp(-\alpha t) = -1$$

nach α um. Es sei an dieser Stelle auf die Logarithmusregeln in Abschn. 1.2.2 verwiesen. **Zuerst teilen wir durch C** und dann wenden wir auf beiden Seiten den natürlichen Logarithmus (ln) an.

$$\ln(\exp(-\alpha t)) = \ln\left(\frac{-1}{C}\right)$$

Dann verwenden wir die Logarithmusregeln 1.2 und 1.3 von Seite 11.

$$\underbrace{\ln(\exp(-\alpha t))}_{1.3} = \underbrace{-\ln\left(\frac{1}{C}\right)}_{1.2}$$

$$(-\alpha t) = (\ln(1) - \ln(-C)).$$

Als letzte Schritte teilen wir noch durch $(-t)$, werfen einen kleinen Blick auf Abb. 1.3 auf Seite 7, der uns verrät, dass $\ln(1)$ gleich null ist, und zu guter Letzt machen wir unsere Vereinfachung $\ln(\frac{y_0}{N_{stat}}) = C$ wieder rückgängig:

$$\alpha = \frac{\ln(-C)}{t}$$

$$\alpha = \frac{\ln\left(-\ln\left(\frac{y_0}{N_{stat}}\right)\right)}{t}. \tag{1.18}$$

Lassen wir kurz die Berechnungen noch einmal Revue passieren. Wir wollten den Wendepunkt der allgemeinen Gompertz-Kurve von Seite 18 berechnen und diesen nach α umstellen. Das Ziel war es, α nicht mehr als unbekannten Parameter sehen zu müssen, sondern ihn stattdessen in unsere Anpassungen mit einzubeziehen. Dazu leiteten wir die Gompertz-Gleichung zweimal nach t ab. Das Null-Setzen der 2. Ableitung und das anschließende Umstellen nach α lieferte uns die Gl. 1.18, auf Seite 23. Ohne diese Berechnung müsste man den Wendepunkt als dritten Fixpunkt neben N_{stat} und y_0 schätzen, was etwas unbefriedigend wäre.

Quotientenregel

Der Vollständigkeit halber wollen wir den Ableitungsregeln noch die Quotientenregel hinzufügen. Sie wird ähnlich wie die Produktregel benutzt.

Quotientenregel
Die Quotientenregel für eine Funktion $f(x) = \frac{g(x)}{h(x)}$ lautet:

$$\left(\frac{g(x)}{h(x)}\right)' = \frac{g'(x) \cdot h(x) - g(x) \cdot h'(x)}{h(x)^2}. \tag{1.19}$$

Wir benutzen die Quotientenregel, wenn wir einen Ausdruck ableiten müssen, der aus zwei Funktionen, die durch einen Bruchstrich getrennt werden, besteht. Als Beispiel leiten wir den Ausdruck

$$f(x) = \frac{\sin(x)}{\cos(x)}$$

ab. Das bedeutet, dass $u(x) = \sin(x)$ und $v(x) = \cos(x)$ ist. Die 1. Ableitung von $\sin(x)$ ist $u'(x) = \cos(x)$ und von $\cos(x)$ lautet sie $v'(x) = -\sin(x)$. Beide Ableitungen sind in Tab. 1.3 auf Seite 34 notiert. Wir leiten also ab, wie es uns die Rechenregel 1.19 vorschreibt.

$$f'(x) = \left(\frac{\sin(x)}{\cos(x)}\right)' = \frac{\cos(x) \cdot \cos(x) - \sin(x) \cdot (-\sin(x))}{\cos^2(x)} = \frac{\cos^2(x) + \sin^2(x)}{\cos^2(x)}.$$

Dann können wir nutzen, dass $\cos^2(x) + \sin^2(x) = 1$ gilt (s. Gl. 1.5 auf S. 16)

$$f'(x) = \frac{\cos^2(x) + \sin^2(x)}{\cos^2(x)} = \frac{1}{\cos^2(x)}.$$

Wir können das nun überprüfen, indem wir unser Ergebnis mit der 1. Ableitung von $\tan(x)$ in der Tab. 1.3 auf Seite 34 vergleichen, denn

$$\tan(x) = \frac{\sin(x)}{\cos(x)} \qquad \text{(s. dazu Gl. 1.6 auf S. 16)}.$$

1.5 Integralrechnung

1.5.1 Wer braucht schon Flächen unter Kurven?

Den Flächeninhalt unter einer Kurve zu berechnen, hat nicht nur einen rein geometrischen Nutzen. Nehmen wir beispielsweise eine Kurve, die die Geschwindigkeit einer Enzymreaktion im Laufe der Zeit beschreibt. Der Flächeninhalt zwischen ihr und der x-Achse kann z. B. die Menge des Substrats, das umgewandelt wird, darstellen.

Man kann die berechneten Gompertz-Kurven aus Abschn. 1.2.3 benutzen, um abzuschätzen, wie viel Diaminopimelinsäure die Bakterienpopulationen während ihres Wachstums umgesetzt haben.

Ein anderes Beispiel ist die Ausschüttung von Hormonen. Kennt man die Rate, mit der ein Hormon freigesetzt wird, lässt sich daraus die Menge des freigesetzten Hormons berechnen. Auf diese Weise kann man die Effektivität des entsprechenden Prozesses bestimmen und gegebenenfalls optimieren (Bio-Engineering). Bei einer konstanten Ausschüttung des Hormons kann man die Gesamtmenge einfach über die Ausschüttung (A) und die Zeit (t) berechnen. Diese Beziehung lässt sich in einem Koordinatensystem mit einer konstanten Funktion darstellen und über die Flächengröße eines Rechtecks berechnen (At). Bei einem konstanten Anstieg der Hormonkonzentration, der bei null beginnt, wäre es schon schwieriger, aber auch hier hilft die Geometrie weiter, indem man die Fläche unter der Gerade mithilfe der Dreiecksgleichung berechnet, also $\frac{1}{2}A(t)t$.

1.5.2 Mit Rechtecken zum Integral

Die Idee hinter den Integralen ist es, den Flächeninhalt unterhalb einer Kurve durch geometrische Figuren wie Rechtecke, Trapeze oder Dreiecke anzunähern. Wir bleiben der Einfachheit halber bei unserer allseits beliebten Funktion $f(x) = x^2$. Nehmen wir mal an, wir wollen den Flächeninhalt zwischen null und eins berechnen. Die Breite des Rechtecks im ersten Schritt ist eins. Dann setzen wir das Rechteck so in das Koordinatensystem, dass der rechte obere Eckpunkt mit dem Funktionsgraphen abschließt, und die unteren beiden kommen genau auf die x-Achse. Demnach ist der Flächeninhalt (A)

$$A = f(1) \cdot 1 = 1 \cdot 1 = 1.$$

Im nächsten Schritt teilen wir das Intervall in zwei gleichgroße Teile und berechnen die Flächeninhalte der beiden Rechtecke.

$$A = \left(f\left(\frac{1}{2}\right) \cdot \frac{1}{2}\right) + \left(f(1) \cdot \frac{1}{2}\right) = \frac{1}{4} \cdot \frac{1}{2} + \frac{1}{2} = \frac{5}{8}.$$

Auf diese Weise nähern wir uns dem wahren Flächeninhalt von $f(x) = x^2$ immer mehr an, weil durch die Verkleinerung der Rechtecke die Fläche immer besser ausgefüllt werden kann (s. Abb. 1.13). Wir versuchen das Ganze mal etwas allgemeiner zu fassen und beschränken das Intervall, in dem wir die Flächenberechnung anstellen wollen, auf der linken Seite mit a und auf der rechten Seite mit b. Dann teilen wir das Intervall in n gleichgroße Stücke auf, die jeweils die Breite dx haben. Zu guter Letzt nummerieren wir die Teilintervalle von 1 bis n.

Man kann nun an jeder rechten Grenze (x_i mit ($i = 1, 2, 3, 4, \ldots n$)) der Teilintervalle den Funktionswert $f(x_i) = x_i^2$ berechnen. Wir tun also dasselbe, wie mit zwei Rechtecken, nur jetzt mit einer Anzahl von n. Die Fläche eines jeden Rechtecks lässt sich mit unseren neuen Bezeichnungen wie folgt berechnen:

$$f(x_i) \cdot dx$$

Dann summieren wir alle Teile auf, wie wir es oben getan haben:

$$\sum_{i=1}^{n} f(x_i) \cdot dx.$$

Diese Vorschrift ermöglicht es uns, den Flächeninhalt der Funktion immer besser anzunähern, je schmaler wir die Einteilung (also die Breite der Rechtecke) vornehmen (s. Abb. 1.13).

1.5 Integralrechnung

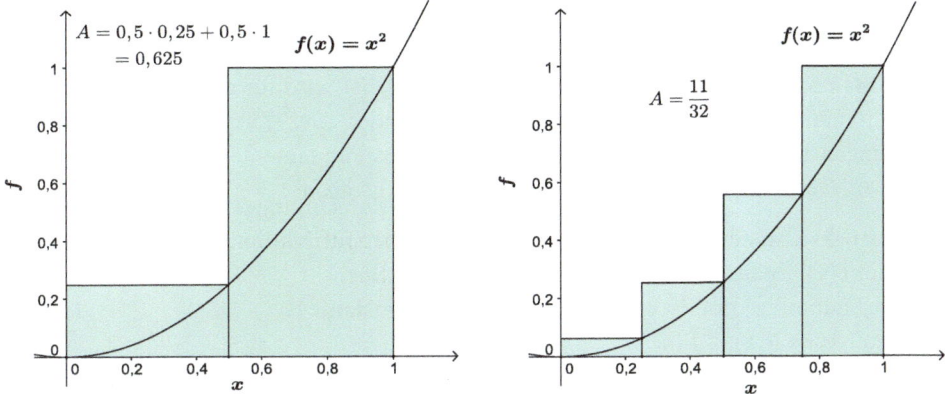

Abb. 1.13 Annäherung an den wahren Flächeninhalt von $f(x) = x^2$ durch Verringerung der Rechteckbreite

Der nächste Schritt ist die Überlegung, was passiert, wenn wir die Rechtecke unendlich (engl. *infinity*) schmal werden lassen. Man spricht auch von infinitesimal schmalen Rechtecken. Die Breite konvergiert also gegen null. Falls ihr noch nicht ganz mit dem Begriff Konvergenz vertraut seid, werft einen Blick auf die entsprechende Erklärung auf Seite 25. Wir schreiben den Limes vor die Summe. So zeigen wir, dass wir die Anzahl der Rechtecke immer größer und in diesem Zusammenhang die Breite jedes einzelnen (dx) immer kleiner werden lassen wollen:

$$\lim_{n \to \infty} \sum_{i=1}^{n} f(x_i) \cdot dx.$$

Wir ersetzen x_1 durch a und x_n durch b. Damit kommen wir zur geläufigeren Schreibweise

$$\lim_{n \to \infty} \sum_{i=1}^{n} f(x_i) \cdot dx = \int_{a}^{b} f(x)\, dx. \tag{1.20}$$

Sie besagt, dass wir über infinitesimal kleine Rechtecke von a bis b summieren.

1.5.3 Der Fundamentalsatz der Analysis

Dem aufmerksamen Leser wird aufgefallen sein, dass wir nun zwar eine ganz hübsche Schreibweise für unser Problem, aber leider noch immer keine universelle Gleichung zum Ausrechnen des Flächeninhalts haben. Das Warten hat ein Ende. Die Lösung für dieses Problem entwickelten Leibniz und Sir Isaac Newton unabhängig voneinander und formulierten es im Fundamentalsatz der Analysis. Dieser wird auch häufig als der **Hauptsatz der**

Differenzial- und Integralrechnung bezeichnet. Die Lösung besteht darin, die Stammfunktion ($F(x)$) von $f(x)$ zu bilden.

Die Stammfunktion $F(x)$ ergibt abgeleitet $f(x)$. Daher wird für das Bilden der Stammfunktion häufig der Begriff des Aufleitens verwendet. Der Zusammenhang zwischen Ableitungen und Stammfunktionen wird durch den Fundamentalsatz der Analysis beschrieben. Genauer gesagt macht er drei praktische Aussagen:

1. Jede stückweise stetige Funktion $f(x)$ besitzt eine Stammfunktion $F(x)$, welche abgeleitet wieder $f(x)$ ergibt, also $F'(x) = f(x)$.
2. Diese Stammfunktion ist eindeutig, bis auf eine Konstante c.
3. $\int_a^b f(x)\,\mathrm{d}x = F(b) - F(a)$

> **Wie man den Flächeninhalt ausrechnen kann**
> Der erste Schritt ist das Bilden der Stammfunktion $F(x)$. Dazu können euch die Rechenregeln für die Integration helfen. Habt ihr die Stammfunktion gebildet, müsst ihr für x die beiden Grenzen (a und b) einsetzen. Dann bleibt nur noch, die Differenz ($F(b) - F(a)$) zu bilden und schon seid ihr fertig. Wollt ihr zwischen zwei Kurven den Flächeninhalt errechnen, so könnt ihr entweder beide Flächeninhalte unabhängig voneinander ausrechnen und dann voneinander abziehen oder die Funktionen gleich voneinander abziehen. Sonst unterscheidet sich vom oben beschriebenen Verfahren nichts.
> **Vorsicht** ist noch anzuraten, wenn sich Funktionen mehrmals schneiden oder die einzelne Funktion die x-Achse mehrmals schneidet. Dann bleibt einem leider nichts anderes übrig, als jeweils von einem Schnittpunkt zum nächsten zu integrieren. Andernfalls riskiert man, dass der Flächeninhalt verfälscht wird.

Der Fundamentalsatz der Analysis bietet uns also die Möglichkeit, den Flächeninhalt unter einer jeden stetigen Funktion zu berechnen. Zu unstetigen Funktionen sei nur soviel gesagt: Solltet ihr tatsächlich mal über eine unstetige Funktion stolpern, also eine, die man nicht mit dem Stift durchzeichnen kann und die ihr integrieren müsst, so teilt ihr sie in stetige Teilstücke auf und verfahrt mit diesen Teilstücken auf dieselbe Weise wie oben.

Beispiel 1.3

Woher weiß eine Zelle, was sie tun muss, wann sie sich differenzieren oder sterben muss? Diese Frage ist ein Teil der Arbeit unseres Otto Normalbiologen Dr. Arnold. Die Hypothese basiert auf einem Aktions-Reaktions-Prinzip. Der Ligand, ein Stoff wie beispielsweise ein Hormon, der an einen Rezeptor andockt, um einen Signalweg anzuregen, besitzt eine bestimmte Konzentration im Körper. Nach und nach docken einzelne Moleküle dieses Liganden an den Rezeptor, welcher ein Signal an die Zelle weitergibt. Diese steuert über verschiedene Gene die Ausschüttung bestimmter Proteine, welche wiederum das Schicksal der Zelle beeinflussen. Da Zellen allerdings nicht nur einen Re-

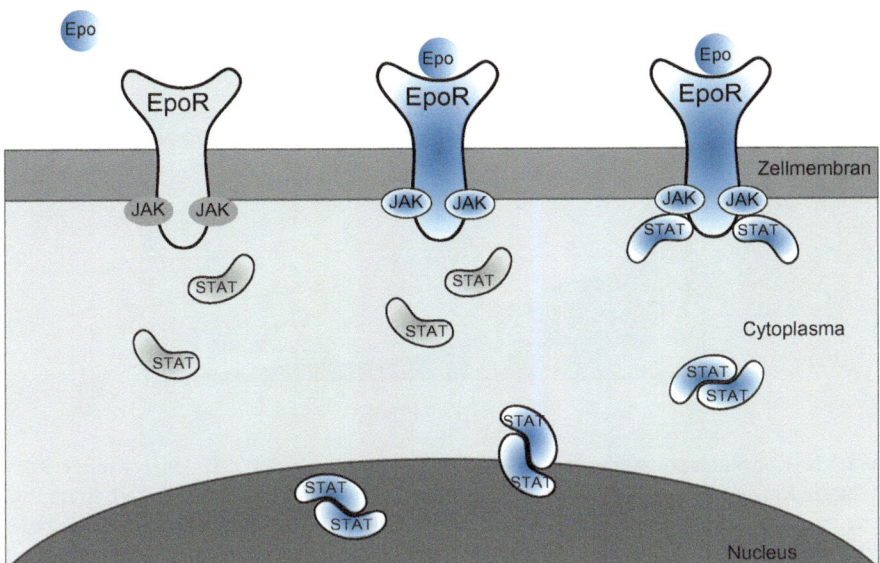

Abb. 1.14 Schema des EpoR-JAK2-STAT5-Signalwegs. Dargestellt sind das Andocken des Epo an den Rezeptor EpoR und die anschließende Aktivierung der einzelnen Komponenten (*blau*) sowie die Dimerisierung der STAT-Proteine und deren Eindringen in den Zellkern (Nucleus). Da entlang der Zellmembran sehr viele Rezeptoren angesiedelt sind, laufen die verschiedenen Teile dieses Prozesses an verschiedenen Rezeptoren simultan ab

zeptor haben und die Konzentration des Liganden auch nicht auf eine kleine Menge an Molekülen beschränkt ist, muss in der Zelle ein Mechanismus existieren, der verhindert, dass eine Zelle beim erstbesten Signal sofort mit ihrer Reaktion loslegt. Wir ziehen ein kleines Beispiel heran [16].

In der Niere detektiert der hypoxieinduzierende Faktor (HIF) die verringerte Sauerstoffsättigung und erhöht die Produktion von Erythropoietin – kurz Epo –, das die Bildung von Erythrozyten im Knochenmark anregt. Die Epo-Rezeptoren der Vorläuferzellen binden das Hormon und erhalten so das Signal, sich zu differenzieren und rote Blutkörperchen zu bilden. Diese binden mit ihrem Hämoglobin den Sauerstoff und erhöhen die Sauerstoffsättigung zur Versorgung aller Gewebe des Körpers mit Sauerstoff, wodurch HIF die Transkription des Epo-Gens wieder herunterfährt.

Wir werfen einen tieferen Blick in diesen Signalweg. Es beginnt mit dem Liganden Erythropoietin, das an den zugehörigen Rezeptor (EpoR) auf der Zellmembran andockt. Es kommt zu einer Konformationsänderung, wodurch sich die JAK2-Proteine (Janus-Kinase) einander annähern. Die Janus-Kinase ist eine Tyrosinkinase, das bedeutet, sie phosphoryliert Tyrosine in einer bestimmten Umgebung. Durch die Annäherung der beiden Proteine, die als Katalysator fungieren, phosphorylieren sie sich erst gegenseitig und dann die angrenzenden Tyrosine entlang des Rezeptors. An die so entstandenen

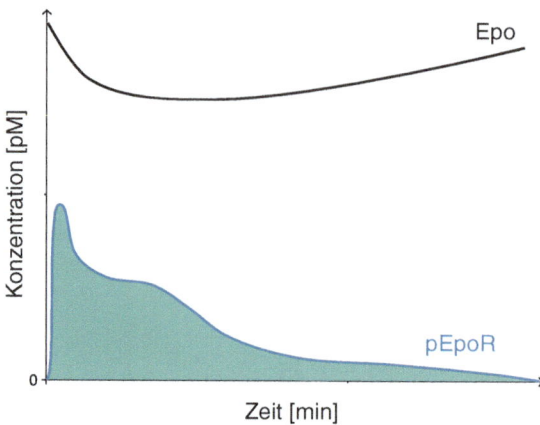

Abb. 1.15 Konzentrationsänderung von Epo und pEpoR mit der Zeit. Die schwarze Kurve beschreibt die Konzentration ungebundenen Erythropoietins (Epo) im Laufe der Zeit. Erst nimmt die Konzentration ab, steigt zum Ende hin jedoch wieder leicht an. Mit der blauen Kurve wird die Menge der gerade phosphorylierten Epo-Rezeptoren (pEpoR) beschrieben. Der Flächeninhalt entspricht demnach der gesamten Menge an pEpoR über den Zeitraum. Dieser Zeitraum beträgt zwischen 240 und 300 Minuten [16]

phosphorylierten Tyrosinreste docken STAT5-Proteine an, die ihrerseits von den JAKs phosphoryliert werden. Sobald dies geschehen ist, lösen sich die STATs von ihren Andockstationen und dimerisieren. Nur in dieser Form gelangen sie in den Zellkern und können die Transkription initiieren. Das durch JAK2 phosphorylierte STAT5-Dimer startet nun unter anderem die Differenzierung der Zelle [3]. Die Abb. 1.14 zeigt eine grafische Darstellung dieses Prozesses.

Entlang der Zellmembran befinden sich sehr viele Rezeptoren und ein einzelnes STAT-Dimer startet nicht die Differenzierung der Zelle. Vielmehr handelt es sich um einen Massenprozess. Die genauen Mechanismen werden noch untersucht. Dazu werden mathematische Modellierungen herangezogen, um die Vorstellungen von den Mechanismen mit den gemessenen Daten zu überprüfen. Wir werden nun einmal versuchen, die Modellierung von Schneider et al. zu erklären [16].

Die Konzentration des Liganden, in unserem Fall des Erythropoietins, nimmt aufgrund des Blutverlusts rapide zu. Sobald die erhöhte Menge des Hormons die Vorläuferzellen erreicht, beginnen sie damit, an die Rezeptoren (EpoR) anzudocken, wodurch die Konzentration freien Epos wieder abnimmt. Dies wird in Abb. 1.15 durch den Verlauf der schwarzen Kurve beschrieben. Die Funktionswerte nehmen erst stark ab und dann langsam wieder zu. Dies ist wohl darauf zurückzuführen, dass die Anzahl freier Rezeptoren abnimmt, wodurch sich die Menge des freien Hormons reguliert. Die zweite Kurve zeigt, wie viele Rezeptoren aktuell phosphoryliert, also aktiviert werden. Integriert man über diese Menge, erhält man die Gesamtzahl der phosphorylierten EpoR. Diese

Abb. 1.16 Anreicherung von STAT-Dimeren im Zellkern im Laufe der Zeit. Sobald die Konzentration der STAT-Dimere einen entsprechenden Schwellenwert übersteigt, wird die Differenzierung der Zelle in Gang gesetzt, wodurch neue Erythrozyten gebildet werden [16]

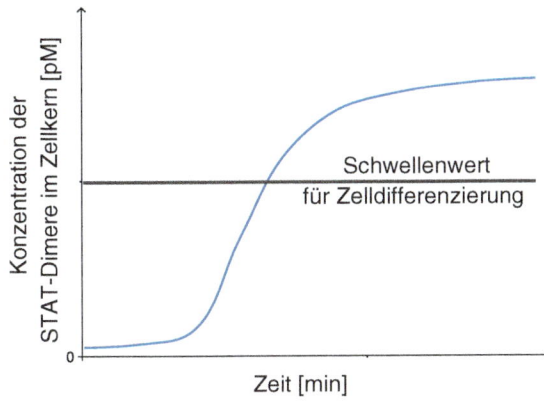

sind wiederum die Basis für das Andocken der STAT-Proteine. So wird das Signal in Form eines Massenverhaltens von Proteinen übertragen. Jeder dieser einzelnen Schritte benötigt immer etwas Zeit, bevor der Prozess sich fortsetzen kann. Bei jedem einzelnen Abschnitt integriert man über die Menge der aktivierten Proteine, um die Gesamtmenge der Aktivierung zu erhalten.

Am Ende dieses ganzen Aktivierungspfades kann man die Konzentration von STAT-Dimeren im Zellkern messen. Wir haben sie der Einfachheit halber sigmoidal dargestellt (s. Abb. 1.16). Natülich ist auch hier die Realität komplizierter, da verschiedene Inhibitoren die einzelnen Aktivierungsvorgänge behindern. Jedes dieser Dimere initiiert eine Transkription verschiedener für die Differenzierung der Vorläuferzelle notwendiger Gene, sodass der Vorgang ab einer bestimmten Menge an Dimeren beginnen kann.

Wie bereits erwähnt, wird an verschiedenen Stellen dieses Signalwegs noch geforscht. Dabei geht es vor allem darum, eine quantitative Vorstellung davon zu bekommen, welche Möglichkeiten die Zelle besitzt, den Vorgang zu inhibieren oder zu beschleunigen [3]. Dabei stellen mathematische Modelle den Bezug zwischen der qualitativen Vorstellung und den quantitativen Ergebnissen verschiedener Messungen dar. □

1.5.4 Integrationsregeln

Anders als bei der Differenzialrechnung genügt es bei der Integration nicht, ein paar Rechenregeln anzuwenden, um auf die Stammfunktion zu schließen. Allgemein kann man allerdings überprüfen, ob eine gegebene Funktion die Stammfunktion ist, indem man sie ableitet. Für einige Funktionen, vor allem die Bausteine, mit denen wir uns bereits beschäftigt haben, gibt es spezielle Stammfunktionen. Wir haben ein paar davon in Tab. 1.4 dargestellt.

Tab. 1.4 Spezielle Stammfunktionen einiger wichtiger Funktionen

Funktion	Stammfunktion
$\exp(x)$	$\exp(x) + c$
$\frac{1}{x}$	$\ln(x) + c$
$\sin(x)$	$-\cos(x) + c$
$\cos(x)$	$\sin(x) + c$
$\frac{1}{\cos^2(x)}$	$\tan(x) + c$
x^n	$\frac{1}{n+1} \cdot x^{n+1} + c$

Konstanter Faktor und Summenregel

Ähnlich der Regeln für die Ableitungen (s. Abschn. 1.4.4, S. 34) können wir die Summanden einer Summe von Funktionen einzeln integrieren. Darüber hinaus bleiben auch hier wieder die Konstanten unberührt und werden nicht mit integriert.

Regel des konstanten Faktors, Summenregel

Die Regel des konstanten Faktors k für $f(x) = k \cdot g(x)$ lautet:

$$\int_a^b k \cdot g(x)\,\mathrm{d}x = k \cdot \int_a^b g(x)\,\mathrm{d}x$$

Für die Summe $f(x) = g(x) + h(x)$ gilt die Summenregel:

$$\int_a^b g(x) + h(x)\,\mathrm{d}x = \int_a^b g(x)\,\mathrm{d}x + \int_a^b h(x)\,\mathrm{d}x.$$

Substitutionsregel

Bei verschachtelten Funktionen kann man die **Substitutionsregel** benutzen.

Substitutionsregel

Für eine verschachtelte Funktion $f(x) = g(h(x))$ gilt:

$$\int_a^b g(h(x)) \cdot h'(x)\,\mathrm{d}x = \int_{h(a)}^{h(b)} g(y)\,\mathrm{d}y \text{ mit } y = h(x) \text{ und } \mathrm{d}y = h'(x)\mathrm{d}x.$$

Damit die Erfolgsaussichten mit dieser Regel gut sind, benötigt man die Voraussetzung, dass die innere Funktion ($h(x)$) als Ableitung noch einmal vorhanden sein muss. Nehmen wir das Beispiel $f(x) = 2x \cdot \sin(x^2)$. Bei der Anwendung der Substitutionsregel nehmen wir $h(x)$ und setzen die Integrationsgrenzen ein. Bei $h(x) = x^2$ sind das demnach $0^2 = 0$ und $\pi^2 \cdot h'(x)$ lassen wir genauso weg wie h(x), so bleibt:

1.5 Integralrechnung

$$\int_0^\pi \underbrace{\sin(x^2)}_{g(h(x))} \cdot \underbrace{2x}_{h'(x)} \, dx = \int_{0^2}^{\pi^2} \sin(y) \, dy.$$

Nun bilden wir die Stammfunktion von $\sin(y)$. Das ist $F(y) = -\cos(y)$. Dann setzen wir die Grenzen ein und ziehen die beiden voneinander ab:

$$\int_{0^2}^{\pi^2} \sin(y) \, dy = [\sin(y)]_0^{\pi^2} = \left(\sin(\pi^2) - \underbrace{\sin(0)}_{=0} \right) = \sin(\pi^2).$$

Partielle Integration

Manchmal hat man ein Produkt von Funktionen, das man integrieren will. Dann benutzt man häufig die folgende Regel.

> **Partielle Integration**
> Die Regel zur partiellen Integration lautet:
> $$\int_a^b g'(x) \cdot h(x) \, dx = [g(x) \cdot h(x)]_a^b - \int_a^b g(x) \cdot h'(x) \, dx.$$

Die Regel sieht etwas komplizierter aus, als sie tatsächlich ist. Man benötigt zur Anwendung eine Funktion, die sich leicht integrieren lässt (hier als $g'(x)$ dargestellt), und eine Funktion, die im besten Fall nach der Ableitung zu einer Konstanten wird oder sich auf eine andere Weise vereinfacht. Wir zeigen die Regel einmal am Beispiel $f(x) = \exp(x) \cdot x$. Die Exponentialfunktion bleibt nach der Integration bestehen und x wird nach der Ableitung zur Konstanten 1:

$$\int_0^1 \underbrace{\exp(x) \cdot x}_{g'(x) \cdot h(x)} \, dx = \underbrace{[\exp(x) \cdot x]_0^1}_{g(x) \cdot h(x)} - \int_0^1 \underbrace{\exp(x) \cdot 1}_{g(x) \cdot h'(x)} \, dx$$

$$= \underbrace{\exp(1) \cdot 1}_{=\exp(1)=e^1=e} - \underbrace{\exp(0) \cdot 0}_{=e^0=1} - [\exp(x)]_0^1 = e - e + e^0 = 1.$$

Wir wollen darauf hinweisen, dass in sehr vielen anwendungsorientierten Fällen die Anwendung dieser Regeln nicht so einfach ist. Manchmal müssen die Regeln auch miteinander kombiniert oder mehrmals angewendet werden, um zu einem Ergebnis zu kommen. Die Schwierigkeit besteht meist darin, die richtige Herangehensweise zu wählen. Allerdings möchten wir euch auch noch mit auf den Weg geben, dass der Umgang mit den Integrationsregeln mit der fortschreitenden Übung leichter wird.

1.6 Aufgaben

A1 Erklärt die Begriffe Funktion, Definitionsmenge und Wertebereich anhand eines selbstgewählten Beispiels.

A2 Konstruiert eine periodische Funktion mit ausschließlich positiven Funktionswerten, einer Periode von π, einer Amplitude von 2 und einem Schnittpunkt mit der y-Achse bei $(0, 0)$. Berechnet im Anschluss die Hoch- und Tiefpunkte.

A3 Aus experimentellen Gründen werden Mäusen Tumorzellen injiziert. Die Tumorkolonie hat zu Beginn einen Durchmesser von 0,05 cm. Im Schnitt sterben die Mäuse 10 Tage nach der Injektion an dem Tumor. Zum Todeszeitpunkt hat dieser einen Durchmesser von 3 cm. Das Wachstum ist sigmoidal mit einem Wendepunkt nach 5 Tagen. Konstruiert anhand dieser Parameter eine entsprechende Funktion.

A4 Berechnet den Flächeninhalt, der zwischen der x-Achse und der Funktion $f(x) = x^3$ im Intervall zwischen -1 und 1 eingeschlossen ist.

A5 Was sind die drei Aussagen des Fundamentalsatzes der Analysis? Was bedeuten sie für die Differenzial- und Integralrechnung?

Beschreibende Statistik 2

Übersicht

2.1	Motivation	49
	2.1.1 Grundbegriffe	50
2.2	Lage- und Streuungsmaße	51
	2.2.1 Lagemaße	55
	2.2.2 Streuungsmaße	59
2.3	Kenngrößen für den Zusammenhang von Merkmalen	63
	2.3.1 Korrelation	63
	2.3.2 Lineare Regression	67
2.4	Aufgaben	68

2.1 Motivation

Man kann keine wissenschaftliche Arbeit veröffentlichen, wenn man seine Messungen nicht korrekt darstellt oder durchgeführte Studien falsch auswertet. Als erfolgreicher Wissenschaftler sollte man mit beiden Beinen fest auf stati(sti)schem Boden stehen. Schließlich muss jedes Experiment mal ausgewertet und aussagekräftig erklärt werden. Dazu bedient man sich am besten der beschreibenden (deskriptiven) Statistik. Wir werden uns auf den folgenden Seiten genauer mit der Beschreibung und Darstellung von experimentellen Daten beschäftigen. Dabei sollten nicht voreilig Schlüsse aus diesen Darstellungen oder Parametern gezogen werden. Die deskriptive Statistik beschreibt die Daten nur, es werden aber keine Interpretationen gegeben. Möchte man die Verlässlichkeit der Daten überprüfen oder von einem Datensatz auf zukünftige Messungen schließen, müssen Methoden aus der induktiven Statistik genutzt werden (s. Abschn. 4.5, S. 121).

Außerdem sollte man sich genau mit den in Experimenten ermittelten Zahlen, deren Größenordnung und deren Skalierung auseinandersetzen. Schließlich können die

Skalierungen von biologischen Systemen sehr unterschiedlich sein. Während die Membranen, die alle Zellen unseres Körpers umspannen, nur eine Dicke von wenigen Nanometern (nm, 10^{-9} m) besitzen, können Pilzgeflechte eines einzelnen Organismus Gebiete mit einem Durchmesser von mehreren Kilometern (km, 10^3 m) umfassen. Zwischen diesen beiden Maßen liegen zwölf Größenordnungen. Ähnlich verhält es sich bei den zeitlichen Dimensionen biologischer Prozesse. Während die Moleküle aller biochemischen Reaktionen ihre Energiezustände innerhalb von Femtosekunden (fs, 10^{-15} s) ändern, benötigt die Evolution der Lebewesen, in denen ebendiese Reaktionen ablaufen, mitunter mehrere Millionen Jahre (zehn Billionen = 10^{13} s). Interessante Zahlen im biologischen Kontext liefert die Datenbank http://www.BioNumbers.org.

> **Wichtiges in Kürze**
>
> Die nachstehenden Gleichungen musst du dir einprägen, wenn du die Klausur bestehen willst.
>
> - arithmetisches Mittel („Mittelwert"): $\mu = \frac{1}{n} \sum_{i=1}^{n} x_i$ (s. Abschn. 2.2.1, S. 55)
> - Varianz: $\sigma(x)^2 = \frac{1}{n} \sum_{i=1}^{n} (x_i - \mu)^2$ (s. Abschn. 2.2.2, S. 60)
> - Standardabweichung: $\sqrt{\sigma(x)^2} = \sqrt{\frac{1}{n} \sum_{i=1}^{n} (x_i - \bar{x})^2}$ (s. Abschn. 2.2.2, S. 60)
> - linearer Korrelationskoeffizient: $r(x, y) = \frac{\sigma(x,y)}{\sigma(x) \cdot \sigma(y)}$ (s. Abschn. 2.3.1, S. 63)
> - lineare Regression: $a = \mu_y - b\mu_x = \frac{\sum y_i}{n} - b \frac{\sum x_i}{n}$ (s. Abschn. 2.3.2, S. 67)
> $b = \frac{\sum_{i=1}^{n} (x_i - \mu_x)(y_i - \mu_y)}{\sum_{i=1}^{n} (x_i - \mu_x)^2}$

2.1.1 Grundbegriffe

Um sich in der Welt der deskriptiven Statistik zurecht zu finden, muss man die darin lebenden mathematischen Kreaturen und ihr Wesen kennen. Deshalb wollen wir uns zunächst mit den wichtigsten Begriffen vertraut machen. Die zentralen Spieler in der induktiven Statistik sind die sogenannten **statistischen Einheiten**. Grob gesagt, kann man sich unter einer statistischen Einheit auch einfach ein Objekt vorstellen. Für einen Biologen sind diese Objekte meist Zellen, Proteine, Versuchstiere oder Gene. Sie sind also die einzelnen untersuchten Objekte einer Datenerhebung, deren Eigenschaften von Interesse sind. Gebräuchlich ist deshalb auch der Begriff der **Merkmalsträger**. Vor einer Erhebung muss der Merkmalsträger genau definiert werden. Dies geschieht im idealen Fall anhand von einer sachlichen, räumlichen und zeitlichen Beschreibung. So können als Merkmalsträger für eine Datenerhebung aus einer Gewebeprobe alle Epithelzellen (sachliche Definition) definiert werden, welche drei Stunden nach Färbung (zeitliche Definition) mit einem speziellen Antikörper eine Färbung innerhalb des Zellkerns (räumliche Definition) aufweisen. Alle Zellen, auf die diese Definitionen zutreffen, werden weiterhin als Merkmalsträger bezeichnet. Die

Gesamtheit aller Merkmalsträger wird als **Grundgesamtheit** oder **Population** bezeichnet. Die Größe dieser Grundgesamtheit spielt vor allem in der induktiven Statistik eine wichtige Rolle. Allerdings müssen nicht alle Merkmalsträger auch tatsächlich materiellen Charakter haben. So können auch eine Bewegung (z. B. ein Migrationsverhalten von Zellen) oder ein Verhalten einen Merkmalsträger darstellen. Der Begriff Merkmalsträger wird auch verwendet, da meistens die Merkmale dieser Objekte von Interesse sind. Ein interessantes Merkmal der oben definierten Zellen könnte z. B. die Größe der Zellkerne sein. Typischerweise liegt diese im Bereich einiger Mikrometer. Die Größe wird dann als **Merkmalsausprägung** bezeichnet; ein Merkmal besitzt also eine Ausprägung. Die Ausprägungen eines bestimmten Merkmals eines Merkmalsträgers sind die in einem Experiment ermittelten Messwerte.

> **Grundbegriffe**
> **Grundgesamtheit**: die Gesamtheit aller Merkmalsträger mit übereinstimmenden (räumlichen, sachlichen und zeitlichen) Identifikationen
> **Merkmalsträger/ statistische Einheit**: die Einzelobjekte einer statistischen Erhebung
> **Merkmal**: untersuchte Eigenschaft eines Merkmalsträgers
> **Merkmalsausprägung**: ermittelter Wert des Merkmals

2.2 Lage- und Streuungsmaße

Lage- und Streuungsmaße sind in der Biologie von immenser Bedeutung, da sie charakterisieren, wo sich ein Messwert auf einer Skala (Tab. 2.1) befindet und wie sehr er schwankt. Die Position des Messwertes bezeichnet man als Lage und seine Schwankung gemeinhin als Streuung. Abgesehen von Lage und Streuung eines Merkmals, muss auch stets dessen Skalierung im Hinterkopf behalten werden, denn „man kann Äpfel nicht mit Birnen vergleichen". Naja, biologisch schon, aber in der Statistik nicht! Manche Eigenschaften von Merkmalen können nicht mit anderen Eigenschaften verglichen werden, da sie eine andere **Skala** besitzen. Eine Skalierung beschreibt in gewisser Weise die Natur von Daten. Es werden drei große Skalenklassen für Daten unterschieden: nominal, ordinal und kardinal skalierte Daten. In einer Versuchsgruppe von Mäusen kann zwischen Versuchsmäusen, also Tiere, die z. B. ein Medikament erhalten haben, und Kontrollmäusen, eine Gruppe, die unter gleichen Bedingungen gehalten wird, unterschieden werden. Das Merkmal „Gruppenzugehörigkeit" ist **nominal** skaliert, da seine Ausprägungen Namen sind. Legen wir nun alle Mäuse der Größe nach nebeneinander, ist das Merkmal „Körpergröße" **ordinal** skaliert, denn wir können die Mäuse nun mit „größer als" oder „kleiner als" beschreiben. Die Ausprägung ist allerdings immer noch ein Name. Messen wir hingegen die genaue Körpergröße, so wird dieses Merkmal als **kardinal** skaliert bezeichnet.

Tab. 2.1 Verschiedene Skalen für biologische Messwerte

qualitative Variablen kategorisch	quantitative Variablen numerisch
binär 0/1, ja/nein, ♂/♀, tot/lebendig	**diskret** Anzahl von Individuen
nominal Farben, Formen, Spezies	**kontinuierlich** Größe, Gewicht, Temperatur, Zeit
ordinal Schmerz, Lebensqualität, Tumorstadium	

Je nach Skalierung eines Merkmals ist dieses unterschiedlich informativ. So kann bei nominal skalierten Merkmalen nur eine Aussage über deren Gleichheit getroffen werden. Wir können keine in sich sinnvolle Reihenfolge oder Bewertung für diese Ausprägungen einführen. Anders bei ordinalen Skalen. Hier wird immerhin die Position einer Ausprägung auf einer Skala in Bezug zu einer anderen Ausprägung gegeben. Nominal und ordinal skalierte Merkmale werden als **qualitative Merkmale** bezeichnet, da sie keinerlei quantitative Informationen liefern. Kardinal skalierte Merkmale jedoch können nicht nur quantitative Informationen liefern, deshalb auch **quantitative Merkmale** genannt, sondern es können auch sinnvolle Rechenoperationen wie die Bildung von Differenzen mit deren Ausprägungen durchgeführt werden.

Kardinal, manchmal auch **numerisch** skalierte Merkmale genannt, können weiterhin noch in zwei Unterklassen unterteilt werden. Als **kontinuierlich** skalierte Merkmale werden solche bezeichnet, die alle möglichen Zwischenwerte auf einer Skala einnehmen können. So ist die gemessene Körpergröße eine kontinuierliche Ausprägung, da eine Maus sowohl 20 cm als auch 20,673564 cm lang sein kann. Anders bei **diskreten** Ausprägungen, denn die Anzahl an Beinen kann entweder 1, 2, 3 oder 4 betragen, nicht aber 2,56. Tabelle 2.1 liefert einen Überblick über die vorgestellten Skalen.

Da Lage- und Streuungsmaße biologische Daten (also beispielsweise unsere experimentellen Messreihen) charakterisieren, ist es wichtig, dass wir diese Maße gewissenhaft bestimmen. Es ist ratsam, einen aufgenommenen Datensatz unvoreingenommen auszuwerten. Die deskriptive Statistik ist hier hilfreich, weil sie unseren Datensatz zunächst nur darstellt und beschreibt, aber nicht interpretiert. Um Datensätze zu interpretieren, sollte man Methoden aus der induktiven Statistik heranziehen. Mit der deskriptive Statistik lassen sich Datensätze, die aufgrund ihrer Größe oder Komplexität einen großen Informationsgehalt besitzen, auf handliche Informationsstückchen reduzieren. Dies ist immer mit einem Informationsverlust verbunden, daher ist auch an dieser Stelle Vorsicht geboten. Die deskriptive Statistik versucht also, zwischen zwei Streitpartnern, der Übersichtlichkeit und dem Informationsverlust, zu vermitteln, ohne dass einer von beiden zu große Verluste bei diesem Deal macht.

2.2 Lage- und Streuungsmaße

> **Beispiel 2.1 Zellen in der Wasserrutsche**
>
> Neue Technologien, insbesondere in der Molekular- und Zellbiologie, erlauben es, im Hochdurchsatzverfahren in kurzer Zeit immense Datenmengen aufzunehmen. Am Beispiel der Durchflusszytometrie lässt sich dies gut verdeutlichen, weswegen diese Methode uns auch als Beispiel dienen soll, um experimentelle Daten zu charakterisieren. Bei der Durchflusszytometrie passieren einzelne Zellen in einem dünnen Flüssigkeitsstrom einen Lichtstrahl. Die Zellen werden dafür zuvor in einem Reagenzröhrchen in Flüssigkeit suspendiert und dann durch enge Kapillaren gezogen, sodass die Zellen, eine nach der anderen, wie auf einer Wasserrutsche am Laser vorbeiströmen. Das Licht, das auf die Zellen trifft, wird gebrochen und in alle Richtungen zurückgeworfen. Dieses sogenannte Streulicht kann dann von Detektoren registriert werden und gibt Aufschluss über die Eigenschaften der einzelnen Zellen. Das Vorderstreulicht (engl. *front scatter*, FSC) gilt dabei als Maß für die Zellgröße bzw. genau genommen deren Querschnittsfläche. Je größer die Zelle ist, desto mehr Licht wird auch wieder nach vorne zurückgeworfen. Das Seitenstreulicht (engl. *side scatter*, SSC) ist umso stärker, je mehr die Zelle mit Vesikeln, sogenannten Granula, gefüllt ist. Außerdem können mit Laserstrahlen bestimmter Wellenlängen auch Fluoreszenzfarbstoffe zum Leuchten angeregt werden. Im Fall unseres Experiments haben wir einen Rezeptor auf der Zelloberfläche mit einem Antikörper detektiert, an den ein Farbstoffmolekül gekoppelt ist. Die Fluoreszenzintensität steigt somit mit steigender Rezeptorzahl an. Der Datensatz, den wir aufgenommen haben, umfasst 1000 Zellen und sieht in etwa wie folgt aus (der komplette Datensatz kann auf der Onlineplattform eingesehen werden):
>
> | Größe | Granularität | Rezeptorzahl |
> |---|---|---|
> | 57.280 | 49.792 | 85.824 |
> | 95.808 | 72.000 | 102.656 |
> | ... | ... | ... |
> | 2707,8 | 5699,8 | 2536,86 |
>
> Die Einträge sind dabei Zahlenwerte mit der Einheit für Lichtintensitäten und bieten ein Maß für Größe, Granularität und Rezeptorzahl der einzelnen Zellen (eine Zelle pro Zeile). Zunächst wollen wir betrachten, wie unterschiedlich groß unsere Zellen sind. □

Wie sich die Größe in der gesamten Population der 1000 Zellen verteilt, sieht man am besten in einem Histogramm, das zeigt, wie viele Zellen mit einer bestimmten Querschnittsfläche vorkommen (s. Abb. 2.1). Solche Histogramme werden in unterschiedlichen Zusammenhängen verwendet. Die Erstellung ist sehr intuitiv. Wir sehen auf der *x*-Achse einzelne Merkmalsausprägungen; hier Werte für die Querschnittsfläche der einzelnen Zellen. Die Höhe des zugehörigen Balkens richtet sich nach der Häufigkeit der gemessenen Merkmalsausprägung. Natürlich handelt es sich bei der Zellgröße bzw. den ermittelten Lichtintensitäten, um kontinuierlich skalierte Werte. Es gibt allerdings so viele unterschiedliche Ausprägungen,

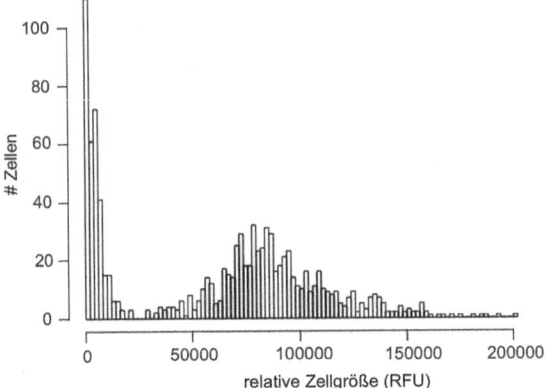

Abb. 2.1 Histogramm des via Durchflusszytometrie experimentell ermittelten Maßes für die Zellgröße. Je häufiger ein bestimmter Wert gemessen wurde, desto höher ist auch der zugehörige Balken. Die Anzahl der beobachteten Zellen (y-Achse) wurde gegen die gemessenen Werte für die Zellgröße (x-Achse) aufgetragen

dass es sich empfiehlt, Gruppen zu bilden und Werte zusammenzufassen. Hier wurden die Häufigkeiten von jeweils aufeinanderfolgenden Merkmalsausprägungen aufsummiert, also in einem Balken zusammengefasst, sodass insgesamt 100 Balken entstehen. Das gestaltet das Ganze übersichtlicher. Bei der Gruppierung sollten die Grenzen jedoch mit Bedacht gewählt werden, damit einzelne Ergebnisse nicht fälschlicherweise zusammengefasst werden. Je nachdem, wie die Grenzen für die Gruppierung gewählt werden, können einzelne Merkmalsausprägungen in der Darstellung verloren gehen. Diesen Kompromiss zwischen Übersichtlichkeit und Informationsverlust muss man auch hier eingehen. Das Mathematikerwort hierfür ist **Klassifizierung**, soll heißen, dass Merkmalsausprägungen in mindestens zwei Kategorien eingeteilt werden.

Wie wir dem Histogramm in Abb. 2.1 entnehmen können, gibt es einige sehr kleine Werte, zu erkennen an der Häufung am linken Ende der Verteilung. Da solch kleine Zellen nicht vorkommen, handelt es sich dabei wahrscheinlich um Schmutzpartikel, die bei der Analyse nicht berücksichtigt werden sollten. Solche Artefakte, später auch Ausreißer genannt, spielen eine wichtige Rolle in unseren Überlegungen. Mathematiker sprechen bei solchen Fällen gerne von Werten, die einer anderen Verteilung entstammen; soll heißen, dass sie eine andere Natur haben oder eben durch Fehler von uns aufgenommen wurden. Viele Diskussionen in der Biologie drehen sich um Ausreißer. Generell sollte man Daten aber nicht einfach aus der Auswertung entfernen, nur weil sie nicht den Erwartungen entsprechen. Hier wissen wir jedoch, dass kleine Messwerte auf Schmutzpartikel und nicht auf unsere Zellen zurückzuführen sind. Die höchsten Messwerte resultieren dagegen von Zelldubletten. Deshalb schließen wir besonders kleine und besonders große Messwerte aus, um keine falschen Schlüsse in der Analyse zu ziehen. Entfernt man die kleinsten 350 Zellen und

2.2 Lage- und Streuungsmaße

Abb. 2.2 Gecropptes Histogramm. Die Verteilung der relativen Zellgröße erhält man, wenn man kleine Messwerte, die nicht von Zellen, sondern von Schmutzpartikeln stammen, aus dem Histogramm entfernt

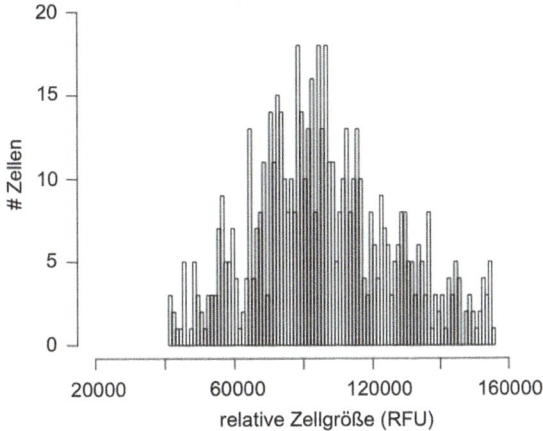

die größten 50, ein Vorgang, der als **Croppen** bezeichnet wird, erhält man das Histogramm mit einer tatsächlichen Verteilung der Zellgröße wie in Abb. 2.2.

Wie wir sehen können, enthält ein solches, noch recht simples Histogramm bereits eine große Menge an Information. Im Folgenden wollen wir einige Techniken kennenlernen, wie man bestimmte Charakteristika dieses Informationshaufens anhand von Kennzahlen herausstellt.

2.2.1 Lagemaße

Arithmetisches Mittel

Ein Kennzahl, die in den meisten Fällen von großem Interesse ist, ist das arithmetische Mittel: der Mittelwert μ. Er beschreibt den statistischen Durchschnitt einer Messreihe, also die Mitte aller Messpunkte. Seine Berechnung ist ganz einfach und lautet auf „Mathematisch":

$$\mu = \frac{x_1 + x_2 + x_3 + \ldots + x_i}{n} = \frac{1}{n} \sum_{i=1}^{n} x_{i-ten\ Messung}. \tag{2.1}$$

Im Alltag hat wohl schon jeder einmal den Mittelwert von etwas gebildet. Einfach gesagt, addieren wir alle Messwerte und teilen das Ergebnis dann durch die Anzahl der Messwerte. Mit unseren Durchflusszytometriedaten können wir also ein durchschnittliches Maß für die Zellgröße bestimmen. Für alle Messwerte gilt:

$$\mu = \frac{1}{1000} \sum_{i=1}^{1000} \text{Zellgröße}_i$$
$$= \frac{1}{1000}(57.280 + 95.208 + \ldots + 2707{,}8)$$
$$= 61.438$$

Die beschnittenen Messwerte aus Abb. 2.2 haben hingegen einen Mittelwert von 86.140,17. Die zuvor entfernten (350 kleinsten und 50 größten) Werte, die einer anderen Verteilung angehören bzw. einfach Artefakte sind, werden Ausreißer genannt. Wie wir an unserer Berechnung sehen können, ist das arithmetische Mittel nicht robust gegen Ausreißer. Das soll heißen, dass das μ aller gemessenen Zellgrößen uns eine falsche Mitte unserer Verteilung vorgaukelt, wenn wir in der Berechnung Ausreißer berücksichtigen. Dies sollte man zunächst immer tun, weil man nie weiß, ob diese Werte biologisch relevant sind. Wir wollen im Folgenden eine Methode kennenlernen, um die durchschnittliche Lage einer Verteilung zu ermitteln, ohne uns Sorgen um Ausreißer machen zu müssen.

Median

Eine robuste, sprich ausreißerinsensitive Methode zur Ermittlung der durchschnittlichen Lage einer Verteilung ist der Median. Man sortiert dazu die Daten einfach nach ihrer Größe und ermittelt, welcher Wert in der Mitte der Reihe liegt. Von sieben geordneten Messpunkten wäre dies der vierte Wert (links drei, rechts drei). Bei acht Werten handelt es sich beim Median um den Durchschnitt aus dem viertem und dem fünften Wert. Der Median beziffert damit einen Wert, der die Verteilung in zwei Hälften unterteilt, wobei 50 % der Werte links davon und 50 % der Werte rechts davon liegen. Kommt ein Wert mehrfach in einer Datenerhebung vor, so muss er bei der Ermittlung des Medians auch mehrfach beachtet werden. Die allgemeine Formel für den Median lautet:

$$\tilde{x}_{Med} = \begin{cases} x_{\frac{n+1}{2}} & n \text{ ungerade} \\ \frac{1}{2}\left(x_{\frac{n}{2}} + x_{\frac{n}{2}+1}\right) & n \text{ gerade.} \end{cases} \quad (2.2)$$

Für ein kleines Rechenbeispiel mit überschaubarer Anzahl an Messpunkten soll uns folgender Datensatz dienen:

5 8 3 4 3 6 8 7 4 8 25.

Zunächst müssen wir die Daten der Größe nach ordnen. Hierbei ist es egal, ob man aufsteigend oder absteigend ordnet:

3 3 4 4 5 6 7 8 8 8 25.

Da es sich hierbei um 11 Messpunkte handelt ($n = 11$), müssen wir die Formel für ungerade Datensätze heranziehen:

2.2 Lage- und Streuungsmaße

$$\tilde{x}_{Med} = x_{\frac{n+1}{2}}.$$

Setzen wir nun 11 für n ein, sehen wir, dass der sechste Datenpunkt unserem Median entspricht:

$$\tilde{x}_{Med} = x_{\frac{n+1}{2}} = x_{\frac{11+1}{2}} = x_6 = 6.$$

Zieht man den Datensatz der Durchflusszytometriedaten heran, merkt man, dass der Median für alle Messwerte mit 72.256 deutlich näher am Mittelwert der Population liegt, bei der wir die kleinen Messwerte ausgeschlossen haben. Im Median fallen die kleinen Ausreißer folglich nicht so sehr ins Gewicht. Bei der beschnittenen, in etwa normalverteilten Population liegt der Median mit 84.672 auch deutlich näher am Mittelwert von 86.140,7.

Modus

Außer dem Median und dem Mittelwert kann der Modus (oder Modalwert) als Lagemaß einer Messreihe dienen. Der Modus gibt den am häufigsten vorkommenden Wert an. Die Bildung des Modus macht vor allem bei Datensätzen mit **geringer Streuung** und **diskreten** Messwerten Sinn. Der Modus des Datensatzes 3 2 4 2 1 3 2 2 4 1 2 beträgt 2.

Bei kontinuierlichen Messwerten wie im Durchflusszytometriebeispiel kommen selten Werte exakt zweimal oder gar häufiger vor. Die Bildung des Modus würde sich nur für die diskreten Gruppen empfehlen, die jeweils in einem Balken zusammengefasst sind. Der Modus läge dann an der Spitze des Histogramms. Der höchste Balken in Abb. 2.1 befindet sich allerdings ganz links und ist ein Ausreißer. Wollten wir diese Ergebnisse publizieren, wären wir wohl die Lachnummer unserer Fachbereichs, schließlich beruhen unsere Ergebnisse im wahrsten Sinne des Wortes auf Dreck. Der Modus kann also sehr empfindlich für Ausreißer sein.

Quantile

Wer sich bereits mit dem Median beschäftigt hat, hat sich – bewusst oder unbewusst – auch schon mit Quantilen auseinandergesetzt. Denn der Median ist nur ein Trivialname für das 0,5-Quantil. Quantile heißen mit vollem Namen p-Quantile, wobei das p einen Wert zwischen 0 und 1 annehmen kann. Das p sagt aus, wie viel Prozent der Werte einer Messreihe sich links von diesem Wert befinden sollen (also kleiner sind). Links vom 0,25-Quantil liegt folglich ein Viertel aller Messpunkte und rechts die restlichen drei Viertel. Das 0,4-Quantil der Messwerte aus Abb. 2.2 liegt bei 80.000 und damit etwas links von der Mitte der Verteilung. In der Mitte, bei 84.672, liegt der Median, von dem links 50 % aller Werte platziert sind.

Die Berechnung eines Quantils ist sehr einfach, man muss nur zwei kleine Formeln im Kopf haben:

$$\tilde{Q}_p = \begin{cases} \frac{1}{2}(x_{n\cdot p} + x_{n\cdot p+1}), & \text{wenn } n \cdot p \text{ ganzzahlig,} \\ x_{\lceil n\cdot p \rceil}, & \text{wenn } n \cdot p \text{ nicht ganzzahlig.} \end{cases}$$

Wobei n die Anzahl der Messwerte und p das zu errechnende Quantil ist. Betrachten wir als Beispiel kurz das oben schon erwähnte 0,4-Quantil. In unserem Fall ist $n = 601$ und $p = 0,4$. Multiplizieren wir diese Werte, erhalten wir den nicht ganzzahligen Wert 240,4. Wir müssen also die Gleichung für nicht ganzzahligen Werte nutzen und aufrunden – genau das wird durch die Klammern $\lceil \rceil$ symbolisiert. Der 241. Wert in der geordneten, beschnittenen Messreihe der 601 Messwerte aus Abb. 2.2 lautet 80.000.

Es gibt einige p-Quantile, die so oft benutzt werden, dass sie eigene Bezeichnungen erhalten haben. Den Median haben wir bereits kennengelernt (S. 56). Er bezeichnet das 0,5-Quantil.

Das 0,25-Quantil und das 0,75-Quantil werden als unteres und oberes Quartil bezeichnet. Quartil deshalb, weil sie die Werte angeben, bei denen jeweils ein Viertel der Messwerte unter- beziehungsweise oberhalb liegen. Gebräuchlich sind auch die Begriffe Tertil ($0,\bar{3}$-Quantil), Quintil (0,2-Quantil), Dezil (0,1-Quantil) oder Perzentil (0,01-Quantil). Verwendung finden solche Quantile oft nicht nur bei der Ermittlung der Lage einer Verteilung, sondern auch bei Normalisierungsoperationen. Hierbei geht es darum, unterschiedliche Datensätze miteinander vergleichbar zu machen.

Beispiel 2.2 Kleinvieh macht auch Mist

In vielen molekularbiologisch ausgerichteten Labors findet man immer öfter seltsam aussehende Chips mit kleinen schwarzen Arbeitsflächen. Kaum größer als eine Briefmarke sind diese allerdings nicht als Dopingtest für den ermüdeten Doktoranden gedacht. Nein, diese kleinen Dinger sind eine Revolution in der Biologie. *Lab on a chip*, oder DNA-Microarray heißt das Konzept. Auf diesen Chips befinden sich beispielsweise Tausende von kurzen DNA-Molekülen, die fest mit der Chipoberfläche verbunden sind. Jeder dieser DNA-Schnipsel passt dann z. B. genau zu einem ganz bestimmten Gen des Menschen. Gibt man nun die mit Fluoreszenzfarbstoffen versehenen mRNA-Moleküle einer Probe auf diese Chips, suchen diese RNA-Moleküle ihren passenden Bindungspartner auf der Oberfläche und bleiben auch nach dem Waschen des Chips fest mit ihm verbunden. Unter dem Mikroskop kann man nun ein fein gerastertes Gitter mit Fluoreszenzsignalen sehen und mit einer hochempfindlichen CCD-Kamera aufnehmen. Die unterschiedlichen Farbpunkte liefern dann eine unterschiedliche Fluoreszenzintensität oder Farbe. Die Intensität der einzelnen Felder hängt wiederum von der Menge an gebundener RNA ab. So kann die Expressionsrate mehrerer Tausend Gene auf einen Schlag getestet werden. □

Leider machen diese kleinen Viecher auch mal etwas Mist. Bei der Durchführung von Microarrayexperimenten gibt es, wie bei allen anderen Experimenten auch, einige Fehlerquellen, die man bei der Auswertung beachten sollte. Zwei wichtige sind z. B. die Abhängigkeit der Fluoreszenz von der RNA-Menge in der Probe oder die Eigenreflexion und Quenchingeigenschaften der Chipoberfläche. Um Ergebnisse unterschiedlicher Microarrays vergleichbar zu machen, müssen diese normalisiert werden. Eine effektive und einfache Methode hierfür ist die am Deutschen Krebsforschungszentrum entwickelte Methode von Tim Beissbarth [20]. Hierbei wird das 0,05-Quantil der Datenerhebung von allen Messwerten abgezogen. So kann der Effekt der Lichtreflexion der Oberfläche auf die Daten kompensiert werden. Man nimmt an, dass es einen Grundwert gibt, der genau so groß ist wie das 0,05-Quantil und der nur auf Reflexionen zurückzuführen ist. Dies ist eine Annahme, die nicht auf jeden einzelnen Wert genau zutreffen muss, im Schnitt den Datensatz aber etwas näher an die Wahrheit rückt.

2.2.2 Streuungsmaße

In Abschn. 2.2.1 haben wir Kennzahlen für Messreihen kennengelernt. Oft ist eine bloße Kennzahl der Lage einer Verteilung aber nicht sehr aussagekräftig. So werden Mittelwerte oder Mediane oft mit der dazugehörigen Streuung publiziert. Mit Streuung ist der Schwankungsbereich um den Mittelwert von Messwerten bzw. den Lagemaßen gemeint. Hat ein Mittelwert eine sehr kleine Streuung, so kann man davon ausgehen, dass er die Mitte einer Verteilung zuverlässig kennzeichnet. Denn auch wenn Datensätze identische Lagemaße haben, müssen sich diese nicht genau gleichen. Im Folgenden werden wir deshalb einige Methoden zur Ermittlung der Streuung von Messdaten vorstellen.

Spannweite

Das Streuungsmaß, das am einfachsten zu berechnen ist, ist die Spannweite. Hierbei ziehen wir einfach den kleinsten gemessenen Wert vom größten gemessenen Wert ab:

$$\text{Spannweite} = x_{max} - x_{min}. \tag{2.3}$$

Eine Spannweite von 2 µm, sprich die kleinste und die größte Zelle haben nur einen Größenunterschied von 2 µm, würde bedeuten, dass unsere Zellen eine sehr homogene Größe haben und damit vielleicht ähnliche morphologische Eigenschaften. Es könnte aber auch bedeuten, dass sich alle Zellen in der gleichen Phase des Zellzyklus befinden (der Interpretationsspielraum ist groß). In unserem Datensatz beträgt die Spannweite $41.125 - 135.168 = 94.016$.

Natürlich ist die Einheit dieser Werte nicht Mikrometer sondern relative Lichtintensität (*relative fluorescence unit*, RFU). Auf den ersten Blick ist dies eine unheimlich große Spannweite, allerdings ist sie auch nicht weiter verwunderlich, schließlich haben wir die Zellgröße nur indirekt gemessen und müssten noch eine Kalibrierung durchführen, um zu wissen, wie man RFU in Mikrometer umrechnet.

Interquartilsabstand

In Abschn. 2.2.1 haben wir uns bereits mit Quantilen beschäftigt. Diese, vor allem die Quartile, können auch für die Ermittlung der Streuung wichtig sein. Bildet man die Differenz

Abb. 2.3 Ein Boxplot für die relative Zellgröße

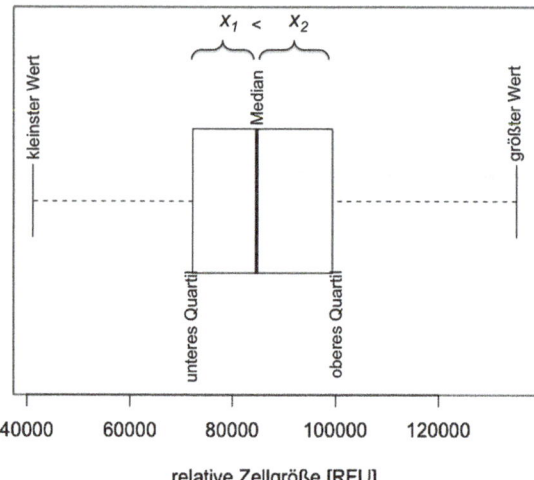

zwischen dem oberen und unteren Quartil, erhält man den (Inter-)Quartilsabstand. Er enthält die zentralen 50 % aller Messwerte und ist deshalb ein wichtiges Streuungsmaß:

$$\text{Interquartilsabstand} = Q_{0,75} - Q_{0,25}. \tag{2.4}$$

In vielen Publikationen im Bereich der Naturwissenschaften trifft man auf Plots, in denen Quantile eingezeichnet sind. Einer dieser sogenannten Boxplots ist in Abb. 2.3 gezeigt.

Solch ein Boxplot verschafft dem Betrachter einen schnellen Überblick über eine Messreihe beziehungsweise über verschiedene Lageparameter dieser Reihe. Hierbei ist der Kasten in der Mitte von zentraler Bedeutung (und auch namensgebend). Er stellt den Interquartilsabstand dar. Der meist dickere Strich in der Mitte steht, je nach Publikation, für den Median (das 0,5-Quantil) oder den Mittelwert der Verteilung. Für die äußersten zwei Striche, auch Whisker genannt, gibt es leider keine wirklich klaren Konventionen. Manchmal stellen sie die äußersten Werte, also die Spannweite, dar, in anderen Darstellungen das 2,5-Quantil und das 97,5-Quantil.

Außer dem Interquartilsabstand können natürlich auch beliebige andere Quantilsabstände gebildet werden. Der Bereich zwischen dem 0,2-Quantil und dem 0,8-Quantil z. B., enthält die zentralen 60 % aller Messpunkte. Je größer man den Quantilsabstand wählt, umso größer ist auch das Risiko, Ausreißer in der Streumaßberechnung zu berücksichtigen.

Varianz und Standardabweichung

Sowohl bei der Ermittlung der Spannweite als auch bei der Ermittlung des Interquartilsabstands wurde immer nur Bezug auf einige genau definierte Messwerte einer geordneten Datenreihe genommen. Es leuchtet wohl schnell ein, dass eine Einbeziehung aller ermittelten Werte zur Beschreibung der durchschnittlichen Schwankung Sinn macht. Ein häufig

2.2 Lage- und Streuungsmaße

verwendetes Streuungsmaß ist daher die Standardabweichung bzw. die Varianz. Diese ermittelt die Streuung unter Einbeziehung aller Messpunkte. Um diese Streuungsmaße genau zu verstehen, wollen wir ihre Berechnung in einzeln abgegrenzte Schritte unterteilen:

1. Da wir alle ermittelten Werte mit einbeziehen wollen, bietet es sich an, zunächst den gesamten Abstand einzelner Messwerte zum Mittelwert (μ) zu ermitteln. Hierfür zieht man von jedem Wert den Mittelwert ab, erhält also deren Abstand, und summiert alle Abstände auf:

$$\sum_{i=1}^{n}(x_i - \mu).$$

Hierbei ergeben sich allerdings zwei grundlegende Probleme. Da manche Werte größer, andere wiederum kleiner als der Mittelwert sind, erhält man auch Abstände, die ein negatives Vorzeichen haben. Diese heben wiederum positive Werte auf. Um dieses Problem zu umgehen, kann man die erhaltenen Abstände jeweils quadrieren:

$$\sum_{i=1}^{n}(x_i - \mu)^2.$$

Somit werden auch negative Werte „positiviert". Diese Summe wird **Summe der Abweichungsquadrate** genannt.

2. Das zweite Problem ergibt sich dadurch, dass diese Summe, also die so ermittelte Streuung, mit zunehmender Größe des Datensatzes automatisch größer wird. Das macht natürlich keinen Sinn, denn nur weil ein Datensatz groß ist, muss er keine größere Streuung aufweisen als kleinere Datensätze. Dieses Problem lässt sich einfach damit umgehen, dass man die erhaltene Summe der Abweichungsquadrate durch die Anzahl der Messwerte n teilt. Somit erzeugt man eine relative Streuung um den Mittelwert in Abhängigkeit von der Größe des Datensatzes. Diesen Wert nennt man Varianz S^2:

$$S(x)^2 = \frac{1}{n}\sum_{i=1}^{n}(x_i - \mu)^2 \tag{2.5}$$

Ein verbleibendes Problem ist nun, dass wir bei der Quadrierung der Abstände von x_i zu μ auch die Dimensionen, also die Einheiten, der Messwerte quadriert haben. In unserem Fall würden wir also die Varianz in der Einheit RFU^2 bzw. µm^2 angeben. Dies macht biologisch und vor allem physikalisch in diesem Kontext keinen Sinn. Deshalb wird die Varianz in solchen Fällen radiziert; es wird ihre Wurzel gezogen. Durch diesen Vorgang erhält man die Standardabweichung $\sqrt{S(x)^2} = S(x)$:

$$S(x) = \sqrt{\frac{1}{n}\sum_{i=1}^{n}(x_i - \mu)^2}. \tag{2.6}$$

Abb. 2.4 Darstellung von zwei Merkmalsausprägungen in einem Balkendiagramm mit dazugehörigen Fehlerindikatoren

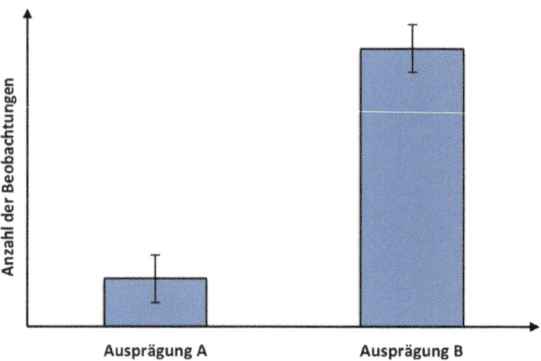

In vielen wissenschaftlichen Publikationen werden Messwerte mit dazugehörigen Standardabweichungen angegeben. In vielen Fällen geschieht dies durch Fehlerbalken in Diagrammen. Diese müssen nicht immer der Standardabweichung beziehungsweise der Varianz entsprechen, es ist allerdings in biologisch ausgerichteten Publikationen die Regel. Ein Balkendiagramm mit dazugehörigen Fehlerbalken ist in Abb. 2.4 gezeigt. Solche Balkendiagramme werden oft verwendet, wenn die Ausprägung eines Merkmals unter verschiedenen Bedingungen gezeigt werden soll. So könnte in dieser Darstellung das untersuchte Merkmal einem bestimmten Hormonrezeptor entsprechen, dessen Ausprägung im Fall A bei weiblichen Personen und im Fall B bei männlichen Personen ermittelt wurde. Die Höhe der Balken entspricht hierbei dem Mittelwert an gemessenen Rezeptorzahlen eines bestimmten Zelltyps, die kleinen Striche an der Spitze der Balken geben die Varianz der Ausprägungen an.

Diese Darstellung verleitet schnell dazu, konkrete Schlüsse bezüglich der Relevanz des Einflussfaktors, in unserem Beispiel das Geschlecht, zu ziehen. Im Extremfall ist die Varianz, also die Länge der Fehlerindikatoren, um ein Vielfaches größer als der eigentliche Balken. Überschneiden sich die Fehlerindikatoren über einen großen Bereich, ist das ein Hinweis dafür, dass der Einflussfaktor keinen Effekt auf das Merkmal hat. Allerdings sollte hier nicht zu vorschnell interpretiert werden. Um solche Schlüsse zu ziehen, sollte man stets auf Relevanztests der induktiven Statistik zurückgreifen (s. Abschn. 4.5, S. 121).

> **Standardabweichung und Varianz**
> Standardabweichung und Varianz sind Maße für die Streuung der Ausprägungen eines Merkmals um den Mittelwert.

2.3 Kenngrößen für den Zusammenhang von Merkmalen

2.3.1 Korrelation

„Dr. Arnold, kommen Sie schnell mal ans Mikroskop! Schauen Sie, je mehr Luciferin ich zu den luciferasetransformierten Zellen dazugebe, umso stärker leuchten sie". Zunächst wohl keine sehr überraschende Erkenntnis, wenn man weiß, dass Luciferase ein Enzym ist, welches eine Reaktion katalysiert, bei der unter Verwendung von Luciferin ein Leuchtsignal emittiert wird.

Aber genau um solche Fragestellungen drehen sich viele Experimente im Labor. Denn in der Biologie sind in vielen Fällen nicht die absolut gemessenen Werte von zentraler Bedeutung, sondern vielmehr der Zusammenhang zwischen zwei Merkmalen und deren Ausprägungen. Oft möchte man wissen, ob die Ausprägung eines Merkmals durch Veränderung der Ausprägung eines zweiten Merkmals beeinflusst wird und am besten noch in welcher Form. Man fragt daher nach einer **Korrelation** dieser zwei Merkmale, also nach der zwischen ihnen bestehenden **Beziehung**. Diese kann von unterschiedlicher Natur sein. Merkmale können **linear korrelieren**. Hierbei vermindert sich die Ausprägung von Merkmal A in gleicher Weise wie die von Merkmal B. Aber auch eine **nichtlineare Korrelation** kann bestehen. Dies ist z. B. der Fall, wenn sich die Ausprägung von Merkmal A zunächst stark mit der Änderung von Merkmal B verändert, dann ein Plateau erreicht und anschließend wieder abfällt. Eine **einseitige Abhängigkeit** bedeutet, dass Merkmal 1 (fortan M1) die Ursache für Merkmal 2 (M2) ist. So ist die Streuung des Lichts im Durchflusszytometer direkt abhängig von der Granularität der vorbeifließenden Zellen. Eine **wechselseitige Abhängigkeit** liegt vor, wenn M1 die Ursache für M2, allerdings M2 auch die Ursache für M1 darstellt. So beeinflusst die Glucosekonzentration in einem Nährmedium die Anzahl der wachsenden Krebszellen. Die Anzahl der Krebszellen ändert jedoch auch die Glucosekonzentration, weil der Zucker von den Krebszellen verbraucht wird. Eine Korrelation kann auch errechnet werden, wenn zwei Merkmale nur eine gemeinsame Ursache haben. So ist es gut möglich, dass die Glucosekonzentration in einem Wachstumsmedium mit der Anzahl an apoptotischen (also absterbenden) Krebszellen korreliert. Dies bedeutet allerdings nicht, dass der Zucker fortan als Krebsmedikament eingesetzt werden kann. Die Zellen vermehren sich jedoch mit einer erhöhten Zuckerdosis schneller und bei mehr Zellen ist auch die absolute Zahl an sterbenden Zellen größer. Hier wäre es wichtig, den relativen Anteil apoptotischer Zellen zu bestimmen, also durch die Gesamtzahl der Zellen zu teilen und den Wert somit entsprechend zu skalieren.

Nur weil eine mathematische Korrelation vorliegt, müssen die untersuchten Merkmale noch lange nicht in einem kausalen (Ursache-Wirkungs-)Zusammenhang zueinander stehen. Korrelationsauswertungen sollten daher immer genauestens überprüft werden, denn eine Korrelation gibt keine Aussage über **Kausalität**.

Bei Datensätzen mit nur wenigen Messpunkten können oft bereits mit bloßem Auge korrelierende Merkmale ausfindig gemacht werden. Zieht man allerdings den Durchfluss-

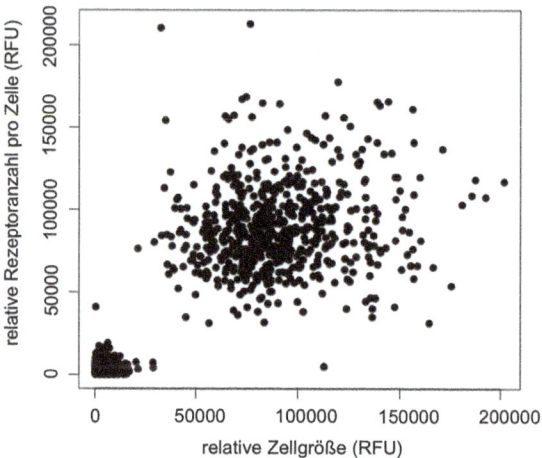

Abb. 2.5 Eine Punktwolke für die relativen Zellgrößen und Rezeptorzahlen. Die Häufung in der linken unteren Ecke geht auf die schon vorher beschriebenen Schmutzpartikel zurück

zytometriedatensatz mit solch einer großen Anzahl an Messpunkten heran, ist es leider sehr schwer, auf Anhieb die Beziehungen zwischen den zwei Merkmalen zu erkennen. Blickt man auf die Punktwolke, wenn die Zahl an Rezeptoren gegen die Zellgröße aufgetragen ist, so lässt sich der Zusammenhang nur schwerlich beurteilen (s. Abb. 2.5).

Abhilfe bringen hier verschiedene Korrelationsverfahren, mit denen man versucht herauszufinden, in welcher Abhängigkeit Merkmale zueinander stehen. Um die Korrelation zweier Merkmale zu beziffern, wird ein Korrelationskoeffizient gebildet. Dieser kann einen Wert zwischen -1 und $+1$ annehmen. Der Wert dieses Koeffizienten quantifiziert hierbei die Linearität der Korrelation. Das bedeutet, je näher der Wert an -1 oder $+1$ liegt, umso perfekter korrelieren die Merkmale linear. Beträgt der Wert hingegen 0, so besteht keine lineare Korrelation. Das Vorzeichen des Korrelationskoeffizienten gibt hierbei die Art der Abhängigkeit an, also ob M2 bei Zunahme von M1 ebenfalls zunimmt (positives Vorzeichen) oder ob M2 bei Zunahme von M1 abnimmt (negatives Vorzeichen). In Abb. 2.6 sind einige Punktdiagramme mit dazugehörigen Korrelationskoeffizienten (r) gezeigt.

Die Grundlage zur Berechnung des Korrelationskoeffizienten sind Messwertpaare. An einem Merkmalsträger wird sowohl die Ausprägung x (z. B. Zellgröße) sowie die zugehörige Ausprägung y (z. B. Rezeptorzahl pro Zelle) desselben Merkmalsträgers i gemessen.

Zur Ermittlung des Korrelationskoeffizienten werden zunächst die standardisierten Daten betrachtet:

$$\tilde{x}_i = \frac{x_i - \mu_x}{S_x} \quad \tilde{y}_i = \frac{y_i - \mu_y}{S_y} \quad \text{mit} \quad \mu_x, \mu_y\text{: Mittelwert und } S_x, S_y\text{: Standardabweichungen.}$$

Hat ein Wertepaar hier das gleiche Vorzeichen, spricht dies für eine positive Beziehung zwischen den beiden Merkmalen. Haben sie hingegen unterschiedliche Vorzeichen, könnte dies auf eine negative Beziehung hinweisen. Um diese Beziehung mathematisch auch sinnvoll auszudrücken, kann das Produkt dieser Wertepaare gebildet werden. Möchte man

2.3 Kenngrößen für den Zusammenhang von Merkmalen

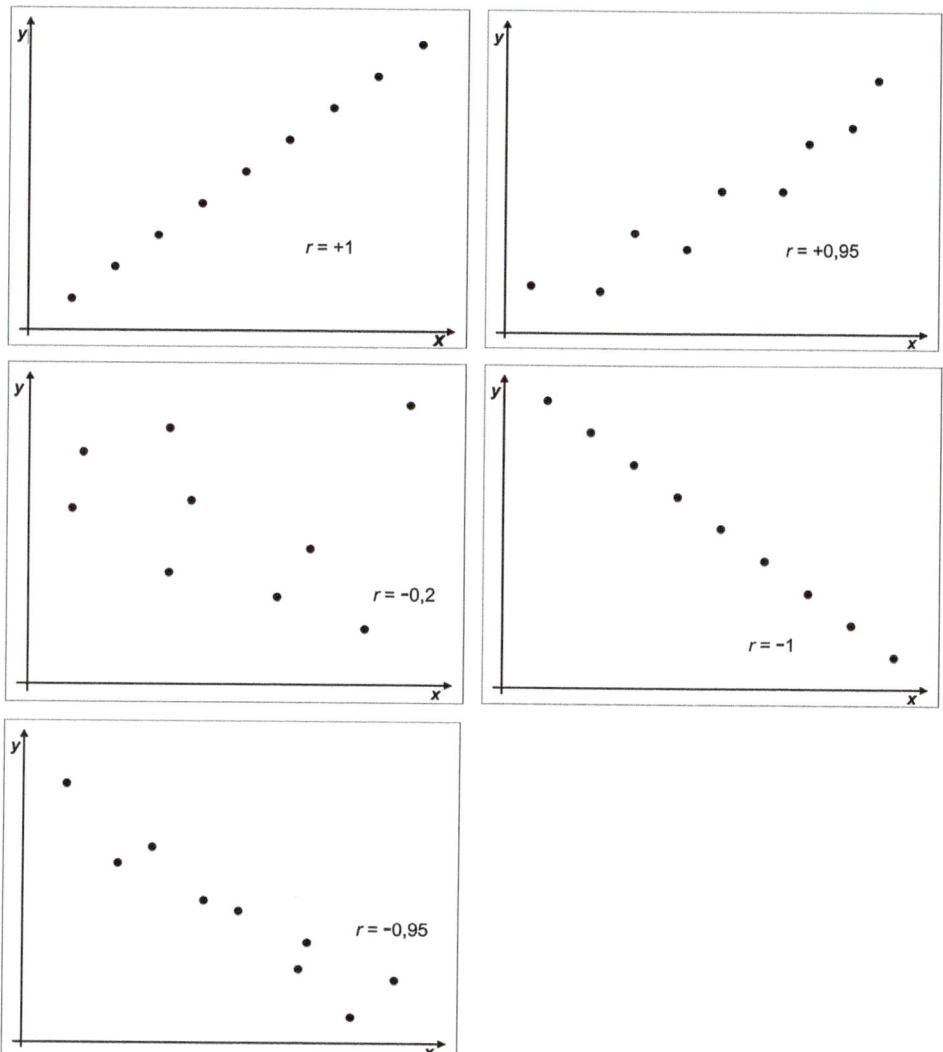

Abb. 2.6 Datenwolken mit den dazugehörigen r-Werten. Dem Vorzeichen ist zu entnehmen, welches Merkmal das andere negativ oder positiv beeinflusst

diese Beziehung nicht nur für einzelne Wertepaare ermitteln, werden alle Datenpunkte ausgemittelt:

$$r(x, y) = \frac{1}{n} \sum_{i=1}^{n} \tilde{x}_i \cdot \tilde{y}_i.$$

Damit ergibt sich die Formel für den Korrelationskoeffizienten:

Abb. 2.7 Zwei nicht linear korrelierende Merkmale mit linearem Korrelationskoeffizienten. Obwohl klar ersichtlich ein Zusammenhang besteht, beträgt der lineare Korrelationskoeffizient 0

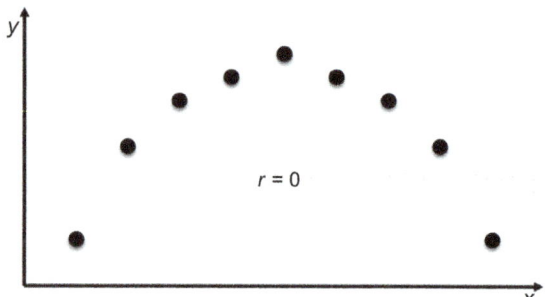

$$r(x,y) = \frac{\frac{1}{n}\sum_{i=1}^{n}(x_i - \mu_x)\cdot(y_i - \mu_y)}{\sqrt{\frac{1}{n}\sum_{i=1}^{n}(x_i - \mu_y)^2}\sqrt{\frac{1}{n}\sum_{i=1}^{n}(y_i - \mu_y)^2}} = \frac{\sum_{i=1}^{n}(x_i - \mu_x)(y_i - \mu_y)}{\sqrt{\sum_{i=1}^{n}(x_i - \mu_x)^2 \cdot \sum_{i=1}^{n}(y_i - \mu_y)^2}}$$

$$r(x,y) = \frac{\sum_{i=1}^{n}(x_i - \mu_x)(y_i - \mu_y)}{\sqrt{\sum_{i=1}^{n}(x_i - \mu_x)^2 \cdot \sum_{i=1}^{n}(y_i - \mu_y)^2}}. \quad (2.7)$$

Die Gleichung sieht auf den ersten Blick sehr kompliziert aus, im Endeffekt müssen allerdings nur viele Summen gebildet werden. Im Nenner steht die Wurzel aus dem Produkt der Standardabweichungen für x und y, wohingegen im Zähler die Covarianz der beiden Merkmale aufgeführt ist. Der Koeffizient r beschreibt, wie viel Streuung in y durch die Streuung in x hervorgerufen wird. Glatte r-Werte ($-1, 0, +1$) ergeben sich in der Praxis so gut wie nie, da Messdaten, auch wenn eine strenge lineare Korrelation vorliegt, aufgrund von Messfehlern immer etwas von dem perfekten linearen Zusammenhang abweichen. Der lineare Korrelationskoeffizient für die Datenwolke aus Abb. 2.5 beträgt übrigens $\approx 0{,}79$.

Wie erwähnt, gibt es neben einer linearen Korrelation aber auch viele andere Korrelationstypen. Diese lassen sich mit der oben vorgestellten Methode allerdings nicht quantifizieren. Ein r-Wert, der nahe bei 0 liegt, ist daher kein Todesurteil für eine Korrelation. Aus Symmetriegründen kann solch eine Korrelation oft übersehen werden. In Abb. 2.7 ist ein Punktediagramm gezeigt, in dem die gegeneinander aufgetragenen Merkmale eindeutig korrelieren, allerdings eben nicht linear. Würden wir nur den Korrelationskoeffizienten für eine lineare Korrelation ($r = 0$) berücksichtigen, würden wir unsere Ergebnisse vielleicht fälschlicherweise in den Müll werfen.

> **Korrelationskoeffizient**
> Der Korrelationskoeffizient gibt eine quantifizierbare Aussage über eine bestehende oder nicht bestehende lineare Beziehung zwischen den Ausprägungen von zwei Merkmalen. Liegt der sich hierfür ergebende r-Wert nahe an $+1$ oder -1, liegt eine gute lineare Korrelation vor. Liegt er nahe an 0, liegt eine äußerst schlechte lineare Korrelation vor.

2.3.2 Lineare Regression

Nicht nur der gegenseitige Einfluss von zwei Merkmalen kann von Bedeutung sein, vielmehr ist in biologischen Experimenten der Einfluss einer Einflussgröße auf ein Merkmal von Interesse. So sind Krebszellen oftmals deutlich größer als nicht entartete Zellen. Wenn man nun selektiv und abgestuft ein Onkogen überexprimiert und anschließend die relative Zellgröße mittels Durchflusszytometrie misst, kann der Korrelationskoeffizient nicht zur Beurteilung der Abhängigkeit herangezogen werden. Zwar handelt es sich um zwei unterschiedliche Merkmale, die gleichzeitig an einem Merkmalsträger gemessen wurden, jedoch wurde eines dieser Merkmale systematisch variiert (Expression des Onkogens) und stellt damit keine Stichprobe mehr dar. Dies ist allerdings eine essenzielle Bedingung zur legitimen Ermittlung des Korrelationskoeffizienten. Das variierte Merkmal wird als unabhängige Variable beziehungsweise Einflussgröße bezeichnet, das gemessene Merkmal als abhängige Variable oder Zielgröße. Die Regression bietet eine Möglichkeit, den Zusammenhang zwischen Einflussgröße und Zielgröße zu quantifizieren. Es besteht die Möglichkeit, durch Regressionsanalysen auch andere Zusammenhänge zu bestimmen, z. B. solche, bei denen keine lineare Abhängigkeit vorliegt. Allerdings sind diese Zusammenhänge höheren Grades oft sehr komplex, sodass wir hier nur auf die lineare Regression eingehen werden.

Eine möglichst treffende Beschreibung des Zusammenhangs zwischen den Messwerten wäre eine Gerade, die einen minimalen Abstand zu allen Punkten hat. Man könnte einfach per Hand eine Gerade durch die Punktwolke ziehen. Die optimale Gerade dabei zu finden, ist unmöglich. Die mathematische Lösung dieses Problems stellt ein Optimierungsproblem dar. Welche Gerade hat den geringsten Abstand in y-Richtung zu allen Punkten, wenn man die quadrierten Abstände der Punkte zur Gerade aufsummiert? Die Grundlage der Optimierung ist hierbei die Geradengleichung $y = ax + b$, wobei a die Steigung der Gerade und b den y-Achsenabschnitt darstellt (s. Abschn. 1.2, S. 4 zur Erläuterung). Mit diesen Formeln lassen sich die beiden Faktoren für einen gegebenen Datensatz ermitteln:

$$a = \mu_y - b\mu_x = \frac{\sum y_i}{n} - b\frac{\sum x_i}{n}$$

$$b = \frac{\sum_{i=1}^{n}(x_i - \mu_x)(y_i - \mu_y)}{\sum_{i=1}^{n}(x_i - \mu_x)^2}. \tag{2.8}$$

Ein Beispiel für solch eine Regressionsgerade ist in Abb. 2.8 gezeigt. Die Gerade stellt den optimalen linearen Zusammenhang der beiden Merkmale dar. Die gepunkteten Linien stellen die Abstände der Datenpunkte zur Gerade dar. Es gibt keine andere Gerade, bei der die Summe der quadrierten Längen der gepunkteten Linien kleiner ist.

Für die in Abb. 2.8 gezeigten Werte ist die Regressionsgerade eingezeichnet. Wie zu sehen ist, liegen einige der Punkte unterhalb und andere oberhalb der Gerade. Das ist nicht verwunderlich, schließlich war das Ziel die Minimierung der quadrierten Abstände. Auf welcher Seite der Gerade die Punkte liegen, ist hierbei nicht relevant. Da die Abstände

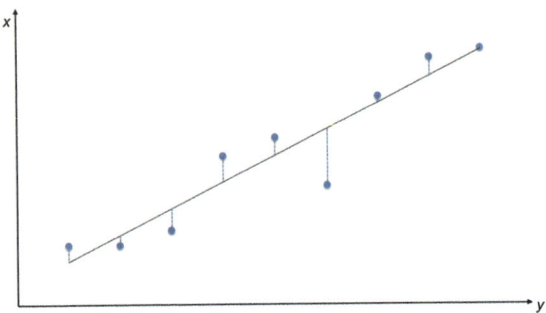

Abb. 2.8 Datenpunkte zweier Merkmale mit dazugehöriger Regressionsgerade. Die gepunkteten Linien zeigt die Linie an, bei der der quadrierte Abstand minimal wird

quadriert werden, heben die Abstände von Punkten unter der Linie die Abstände von Punkten über der Linie nicht auf.

Ermittelt man die Steigung der Gerade (a oder auch Regressionskoeffizient genannt), ergibt sich eine quantifizierbare Aussage über den Einfluss der variablen Größe auf die Beobachtungsgröße. a sagt dabei aus, dass die Beobachtungsgröße pro Steigerung der variablen Größe um eine Einheit, um a ansteigt. Die Quantifizierung einer solchen Beziehung nach dieser Methode wird auch **Methode der kleinsten Quadrate** genannt. Dem aufmerksamen Leser wird aufgefallen sein, dass es durchaus kürzere Linien von den Punkten zu der Gerade gibt. Wir haben uns hier auf vertikale Linien beschränkt. Ohne diese Beschränkung können genauere Aussagen getroffen werden, allerdings ist in diesem Fall die Berechnung auch deutlich schwerer.

> **Lineare Regression**
> Die lineare Regression ermittelt die Geradengleichung $y = m \cdot x + b$, bei der die Summe der quadrierten Abstände zu den Datenpunkten minimal ist.

2.4 Aufgaben

A1 Bilde für die folgenden kleinen Datensätze Mittelwert, Modalwert, Median, 0,25-Quantil und 0,75-Quantil.

Datensatz 1: 3 5 7 2 5 2 5 7 9 3 9 5 7 3 0 5 7 3

Datensatz 2: 4 7 8 2 6 5 9 0 2 7 4 8 6 2 7 4 8

A2 Zeichne ein Histogramm für folgenden Datensatz und ermittle Mittelwert sowie den Median.

25 5 7 2 25 5 2 25 5 7 9 3 23 9 5 3 5 7 3

Croppe nun den Datensatz und ermittle beide Werte nochmals. Warum und in welcher Weise (wie stark beziehungsweise in welche Richtung) ändern sich die Werte?

2.4 Aufgaben

A3 Zeichne die jeweiligen Boxplots für folgende Datensätze (Spannweite des Datensatzes für die Whisker) und vergleiche sie hinsichtlich der Auswirkungen von Ausreißern.

Datensatz 1: 3 6 7 2 4 6 3 9 4 8 7 2 5 4 8 1 7 3 6 4 8 2 7 4 4 2
Datensatz 2: 3 6 23 4 8 3 6 4 2 5 5 1 3 7 4 9 3 18 6 2 9 25 3 6 5

Welche Datenpunkte würdest du als Ausreißer betrachten? Welche Parameter ändern sich, wenn diese in den Berechnungen betrachtet werden?

A4 Bilde für folgende Datensätze Mittelwert, Varianz und Standardabweichung. Zeichne anschließend ein Balkendiagramm, in dem alle drei Datensätze zusammengefasst werden, mit dazugehörigen Fehlerbalken.

Datensatz A: 3 2 5 7 4 6 3 5
Datensatz B: 2 4 2 3 1 4 3 2
Datensatz C: 2 5 3 4 3 5 2 5 4

A5 Zeichne für folgende Datensätze die dazugehörigen Punktwolken (Punktdiagramme) und schätze einen Korrelationskoeffizienten. Berechne anschließend den Korrelationskoeffizienten (runde wenn nötig auf drei Stellen hinter dem Komma).

Ausprägungen von Merkmal A: 1 2 3 4 5 6
Ausprägungen von Merkmal B: 1 2 3 4 5 6

Ausprägungen von Merkmal C: 1 2 3 4 5 6
Ausprägungen von Merkmal D: 0,5 1 2,5 3 3,5 4

Ausprägungen von Merkmal E: 1 2 3 4 5 6
Ausprägungen von Merkmal F: 4,5 4,5 3,5 3 3 2

Um welche Form von Abhängigkeiten handelt es sich in den einzelnen Fällen?

A6 Zeichne für folgende Datensätze die dazugehörigen Punktdiagramme, in denen jeweils die beiden Ausprägungen gegeneinander aufgetragen werden. Zeichne nun per Hand eine Linie ein, welche nach deiner Einschätzung die beste Regressionsgerade darstellt (kleinste Summe der quadrierten Abstände zur Kurve). Berechne anschließend die Regressionsgerade und zeichne diese in dieselbe Abbildung ein (runde auf eine Stelle hinter dem Komma).

Ausprägungen A: 1 2 3 4 5 6 7 8 9
Ausprägungen B: 2 2 2,5 5 5,6 4 7 8,3 8,6

Wahrscheinlichkeitsrechnung 3

Übersicht

3.1	Motivation	71
3.2	Kombinatorik	73
3.3	Ergebnisse und Ereignisse	75
3.4	Erwartungswert einer Zufallsvariablen	78
	3.4.1 Linearität des Erwartungswertes	80
3.5	Varianz und Standardabweichung	81
	3.5.1 Eigenschaften der Varianz	82
3.6	Stochastische Unabhängigkeit	83
3.7	Bedingte Wahrscheinlichkeiten	83
3.8	Verteilungen	90
	3.8.1 Diskrete Verteilungen	91
	3.8.2 Kontinuierliche Verteilungen	96
3.9	Zentraler Grenzwertsatz	100
3.10	Aufgaben	101

3.1 Motivation

„Wie wahrscheinlich ist es, dass ich Mathe jemals wieder brauche?", fragt sich Dr. Arnold, der Otto Normalbiologe. Viele biologische Prozesse hängen vom Zufall ab. Sie heißen „stochastische" Prozesse. Dies gilt für die Diffusion von Hormonen genauso wie für die Transkription von DNA in mRNA-Moleküle. Der Zufall spielt dabei eine wichtige Rolle, weil einzelne Moleküle mehr oder minder zufällig zusammenstoßen und miteinander wechselwirken. Die **Stochastik** im allgemeinen Sprachgebrauch stellt zumeist einen Überbegriff für Wahrscheinlichkeitsrechnung und schließende Statistik dar. Die schließende Statistik versucht mit experimentellen Messwerten und deren Lage- und Streuungsparametern Annahmen über die Population und die wahre Verteilung aller Messwerte zu treffen. Darauf

Abb. 3.1 Zusammenhang zwischen Messung und Verteilungen. Ein Bezug wird über Wahrscheinlichkeitsrechnung und schließende Statistik hergestellt

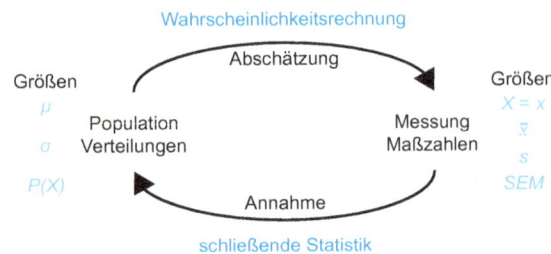

wird im nächsten Kapitel ausführlicher eingegangen (s. Kap. 4, S. 103). Mit der Wahrscheinlichkeitsrechnung versucht man abzuschätzen, wie wahrscheinlich ein bestimmtes Messergebnis ist, wobei man eine Vorstellung von der theoretischen Verteilung der Population besitzt (Abb. 3.1).

Obwohl viele natürliche Prozesse zufällig und unvorhersagbar ablaufen, kann man dennoch für das Eintreten biologischer Ereignisse bestimmte Wahrscheinlichkeiten ausrechnen. Liganden docken zufällig an zugehörige Rezeptoren an und aktivieren damit einen molekularen Signalweg im Inneren der Zelle. Wenn man einige Parameter des Systems und seine Abhängigkeiten kennt, lässt sich dennoch ausrechnen, wie viele Transkriptionsfaktoren beispielsweise letzten Endes aktiviert in den Zellkern wandern, wenn unter Stimulationsbedingungen ein Teil davon phosphoryliert wird.

Wichtiges in Kürze

- Kombinatorik: Anzahl der Anordnungsmöglichkeiten von k aus n Elementen:

$$\frac{n!}{(n-k)!}$$

Anzahl der Möglichkeiten, Teilmengen mit k Elementen aus einer Gesamtmenge von n Elementen zu bilden:

$$\binom{n}{k} = \frac{n!}{(n-k)! \cdot k!}$$

($n! = 1 \cdot 2 \cdot 3 \cdot \ldots \cdot n$) (s. Abschn. 3.2, S. 73)
- bei einem Zufallsexperiment bezeichnet man jeden möglichen Ausgang als **Ergebnis**
- ein **Ereignis** A ist eine Menge von Ergebnissen
- die Gesamtheit aller Ereignisse wird im **Ereignisraum** Ω zusammengefasst
- eine **Zufallsvariable** X ordnet den Ergebnissen Zahlen zu; sie ist eine Funktion, keine Variable
- die Zahlen, auf die eine Zufallsvariable abbildet, werden als **Realisierungen** bezeichnet

- $P(A \cup B) = P(A) + P(B) - P(A \cap B)$
- Für $A \cap B = \emptyset$ gilt: $P(A \cup B) = P(A) + P(B)$
- Erwartungswert $E[X]$ und Varianz $V[X]$ einer Zufallsvariable X:

$$E[X] = \begin{cases} \sum_i x_i \cdot P(X = x_i) & \text{diskret} \\ \int_\mathbb{R} x \cdot p(x) \mathrm{d}x & \text{kontinuierlich} \end{cases} \quad \text{(s. Abschn. 3.4, S. 79)}$$

$$V[X] = E\left[(X - E[X])^2\right] = E[X^2] - E[X]^2 \quad \text{(s. Abschn. 3.5, S. 81)}$$

- Linearität des Erwartungswertes: (s. Abschn. 3.4.1, S. 80)

$$E[a \cdot X + c] = a \cdot E[X] + c$$

- Erwartungswert von Funktionen von Zufallsvariablen: Für eine Funktion $g(X)$ einer Zufallsvariable X berechnet sich der Erwartungswert aus:

$$E[g(X)] = \begin{cases} \sum_i g(x_i) \cdot P(X = x_i) & \text{diskret} \\ \int_\mathbb{R} g(x) \cdot p(x) \mathrm{d}x & \text{kontinuierlich} \end{cases}$$

(s. Abschn. 3.4.1, S. 81)

- stochastische Unabhängigkeit von zwei Ereignissen: Zwei Ereignisse A, B sind genau dann unabhängig, wenn

$$P(A \cap B) = P(A) \cdot P(B). \quad \text{(s. Abschn. 3.6, S. 83)}$$

- die bedingte Wahrscheinlichkeit für Ereignis A unter der Annahme, dass Ereignis B (mit $P(B) > 0$) eingetreten ist, lautet

$$P(A|B) = \frac{P(A \cap B)}{P(B)} \quad \text{(s. Abschn. 3.7, S. 83)}$$

- Satz von Bayes:

$$P(B|A) = \frac{P(A|B) \cdot P(B)}{P(A)} \quad \text{(s. Abschn. 3.7, S. 87)}$$

3.2 Kombinatorik

Bei der Kombinatorik geht es in erster Linie darum, die Anzahl der Möglichkeiten zu berechnen, unter bestimmten Problemstellungen Teilmengen aus der Ergebnismenge zu bilden. Wir nehmen als erstes Beispiel eine Familie mit fünf Kindern. Am großen Küchentisch der Familie stehen fünf Stühle, also für jedes Kind einer. Die Kinder setzten sich allerdings vollkommen wahllos auf die Stühle. Nun geht es darum, wie viele Möglichkeiten es dafür gibt. Das erste Kind (es ist dafür übrigens irrelevant, um welches es sich dabei handelt) hat fünf Stühle zur Auswahl. Das nächste nur noch vier, das dritte Kind hat drei Stühle zur Auswahl, das vorletzte noch zwei und das letzte muss sich mit dem übrig gebliebenen Stuhl begnügen. Das Ganze müsst ihr euch etwas dynamischer vorstellen, die Kinder warten nicht ab, bis sie an der Reihe sind. Die Reihenfolge der Kinder ist daher irrelevant.

Da die Anzahl der Wahlmöglichkeiten für jedes Kind nicht von der Position der besetzten Stühle abhängt, nennt man die einzelnen Wahlmöglichkeiten voneinander unabhängig. Sind Wahlmöglichkeiten unabhängig voneinander, kann man sie miteinander multiplizieren. In unserem Fall gilt für die Gesamtzahl aller Positionen der Kinder:

$$5 \cdot 4 \cdot 3 \cdot 2 \cdot 1 = 5! = 120.$$

Es gibt also für die fünf Stühle 120 Möglichkeiten, wie die Kinder sie besetzen können. Das Symbol „!" bezeichnet man als Fakultät. Man multipliziert einfach alle natürlichen Zahlen bis zu der Zahl, die vor dem „!" steht (hier ist es die Fünf). Sind nur zwei Kinder im Haus, hat das erste Kind wieder fünf Stühle zur Auswahl und das zweite vier. Es gibt demnach $5 \cdot 4 = 20$ Möglichkeiten. Bei drei Kindern sind es $5 \cdot 4 \cdot 3 = 60$ Möglichkeiten.

> **Anzahl der Möglichkeiten von k aus n Elementen**
> Die Gesamtanzahl aller betrachteten Elemente (im vorangegangenen Beispiel waren es Kinder) nennen wir n und die Größe der Stichprobe (hier die Zahl der anwesenden Kinder) nennen wir k. Bei der Frage nach den Anordnungsmöglichkeiten (Auswahl von k aus n Elementen), gibt es zwei Möglichkeiten:
> 1. Die Größe der Menge k entspricht der Gesamtzahl n, also $(k = n)$. Dann gibt es
>
> $$n! = 1 \cdot 2 \cdot 3 \cdot \ldots \cdot (n-1) \cdot n \qquad \text{Möglichkeiten.}$$
>
> 2. Die Größe k ist kleiner als die Gesamtzahl n. Dann gibt es
>
> $$\frac{n!}{(n-k)!} = \frac{1 \cdot 2 \cdot 3 \cdot \ldots \cdot (n-k) \cdot (n-k+1) \cdot \ldots \cdot (n-1) \cdot n}{1 \cdot 2 \cdot 3 \cdot \ldots \cdot (n-k)}$$
>
> $$= (n-k+1) \cdot (n-k+2) \cdot \ldots \cdot n \qquad \text{Möglichkeiten.}$$

Wenn die Mutter im Haus zufällig immer einem Kind begegnet, gibt es für jede Begegnung fünf Möglichkeiten. Es könnte auch passieren, dass die Mutter ein und demselben Kind mehrmals begegnet. Da die Begegnungen also jedes Mal unabhängig von dem vorigen Mal sind, können wir die Möglichkeiten miteinander multiplizieren. Gibt es drei Begegnungen, dann sind es

$$\underbrace{5 \cdot 5 \cdot 5}_{3\text{-mal}} = 5^3 = 125 \qquad \text{Möglichkeiten.}$$

Begegnen der Mutter zwei Kinder hintereinander, gibt es dafür $\frac{n!}{(n-k)!}$ also $\frac{5!}{(5-2)!} = 20$ Möglichkeiten. Nun nehmen wir aber an, die Mutter trifft zwei Kinder auf einmal. Dabei ist die Reihenfolge, also welches der beiden Kinder als erstes kommt, irrelevant. Um die Reihenfolge aus der Rechnung auszuschließen, müssen wir durch die Anzahl der möglichen Vertauschungen – also 2 – teilen. Es gibt demnach $\frac{20}{2} = 10$ verschiedene Kombinationen. Für k Kinder gibt es $k!$ Vertauschungen. Damit ergibt sich für $n = 5$ und $k = 2$

$$\frac{n!}{(n-k)! \cdot k!} = \frac{5!}{(3)! \cdot 2!} = \frac{5 \cdot 4 \cdot \cancel{3 \cdot 2 \cdot 1}}{\cancel{3 \cdot 2 \cdot 1} \cdot 2 \cdot 1} = \frac{20}{2} = 10$$

Möglichkeiten.

> **Anzahl der Möglichkeiten von Teilmengen mit k aus n Elementen**
> Wählt man aus einer Gesamtzahl von n Elementen eines aus und wiederholt dieses Vorgehen mit der Möglichkeit, dasselbe wieder zu erhalten, berechnet sich die Anzahl der möglichen Ergebnisse mit:
>
> $$n^k.$$
>
> Geht es wie im vorangegangenen Beispiel darum, alle möglichen Kombinationen von Teilmengen der Größe k aus einer Gesamtzahl von n Elementen zu errechnen, benutzt man:
>
> $$\binom{n}{k} = \frac{n!}{(n-k)! \cdot k!}.$$
>
> Den Ausdruck auf der linken Seite benutzt man zu Vereinfachung der Schreibweise (gesprochen: n über k). Wir werden diesen Ausdruck im Zuge der Binomialverteilung (s. Abschn. 3.8.1, S. 92) verwenden.

3.3 Ergebnisse und Ereignisse

Bei einem Zufallsexperiment nennt man eine Gruppe von Werten, Personen oder Gegenständen (wir nennen sie in Zukunft Elemente), die man auf eine bestimmte Eigenschaft überprüft, **Stichprobe**. Alle möglichen Ausgänge des Experiments heißen **Ergebnisse**. Ergebnisse können beispielsweise alle möglichen Niederschlagsmengen sein. Ein **Ereignis** ist dann eine bestimmte Menge dieser Ergebnisse. So ist nach dem Deutschen Wetterdienst ein Starkregen**ereignis** mit einem Niederschlag von mehr als 17 mm innerhalb einer Stunde definiert. Die Menge aller Ereignisse nennt man **Ereignisraum** (Ω). Für diese Ereignisse können wir Wahrscheinlichkeiten berechnen.

Jedem Ereignis ist eine Wahrscheinlichkeit (P) zugeordnet. Diese Zuordnung nennt man **Verteilung**. Wenn wir also für ein Ereignis sagen, wie wahrscheinlich es eintritt, benutzen wir bereits die Verteilung. Im Grunde genommen gibt es zwei verschiedene Verteilungsarten. Wenn wir die Anzahl an Ergebnissen abzählen können, sprechen wir von einer **diskreten (abzählbaren) Verteilung**. Ist dies nicht der Fall, wie bei der Temperatur, sprechen wir von einer **kontinuierlichen Verteilung**. Beispiele für kontinuierliche Verteilungen sind der Zeitpunkt für die Teilung einer Zelle oder das Erreichen der stationären Phase beim Wachstum von Bakterienpopulationen. Man kann keinen exakten Zeitpunkt angeben, da sich eine Zelle natürlich nicht nur zur vollen Stunde, Minute oder Sekunde teilt. Wir werden im weiteren Verlauf dieses Kapitels noch auf verschiedene Verteilungen eingehen (s. Abschn. 3.8, S. 90).

Für die folgenden Betrachtungen nehmen wir ein anderes Beispiel für ein Zufallsexperiment. Es geht um die Frage, mit welcher Wahrscheinlichkeit bestimmte Merkmale vererbt werden. Bei einer dominant-rezessiven Vererbung (z. B. bei der Augenfarbe) ist ein Merkmal, hier die Farbe Braun, dominant. Dennoch kann ein Allel für blaue Augen mitvererbt werden. So kann die darauffolgende Generation wiederum blaue Augen haben. Nehmen wir an, beide Elternteile hätten ein „blaues" und ein „braunes" Allel. Sie haben aufgrund der Dominanz beide braune Augen. Jedes Elternteil gibt eines seiner beiden Allele an die Folgegeneration weiter. Mit einer Wahrscheinlichkeit von 25 % hat demnach der Sprössling blaue Augen. Ein eventuelles zweites Kind hat wiederum eine 25 %ige Chance, blaue Augen zu bekommen. Um die beiden unabhängigen Ereignisse (das erste Kind hat blaue Augen und das zweite Kind hat blaue Augen) zu kombinieren (beide Kinder haben blaue Augen), multiplizieren wir beide Wahrscheinlichkeiten. Bei jedem weiteren Kind verfahren wir genauso. Die Wahrscheinlichkeit, dass fünf blauäugige Kinder in dieser Generation existieren, beträgt:

$$P(X = 5\text{xblau}) = (25\,\%)^5 = \left(\frac{1}{4}\right)^5 = \left(\frac{1}{4^5}\right) = \frac{1}{1024} \approx 0{,}1\,\%.$$

Schwieriger wird das Ganze, wenn wir wissen möchten wie wahrscheinlich es ist, dass nur ein Kind blaue Augen hat. Die Wahrscheinlichkeit errechnet sich wieder über die Einzelwahrscheinlichkeiten. Die Wahrscheinlichkeit, dass das erste Kind blaue Augen hat $P(X = \text{K1b})$, ist

$$P(X = \text{K1b}) = (25\,\%)^1 \cdot (75\,\%)^4 = \left(\frac{1}{4}\right)^1 \cdot \left(\frac{3}{4}\right)^4 = \left(\frac{3^4}{4^5}\right) = \frac{81}{1024} \approx 7{,}9\,\%.$$

Nun gibt es aber fünf verschiedene Möglichkeiten, denn jedes der fünf Kinder könnte die blauen Augen haben. Das Ergebnis ist also $5 \cdot 7{,}9\,\% = 39{,}5\,\%$.

Hier spielt nun die Kombinatorik hinein. Wir errechnen jeweils die Wahrscheinlichkeit eines Ereignisses und multiplizieren sie mit der Anzahl aller Möglichkeiten dafür. Bei zwei

3.3 Ergebnisse und Ereignisse

Kindern mit blauen Augen gibt es

$$\binom{5}{2} = \frac{5!}{(5-2)! \cdot 2!} = \frac{5 \cdot 4 \cdot \cancel{3 \cdot 2 \cdot 1}}{\cancel{(3 \cdot 2 \cdot 1)} \cdot (2 \cdot 1)} = \frac{20}{2} = 10 \quad \text{Möglichkeiten.}$$

Die Wahrscheinlichkeit dafür, dass zwei Kinder blaue Augen haben $P(X = 2\text{xblau})$, ist

$$P(X = 2\text{xblau}) = 10 \cdot \left(\frac{1}{4}\right)^2 \cdot \left(\frac{3}{4}\right)^3 = 10 \cdot \frac{9}{1024} \approx 8{,}7\,\%.$$

Oft interessiert man sich übrigens nicht nur dafür, ob ein Ereignis eintritt oder nicht, sondern ob sich z. B. Investitionen lohnen. So möchte der Otto Normalbiologe und enthusiastische Botaniker Dr. Arnold, den Blattläuse in die Verzweiflung treiben, weil sie den Ertrag seiner Zitronenbäume halbieren, wissen, ob das Präparat „Blattlausschreck" tatsächlich wirkt. Dreiviertel aller Blattlauspopulationen, so verspricht der Hersteller, werden von dem Mittel vernichtet. Leider ist es auch gegenüber Pflanzen sehr aggressiv, sodass im Schnitt ein Viertel aller Pflanzen durch das Mittel vollständig abgetötet werden. Die Frage lautet nun, ob es sich lohnt in das Präparat zu investieren, wenn der Ertrag der Bäume bei positiver Behandlung um die Hälfte steigt, bei negativer Behandlung aber auf Null sinkt.

Es gibt genau zwei mögliche Ergebnisse. Wir bezeichnen die beiden mit A (die Pflanzen bleiben am Leben) und B (die Pflanzen sterben). Die Wahrscheinlichkeiten für das Eintreten der dazugehörigen Ereignisse schreiben wir als $P(A)$ und $P(B)$. Das Mittel beeinflusst Dreiviertel aller Pflanzen nicht ($P(A) = 0{,}75$). Die übrigen werden abgetötet ($P(B) = 0{,}25$). Zusammen ergibt beides die Wahrscheinlichkeit 1, also 100 %. Nun beziehen wir den Ertrag in unsere Betrachtung mit ein. Bleiben die Pflanzen am Leben, wird der Ertrag um die Hälfte auf $x_1 = 1{,}5$ gesteigert, wenn nicht, sinkt der Ertrag auf $x_2 = 0$. Man ordnet also den Ergebnissen A und B über eine Funktion (s. Abschn. 1.2, S. 4) die entsprechenden Erträge zu. Da man mit Ergebnissen aus Zufallsexperimenten (hier: Pflanzen leben oder sterben) nicht richtig rechnen kann, benötigt man Zahlen. Funktionen, die Ergebnissen Zahlen zuordnen, nennt man **Zufallsvariablen**. Der Begriff ist etwas kontraintuitiv, denn anders als man vermuten könnte, ist die Zufallsvariable keine Variable, sondern wirklich eine Funktion. Die Funktionswerte der Zufallsvariablen nennen wir im Folgenden **Realisierungen**. Mit „die Pflanzen bleiben am Leben" (A) oder „die Pflanzen sterben" (B) kann man leider nicht rechnen. Die Zufallsvariable X ordnet daher A den erhöhten Ertrag $X(A) = x_1 = 1{,}5$ und B die Verringerung des Ertrags $X(B) = x_2 = 0$ zu.

> **Ergebnis, Ereignis, Ereignisraum, Zufallsvariable, Realisierung**
> - Bei einem Zufallsexperiment bezeichnet man jeden möglichen Ausgang als Ergebnis.
> - Ein Ereignis x oder x_i ist eine Menge (Kombination) von Ergebnissen (können auch nur die Einzelergebnisse sein).

> - Die Gesamtheit aller Ereignisse wird im Ereignisraum Ω zusammengefasst.
> - Eine Zufallsvariable ordnet den Ergebnissen Zahlen zu. Sie ist eine Funktion, keine Variable.
> - Die Zahlen, auf die eine Zufallsvariable abbildet, werden als Realisierungen bezeichnet.

Wir möchten hier noch klarstellen, dass jedes Ergebnis auch ein Ereignis ist, aber jede Menge dieser Ergebnisse zusätzlich ein Ereignis darstellt. Im Beispiel des Pestizids ist die Realisierung zum Ergebnis A die Ertragssteigerung $x_1 = 1,5$ und für B entsprechend $x_2 = 0$. Die Wahrscheinlichkeiten für das Eintreten der Ergebnisse A und B sind identisch mit den Wahrscheinlichkeiten ihrer Realisierungen. Es gilt also

$$P(X = x_1) = p(A) \quad \text{sowie} \quad P(X = x_2) = p(B).$$

Die Schreibweise $P(X = x_1)$ bedeutet übrigens: Die Wahrscheinlichkeit P, dass die Zufallsvariable X die Realisierung x_1 annimmt. Anders ausgedrückt ist das die Wahrscheinlichkeit, dass der Wert 1,5 (Ertragssteigerung um 50 %) angenommen wird. Das bedeutet, wir werden in Zukunft nicht mehr die Wahrscheinlichkeiten von Ergebnissen, sondern nur noch von ihren Realisierungen angeben. Die Summe der Wahrscheinlichkeiten aller Realisierungen ist stets 1.

Wir können Wahrscheinlichkeiten mit den entsprechenden Realisierungen multiplizieren:

$$P(X = x_1) \cdot x_1 = 0,75 \cdot 1,5 = 1,125$$

$$P(X = x_2) \cdot x_2 = 0,25 \cdot 0 = 0.$$

Wenn wir alle Produkte, die daraus entstehen, addieren, erhalten wir den **Erwartungswert**. Er gibt uns eine Vorstellung über den mittleren Ausgang unseres Zufallsexperiments. In unserem Fall gibt er an, dass sich der Ertrag unter Berücksichtigung der entsprechenden Wahrscheinlichkeiten im Schnitt auf $1,125 + 0 = 1,125$ erhöht (Steigerung um 12,5 %). Es würde sich im Schnitt also lohnen, das Mittel anzuwenden.

3.4 Erwartungswert einer Zufallsvariablen

In der Stochastik ist der Erwartungswert eine **Kenngröße von Zufallsvariablen**. Er beschreibt den Mittelwert der Ausgänge, den eine Zufallsvariable einer bestimmten Wahrscheinlichkeitsverteilung bei häufiger Wiederholung annimmt. Damit ist der Erwartungswert also eine stochastische Kenngröße, die von der zugrunde liegenden Wahrscheinlichkeitsverteilung abhängt. Wahrscheinlichkeitsverteilungen können diskreter Natur oder kontinuierlicher Natur sein.

3.4 Erwartungswert einer Zufallsvariablen

Tab. 3.1 Ausprägungen und Realisierungswahrscheinlichkeiten einer diskreten Zufallsvariablen

X	x_1	x_2	$\cdots$	x_n	Realisierung
$p_i = P(X = x_i)$	p_1	p_2	$\cdots$	p_n	Wahrscheinlichkeit

Eine diskrete Verteilung ist gegeben durch die Wahrscheinlichkeiten für die entsprechenden Realisierungen (s. Tab. 3.1). Angenommen, eine Zufallsvariable kann n verschiedene Werte annehmen, dann ist die zugehörige Wahrscheinlichkeitsverteilung gegeben durch die n Wahrscheinlichkeiten $p_1, \ldots, p_n$. Natürlich müssen diese Wahrscheinlichkeiten wieder der **Normalisierungsbedingung** genügen, d. h. ihre Summe muss gerade 1 ergeben:

$$\sum_{i=1}^{n} p_i = 1.$$

Ist die Zufallsvariable X hingegen kontinuierlicher Natur, dann gibt man ihre Wahrscheinlichkeitsverteilung durch eine Dichtefunktion oder auch **Wahrscheinlichkeitsdichte** an (engl. *probability density function, pdf*). Hier ist die Wahrscheinlichkeitsdichte also gegeben, wenn eine Funktion p vorliegt, die jedem Ereignis $A \subseteq \Omega$ die Wahrscheinlichkeit $0 \leq p(A) \leq 1$ zuordnet. Meistens betrachten wir reelle Zufallsvariablen. Dann ordnet die Zufallsvariable X möglichen Ausgängen Werte aus den reellen Zahlen zu. Die Wahrscheinlichkeit dafür, dass von X ein Wert im Intervall $[x, x + dx]$ angenommen wird, ist dann gerade gegeben durch $p(x)dx$. Wahrscheinlichkeitsdichten sind ebenso normalisiert. Das Integral der Wahrscheinlichkeitsdichte über alle möglichen Realisierungen muss also 1 ergeben. Für Verteilungsfunktionen von reellen Zufallsvariablen führen wir also die Integration in Gl. 3.1 über die gesamte reelle Zahlengerade aus und meinen damit eine Integration von $-\infty$ bis ∞:

$$\int_{\mathbb{R}} p(x) dx = \int_{-\infty}^{\infty} p(x) dx = 1. \tag{3.1}$$

> **Erwartungswert einer Zufallsvariablen**
> Der Erwartungswert einer Zufallsvariablen X ist der mit der Wahrscheinlichkeit gewichtete (erwartete) Wert, den die Zufallsvariable (im Mittel) annimmt.
> - Für eine **diskrete Zufallsvariable X**, die die Werte $x_1, \ldots, x_n$ annehmen kann, mit den entsprechenden Realisierungswahrscheinlichkeiten $P(X = x_i) = p_i$ für $i = 1, \ldots, n$, ist der Erwartungswert definiert als die mit den Wahrscheinlichkeiten p_i gewichtete Summe der Realisierungen von X:
>
> $$\mathrm{E}[X] = \sum_{i=1}^{n} x_i \cdot P(X = x_i) = \sum_{i=1}^{n} x_i \cdot p_i.$$

- Für eine **kontinuierliche Zufallsvariable** X, deren Wahrscheinlichkeitsdichte durch $p(x)$ beschrieben wird, berechnet sich der Erwartungswert von X aus:

$$E[X] = \int_{\mathbb{R}} x \cdot p(x) \, dx.$$

Schreibweise: Anstatt $E[X]$ ist häufig auch die Schreibweise $\langle X \rangle$ für den Erwartungswert der Zufallsvariablen X anzutreffen.

Es besteht ein enger Zusammenhang zwischen dem Erwartungswert einer Wahrscheinlichkeitsverteilung und dem empirischen Mittelwert einer Häufigkeitsverteilung. Die Details werden im Kap. 2 über die beschreibende Statistik behandelt. Es soll jedoch betont werden, dass der Erwartungswert einer Zufallsvariablen nur von der Wahrscheinlichkeitsverteilung bestimmt wird, die als gegeben vorausgesetzt wird, und damit ein theoretischer Wert ist, der für ein bestimmtes Wahrscheinlichkeitsmodell berechnet werden kann.

3.4.1 Linearität des Erwartungswertes

Eine zentrale Eigenschaft des Erwartungswertes ist die Linearität. Diese Eigenschaft mag unspektakulär erscheinen, ist jedoch für praktische Berechnungen sehr wichtig.

Linearität des Erwartungswertes
Für eine reelle Zufallsvariable X ist der Erwartungswert eine lineare Funktion. Das heißt konkret:

$$E[a \cdot X + b] = a \cdot E[X] + b \qquad (3.2)$$

für zwei reelle Konstanten $a, b \in \mathbb{R}$. Insbesondere ist für eine solche Konstante $b \in \mathbb{R}$: $E[b] = b$. Für m diskrete Zufallsvariablen $X_1, X_2, \ldots, X_m$ gilt zudem, dass der Erwartungswert einer Summe von Zufallsvariablen gleich der Summe der Erwartungswerte ist:

$$E\left[\sum_{j=1}^{m} X_j\right] = \sum_{j=1}^{m} E[X_j]. \qquad (3.3)$$

Beide oben genannten Eigenschaften lassen sich für diskrete Zufallsvariablen direkt nachrechnen:

$$E[a \cdot X + b] := \sum_i p_i (a \cdot x_i + b) = a \cdot \sum_i p_i \cdot x_i + b \cdot \underbrace{\sum_i p_i}_{=1} = a \cdot E[X] + b.$$

3.5 Varianz und Standardabweichung

Für den Nachweis von Gl. 3.3 nehmen wir an, dass m Zufallsvariablen X_j vorliegen, und bezeichnen die Realisierung i der j-ten Zufallsvariable mit x_{ji}:

$$E\left[\sum_j^m X_j\right] = \sum_i p_i \cdot \left(\sum_{j=1}^m x_{ji}\right) = \sum_i \sum_{j=1}^m p_i \cdot x_{ji} = \sum_{j=1}^m \sum_i p_i \cdot x_{ji} =$$

$$= \sum_{j=1}^m \underbrace{\left(\sum_i p_i \cdot x_{ji}\right)}_{= E[X_j]} = \sum_{j=1}^m E[X_j].$$

Für kontinuierliche Zufallsvariablen folgt der Nachweis in ähnlicher Weise aus der Linearität des Integrals. Das ersparen wir euch aber.

Beispiel 3.1

Wir betrachten exemplarisch eine Zufallsvariable $Y = 2 \cdot X + \sin(X) - 9$. Die Linearität des Erwartungswertes der Zufallsvariablen besagt, dass

$$E[Y] = E[2 \cdot X + \sin(X) - 9] = 2 \cdot E[X] + E[\sin(X)] - 9$$

ist. Es bleibt zu beachten, dass $E[\sin(X)] \neq \sin(E[X])$ ist, da die Sinusfunktion eine nichtlineare Funktion in X ist. □

Häufig ist nicht nur eine Zufallsvariable selbst, sondern eine Funktion von Zufallsvariablen von Interesse. Der Erwartungswert einer Funktion einer Zufallsvariablen ist aber genau das, was der Name verspricht: nämlich der mit den entsprechenden Wahrscheinlichkeiten gewichtete Funktionswert der Zufallsvariablen.

Erwartungswert von Funktionen von Zufallsvariablen

Der Erwartungswert einer Funktion $g(X)$, wobei X eine Zufallsvariable ist, berechnet sich aus:

$$E[g(X)] = \begin{cases} \sum_i g(x_i) \cdot P(X = x_i) & \text{diskret} \\ \int_{\mathbb{R}} g(x) \cdot p(x) dx & \text{kontinuierlich}. \end{cases}$$

3.5 Varianz und Standardabweichung

Während der Erwartungswert ein stochastisches Lagemaß ist, so ist die Varianz einer Zufallsvariable ein Streumaß, also eine Kenngröße, die Aufschluss darüber gibt, wie stark die

Zufallsvariable um ihren Erwartungswert streut. Ist die Wahrscheinlichkeitsverteilung einer Zufallsvariable bekannt, so kann daraus direkt die Varianz berechnet werden.

> **Varianz und Standardabweichung einer Zufallsvariablen**
>
> Die **Varianz** einer Zufallsvariablen X ist definiert als die mittlere quadratische Abweichung von ihrem Erwartungswert. In Formeln übersetzt sich das wie folgt:
>
> $$V[X] = E\left[(X - E[X])^2\right] = E[X^2] - E[X]^2. \qquad (3.4)$$
>
> Häufig wird anstatt $V[X]$ auch einfach σ_X^2 oder nur kurz σ^2 für die Varianz von X geschrieben. Das ist vor allem gebräuchlich, wenn man an der **Standardabweichung** σ_X von X interessiert ist. Die Standardabweichung ist die Quadratwurzel der Varianz:
>
> $$\sigma_X = \sigma = \sqrt{V[X]}.$$

Das zweite Gleichheitszeichen in Gl. 3.4 folgt aus den bereits besprochenen Eigenschaften des Erwartungswertes:

$$V[X] = E\left[(X - E[X])^2\right] = E\left[X^2 - 2 \cdot X \cdot E[X] + E[X]^2\right]\Big|_{\text{s. Gl. 3.2}} =$$
$$= E[X^2] - 2 \cdot E[X] \cdot E[X] + \underbrace{E[E[X]^2]}_{= E[X]^2} = E[X^2] - 2 \cdot E[X]^2 + E[X]^2 = E[X^2] - E[X]^2.$$

Diese Gleichung für die Varianz wird in der Literatur auch als **Verschiebungssatz** angeführt. Wir sehen Gl. 3.4 an, dass die Berechnung der Varianz in der Praxis wieder auf das Berechnen von Erwartungswerten zurückfällt. Wenn wir für den Erwartungswert von X die Abkürzung $\mu := E[X]$ einführen, dann können wir mithilfe von Gl. 3.4 die Varianz aus

$$V[X] = \begin{cases} \sum_i (x_i - \mu)^2 \cdot p_i & \text{diskret} \\ \int_{\mathbb{R}} (x - \mu)^2 \cdot p(x) dx & \text{kontinuierlich} \end{cases}$$

berechnen, wobei wir den Erwartungswert der Funktion $g(X) = (X - \mu)^2$ betrachten.

3.5.1 Eigenschaften der Varianz

Ähnlich dem Erwartungswert (s. Abschn. 3.4.1, S. 80) beschreibt die folgende Formel, wie sich die Varianz unter linearen Transformationen $a \cdot X + b$ für reelle Zahlen $a, b \in \mathbb{R}$ verhält:

$$V[aX + b] = a^2 V[X].$$

3.6 Stochastische Unabhängigkeit

Für viele Ereignisse in der Natur stellt sich die Frage, ob das Eintreten des einen das Inkrafttreten des anderen beeinflusst und wenn ja wie stark. Auch in der Welt des Zufalls interessiert man sich naturgemäß für die Frage, ob zwei Zufallsereignisse sich gegenseitig beeinflussen oder ob sie unabhängig sind. Die stochastische Unabhängigkeit ist ein Konzept, dass eine formal klare Regel vorgibt, wann zwei Ereignisse unabhängig voneinander sind.

> **Stochastische Unabhängigkeit**
> Zwei Ereignisse $A, B \subset \Omega$ sind genau dann stochastisch unabhängig, wenn die Wahrscheinlichkeit für das Eintreten von A und B gleich dem Produkt der Einzelwahrscheinlichkeiten ist:
> $$P(A \cap B) = P(A) \cdot P(B).$$

Werfen wir z. B. zweimal hintereinander einen fairen Würfel, der mit gleicher Wahrscheinlichkeit jede Augenzahl anzeigt, so ist der Ausgang des ersten Wurfes unabhängig von dem des zweiten. Wenn A das Ereignis beschreibt, im ersten Wurf eine gerade Zahl zu würfeln, und B das Ereignis, im zweiten Wurf eine ungerade Zahl zu würfeln, dann gilt

$$P(A \cap B) = P(A) \cdot P(B) = \frac{3}{6} \cdot \frac{3}{6} = 25\,\%,$$

da die Einzelwahrscheinlichkeiten für beide Ereignisse jeweils 1/2 betragen.

Für die wissenschaftliche Praxis ist es häufig wichtig, dass die wiederholte Durchführung von Experimenten stochastisch unabhängig ist. Für die Vergleichbarkeit von Messergebnissen und deren Reproduzierbarkeit ist stochastische Unabhängigkeit häufig eine Grundvoraussetzung.

3.7 Bedingte Wahrscheinlichkeiten

Wissen verändert alles. Vor allem das Wissen über den sicheren Ausgang eines Ereignisses. Um mathematisch einzufangen, wie sich Wahrscheinlichkeiten durch **zusätzliche Informationen** verändern, betrachtet man bedingte Wahrscheinlichkeiten. Ganz konkret geht es dabei um die Frage, wie sich die Wahrscheinlichkeit für ein Ereignis A ändert, wenn wir sicher wissen, dass ein zweites Ereignis B eintritt. Diese neubewertete Wahrscheinlichkeit schreibt man als $P(A|B)$ (gelesen: „Wahrscheinlichkeit für A unter der Bedingung B"). Wir fragen also nach der Wahrscheinlichkeit dafür, dass A und B eintreten, wenn wir von B

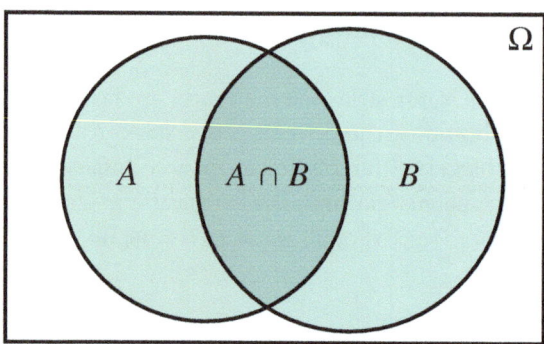

Abb. 3.2 Schnittmenge von zwei Ereignissen A und B im Ergebnisraum Ω als Venn–Diagramm

bereits wissen, dass es sicher eintritt. Das heißt wir fragen nicht danach, wie wahrscheinlich das Eintreten von $A \cap B$ in Bezug auf alle möglichen Ereignisse Ω ist, sondern fragen jetzt nur, wie wahrscheinlich das Eintreten von $A \cap B$ in Bezug auf alle möglichen Realisierungen von B ist.

Bedingte Wahrscheinlichkeit
Die bedingte Wahrscheinlichkeit für ein Ereignis $A \subseteq \Omega$ unter der Bedingung, dass B ($B \subseteq \Omega$, mit $P(B) > 0$) eintritt, berechnet sich aus

$$P(A|B) = \frac{P(A \cap B)}{P(B)}. \tag{3.5}$$

Das Konzept der bedingten Wahrscheinlichkeit kann man gut an der schematischen Illustration des Ereignisraums in Abb. 3.2 verdeutlichen. Wenn nur die Wahrscheinlichkeit für das Eintreten eines Ereignisses A gesucht ist, so entspricht $P(A)$ gerade dem Verhältnis der erfolgreichen Ausgänge von A zu allen möglichen Ausgängen in Ω. Grafisch kann der Wert von $P(A)$ z. B. durch das Verhältnis der Flächen von A zur Gesamtfläche von Ω interpretiert werden. Die bedingte Wahrscheinlichkeit für A unter der Voraussetzung, dass zuvor bereits das Ereignis B eingetreten ist, entspricht dann gerade den erfolgreichen Ausgängen, für die sowohl A als auch B eingetreten ist, in Relation zu allen möglichen Ausgängen von B. Grafisch „gesprochen" entspricht der Wert von $P(A|B) = \frac{P(A \cap B)}{P(B)}$ also gerade dem Verhältnis der Fläche von $A \cap B$ zur Fläche von B (s. Abb. 3.3).

Die Formel für bedingte Wahrscheinlichkeiten von zwei Ereignissen $A, B \subseteq \Omega$ haben wir in Gl. 3.5 eingeführt.

Für die bedingte Wahrscheinlichkeit von B, falls A sicher eintritt, gilt analog

$$P(B|A) = \frac{P(A \cap B)}{P(A)}. \tag{3.6}$$

3.7 Bedingte Wahrscheinlichkeiten

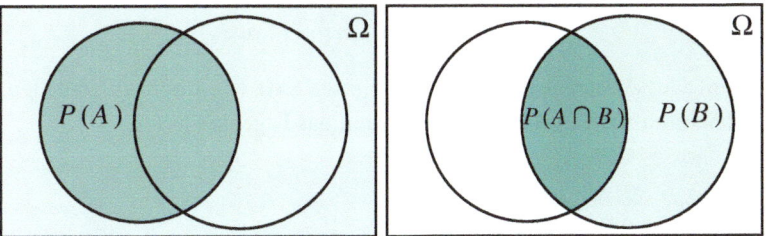

Abb. 3.3 Neubewertung der Wahrscheinlichkeit für A unter der Annahme, dass B eintritt

Wir können jetzt das Konzept der bedingten Wahrscheinlichkeiten nutzen, um eine alternative Charakterisierung von stochastischer Unabhängigkeit zu finden. Wir erinnern uns, dass zwei Ereignisse genau dann stochastisch unabhängig sind, wenn $P(A \cap B) = P(A) \cdot P(B)$ gilt (s. Abschn. 3.6, S. 83). Wir setzen diese Formel in Gl. 3.5 ein:

$$P(A|B) = \frac{P(A \cap B)}{P(B)} = \frac{P(A) \cdot P(B)}{P(B)} = P(A).$$

Für zwei stochastisch unabhängige Ereignisse A, B gilt also $P(A|B) = P(A)$. Umgekehrt folgt aus $P(A|B) = P(A)$ mit Gl. 3.5:

$$P(A|B) = P(A) = \frac{P(A \cap B)}{P(B)} \implies P(A \cap B) = P(A) \cdot P(B).$$

Wir haben also eine äquivalente Möglichkeit gefunden, stochastische Unabhängigkeit zu definieren:

> **Stochastische Unabhängigkeit**
> Zwei Ereignisse $A, B \subset \Omega$ sind genau dann stochastisch unabhängig, wenn gilt:
> $$P(A|B) = P(A).$$

Wir gehen nochmal zurück zu den beiden Gl. 3.5 und 3.6 und stellen beide nach $P(A \cap B)$ um:

$$P(A \cap B) = P(A|B) \cdot P(B) = P(B|A) \cdot P(A). \tag{3.7}$$

Gleichung 3.7 wollen wir uns als **Produktformel** merken. Beachtet hierbei, dass das rechte Gleichheitszeichen auf die Symmetrie von $A \cap B$ zurückgeht, da $A \cap B = B \cap A$. Ausgehend von dem rechten Gleichheitszeichen, also der Gleichung

$$P(A|B) \cdot P(B) = P(B|A) \cdot P(A),$$

haben wir nun alles zusammen, um den berühmten **Satz von Bayes** aufzustellen. Wir lösen dafür die Gleichung nach $P(A|B)$ auf und halten das Ergebnis fest.

> **Satz von Bayes**
> Für zwei Ereignisse $A, B \subset \Omega$ mit $P(B) > 0$ gilt die Bayes'sche Wahrscheinlichkeitsformel:
> $$P(A|B) = \frac{P(B|A) \cdot P(A)}{P(B)}.$$

Natürlich hätten wir auch die Rollen von A und B vertauschen können, da sich A formal in keiner Weise von B unterscheidet. Die große Bedeutung dieses Ergebnisses ist der Schlichtheit der Formel nicht anzusehen. Wichtig ist festzuhalten, dass wir hiermit ein Werkzeug haben, das es erlaubt, bedingte Wahrscheinlichkeiten der Form $P(A|B)$ in bedingte Wahrscheinlichkeiten der Form $P(B|A)$ umzurechnen.

> **Beispiel 3.2**
> Ein biologisches Anwendungsbeispiel ist die Untersuchung von STAT5–Molekülen (s. Beispiel 1.3, S. 42). STAT5 liegt in phosphorylierter Form vor, wenn sich an die Aminosäure Tyrosin694 eine Phosphatgruppe anlagert. Je zwei dieser phosphorylierten Moleküle können eine weitere Einheit (Dimer) bilden. Dimerisierte STAT5–Moleküle bezeichnen wir hierbei als aktiv, da sie DNA binden und damit die Expression von Zielgenen beeinflussen können. Die hier betrachteten STAT5–Moleküle werden also auf zwei Merkmale hin untersucht, nämlich ob sie phosphoryliert sind oder nicht und ob sie dimerisiert sind oder nicht (aktiv oder inaktiv). In einem Experiment wird untersucht, welche Rolle die Phosphorylierung für die Dimerisierung von STAT5–Molekülen spielt. Wir betrachten exemplarisch die folgenden, experimentell erhobenen Daten und möchten mithilfe unserer wahrscheinlichkeitstheoretischen Grundlagen auf weitere bedingte Wahrscheinlichkeiten schließen.
>
> - 63,72 % der gemessenen Moleküle liegen phosphoryliert vor
> - 87,54 % aller phosphorylierten Moleküle sind aktiv
> - 7,73 % aller nicht phosphorylierten Moleküle wurden ebenso aktiv vorgefunden
>
> Ausgehend von diesen experimentellen Ergebnissen möchten wir die folgenden Fragen betrachten, deren Beantwortung dazu beiträgt, die Abhängigkeit des Aktivierungsverhaltens von der Phosporylierung genauer zu verstehen.
>
> - Welcher Anteil an Molekülen war insgesamt aktiv, lag also dimerisiert vor?
> - Wie viel Prozent der phosphorylierten Moleküle wurden als inaktiv registriert?
> - Wie oft war ein aktives Molekül nicht phosporyliert?

3.7 Bedingte Wahrscheinlichkeiten

- Wie groß ist insgesamt die Wahrscheinlichkeit dafür, dass entweder ein phosphoryliertes Molekül inaktiv oder ein nicht phosphoryliertes Molekül aktiv ist?

Wir führen zwei Ereignisse ein, um diese Fragen zu beantworten. p steht für das Ereignis, dass ein Molekül phosphoryliert ist. Das Komplementärereignis zu p heißt $\bar{p}$ und bedeutet, dass das STAT5–Molekül entsprechend nicht phosphoryliert vorliegt. Außerdem bezeichnet a das Ereignis, dass das untersuchte Molekül aktiv ist (dimerisiert vorliegt), und das komplementäre Ereignis $\bar{a}$ steht für Inaktivität. Die Information, dass 63,72 % aller Moleküle phosphoryliert sind, entspricht also $P(p) = 0{,}6372$. Die zweite Aussage, dass 87,54 % aller phosphorylierten Moleküle als aktiv registriert wurden, ist die bedingte Wahrscheinlichkeit $P(a|p) = 0{,}8754$. Und auch die dritte Information liefert eine bedingte Wahrscheinlichkeit $P(a|\bar{p}) = 0{,}0773$. Wichtig ist, darauf hinzuweisen, dass $P(p) + P(\bar{p}) = 1$ und auch $P(a) + P(\bar{a}) = 1$ gilt, da die jeweiligen Ereignisse komplementär zueinander sind. Ein Molekül liegt entweder phosphoryliert vor oder nicht und es ist entweder aktiv oder inaktiv.

Welcher Anteil an Molekülen war insgesamt aktiv, lag also dimerisiert vor? Wir suchen die Wahrscheinlichkeit dafür, dass STAT5 aktiv ist, unabhängig davon ob es phosphoryliert ist oder nicht. Die Wahrscheinlichkeit für Aktivität ist $P(a)$. Es gibt genau zwei Möglichkeiten für das Ereignis „STAT5 aktiv". Da wir aber nur die bedingten Wahrscheinlichkeiten kennen, müssen wir $P(a)$ berechnen, indem wir den Betrag von den nicht phosporylierten Molekülen, die aktiv sind, zu dem Betrag der phosphorylierten Moleküle, die aktiv sind, addieren. Andere Möglichkeiten gibt es nicht.

$$P(a) = P(a \cap p) + P(a \cap \bar{p}) \underset{\text{s. Gl. 3.7}}{=} P(a|p) \cdot P(p) + P(a|\bar{p}) \cdot P(\bar{p}) \qquad (3.8)$$

$$= 0{,}8754 \cdot 0{,}6372 + 0{,}0773 \cdot 0{,}3628 = 0{,}5858 = 58{,}58\,\%$$

Das heißt 58,58 % aller Moleküle liegen dimerisiert vor und sind folglich aktiv.

Wie viel Prozent der phosphorylierten Moleküle wurden als inaktiv registriert? Die Wahrscheinlichkeit für phosphorylierte aber inaktive Moleküle ist eine kritische Größe für unsere Hypothese. In der Sprache der bedingten Wahrscheinlichkeiten suchen wir $P(\bar{a}|p)$, also die Wahrscheinlichkeit dafür, dass ein Molekül nicht aktiv ist, gegeben es ist phosphoryliert. Wir kennen $P(a|p)$ und wissen zudem, dass alle phosphorylierten Moleküle entweder aktiv oder inaktiv sind. Also sind diese beiden Wahrscheinlichkeiten komplementär und wir finden:

$$P(a|p) + P(\bar{a}|p) = 1 \quad \Longrightarrow \quad P(\bar{a}|p) = 1 - P(a|p) = 1 - 0{,}8754 = 12{,}46\,\%.$$

Das bedeutet, dass phosphorylierte Moleküle mit einer Wahrscheinlichkeit von 12,46 % inaktiv sind.

Wie oft war ein aktives Molekül nicht phosporyliert? Jetzt suchen wir die Wahrscheinlichkeit dafür, wie oft aktive Moleküle nicht phosphoryliert sind, also $P(\bar{p}|a)$. Da wir

$P(a|\bar{p})$, $P(a)$ und $P(\bar{p})$ bereits kennen, bietet es sich an, den Satz von Bayes zu verwenden:

$$P(\bar{p}|a) \underset{\text{s. Gl. 3.6}}{=} \frac{P(a|\bar{p}) \cdot P(\bar{p})}{P(a)} = \frac{0{,}0773 \cdot 0{,}3628}{0{,}5858} = 4{,}79\,\%.$$

Alle aktiven Molekülen waren also mit 4,78 %iger Wahrscheinlichkeit nicht phosphoryliert.

Wie groß ist insgesamt die Wahrscheinlichkeit dafür, dass entweder ein phosphoryliertes Molekül inaktiv oder ein nicht phosphoryliertes Molekül aktiv ist? Abschließend möchten wir noch wissen, mit welcher Wahrscheinlichkeit entweder phosphorylierte Moleküle inaktiv oder nicht phosphorylierte Moleküle aktiv sind. Das sind die Wahrscheinlichkeiten, die gegen unsere These sprechen. Die gesuchte Wahrscheinlichkeit kann hier wieder aus den zwei entsprechenden Beiträgen für $\bar{a} \cap p$ und $a \cap \bar{p}$ gebildet werden:

$$P(\bar{a} \cap p) + P(a \cap \bar{p}) \underset{\text{s. Gl. 3.7}}{=} P(\bar{a}|p) \cdot P(p) + P(a|\bar{p}) \cdot P(\bar{p})$$

$$0{,}1246 \cdot 0{,}6372 + 0{,}0773 \cdot 0{,}3628 = 0{,}1074$$

Die gesuchte Wahrscheinlichkeit beträgt damit 10,7 %.

Wir haben gesehen wie wichtig es ist, die Frage präzise zu formulieren. Die Wahrscheinlichkeit $P(a|p)$, mit der ein phosphoryliertes Molekül aktiv ist, nennt man auch **Sensitivität** des Tests unserer Hypothese. Umgekehrt ist die Wahrscheinlichkeit $P(\bar{a}|\bar{p})$, mit der ein nicht phosphoryliertes Molekül inaktiv ist, die **Spezifität** des Tests, mit dem wir unsere Behauptung überprüfen. Eine übersichtliche Darstellung aller relevanten Wahrscheinlichkeiten der zwei Ereignisse und ihrer jeweiligen Komplementärereignisse können wir in einer 2 × 2–Feldertafel vornehmen. Beachtet, dass die Summe aller Einträge der ganz rechten Spalte, der unteren Zeile und aller vier inneren Felder für sich genommen jeweils Eins ergibt (Tab. 3.2).

Weiterhin können Baumgraphen helfen, die Abhängigkeiten der einzelnen bedingten Wahrscheinlichkeiten zu visualisieren. In Abb. 3.4 auf S. 89 sind beide Möglichkeiten aufgezeigt, einmal in Abhängigkeit des Merkmals „aktiv" oder „inaktiv" (a oder $\bar{a}$) und im zweiten Baum in Abhängigkeit des Ereignisses „phosphoryliert" oder „nicht phosphoryliert" (p oder $\bar{p}$). Es kann sehr lehrreich sein, die einzelnen Wahrscheinlichkeiten in den jeweiligen Graphen vollständig nachzuvollziehen und vor allem die von uns anfangs gesuchten Wahrscheinlichkeiten an den entsprechenden Stellen zu identifizieren. Zur Kontrolle kann die Summe der jeweiligen Astwahrscheinlichkeiten gebildet werden, die stets Eins ergeben muss. □

In der Besprechung des STAT5–Beispiels haben wir in Gl. 3.8 auf S. 87 die **Komplementarität** von zwei Ereignissen ausgenutzt, um schnell die gesuchte bedingte Wahrscheinlichkeit zu finden. Diesen Sachverhalt kann man verallgemeinern. Für ein Ereignis $B \subseteq \Omega$ und sein Komplementärereignis $\bar{B} \subseteq \Omega$ gilt wie immer $P(B) + P(\bar{B}) = 1$. Mithilfe der

3.7 Bedingte Wahrscheinlichkeiten

Tab. 3.2 2 × 2-Feldertafel für die Analyse der STAT5-Aktivität

	p	$\bar{p}$	Σ
a	$P(a \cap p) = 55{,}78\,\%$	$P(a \cap \bar{p}) = 2{,}8\,\%$	$P(a) = 58{,}58\,\%$
$\bar{a}$	$P(\bar{a} \cap p) = 7{,}94\,\%$	$P(\bar{a} \cap \bar{p}) = 33{,}48\,\%$	$P(\bar{a}) = 41{,}42\,\%$
Σ	$P(p) = 63{,}72\,\%$	$P(\bar{p}) = 36{,}28\,\%$	$P(\Omega) = 1$

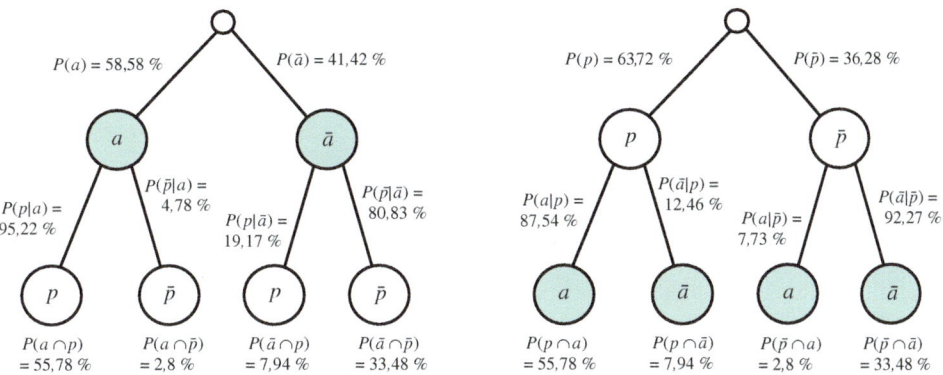

Abb. 3.4 Baumgraphen für die Wahrscheinlichkeiten der Zustände von STAT5-Molekülen. Beachtet, dass jeder der zwei Graphen für sich genommen wie auch auch eine 2 × 2-Feldertafel sämtliche Information zur Rekonstruktion aller Wahrscheinlichkeiten enthalten. Es handelt sich lediglich um unterschiedliche Darstellungsformen

Produktformel 3.7 auf S. 85 wissen wir zudem, dass für ein weiteres Ereignis $A \subseteq \Omega$

$$P(A \cap B) = P(A|B) \cdot P(B)$$
$$P(A \cap \overline{B}) = P(A|\overline{B}) \cdot P(\overline{B})$$

gilt. Jetzt führen wir die Fäden zusammen:

$$P(A) = P(A \cap B) + P(A \cap \overline{B}) = P(A|B) \cdot P(B) + P(A|\overline{B}) \cdot P(\overline{B}).$$

Genau das haben wir in Gl. 3.8 auf S. 87 benutzt. Man sagt auch: Wir haben die **totale Wahrscheinlichkeit** $P(A)$ berechnet, indem wir sie in die entsprechenden bedingten Wahrscheinlichkeiten komplementärer Ereignisse zerlegt haben.

Die Verallgemeinerung dieses Ergebnisses kann auch für n paarweise disjunkte Ereignisse $B_1, \ldots, B_n$ formuliert werden, die den ganzen Ereignisraum abdecken. Die paarweise Disjunktion bedeutet, dass $B_i \cap B_j = \emptyset$ für alle $i \neq j$. Außerdem fordern wir, dass $B_1 \cup B_2 \cup \cdots \cup B_n = \Omega$ gilt. Dann können wir die totale Wahrscheinlichkeit für ein Ereignis $A \subseteq \Omega$ zerlegen als

$$P(A) = \sum_{i=1}^{n} P(A \cap B_i) \underset{\text{s. Gl. 3.7}}{=} \sum_{i=1}^{n} P(A|B_i) \cdot P(B_i).$$

Satz von der totalen Wahrscheinlichkeit
Für n paarweise disjunkte Ereignisse $B_1, \ldots, B_n$, sodass
- $B_1 \cup B_2 \cup \ldots B_n = \Omega$
- $B_i \cap B_j = \emptyset$ für alle $i \neq j$

und ein Ereignis $A \subseteq \Omega$ gilt:

$$P(A) = \sum_{i=1}^{n} P(A|B_i) \cdot P(B_i).$$

Jetzt, nachdem wir ein wenig mit stochastischer Unabhängigkeit und bedingten Wahrscheinlichkeiten experimentiert haben, fassen wir nochmal zwei wichtige Eigenschaften des Erwartungswertes zusammen. Der Erwartungswert einer Summe von Zufallsvariablen ist immer gleich der Summe der Erwartungswerte, selbst wenn die Zufallsvariablen stochastisch abhängig sind. Der Erwartungswert des Produktes von Zufallsvariablen faktorisiert hingegen nur in das Produkt der einzelnen Erwartungswerte, wenn die Zufallsvariablen **stochastisch unabhängig** sind (3.9):

$$\mathrm{E}\left[\sum_{j=1}^{n} X_j\right] = \sum_{j=1}^{n} \mathrm{E}[X_j]$$

$$\mathrm{E}\left[\prod_{j=1}^{n} X_j\right] = \prod_{j=1}^{n} \mathrm{E}[X_j]. \tag{3.9}$$

3.8 Verteilungen

Verteilungen geben an, wie häufig bestimmte (Mess)werte auftreten bzw. wie wahrscheinlich sie sind. Die Art der Verteilung ist durch die Skala des Messwertes bedingt (s. Abschn. 2.2, S. 52). Deshalb unterscheidet man nicht nur bei biologischen Größen (Zufallsvariablen), sondern auch bei der Verteilung von deren Messwerten (Realisierungen von Zufallsvariablen) diskret und kontinuierlich (stetig). Die Form der Verteilung hängt vom Zustandekommen der Werte ab. Es gibt unterschiedliche Darstellungs- und Schreibweisen für Verteilungen. Die **Wahrscheinlichkeitsdichte(funktion)** charakterisiert die Verteilung. Aus der Wahrscheinlichkeitsdichte $p(x)$ erhalten wir die Wahrscheinlichkeit P, einen x-Wert für die Zufallsvariable X im Intervall $[x_1, x_2]$ zu messen. Dazu müssen wir über die

3.8 Verteilungen

Wahrscheinlichkeitsdichte $p(x)$ von x_1 bis x_2 integrieren:

$$P(x_1 \leq X \leq x_2) = \int_{x_1}^{x_2} p(x)\,\mathrm{d}x. \tag{3.10}$$

Für das Integral aus Gl. 3.10 erhalten wir eine Wahrscheinlichkeit zwischen 0 und 1, einen x-Wert im Bereich zwischen x_1 bis x_2 zu messen. Die Wahrscheinlichkeitsdichte kann Werte $p(x) > 1$ annehmen, weil der Bereich zwischen x_1 und x_2 sehr klein werden kann. Die Wahrscheinlichkeit, genau einen bestimmten Wert zu messen (wenn der Abstand zwischen x_1 und x_2 unendlich klein wird), ist null: $P(X = x) = 0$. Die Wahrscheinlichkeit, überhaupt einen Wert zu messen, ist eins: $P(-\infty \leq X \leq +\infty) = 1$ (s. Abschn. 3.4, S. 79). Die Wahrscheinlichkeit, einen Wert in einem Intervall zu messen, das weder unendlich klein noch unendlich groß ist, liegt zwischen 0 und 1. Der Schwerpunkt der Wahrscheinlichkeitsdichte entspricht dem Erwartungswert (s. Abschn. 3.4, S. 78), den man als Durchschnitt (s. Abschn. 2.2.1, S. 55) aller Messungen erwarten würde.

Die **kumulative Verteilungsfunktion** $F(x)$ gibt uns für jeden x-Wert eine Wahrscheinlichkeit zwischen 0 und 1 an, einen Wert $\leq x$ zu messen. Damit entspricht sie den aufsummierten Wahrscheinlichkeiten für Messwerte von $-\infty$ bis x, also dem Integral über die Wahrscheinlichkeitsdichte von $-\infty$ bis x. Die kumulative Verteilungsfunktion ist damit für diskrete Zufallsvariablen treppenförmig und für kontinuierliche Zufallsvariablen glatt s-förmig (Abb. 3.5).

Die Fläche unter der Kurve der Wahrscheinlichkeitsdichtefunktion ist eins. Das heißt, wenn man die Wahrscheinlichkeit über alle möglichen Messwerte aufsummiert, erhält man 100 %. Es gilt als sicher, dass man irgendeinen Messwert erhält. Das Integral der Wahrscheinlichkeitsdichtefunktion über alle x-Werte, also die Verteilungsfunktion von $-\infty$ bis $+\infty$, ist deshalb ebenfalls eins (Gl. 3.1). Weil die Fläche unter der Kurve der Wahrscheinlichkeitsdichtefunktion immer gleich ist, sind besonders hohe Kurven auch besonders schmal und flache Kurven sind sehr breit; der Flächeninhalt bleibt unverändert. Bei spitzen Glocken sind einige Werte sehr wahrscheinlich, wohingegen breite Wahrscheinlichkeitsdichtefunktionen ein großes Spektrum möglicher Messwerte beschreiben, die alle ähnlich (un)wahrscheinlich sind. Es gibt viele verschiedene Verteilungen (http://www.itl.nist.gov/div898/handbook/eda/section3/eda366.htm). Wir gruppieren diese im Folgenden und schauen uns die wichtigsten an.

3.8.1 Diskrete Verteilungen

Diskrete Verteilungen sind für **kategorisierte Merkmale** wichtig. Beispielsweise werden die Zellen des Immunsystems abhängig von der Expression verschiedener Oberflächenmarker in diskrete Klassen (Gruppen) eingeteilt.

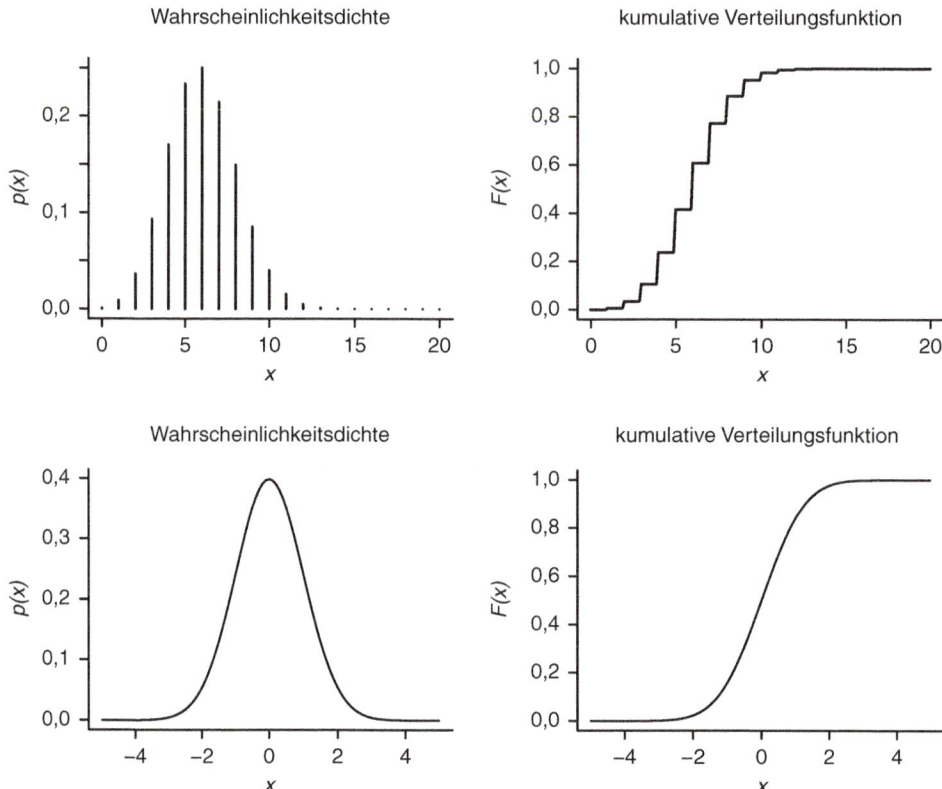

Abb. 3.5 Wahrscheinlichkeitsdichten und kumulative Verteilungsfunktionen. Vergleich zwischen der diskreten Binomialverteilung mit $n = 20, p = 0{,}3$ (*oben*) und der kontinuierlichen Standardnormalverteilung mit $\mu = 0, \sigma = 1$ (*unten*)

Binomialverteilung

Eine Binomialverteilung beschreibt die Realisierung einer Zufallsvariable, die nur zwei Werte annehmen kann. Sind die beiden möglichen Realisierungen der Zufallsvariable 0 und 1, so heißt die Zufallsvariable **Bernoulli-Variable** und das Experiment **Bernoulli-Experiment**. Die Binomialverteilung beschreibt die Wahrscheinlichkeit P für die Anzahl k eingetretener Ereignisse, in Abhängigkeit von der Anzahl n der Bernoulli-Experimente und der Wahrscheinlichkeit p für das Eintreten des einen Ereignisses (Abb. 3.5). Wenn wir z. B. eine Genexpressionsanalyse durchführen, bei der Gene entweder exprimiert sind (Zustand 1) oder nicht exprimiert sind (Zustand 0), können wir mit Gl. 3.11 die Wahrscheinlichkeit P ausrechnen, bei n untersuchten Genen, genau k aktiviert zu finden:

$$P(k \mid p, n) = \binom{n}{k} p^k (1-p)^{n-k}. \tag{3.11}$$

3.8 Verteilungen

Es handelt sich um eine diskrete Anzahl von aktiven Genen, denn es gibt nur aktiv (exprimiert) oder inaktiv (nicht exprimiert) und keine halben Gene. $P(k \mid p, n)$ heißt auf „Mathematisch": die Wahrscheinlichkeit, k Beobachtungen zu machen, gegeben, dass die Wahrscheinlichkeit für die einzelne Beobachtung (z. B. Gen aktiv) p ist und man n Messungen macht. Es gibt nur zwei mögliche **Ereignisse**. Wenn das Ereignis von Interesse (Gen aktiv) die Wahrscheinlichkeit p besitzt, dann ist die Wahrscheinlichkeit, das **Gegenereignis** (Gen inaktiv) als Ergebnis der Messung zu erhalten, genau $1 - p$, weil nur das Ereignis oder das Gegenereignis eintreten kann. Der Term $\binom{n}{k}$ (sprich: „n über k"; der „Binomialkoeffizient") dient dazu, die verschiedenen Kombinationsmöglichkeiten zu berücksichtigen. Dieser Aspekt wurde bereits in unserem Beispiel der Kinder am Küchentisch thematisiert (s. Abschn. 3.2, S. 73). Bei drei untersuchten Genen kann das Ergebnis, genau ein aktives Gen zu finden, dadurch zustande kommen, dass das erste Gen aktiv ist oder das zweite oder das dritte: $\binom{3}{1} = 3$.

Da man in der Biologie selten Münzen wirft (das Standardbeispiel), kommt die Binomialverteilung vor allem bei Genexpressionsstudien zum Einsatz.

Wenn wir in einem solchen Experiment die Expression von 20 unabhängigen Genen untersuchen, wobei die Wahrscheinlichkeit, dass ein Gen exprimiert wird, unter den gegebenen Bedingungen $p = 0{,}5$ beträgt, dann ist die Wahrscheinlichkeit P, genau 10 der 20 Gene als aktiv zu messen, nach Gl. 3.11:

$$P(10 \mid 0{,}5, 20) = \binom{20}{10} 0{,}5^{10} (1 - 0{,}5)^{20-10}. \tag{3.12}$$

Von den untersuchten 20 Genen könnten die ersten 10 aktiv sein oder die letzten 10 oder das erste und die letzten 9 usw. Es existiert eine Menge an Kombinationsmöglichkeiten. Entsprechend berechnet sich der Binomialkoeffizient:

$$\binom{n}{k} = \frac{n}{1} \cdot \frac{n-1}{2} \cdot \frac{n-2}{3} \cdot \ldots \cdot \frac{n-(k-2)}{k-1} \cdot \frac{n-(k-1)}{k} = \frac{n!}{k!(n-k)!}.$$

Das ist sehr umständlich per Hand auszurechnen und bei höheren Binomialkoeffizienten streikt sogar der Taschenrechner. Ihr könnt beliebige Binomialkoeffizienten jedoch ausrechnen lassen, wie für unser Beispiel unter http://www.wolframalpha.com/input/?i= binom+20+10. Um Gl. 3.12 auszurechnen, benötigen wir einen R-Befehl zur Wahrscheinlichkeitsdichte der Binomialverteilung:

```
> dbinom(10,20,0.5)
[1] 0.1761971
```

Die Wahrscheinlichkeit, genau 10 Gene aktiv zu finden, wenn wir 20 Gene messen, von denen jedes einzelne mit einer Wahrscheinlichkeit von 50 % exprimiert wird, beträgt also etwa 17,6 %.

Für ein einfaches Modell der Genexpression kann man sogar die anfängliche Häufigkeitsverteilung der Anzahl der Proteine eines Gens abhängig von der Zeit als negativ binomialverteilt annehmen [17], was einem Spezialfall der Binomialverteilung entspricht. Das Modell aus Gl. 3.13 liest sich wie folgt: mRNA wird produziert (→), translatiert (→) und abgebaut (↓), Protein wird produziert (→) und abgebaut (↓).

$$\text{DNA} \to \text{mRNA} \to \text{Protein} \qquad (3.13)$$

Mit den modernen Hochdurchsatzverfahren wie dem Microarray kann eine Vielzahl von Messungen durchgeführt werden. Für große n ist der ständige Umgang mit dem Binomialkoeffizienten sehr rechenaufwendig und die Binomialverteilung kann immer mehr durch die Normalverteilung angenähert werden (s. Abschn. 3.8.2, S. 96). Für Gene, die nur sehr selten exprimiert werden, kann man jedoch eine andere Art der Verteilung annehmen, die eine Näherung zur Binomialverteilung darstellt: die Poisson–Verteilung.

Poisson–Verteilung

Die Poisson–Verteilung beschreibt wie die Binomialverteilung die Realisierung einer Zufallsvariable, die nur diskrete Werte annehmen kann. Allerdings bezieht sie sich auf das Eintreten sehr seltener ($p \to 0$) Ereignisse für eine Vielzahl von Beobachtungen ($n \to \infty$). Die Wahrscheinlichkeit P für die Anzahl eingetretener Ereignisse (k), in Abhängigkeit von der Anzahl der Beobachtungen (n) und dem Parameter $\lambda = n \cdot p$ ergibt sich wie in Gl. 3.14:

$$P(k \mid \lambda) = \frac{\lambda^k}{k!} e^{-\lambda}. \qquad (3.14)$$

Bei der Vielzahl von Genen des Menschen gibt es einige, die nur sporadisch abgelesen werden. Je nach Aktivitätsstatus des Promotors kann die Verteilung für die Anzahl der mRNA-Moleküle pro Zelle auch mit einer Poisson–Verteilung beschrieben werden [14]. Betrachten wir die Bedingungen, die für eine Poisson–Verteilung erfüllt sein müssen, wird uns schnell klar, dass diese Modellvorstellung für die Genexpression nur eingeschränkt gilt:

- Ereignisse treten zufällig ein. Polymerasen diffundieren durch die Zelle und kollidieren mit der DNA. Sie bleiben dann zufällig an einem Promotor hängen und die Transkription wird initiiert.
- Ereignisse sind unabhängig voneinander. Einige Gene codieren Transkriptionsfaktoren, die wiederum die Expression von Zielgenen regulieren. Die Expression der Zielgene ist damit abhängig von der Expression des Gens für den Transkriptionsfaktor.
- Die Rate des Auftretens der Ereignisse bleibt gleich. Es kann vorkommen, dass experimentelle Bedingungen die molekulare Transkriptionsmaschinerie und damit die Expression aller Gene einer Zelle grundlegend (systemisch) beeinflussen. Damit verändert sich die Wahrscheinlichkeit, ein Gen aktiviert zu messen.

Zudem wird, wie oben bereits erwähnt, bei Poisson–Verteilungen häufig nach seltenen Ereignissen geschaut. Ihr seht, dass die theoretische Modellvorstellung der Verteilung nur

3.8 Verteilungen

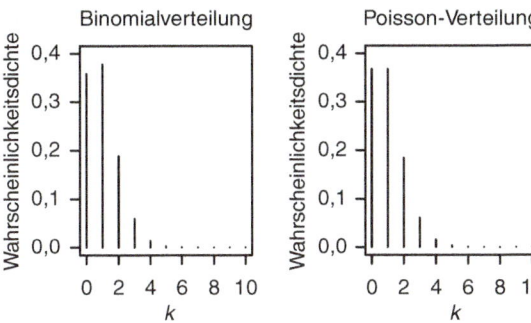

Abb. 3.6 Vergleich zwischen Binomial- und Poisson-Verteilung. Wenn 20 Gene auf Expression untersucht werden und die Wahrscheinlichkeit für die Expression eines einzelnen Gens 5 % beträgt, ergeben sich die hier dargestellten Wahrscheinlichkeitsverteilungen für die Anzahl k exprimierter Gene

eine Näherung an die Verteilung diskreter biologischer Eigenschaften sein kann. Zumindest lässt sich damit jedoch rechnen.

In unserem Beispiel ist $k = 10$ und $\lambda = n \cdot p$ der Erwartungswert. Wie viele aktive Gene würden wir erwarten, wenn wir 20 Gene auf ihre Aktivität hin überprüfen? Dies hängt auch von der Wahrscheinlichkeit ab, ob ein Gen exprimiert wird. Die Poisson-Verteilung verwendet man für das Eintreten sehr seltener Ereignisse. Nehmen wir hier also 20 Gene an, die nur sporadisch exprimiert werden, etwa mit $p = 5\%$. Dann finden wir im Durchschnitt $n \cdot p = 20 \cdot 0{,}05 = 1$, also nur ein einzelnes Gen aktiv. Damit ist unser $\lambda = 1$ und die Wahrscheinlichkeit, dass genau 10 Gene exprimiert werden, ist

$$P(10 \mid 1) = \frac{1^{10}}{10!} e^{-1}.$$

Diese Wahrscheinlichkeitsdichte können wir mit R wiederum leicht exakt ausgeben lassen:

```
> dpois(10,1)
[1] 1.013777e-07
```

Die Wahrscheinlichkeit, 10 Gene aktiv zu finden, wenn wir 20 Gene unendlich oft messen würden, von denen jedes einzelne mit einer Wahrscheinlichkeit von 5 % exprimiert wird, ist mit etwa $10^{-5}\% = 0{,}00001\%$ sehr gering. Die Poisson-Verteilung wird nur für das Eintreten sehr seltener Ereignisse verwendet und reicht nur näherungsweise an die Binomialverteilung heran. Das hat folgende Gründe:

- Die Poisson-Verteilung hängt nur noch von einem Parameter λ ab, weil eine ausreichend große Zahl Beobachtungen $n \to \infty$ angenommen wird.
- Die Poisson-Verteilung gilt nur für sehr selten eintretende Ereignisse $p \to 0$.

Wenn wir die Kurven der beiden Wahrscheinlichkeitsdichten vergleichen (Abb. 3.6), sehen wir, inwieweit beide übereinstimmen. Die Form erinnert bereits an eine halbierte und verschobene Gaußsche Glockenkurve, der sich viele Verteilungen für ein steigendes $n \cdot p$ bzw. λ annähern. Man sollte für $p = 0{,}5$ eher die Binomialverteilung verwenden, während für $p = 0{,}05$ die Poisson–Verteilung das Eintreten sehr seltener Ereignisse adäquat abbildet.

3.8.2 Kontinuierliche Verteilungen

Kontinuierliche Verteilungen ergeben sich ebenfalls durch die Skalen der zugrunde liegenden Messwerte (s. Abschn. 2.2, S. 52). Diese sind kontinuierlich und die Häufigkeitsverteilung ist damit eine durchgehende (stetige) Kurve und besteht nicht aus abgegrenzten Balken für einzelne Gruppen wie bei Histogrammen der diskreten Verteilungen.

Normalverteilung

Die meisten Messgrößen in der Biologie sind normalverteilt. Wie kommt das? Eine Normalverteilung ist definiert als die **Summe vieler kleiner unabhängiger Störungen**. Viele biologische Messungen entstehen leider auf diese Weise; als Summe kleiner Störungen. Die Pipette ist nicht ganz präzise eingestellt, es gibt ein Hintergrundrauschen im Signal, der Detektor im Gerät ist nicht exakt kalibriert, die Prozessierung der Daten unterliegt kleineren Fehlern, die Anzeige und Ausgabe wird ab- oder aufgerundet. All dies kommt zusammen, und da haben wir die Natur biologischer Systeme mit all ihren Schwankungen noch gar nicht mit in Betracht gezogen.

Während die diskreten Verteilungen über die Anzahl der Messungen und die Wahrscheinlichkeit einzelner zu messender Ereignisse definiert werden, hängt die Normalverteilung lediglich von einem Lage- und einem Streuungsparameter ab. Die vielen kleinen Störungen, die die Normalverteilung kennzeichnen, erzeugen Variabilität. Die Störungen führen dazu, dass der Messwert mal höher und mal geringer ausfällt. Meistens gleichen sich solche Störungen allerdings aus und der Messwert entspricht ziemlich genau dem Mittelwert μ. Die Streuungsbreite um den Mittelwert wird mit der Standardabweichung σ angegeben. Die Normalverteilung mit Mittelwert und Standardabweichung auf „Mathematisch" heißt übrigens: $\mathcal{N}(\mu, \sigma)$. Es gibt vergleichsweise viele Werte nah um den Mittelwert und immer weniger, je weiter man sich davon entfernt. Resultat ist die typische symmetrische Glockenkurve (Abb. 3.7). Der Erwartungswert (s. Abschn. 3.4, S. 78) der Normalverteilung entspricht dem Mittelwert, um den die Glocke zentriert ist. Wegen der Symmetrie ist der Mittelwert der Normalverteilung übrigens gleich dem Median (s. Abschn. 2.2.1, S. 56) und auch gleich dem Modus (s. Abschn. 2.2.1, S. 57). In wissenschaftlichen Veröffentlichungen werden zumeist nur Mittelwert und Standardabweichung angegeben. Mehr als 95 % der normalverteilten Messwerte liegen innerhalb des Intervalls von zwei Standardabweichungen nach links und nach rechts vom Mittelwert (Abb. 3.7).

Viele statistische Tests (s. Abschn. 4.5, S. 121) beruhen auf der Annahme, dass die Messwerte normalverteilt sind. Diese Annahme ist zumeist gerechtfertigt und kann überprüft

3.8 Verteilungen

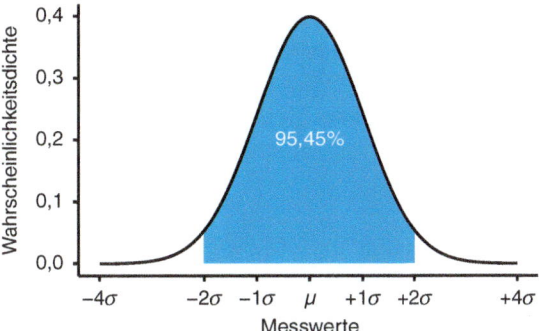

Abb. 3.7 Typische Gaußsche Glockenkurve. Sie kennzeichnet die Normalverteilung, ist symmetrisch um den Mittelwert μ und streut mit der Standardabweichung σ. Der blaue Bereich beinhaltet 95,45 % der Messwerte

werden. Zunächst hilft es, die Daten grafisch darzustellen und sich die Häufigkeitsverteilung der Messwerte anzusehen. Ein Test auf Normalverteilung von später verwendeten kontinuierlichen Messdaten (s. Abschn. 4.2.2, S. 106) ist in der R-Datei Skript-SchlStat01.R auf www.springer.com/978-3-642-37785-3 aufgeführt. Viele biologische Daten sind normalverteilt und doch sind sie voneinander verschieden, weil sie unterschiedliche Mittelwerte und Standardabweichungen besitzen. Um ein standardisiertes Maß zu haben, mit dem man vergleichen kann, definiert man eine **Standardnormalverteilung**. Diese besitzt den Mittelwert $\mu = 0$ und die Standardabweichung $\sigma = 1$. Alle Normalverteilungen können in die Standardnormalverteilung überführt werden. Dazu rechnet man aus, wie weit die jeweiligen Messwerte x vom Mittelwert $\bar{x}$ der Messreihe entfernt liegen. Die Distanz zwischen Messwert und Mittelwert gibt man als Vielfaches der Standardabweichung s an:

$$Z = \frac{\bar{x} - x}{s}. \tag{3.15}$$

Da unsere normalverteilten Messwerte x ziemlich häufig nah am Mittelwert $\bar{x}$ liegen, ist die Differenz zwischen Messwert und Mittelwert meistens nahe an Null. Die relative Streuung dieser Differenz $(x - \bar{x})$ entspricht der Streuung unserer Messwerte, denn μ ist ein konstanter Wert. Deshalb ist die Standardabweichung von $x - \bar{x}$ im Mittel genau die Standardabweichung unserer Messwerte. Somit ist die Zufallsvariable Z normalverteilt mit dem Mittelwert $\mu = 0$ und der Standardabweichung $\sigma = 1$. Auf „Mathematisch" heißt das: $Z \sim \mathcal{N}(0, 1)$. Wenn ein Messwert um zwei Standardabweichungen vom Mittelwert μ streut, hat Z den Wert ± 2. Wir haben bereits gesehen, dass im Bereich von zwei Standardabweichungen nach links ($Z = -2$) und nach rechts ($Z = +2$) mehr als 95 % der Messwerte liegen (Abb. 3.7). Eine Übersicht über ausgewählte Z-Werte und zugehörige relative Anteile an Messwerten in diesem Bereich findet sich in Tab. 3.3.

Besonders relevant ist der Bereich, in dem genau 95 % der Daten liegen. Dieser Bereich befindet sich innerhalb von 1,96 Standardabweichungen ($Z = \pm 1{,}96$). Alles, was weiter außerhalb liegt, gilt gemeinhin als unwahrscheinlich, weil nur 5 % der Stichproben so

Tab. 3.3 Angabe verschiedener Z-Werte der Standardnormalverteilung und der relative Anteil der Messwerte, der im Bereich von $\pm Z$ um den Mittelwert μ liegt

Z	0,67	1,00	1,65	1,96	2,00	2,58
$\%[\mu \pm Z]$	50,00 %	68,27 %	90,00 %	95,00 %	95,45 %	99,00 %

extrem oder gar extremer sind. Das 2,5 %-Quantil und das 97,5 %-Quantil stellen deswegen wichtige Größen dar (s. Abschn. 2.2.1, S. 57).

> **Quantile**
> 2,5 % aller Werte der Standardnormalverteilung liegen innerhalb des 2,5 %-Quantils, also *unter*halb von $Z = -1{,}96$.
> 2,5 % aller Werte der Standardnormalverteilung liegen außerhalb des 97,5 %-Quantils, also *ober*halb von $Z = +1{,}96$.

Die Normalverteilung ist kontinuierlich, d. h. für jeden x-Wert kann ein Funktionswert der Wahrscheinlichkeitsdichte berechnet werden. Die Glockenkurve leitet sich von der Exponentialfunktion ab (s. Abschn. 1.2.2, S. 9), denn e^{-x^2} besitzt bereits eine Glockenform. Damit die Kurve um den Mittelwert μ zentriert ist, steht im Exponent jedoch nicht nur x, sondern stattdessen $x - \mu$. Um die Breite der Glocke zu skalieren, teilen wir den Exponent zusätzlich durch die doppelte Standardabweichung im Quadrat: $2\sigma^2$. Das Quadrat steht auch, um den Exponent dimensionslos zu halten, denn ein Exponent darf keine Einheiten besitzen. Das $\exp\left(-\frac{(x-\mu)^2}{2\sigma^2}\right)$ müssen wir jetzt noch mit $\frac{1}{\sqrt{2\pi}}$ und mit $\frac{1}{\sigma}$ multiplizieren. Das hat wiederum Gründe der Normierung und der Einheiten. Denn während unsere x-Werte beispielsweise die Einheit µm (Mikrometer = 10^{-6} m) besitzen, muss die Wahrscheinlichkeitsdichtefunktion die Einheit $\frac{1}{\mu m}$ tragen, damit die Fläche unter der Kurve wieder eins, ohne Einheiten, ergeben kann (Gl. 3.1). Beachten wir all dies, erhalten wir die Gleichung für die Wahrscheinlichkeitsdichte $f(x)$ der Normalverteilung, wie sie auch auf dem 10 DM-Schein angegeben war:

$$f(x) = \frac{1}{\sigma\sqrt{2\pi}} e^{-\frac{(x-\mu)^2}{2\sigma^2}}. \tag{3.16}$$

t-Verteilung

Die t-Verteilung ergibt sich, wenn man aus einer normalverteilten Grundgesamtheit mit dem Mittelwert μ zufällig n Stichproben misst und deren Mittelwert $\bar{x}$ sowie deren Standardabweichung s bestimmt. Da die Stichproben zufällig gemessen wurden, werden die Lage- und Streuungsparameter (s. Abschn. 2.2, S. 63) der Stichproben ($\bar{x}, s$) nicht zwangsläufig mit denen der Grundgesamtheit (μ, σ) übereinstimmen. Nun kann man eine Zahl t wie folgt definieren:

3.8 Verteilungen

Abb. 3.8 t-Verteilung für $df = 10$. Die t-Verteilung ist abhängig von der Anzahl der Freiheitsgrade df und symmetrisch um den Mittelwert Null

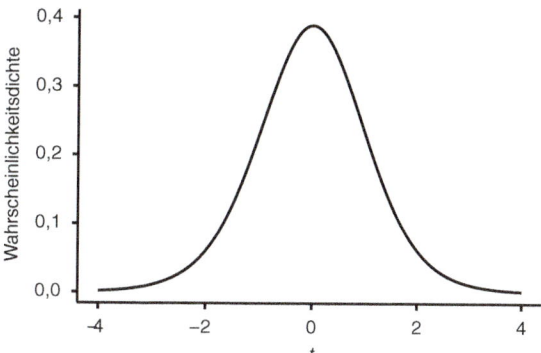

$$t = \frac{\mu - \bar{x}}{s/\sqrt{n}}. \tag{3.17}$$

Führen wir solche Stichprobenmessungen und Berechnungen viele Male durch, erhalten wir eine theoretische Wahrscheinlichkeitsverteilung, die man t-Verteilung nennt (Abb. 3.8). Die t-Verteilung ist symmetrisch um den Mittelwert Null, denn die Stichproben aus der Grundgesamtheit werden zufällig mal über und mal unter dem wahren Mittelwert μ liegen; entsprechend ist $\mu - \bar{x}$ mal positiv und mal negativ. Wie nah diese Differenz an Null liegt, hängt von drei Faktoren ab:

- der Streuung σ der Grundgesamtheit und damit auch der Standardabweichung s der Stichproben
- der Anzahl n der Stichprobenmessungen
- dem Zufall, denn die Stichproben wurden zufällig gemessen

Die Kurve der t-Verteilung ist umso schmaler, je mehr Messungen gemacht wurden und je weniger die Messwerte der Grundgesamtheit (und damit auch der Stichprobe) streuen. Im Wesentlichen ist die t-Verteilung abhängig von der Anzahl der Freiheitsgrade (engl. *degrees of freedom*, df), die sich ergibt als $n - 1$, weil bei n Stichprobenmessungen ein Freiheitsgrad verloren ging, um den Mittelwert $\bar{x}$ zu berechnen. Die Fläche unter der Kurve (Wahrscheinlichkeitsdichtefunktion) der t-Verteilung gibt uns an, wie wahrscheinlich es ist, zufällig einen Wert zu erhalten, der mindestens genauso weit oder gar weiter als t vom Mittelwert μ der wahren Normalverteilung der Gesamtpopulation abweicht. Für große n nähert sich die t-Verteilung immer mehr der Normalverteilung an.

χ^2-Verteilung

Die χ^2-Verteilung ergibt sich, wenn man voneinander unabhängige, standardnormalverteilte ($\mathcal{N}(0, 1)$) Zufallsvariablen quadriert und anschließend addiert. Die χ^2-Verteilung hängt dabei nur von der Anzahl an Freiheitsgraden df ab, die der Anzahl aufsummierter Zufallsvariablen entspricht (Abb. 3.9). Der Erwartungswert der χ^2-Verteilung entspricht

Abb. 3.9 χ^2-Verteilung für verschiedene df. Die χ^2-Verteilung ist abhängig von der Anzahl der Freiheitsgrade df und nicht symmetrisch. Die Schattierung der Kurven nimmt mit df von 1 bis 5 zu

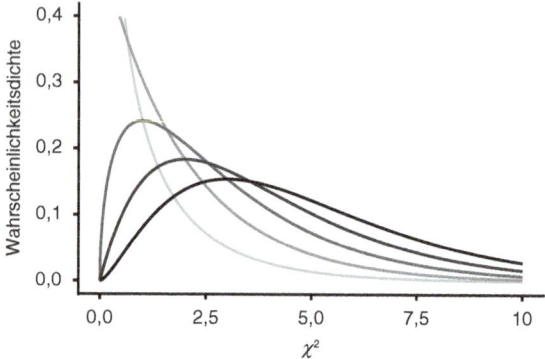

ebenfalls df. Das bedeutet, für die Summe aus drei quadrierten Zufallsvariablen würden wir im Mittel den Wert 3 erwarten, wenn wir unendlich viele Messungen durchführen würden. Der χ^2-Wert kann deshalb als statistische Prüfgröße dienen, inwieweit die Summen quadrierter standardnormalverteilter Zufallsvariablen voneinander abweichen, worauf wir uns in Abschn. 4.5.7 (S. 129) über den χ^2-Test beziehen werden.

3.9 Zentraler Grenzwertsatz

Der zentrale Grenzwertsatz wird durch das folgende Phänomen beschrieben: Wir messen zufällig Werte, die einer unbekannten Verteilung entstammen. Das bedeutet, wir messen ein Merkmal, von dem wir nicht wissen, wie die Ausprägungen verteilt sind. Das Merkmal muss keiner Normalverteilung folgen. Es könnte sich wie bei der Transkription z. B. auch um eine Binomialverteilung handeln (s. Abschn. 3.8.1, S. 94). Wichtig ist lediglich, dass wir zufällig messen, ohne eine bestimmte Vorauswahl zu treffen. Außerdem sollten die Messwerte voneinander unabhängig sein und pro Bedingung sollte eine vergleichbare Anzahl an Replikaten vorliegen. Wir berechnen die Mittelwerte aller Messungen und erstellen davon ein Histogramm. Wir tragen also alle gemessenen Mittelwerte in eine Tabelle ein und lassen uns die Häufigkeitsverteilung ausgeben. Wir sehen, dass die Mittelwerte normalverteilt sind, wenn wir ausreichend viele Messwerte haben.

Wenn wir also viele Messungen haben, dann sind deren Mittelwerte annähernd normalverteilt, egal wie die einzelnen Messwerte verteilt sind (auf „Mathematisch": welchen Verteilungen die gemessenen Merkmale entstammen). Dieses Phänomen hat den Vorteil, dass wir in statistischen Tests (s. Abschn. 4.5, S. 121) dann einfache Annahmen über die Differenz von Mittelwerten zwischen verschiedenen Messreihen machen können. Wir haben beispielsweise eine Messreihe unter bestimmten Bedingungen aufgenommen und deren Mittelwert $\bar{x}_1$ soll nun verglichen werden mit dem Mittelwert $\bar{x}_2$ einer anderen Messrei-

3.10 Aufgaben

he, die unter anderen Bedingungen getestet wurde. Auf diese Weise werden Mittelwerte verglichen und man kann für die Standardnormalverteilung schauen, wie wahrscheinlich es ist, einen Wert für $\bar{x}_1$ zu erhalten, der so extrem oder noch extremer vom Mittelwert $\bar{x}_2$ der anderen Messreihe abweicht, denn die Differenz zwischen $\bar{x}_1$ und $\bar{x}_2$ ist wiederum normalverteilt.

3.10 Aufgaben

A1 Eine diskrete Zufallsvariable X kann sechs verschiedene Realisierungen $x_i \in \mathbb{N}$ ($i = 1, 2, \ldots, 6$) annehmen. Die diskrete Wahrscheinlichkeitsverteilung von X ist in der Tabelle gegeben. Betrachtet das Ereignis A, dass X eine ungerade Zahl annimmt. Wie groß ist die Wahrscheinlichkeit für das Ereignis A? Wie groß sind der Erwartungswert und die Varianz dieser diskreten Verteilung?

i	1	2	3	4	5	6	
$X = x_i$	2	3	5	7	10	11	Realisierung
$p_i = P(X = x_i)$	0,6	0,2	0,05	0,05	0,07	0,03	Wahrscheinlichkeit

A2 Die Verteilung p definiert eine kontinuierliche Wahrscheinlichkeitsdichte auf dem Intervall $[0, 1]$ der rellen Zahlengerade. Überprüft, ob die gegebene Verteilung auch in der Tat korrekt normalisiert ist und bestimmt ihren Erwartungswert sowie die Varianz.

$$p(x) := \begin{cases} \dfrac{2}{5} & \text{für } 0 \leq x \leq \dfrac{1}{2} \\ \dfrac{8}{5} & \text{für } \dfrac{1}{2} < x \leq 1 \end{cases}$$

Schließende Statistik

Übersicht

4.1	Motivation	103
4.2	Realisierung von Zufallsvariablen	105
	4.2.1 Diskrete Zufallsvariablen	106
	4.2.2 Stetige Zufallsvariablen	107
4.3	Schätzer	109
	4.3.1 Schätzung des wahren Mittelwertes aus einer Stichprobe	109
	4.3.2 Schätzung der wahren Varianz aus einer Stichprobe	111
4.4	Testen von Hypothesen	112
	4.4.1 Hypothesen	113
	4.4.2 p-Wert	116
	4.4.3 Konfidenzintervall	118
4.5	Statistische Tests	121
	4.5.1 Ziel	121
	4.5.2 Ablauf	121
	4.5.3 Voraussetzungen	122
	4.5.4 Fehler	123
	4.5.5 t-Test	124
	4.5.6 Z-Test	126
	4.5.7 χ^2-Test	129
4.6	Aufgaben	130

4.1 Motivation

Die schließende Statistik wird benötigt, um von vereinzelten Messwerten (Stichproben) auf das große Ganze (die Grundgesamtheit) zu schließen. Wenn man experimentelle Studien durchführt, um z. B. ein Medikament zu testen, hat man meist nur eine limitierte Anzahl von Proben oder Probanden zur Verfügung. Mithilfe der Messergebnisse muss man möglichst zuverlässig abschätzen können, ob das getestete Medikament wirkt oder nicht. Dafür benötigt man die schließende Statistik. Dr. Arnold hat nur begrenzt Zeit und kann deshalb nur eine limitierte Anzahl an Experimenten durchführen. Ist der Unterschied zwischen den Proben, die er gemessen hat, **signifikant** oder nur **zufällig**?

Wer wie Dr. Arnold schon einmal Zellen mikroskopiert hat, wird festgestellt haben, dass man selten alle Zellen in einer Kulturschale beobachten kann. Stattdessen untersucht man nur eine Auswahl der Zellen und versucht, von den analysierten Zellen auf die gesamte Zellpopulation zu schließen.

Wie aufschlussreich sind solche Messungen und wie nahe kommen sie der Realität (der Grundgesamtheit)? Gibt es Kenngrößen, die sich aus den wenigen gemessenen Proben ergeben und auf die Gesamtheit aller Zellen übertragen lassen? Und wenn ja, wie verlässlich sind diese Werte im Vergleich miteinander? All diese Fragen sollen im Laufe dieses Kapitels beantwortet werden.

Zellen im Stress

Wir wollen in unserem Beispiel die Expression eines Reportergens nach Stimulation untersuchen. Dabei wird ein Hormon zu den Zellen gegeben. Der Reporter ist das Fluoreszenzprotein GFP (engl. *green fluorescent protein*), das sich hinter einem stressinduzierten Promotor befindet. Ziel ist herauszufinden, ob die Zellen unter Stimulationsbedingungen mehr Stress haben als im unstimulierten Zustand. Dazu wird die GFP-Expression bei Stimulation und bei der unstimulierten Kontrolle gemessen. Pro Bedingung gibt es eine Kulturschale, auf der das Leuchten von ein paar der vorhandenen Zellen bestimmt wird. Man könnte wesentlich mehr Zellen in wesentlich kürzerer Zeit im Durchflusscytometer messen, jedoch handelt es sich in diesem Beispiel um adhärente Zellen, die am Boden der Kulturschale festwachsen. Das Ablösen der Zellen würde einen weiteren Stressfaktor darstellen. Außerdem ist es wichtig, bei Stress auch die Morphologie der Zellen im Auge zu behalten, was unter dem Mikroskop besser funktioniert als mit den Streulichtwerten im Durchflusscytometer. Anhand dieses biologischen Beispiels soll exemplarisch dargelegt werden, wie man Hypothesen aufstellt, p–Werte und Konfidenzintervalle berechnet und statistische Tests durchführt. Die GFP-Signale der gemessenen Zellen sind beispielsweise nichts anderes als die Realisierung einer Zufallsvariable.

Wichtiges in Kürze

- Wahrscheinlichkeit, diskrete Zufallsvariable (s. Abschn. 4.2.1, S. 106) $P(X = x) = h(x) = \frac{\#(X=x)}{n}$
- Wahrscheinlichkeit, stetige Zufallsvariable (s. Abschn. 4.2.2, S. 107) $P(x_1 \leq X \leq x_2) = \int_{x_1}^{x_2} p(x)\,dx$
- Erwartungswert, diskrete Zufallsvariable (s. Abschn. 4.3.1, S. 109) $E[X] = \frac{\sum_{i=1}^{n} x_i}{n}$
- Erwartungswert, stetige Zufallsvariable (s. Abschn. 4.3.1, S. 109) $E[X] = \int_{-\infty}^{+\infty} x \cdot p(x)\,dx$
- geschätzte Varianz aus Stichproben für Gesamtpopulation (s. Abschn. 4.3.2, S. 111) $V[X] = \frac{1}{n-1} \sum_{i=1}^{n} (x_i - \bar{x})^2$
- Nullhypothese (s. Abschn. 4.4.1, S. 114) H_0, Nulleffekt, soll widerlegt werden
- Alternativhypothese (s. Abschn. 4.4.1, S. 114) H_1, eigentliche Annahme, von der man hofft, dass sie wahr ist
- Breite des Konfidenzintervalls (s. Abschn. 4.4.3, S. 118) $w = \frac{t^* \cdot \sigma}{\sqrt{n}}$
- p-Wert; Wahrscheinlichkeit, ein so extremes oder gar noch extremeres Ergebnis zu messen, vorausgesetzt H_0 ist wahr
- Standardfehler des Mittelwertes (s. Abschn. 4.4.3, S. 120) $SEM = \frac{s}{\sqrt{n}}$
- Fehler 1. Art, statistischer Test (s. Abschn. 4.5.4, S. 121) α; Wahrscheinlichkeit, H_0 zu verwerfen, obwohl sie wahr ist
- Signifikanzniveau, statistischer Test (s. Abschn. 4.5, S. 121) α; Wahrscheinlichkeit, dass Messergebnisse rein zufällig sind
- Teststatistik: t-Test zweier unabhängiger Messreihen (s. Abschn. 4.5.5, S. 124) $t_W^* = \frac{\bar{x}}{\sqrt{\frac{s_1^2}{n_1} + \frac{s_2^2}{n_2}}}$
- Teststatistik: t-Test Sonderfall (s. Abschn. 4.5.5, S. 124) $t_S^* = \frac{\bar{x}}{s/\sqrt{n}}$
- Teststatistik: Z-Test (s. Abschn. 4.5.6, S. 126) $Z = \frac{\mu - \bar{x}}{s/\sqrt{n}}$
- Teststatistik: χ^2-Test, mehrere Proportionen (s. Abschn. 4.5.7, S. 129) $\chi^2 = \sum_i \frac{(O_i - E_i)^2}{E_i}$

4.2 Realisierung von Zufallsvariablen

Die Realisierung einer Zufallsvariable X (s. Abschn. 3.4, S. 78) kann man sich vorstellen als Messung einer biologischen Eigenschaft X. Einen Messwert dieser Eigenschaft nennen wir x. Messen wir den Wert x für die Eigenschaft X, so gilt $X = x$. In unserem Beispiel

Tab. 4.1 Fluoreszenzwerte von jeweils 10 Zellen einer Kulturschale unter Kontrollbedingungen (x_{K_i}) bzw. unter Stimulation (x_{S_i})

i	Kontrolle x_{K_i}	Stimulation x_{S_i}	Differenz d_{x_i} $x_{K_i} - x_{S_i}$
1	91,59	83,88	7,71
2	67,34	106,77	−39,43
3	87,16	92,23	−5,07
4	91,78	83,45	8,33
5	64,42	87,08	−22,65
6	89,08	90,95	−1,87
7	77,02	80,47	−3,45
8	76,79	79,92	−3,13
9	79,13	106,36	−27,23
10	85,94	101,17	−15,22
$\bar{x}$	81,03	91,23	−10,20
s^2	94,95	105,08	
s	9,74	10,25	

Es wurden Lage- (Mittelwert $\bar{x}$) und Streuungsparameter (Varianz s^2 und Standardabweichung s) der Stichproben ausgerechnet, sowie deren mittlere Differenz

mit der Mikroskopie haben wir pro Bedingung 10 Zellen mikroskopiert und deren Fluoreszenz X gemessen. Die Messergebnisse x finden sich in Tab. 4.1 sowie in der Excel-Datei http://www.DatenSchlStat01.xls auf http://www.springer.com/978-3-642-37785-3 und stellen eine Realisierung der Zufallsvariable dar.

Wir haben die Fluoreszenz der Zellen quantifiziert. Wie bereits besprochen, hängt es von der Skala des untersuchten biologischen Systems ab (s. Abschn. 2.1, S. 52), ob das Messergebnis ein Zahlenwert (wie hier ein quantitatives Merkmal) oder ein Wort (qualitatives Merkmal) ist. Je nach Experiment gibt es verschiedene Arten von Messergebnissen. Damit kann sich die Art der Zufallsvariablen unterscheiden: Es gibt sowohl diskrete als auch stetige Zufallsvariablen.

4.2.1 Diskrete Zufallsvariablen

Diskrete Zufallsvariablen können nur bestimmte Zustände bzw. Werte annehmen, z. B. {gesund; krank}, {0; 1}, {Monomer; Dimer; Trimer; Multimer} (s. Abschn. 2.1, S. 52). So liegt etwa die Zahl der Nachkommen in der Tochtergeneration von Organismen im Bereich der positiven ganzen Zahlen, denn es gibt nicht $\sqrt{2} = 1,414214...$ Kinder, sondern nur 0 oder 1 oder 2 oder 3 usw. Der Abstand zwischen zwei diskreten Werten, die nicht identisch sind, ist niemals beliebig klein. Je höher die Wahrscheinlichkeit für das Eintreten eines Ereignisses, desto häufiger sollte eine Stichprobe auch das jeweilige Messergebnis liefern.

4.2 Realisierung von Zufallsvariablen

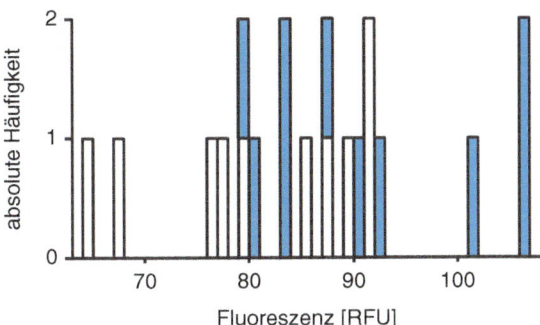

Abb. 4.1 Histogramm der jeweils 10 gemessenen Fluoreszenzwerte unter Kontrollbedingungen (*weiß*) bzw. Stimulationsbedingungen (*blau*)

Die Wahrscheinlichkeit P, einen bestimmten Wert x als Realisierung für eine diskrete Zufallsvariable X zu messen, ergibt sich (für unendlich viele Messungen exakt, ansonsten näherungsweise) aus der relativen Häufigkeit, $h(x)$. Die relative Häufigkeit ist die Anzahl der Messungen mit dem gewünschten Messergebnis $\#(X = x)$ geteilt durch die Anzahl aller Messungen n der Stichprobe:

$$P(X = x) = h(x) = \frac{\#(X = x)}{n}. \tag{4.1}$$

Erkennen kann man diskrete Zufallsvariablen an ihrer **kumulativen Verteilungsfunktion** (s. Abschn. 3.8, S. 91), denn diese ist treppenförmig und besteht aus einzelnen Stufen für die diskreten Werte.

4.2.2 Stetige Zufallsvariablen

Bei stetigen Zufallsvariablen befinden sich sämtliche möglichen Messergebnisse (Realisierungen der Zufallsvariable) auf einer kontinuierlichen Skala. Messwerte mit Nachkommastellen, die man von einem Messgerät abliest, können als kontinuierlich betrachtet werden. Die gemessenen Fluoreszenzwerte in unserem Beispiel (Tab. 4.1) haben zumindest zwei Nachkommastellen. Man kann als Darstellung ein Histogramm wählen, um zu sehen, in welche Bereiche die Messwerte fallen (Abb. 4.1). Das ist exemplarisch auch in der R–Datei SkriptSchlStat01.R aufgeführt. Zwar sind die Werte nicht unendlich genau messbar, aber es gibt mehr als nur diskrete Kategorien wie fluoreszent und nicht fluoreszent. Man kann für die Transkription von DNA theoretisch einen Wert mit unendlich vielen Nachkommastellen erhalten, z. B. $\pi = 3, 141593\ldots$ PoPS (engl. *polymerase per second*) (s. openwetware.org/wiki/PoPS). Die kumulative Verteilungsfunktion für solche Messwerte ist theoretisch keine Treppenfunktion mit sichtbaren Stufen, sondern eine Kurve mit einer kontinuierlichen (stetigen) Linie für sämtliche möglichen Messwerte. In der Realität sind Messungen jedoch nicht beliebig genau und wir können die zugrunde liegende

Verteilung nur näherungsweise bestimmen. Um eine Vorstellung von der Verteilung unserer Messwerte zu erhalten, genügt ein Histogramm (s. Abschn. 2.2, S. 54).

Es kann ohnehin lediglich die Wahrscheinlichkeit P berechnet werden, ein Ergebnis in einem bestimmten Bereich zu messen. Dieser Bereich ist z. B. durch die untere Grenze x_1 und die obere Grenze x_2 gegeben. Die Wahrscheinlichkeit P, eine Messung im Intervall $[x_1, x_2]$ zu beobachten, ist dann:

$$P(x_1 \leq X \leq x_2) = \int_{x_1}^{x_2} p(x)\,dx.$$

Der Funktionswert $p(x)$ heißt Wahrscheinlichkeitsdichte des Messwertes x. Man könnte also fragen: Wie hoch ist die Wahrscheinlichkeit, für die Transkription X einen Messwert von bis zu 4 PoPS zu erhalten. Wir würden annehmen, dass die Transkriptionsraten normalverteilt (s. Abschn. 3.8.2, S. 96) sind und demgemäß $p(x)$ die Wahrscheinlichkeitsdichte einer Normalverteilung ist. Nehmen wir einen Mittelwert μ von 6 PoPS und eine Standardabweichung σ von 3 PoPS an, so ergibt sich:

$$P(0 \leq X \leq 4) = \int_0^4 \frac{1}{\sigma\sqrt{2\pi}} e^{-\frac{(x-\mu)^2}{2\sigma^2}}\,dx = \int_0^4 \frac{1}{3\sqrt{2\pi}} e^{-\frac{(x-6)^2}{2\cdot 3^2}}\,dx \approx 23{,}0\,\%. \qquad (4.2)$$

In R, einer frei verfügbaren Software für statistische Berechnungen, kann man die Wahrscheinlichkeitsdichte einer Normalverteilung mit dem Mittelwert *mean* und der Standardabweichung *sd* von $-\infty$ bis x mit einem Befehl berechnen:

```
> pnorm(x, mean, sd)
```

Um die Gl. 4.2 zu lösen, müssen wir die Wahrscheinlichkeitsdichte von $-\infty$ bis 0 von der Wahrscheinlichkeitsdichte von $-\infty$ bis 4 abziehen:

```
> pnorm(4,6,3) - pnorm(0,6,3)
[1] 0.2297424
```

> **Wahrscheinlichkeit für eine Realisierung**
> Die Wahrscheinlichkeit für die Realisierung x einer stetigen Zufallsvariable X ist das **Integral** über ihre **Wahrscheinlichkeitsdichte** $p(x)$.
> Bei einer diskreten Zufallsvariable entspricht die Wahrscheinlichkeit, einen Wert zwischen x_1 und x_2 zu erhalten, den aufsummierten relativen Häufigkeiten von $x_1 \leq X \leq x_2$.

Die Wahrscheinlichkeit, überhaupt einen Wert im gesamten Messspektrum zu messen, ist 1:

$$P(-\infty < X < +\infty) = \int_{-\infty}^{+\infty} p(x)\,dx = 1.$$

Tab. 4.2 Vergleich verschiedener Parameter für Einzelmessungen (Stichproben) und Populationen (Grundgesamtheit) sowie Notationen für deren Schätzer

Parameter	Einzelmessungen	Populationen	Schätzer
Probenzahl	n	N	
Mittelwert	$\bar{x}$	μ	$E[X]$
Varianz	s^2	σ^2	$V[X]$
Standardabweichung	s	σ	

Allerdings reicht der Messbereich nicht notwendigerweise von $-\infty$ bis $+\infty$. Es gibt beispielsweise keine negative Transkription. Innerhalb des positiven Wertebereichs (≥ 0) kann man allerdings theoretisch ein kontinuierliches Wertespektrum erhalten, denn auch 3,141593... PoPS wären möglich und nicht nur diskrete Werte wie 0 oder 1 oder 2 oder 3 usw.

4.3 Schätzer

Meistens kann man nur einen kleinen Teil einer gesamten Population untersuchen; seien es Moleküle, Zellen, ganze Versuchstiere oder Probanden. Man nimmt folglich nur eine **Stichprobe** aus einer **Grundgesamtheit**. Die Stichprobe entspricht in unserem Beispiel den gemessenen Zellen, wohingegen die Grundgesamtheit der Population aller Zellen in der jeweiligen Kulturschale entspricht. Um die gemessene Eigenschaft (Fluoreszenz) zu charakterisieren, sollten wir uns der Lage- und Streuungsmaße (s. Abschn. 2.2, S. 51) bedienen. Wir versuchen folglich, Mittelwert und Varianz bzw. Standardabweichung für die gesamte Population basierend auf unserer gemessenen Stichprobe zu schätzen. Der wahre Mittelwert μ aller Werte wird mit den stichprobenartig gemessenen Werten geschätzt. Die Frage ist, inwieweit unser gemessener Mittelwert $\bar{x}$ mit dem Erwartungswert $E[X] = \mu$ übereinstimmt. Völlig verwirrt? Die Notationen klärt Tab. 4.2.

4.3.1 Schätzung des wahren Mittelwertes aus einer Stichprobe

Der zu erwartende Mittelwert einer Messreihe mit diskreten Werten ergibt sich wie in Abschn. 2.2.1. Man addiert alle Messwerte und teilt diese Summe durch die Gesamtzahl der Messungen:

$$E[X] = \frac{\sum_{i=1}^{n} x_i}{n}.$$

Für eine **diskrete Zufallsvariable** gibt es nicht zwangsläufig einen Erwartungswert, der auch gemessen werden kann, weil die gemessenen Werte der Stichprobe im Durchschnitt einen

Wert ergeben, der zwischen den messbaren Kategorien liegt. Beispielsweise gibt es keine Frau mit 1,4 Kindern oder Rezeptoren, die 1,5 Liganden binden.

Für **stetige Zufallsvariablen** würde man den Mittelwert $\bar{x}$ der Stichprobe zunächst auch als Erwartungswert $E[X] = \mu$ für die wahre Verteilung annehmen. Theoretisch ergibt sich der Erwartungswert für unendlich viele Messungen aus der Wahrscheinlichkeitsdichte $p(x)$ und den Messwerten:

$$E[X] = \int_{-\infty}^{+\infty} x \cdot p(x)\, dx.$$

Je mehr Messungen man durchführt, umso genauer kann man diesen Erwartungswert schätzen und der Mittelwert $\bar{x}$ der Stichproben nähert sich dem wahren Mittelwert μ der Population an. Auf „Mathematisch" heißt das: $n \to +\infty \Rightarrow \bar{x} \to \mu$.

Oder: „Geht n gegen unendlich, dann geht x-Quer gegen Mü".

Doch wie genau lässt sich der Erwartungswert schätzen? Wie groß ist der Fehler abhängig von der Anzahl meiner Messungen in der Stichprobe? Wir werden das Ganze im Folgenden für eine Stichprobe, bestehend aus nur zwei Messungen ($n = 2$), exemplarisch vorführen. Eine gute Demonstration findet sich hier: www.youtube.com/watch?v=MlXxI5ch5J0. Bei mehr Messungen ist das Prinzip übrigens analog.

Wir schauen auf den Erwartungswert E für die quadratische Abweichung zwischen dem Mittelwert $\bar{x}$ der Stichprobe und dem wahren, unbekannten Mittelwert μ der Gesamtpopulation:

$$E\left[\Big(\underbrace{\frac{x_1 + x_2}{2}}_{\bar{x}} - \mu\Big)^2\right] = \frac{1}{4} E\left[\big(\underbrace{x_1 - \mu}_{a} + \underbrace{x_2 - \mu}_{b}\big)^2\right]. \qquad (4.3)$$

Wir addieren die beiden Messwerte x_1 und x_2 und teilen durch die Anzahl der Messungen ($n = 2$), um den Mittelwert $\bar{x}$ der Stichprobe zu erhalten (s. Abschn. 2.2.1, S. 55). Die quadrierte Differenz gibt uns die Streuung des Mittelwertes der Stichprobe $\bar{x}$ um den wahren Mittelwert μ. Somit steht dann dort nichts anderes als die Varianz (s. Abschn. 2.2.2, S. 60). Je kleiner die Streuung, desto besser die Schätzung. Wenn man nun 2μ mit auf den Bruchstrich holt und die $1/2^2$ als Konstante vor den Erwartungswert zieht, erhält man den Term auf der rechten Seite des Gleichheitszeichens aus Gl. 4.3. Dabei kann man $x_1 - \mu$ und $x_2 - \mu$ als Koeffizienten a und b einer binomischen Formel ansehen. Löst man diese auf, erhält man:

$$\frac{1}{4} E\Big[\underbrace{(x_1 - \mu)^2}_{a^2} + \underbrace{2[(x_1 - \mu) \cdot (x_2 - \mu)]}_{2ab} + \underbrace{(x_2 - \mu)^2}_{b^2}\Big].$$

Nun kann man noch einzelne Erwartungswerte der Terme von a^2, $2ab$ und b^2 formulieren:

$$\underbrace{\frac{1}{4} E\big[(x_1 - \mu)^2\big]}_{\frac{1}{4}\sigma^2} + \frac{1}{4} \cdot \underbrace{2\, E\big[(x_1 - \mu) \cdot (x_2 - \mu)\big]}_{0} + \underbrace{\frac{1}{4} E\big[(x_2 - \mu)^2\big]}_{\frac{1}{4}\sigma^2}. \qquad (4.4)$$

4.3 Schätzer

Der quadratische Abstand der Stichproben zum wahren Mittelwert entspricht der Varianz σ^2 der wahren Verteilung (s. Abschn. 2.2.2, S. 62). Wie wir oben gesehen haben, entspricht der Mittelwert $\bar{x}$ der Stichproben dem wahren Mittelwert μ der Population. Somit ist der Erwartungswert für das Produkt der Differenzen zwischen Stichprobe und μ gleich null, weil wir erwarten, dass die Stichproben im Mittel mit dem wahren Mittelwert identisch sind. Was bleibt, ist $2 \cdot \frac{1}{4}\sigma^2 = \frac{1}{2}\sigma^2$ für die Streuung des geschätzten Mittelwertes um den wahren Wert, mit σ^2 als wahre Varianz der Gesamtpopulation.

Während der Beweis oben für zwei Stichproben durchgeführt wurde, ergibt sich allgemein für n Messungen eine Streuung von $\frac{1}{n}\sigma^2$. Die Wurzel aus der Varianz ist die Standardabweichung (s. Abschn. 2.2.2, S. 62). Für den Erwartungswert der Varianz heißt das $E = \frac{1}{\sqrt{n}}\sigma$. Dieser Erwartungswert heißt für unsere Stichproben auch **Standardfehler des Mittelwertes** (s. Abschn. 4.4.3, S. 122). Um die Genauigkeit der Schätzung des wahren Mittelwertes um eine Kommastelle (ein Zehntel) zu verbessern, muss man hundertmal so viele Messungen durchführen, denn $\frac{1}{\sqrt{100}} = \frac{1}{10}$. Für Messungen in Triplikaten würde das bedeuten, wir müssten stattdessen 300-mal messen. Bei wenigen Stichproben bringt eine kleine Erhöhung der Anzahl der Messungen eine immense Verringerung der Standardabweichung mit sich und der Erwartungswert kann umso genauer geschätzt werden (Abb. 4.4).

4.3.2 Schätzung der wahren Varianz aus einer Stichprobe

Wir wissen jetzt noch nicht, wie groß die Varianz s innerhalb unserer Stichproben im Vergleich zur Varianz σ der wahren Werte der Gesamtpopulation ist. Wir leiten es wieder exemplarisch für $n = 2$ Stichprobenmessungen her. $V[X]$ ist der geschätzte Wert für die Varianz zwischen unseren zwei Stichproben. Diesen kann man auch schreiben als Erwartungswert der mittleren quadratischen Abweichung der zwei Stichprobenmessungen x_1 und x_2 von deren Mittelwert $\bar{x}$:

$$V[X] = E\left[\frac{\left(x_1 - \overbrace{\frac{x_1 + x_2}{2}}^{\bar{x}}\right)^2 + \left(x_2 - \overbrace{\frac{x_1 + x_2}{2}}^{\bar{x}}\right)^2}{2}\right]. \tag{4.5}$$

Die 2 aus dem Nenner in Gl. 4.5 kann man als konstanten Faktor vor den Erwartungswert ziehen. Zudem kann man x durch $\frac{2x}{2}$ substituieren und so x_1 und x_2 auf den jeweiligen Bruchstrich hieven:

$$\frac{1}{2}E\left[\left(\frac{2x_1}{2} - \frac{x_1 + x_2}{2}\right)^2 + \left(\frac{2x_2}{2} - \frac{x_1 + x_2}{2}\right)^2\right] = \frac{1}{2}E\left[\underbrace{\left(\frac{x_1 - x_2}{2}\right)^2 + \left(\frac{x_2 - x_1}{2}\right)^2}_{2\left(\frac{x_1 - x_2}{2}\right)^2}\right].$$

Hier kann man nun $2\left(\frac{x_1-x_2}{2}\right)^2$ auch als $2\cdot\frac{1}{4}(x_1-x_2)^2$ schreiben und die $\frac{2}{4}=\frac{1}{2}$ wiederum als konstanten Faktor vor den Erwartungswert schreiben. Analog zu Gl. 4.3 kann man wieder die binomische Formel $((x_1-x_2)^2 = x_1{}^2 - 2x_1x_2 + x_2{}^2)$ auflösen:

$$V[X] = \frac{1}{2}\cdot\frac{1}{2}E[x_1{}^2 - 2x_1x_2 + x_2{}^2].$$

Und man kann, wie oben, einzelne Erwartungswerte der Terme von x_1^2, $2x_1x_2$ und x_2^2 formulieren:

$$V[X] = \frac{1}{4}\left(E[x_1{}^2] - 2\underbrace{E[x_1x_2]}_{E[x_1]\cdot E[x_2]} + E[x_2{}^2]\right).$$

Geht man nun davon aus, dass unsere Stichprobenmessungen alle denselben Erwartungswert besitzen, da sie alle derselben Zellpopulation entstammen, kann man für die Messungen x_1 und x_2 unsere Zufallsvariable X als Gesamtheit aller Messungen annehmen. Es ergibt sich dann:

$$V[X] = \frac{1}{4}\left(2\underbrace{E[X^2]}_{\bar{x}^2} - 2\underbrace{(E[X])^2}_{\mu^2}\right).$$

Wir haben bereits gesehen, dass $E[X] = \mu$ gilt, und somit gilt auch $E[X]^2 = \mu^2$ (s. Abschn. 3.5, S. 80). Für $E[X^2]$ nehmen wir hingegen das Quadrat der Stichprobenmittelwerte $\bar{x}^2$ an. Die Differenz zwischen $\bar{x}^2$ und μ^2 ist dabei analog zu Gl. 4.4 genau die Varianz σ^2 der wahren Werte. Unser Erwartungswert $V[X]$ für die Varianz der Stichproben ist damit nur halb so groß wie die wahre Varianz σ^2 der gesamten Population $V[X] = \frac{1}{2}\sigma^2$. Damit wäre die Streuung, die wir schätzen, nur halb so groß wie die tatsächliche Streuung. Um das auszugleichen, müssen wir die ausgerechnete Varianz der zwei Stichproben noch mit 2 multiplizieren. Generell ergibt sich für n Messungen ein Korrekturfaktor von $\frac{n}{n-1}$. Dabei steht n im Zähler, weil wir die Streuung, wie oben für $n=2$ gezeigt, sonst zu schmal schätzen würden, und $n-1$ im Nenner, weil wir schon einen Freiheitsgrad für die Schätzung des Mittelwertes $\bar{x}$ verloren haben. Für die wahre Varianz $V[X]$, geschätzt aus n Stichprobenmessungen, ergibt sich deshalb:

$$V[X] = \frac{\cancel{n}}{n-1}\cdot\underbrace{\frac{1}{\cancel{n}}\sum_{i=1}^{n}(x_i - \bar{x})^2}_{s^2} = \frac{1}{n-1}\sum_{i=1}^{n}(x_i - \bar{x})^2.$$

4.4 Testen von Hypothesen

Die schließende Statistik dient dazu, von stichprobenartigen Messungen auf theoretische Verteilungen biologischer Datensätze zu schließen, um dann statistisch validierte Aussagen über gemessene Tendenzen treffen zu können (s. Abschn. 3.1, S. 72). Das Prozedere folgt

4.4 Testen von Hypothesen

stets der nachstehenden Reihenfolge, deren Schritte auf den nächsten Seiten ausführlich erläutert werden.

- Messung einer biologischen Eigenschaft in mehreren unabhängigen **Stichproben** (Experimenten)
- Überlegung, welche Art Effekt erwartet wird
- Formulieren von **Hypothesen** über den Effekt der getesteten Bedingungen auf die Messergebnisse
- Festlegen des ominösen p-**Wertes** und damit des Signifikanzniveaus
- Berechnung des **Konfidenzintervalls** als Vertrauensbereich der Messungen
- Durchführen eines geeigneten **statistischen Tests**, um die Hypothesen über die Daten auf dem gewählten Signifikanzniveau zu überprüfen

4.4.1 Hypothesen

Eine Hypothese ist in diesem Buch eine Aussage über eine Eigenschaft der Gesamtpopulation (Grundgesamtheit), die durch einzelne Stichprobenmessungen untersucht wurde. Die Aussage muss präzise formuliert werden, damit sie statistisch überprüft werden kann. Zum Beispiel:

> Die Stimulation mit dem Hormon hat keinen Effekt auf die Stressantwort der Zellen.

Mithilfe statistischer Tests (s. Abschn. 4.5, S. 121) können solche Hypothesen dann überprüft werden. Man berechnet dabei, wie sicher man sich sein kann, dass Ergebnisse nicht rein zufällig beobachtet werden. Normalerweise hat man im Vorhinein bereits eine Hypothese oder testet z. B. das Expressionsniveau eines bestimmten Proteins (Reporter, Marker, Signalmolekül) unter definierten Bedingungen, um dann Aussagen darüber machen zu können, ob die Bedingungen zu Veränderungen in den Messergebnissen führen. Können solche Hypothesen mit großer Sicherheit beurteilt (d. h. angenommen oder verworfen) werden, sind die zugrunde liegenden Daten **signifikant**. Je größer die Sicherheit, desto geringer ist das Signifikanzniveau. Das Signifikanzniveau beziffert die Wahrscheinlichkeit, dass wir uns mit unserer Entscheidung zur Annahme (Akzeptanz) einer Hypothese irren. Das heißt, wir nehmen eine Hypothese als wahr an, obwohl sie tatsächlich falsch ist.

> **Signifikanz**
> Signifikanz ist ein Maß dafür, wie sicher man sich sein kann, dass ein Messergebnis nicht zufällig eingetreten ist. Je höher die Signifikanz, desto verlässlicher die Daten. Das Signifikanzniveau hingegen sollte möglichst klein sein, denn es beziffert die Irrtumswahrscheinlichkeit für die Beurteilung von Hypothesen.

Man unterscheidet zwei Arten von Hypothesen:

Nullhypothese

Die Nullhypothese H_0 sagt aus, dass kein Effekt auftritt, sich nichts ändert. Im Zweifelsfall wird immer die Nullhypothese angenommen. Die Nullhypothese ist stets die Gegenaussage zu dem, was man überprüfen will. Man hat Daten gemessen und will testen, ob in diesen ein Effekt zu sehen ist, der die Nullhypothese (dass kein Effekt vorliegt) widerlegt. Wir wollen in unserem Beispiel überprüfen, ob die Stimulation die Stressantwort der Zellen verändert. Unsere Erwartung sagt:

Die Stimulation mit dem Hormon wirkt sich auf die Stressantwort der Zellen aus.

Die Gegenaussage dazu ist die Nullhypothese:

Die Stimulation mit dem Hormon hat keinen Effekt auf die Stressantwort.

Gegeben ist ein Lage- oder Streuungsparameter (s. Abschn. 2.2, S. 51), der die Gesamtpopulation (Grundgesamtheit) beschreibt. Neben z. B. μ oder σ müssen ein Gleichheitszeichen ($=, \geq, \leq$) und ein numerischer Wert, also eine Zahl, gegeben sein. Auf „Mathematisch" heißt unsere Nullhypothese:

$$d_{\bar{x}} = \bar{x}_K - \bar{x}_S = 0$$

oder: Es gibt keinen Unterschied zwischen den Mittelwerten der Fluoreszenz von Kontrolle und Stimulation; der Mittelwert $d_{\bar{x}}$ der Differenzen ist somit Null. Die Wahl des Gleichheitszeichens hängt von der betrachteten Problemstellung ab und definiert sowohl die Null- als auch die Alternativhypothese.

Alternativhypothese

Die Alternativhypothese H_1 ist die Aussage, von der wir hoffen, dass sie stimmt. Sie ist die Gegenaussage zur Nullhypothese und damit unsere ursprüngliche Annahme. Sie bezieht sich auf denselben Parameter und denselben Zahlenwert wie die Nullhypothese. In der Alternativhypothese steht jedoch ein Vergleichsoperator ($\neq, >, <$).

Was bedeutet das und wie wählt man die richtige Nullhypothese und den richtigen Vergleichsoperator für die Alternativhypothese?

- Wenn wir keine Vorannahmen über unsere Daten machen können, sollten wir überprüfen, ob die experimentellen Bedingungen überhaupt einen Effekt auf die Messwerte haben. Wir überprüfen dann, ob die Messwerte größer oder kleiner werden und führen später entsprechend einen zweiseitigen statistischen Test durch (Tab. 4.3). Die Nullhypothese lautet dabei $d_{\bar{x}} = 0$ und die Alternativhypothese beschreibt die entsprechende Gegenaussage $d_{\bar{x}} \neq 0$.

4.4 Testen von Hypothesen

Tab. 4.3 Vorwissen, damit beispielhaft verknüpfte Erwartung und Art des statistischen Tests

Vorwissen	Erwartung	Test	H_0	H_1
keines	generelle Regulation	zweiseitig	$=$	$\neq$
Erhöhung der Messwerte	Überexpression	einseitig	$\leq$	$>$
Verringerung der Messwerte	Repression	einseitig	$\geq$	$<$

Je nach Betrachtung muss ein ein- oder zweiseitiger statistischer Test angewandt werden. Das Gleichheitszeichen für die Nullhypothese H_0 bzw. der Vergleichsoperator für die Alternativhypothese H_1 wird entsprechend angepasst

- Wissen wir jedoch aus der Literatur oder von vorherigen Experimenten, dass unsere Bedingungen zu einer Erhöhung der Messwerte führen sollten (z. B. bei Überexpression eines Gens), müssen wir nur überprüfen, ob die Messwerte tatsächlich größer werden. Der statistische Test wäre dann „einseitig". Kein Effekt heißt hier $d_{\bar{x}} \leq 0$ und die Alternativhypothese entsprechend $d_{\bar{x}} > 0$.
- Andersherum verhält es sich, wenn wir von Vornherein von einer Verringerung der gemessenen Werte ausgehen würden (z. B. bei Repression eines Gens). Dann müssen wir wiederum nur einseitig testen – diesmal, ob die Messwerte tatsächlich kleiner werden unter der experimentellen Bedingung, die überprüft werden soll. Die Nullhypothese heißt dann $d_{\bar{x}} \geq 0$ und unsere eigentliche Erwartung ist $d_{\bar{x}} < 0$.

In unserem Beispiel interessiert uns, ob sich die Fluoreszenz (als Reporter für den Stress) bei den hormonstimulierten Zellen verändert. Wir wissen nicht, ob das Hormon zu einer Verringerung oder zu einer Erhöhung der zellulären Stressantwort führt. Deshalb würden wir die Alternativhypothese für einen zweiseitigen Test formulieren:

Die Stimulation verändert die Stressantwort unserer Zellen.

Auf „Mathematisch" heißt diese Alternativhypothese:

$$d_{\bar{x}} = \bar{x}_K - \bar{x}_S \neq 0.$$

Die Hypothese, die wir überprüfen wollen, ist streng genommen die Alternativhypothese. Die Gegenaussage dazu ist die Nullhypothese, die mittels statistischem Test widerlegt werden soll. Wenn man die Nullhypothese widerlegt (verwirft), wird automatisch die Alternativhypothese angenommen und unsere ursprüngliche Annahme stellt sich damit als akzeptabel heraus.

> **Nullhypothese**
> Die Nullhypothese lautet stets, dass kein Effekt vorliegt:
>
> Nullhypothese $=$ null Effekt.

> Diese Hypothese wird mit den experimentellen Daten getestet und eventuell auf einem gewissen Signifikanzniveau verworfen, wodurch die Alternativhypothese (dass ein Effekt vorliegt) akzeptiert wird. Dass kein Effekt vorliegt (die Nullhypothese) lässt sich deshalb nur indirekt belegen. Wir akzeptieren die Nullhypothese, wenn die Daten nicht genügen, die Nullhypothese auf einem gewissen Signifikanzniveau zu verwerfen. Negative Aussagen wie: „Es gibt keinen Unterschied zwischen Kontrolle und Stimulation", oder Hypothesen wie: „Die Mittelwerte der Populationen sind unter beiden Bedingungen gleich", lassen sich deshalb nicht direkt beweisen.

4.4.2 p-Wert

Was ist der ominöse p-Wert und was sagt er praktisch aus? Er gibt die Wahrscheinlichkeit (engl. *probability*, deswegen p-Wert) an, dass, wenn die Nullhypothese stimmt, unsere Beobachtung rein zufällig auftrat. Für einen p-Wert von 5 % heißt das in unserem Beispiel: Wenn in Wirklichkeit kein Unterschied zwischen der Stressantwort bei Kontrolle und Stimulation bestünde, dann erhielte man eine solche Differenz zwischen den gemessenen Fluoreszenzmittelwerten in 5 % aller Fälle zufällig.

> **p-Wert**
> Ist der p-Wert besonders klein, dann ist es auch sehr unwahrscheinlich, die Messergebnisse nur aus Glück oder Pech erhalten zu haben. Je kleiner der p-Wert, desto vertrauenswürdiger die Daten – immer unter der Prämisse, dass die Nullhypothese richtig ist.

Auf „Mathematisch" heißt das übrigens:

> „Der p-Wert beziffert die Chance, ein so extremes oder sogar noch extremeres Ergebnis zu messen als im betrachteten Experiment; vorausgesetzt, die Nullhypothese ist wahr" [12].

Daneben gibt es noch die Bedingungen, dass die Stichproben der gleichen Gesamtpopulation entstammen und zufällig gewählt wurden. Man sollte also keine besonders schönen Zellen für die Messung bevorzugen.

Die Interpretation des p-Wertes ist mitunter schwierig. In den meisten wissenschaftlichen Veröffentlichungen und Präsentationen sieht man neben Diagrammen kleine Sternchen und p-Werte. Der Unterschied der Fluoreszenz in unserem Beispiel zwischen Kontrolle und Stimulation ist signifikant. Wie in der Abb. 4.2 zu sehen ist, kann ein signifikanter Unterschied auch dann noch vorliegen, wenn die Fehlerbalken überlappen [10]. Eine aussagekräftigere Darstellung der Messwerte ist deshalb ebenfalls empfehlenswert

4.4 Testen von Hypothesen

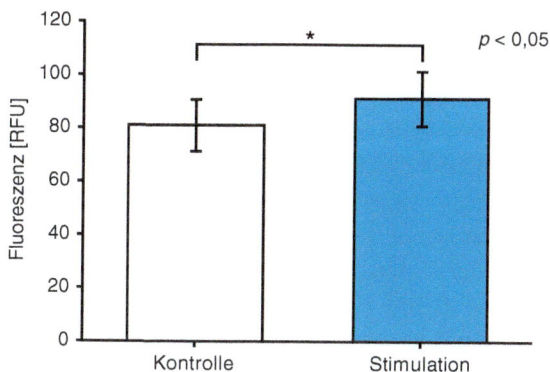

Abb. 4.2 Balkendiagramm der Fluoreszenzmessungen. Die Stimulation führt dazu, dass sich die gemessene Fluoreszenz als Reporter für die Stressantwort der Zellen nicht nur rein zufällig verändert. Die Mittelwerte der Stichproben sind signifikant verschieden, $n = 10$, $p = 0{,}0349$

Tab. 4.4 p–Werte, deren übliche Darstellung und Interpretation

p-Wert	Symbol	Deutung
>0,05	n. s.	nicht signifikant
<0,05	*	signifikant
<0,01	**	sehr signifikant
<0,001	***	hoch signifikant

(Abb. 4.3). Der p–Wert und damit auch das Signifikanzniveau hängen, wie wir unten sehen werden, von mehreren Faktoren ab:

- Anzahl der Messwerte,
- Lage der Messwerte,
- Hypothese und
- statistischem Test.

Eine übliche Zusammenfassung für p–Werte, deren Darstellung und Bedeutung steht in Tab. 4.4.

Wenn in einem Diagramm zwei Balken mit einem Stern versehen sind oder ein p–Wert mit $p < 0{,}05$ angegeben ist (Abb. 4.2), bedeutet das zumeist Folgendes:

- Die Nullhypothese lautet, dass die Balken gleich hoch sind und es keinen Unterschied zwischen den gemessenen Eigenschaften $\bar{x}_K$ (Kontrolle) und $\bar{x}_S$ (Stimulation) gibt:

  H_0: $\bar{x}_K - \bar{x}_S = 0$.

- Wenn die untersuchten Gesamtpopulationen in der gemessenen Eigenschaft gleich sind (also die Nullhypothese stimmt), dann ist der tatsächlich gemessene Unterschied mit weniger als 5 % Wahrscheinlichkeit rein zufällig eingetreten. Die Beobachtung besitzt ein Signifikanzniveau von 5 %:

  $p < 0{,}05$ also $p < 5\,\%$.

In unserem Beispiel ist der Unterschied zwischen den gemessenen Stressantworten bei Kontrolle und Stimulation nur zu $p = 0{,}0349$ also $p = 3{,}49\,\%$ zufällig eingetreten, wenn tatsächlich kein Unterschied zwischen den Bedingungen existieren sollte (Nullhypothese), wovon folglich nicht mehr auszugehen ist (verworfen). Somit ist anzunehmen, dass ein signifikanter Unterschied zwischen den gemessenen Bedingungen besteht (Alternativhypothese). Der p-Wert entspricht in diesem Fall dem Signifikanzniveau.

Das ist überraschend, denn auf den ersten Blick überlappen die Fehlerbalken (Abb. 4.2) und der Unterschied zwischen beiden Messungen sieht nicht wirklich vertrauenswürdig aus (Abb. 4.1). Hier belehrt uns die schließende Statistik eines Besseren. Unsere Intuition kann uns in die Irre führen. Im Fall von verrauschten Daten besteht also mitunter noch Hoffnung!

> **Unterschied zwischen Mittelwerten**
> Ob Mittelwerte sich signifikant unterscheiden, hängt von der Zahl, Lage und Streuung der Messwerte ab. Außerdem kommt es immer auf die jeweilige Hypothese und den statistischen Test an.

4.4.3 Konfidenzintervall

Ein Konfidenzintervall (engl. *confidence interval, CI*) ist ein Bereich, in dem mit bestimmter Wahrscheinlichkeit der wahre, aber unbekannte Lageparameter (s. Abschn. 2.2.1, S. 55) liegt; in unserem Beispiel der Mittelwert μ der Fluoreszenz der Zellen. Weil unsere Messungen normalverteilt sind und die Normalverteilung symmetrisch ist (s. Abschn. 3.8.2, S. 96), wird das Konfidenzintervall um den Mittelwert $\bar{x}$ unserer Messungen zentriert. Üblicherweise ist ein **95 %**-Konfidenzintervall angegeben, in dem dann mit 95 %iger Wahrscheinlichkeit z. B. der Mittelwert μ der Gesamtpopulation liegt. Je sicherer wir sein wollen, den wahren Parameter wirklich innerhalb des *CI* zu finden, umso breiter muss dieses gefasst werden. Ein 99 %-Konfidenzintervall ist deshalb breiter als ein 90 %-Konfidenzintervall. Die Breite (engl. *width, w*) des Konfidenzintervalls gibt Excel mit der Funktion

= CONFIDENCE(alpha;standard_dev;size)

an, wobei „alpha" das Signifikanzniveau für ein 1−alpha-Konfidenzintervall ist (z. B. „alpha" = 5 % für ein 95 %-Konfidenzintervall). „standard_dev" entspricht unserem s und „size" dem n.

Man kann die Breite w des Konfidenzintervalls aber auch selbst exakt berechnen. Sie ergibt sich wie folgt:

$$w = t^* \cdot \frac{s}{\sqrt{n}}.$$

4.4 Testen von Hypothesen

Das Symbol t^* heißt Teststatistik. Es ist eine Zahl, die einer **theoretischen Wahrscheinlichkeitsverteilung** (s. Abschn. 3.8, S. 90) unter der Nullhypothese entstammt. Das heißt, wir messen n zufällige, unabhängige (normalverteilte) Stichproben und bestimmen Mittelwert $\bar{x}$ und Standardabweichung s. Der Erwartungswert E für den Abstand zwischen dem wahren Mittelwert μ der Gesamtpopulation und dem gemessenen Mittelwert $\bar{x}$ ist null, weil die Nullhypothese (null Effekt) gilt und außerdem $\bar{x}$ gegen μ geht (s. Abschn. 4.3.1, S. 109). Der Mittelwert $\bar{x}$ unserer Messungen wird mal zufällig über und mal zufällig unter dem wahren Mittelwert μ der Gesamtpopulation liegen. Die theoretische Wahrscheinlichkeitsverteilung ist deshalb symmetrisch um den Mittelpunkt Null. Oft ist $\mu - \bar{x}$ ziemlich nahe an Null, also liegen wahrer Wert und durchschnittlicher Messwert nah beisammen. Wie nah, hängt davon ab, wie viele Messungen (n) durchgeführt wurden und wie diese streuen (s). Die Streuung des Erwartungswertes für $\mu - \bar{x}$ ist, wie gezeigt, $s/\sqrt{n}$ (s. Abschn. 4.3.1, S. 110). Die Verteilung der Zufallsvariable T mit

$$t = \frac{\mu - \bar{x}}{s/\sqrt{n}} \tag{4.6}$$

heißt t-Verteilung (s. Abschn. 3.8.2, S. 99). Mit der Wahrscheinlichkeitsdichte der t-Verteilung können wir schauen, welchen Bereich von t (skalierte Streuung zufälliger Messungen um den wahren Mittelwert) wir mit 95 %iger Wahrscheinlichkeit abdecken, wenn n und s gegeben sind. Die Grenzen dieses Bereichs heißen dann $-t^*$ und $+t^*$.

> **Teststatistik t^***
>
> Die Teststatistik t^* ist eine Zahl, die der t-Verteilung entstammt. Das t gibt an, wie weit zufällig und unabhängig ermittelte, normalverteilte Werte um den wahren Mittelwert der Grundgesamtheit mit dem Standardfehler $s/\sqrt{n}$ streuen. Man kann das t^*, das einer theoretischen Wahrscheinlichkeitsverteilung entstammt, folglich mit den ermittelten Messgrößen vergleichen und als Referenz benutzen. Die Teststatistik gibt an, inwieweit man eine Abweichung vom wahren Wert theoretisch (zufällig) erwarten würde. Daraus lässt sich schließen, wie vertrauenswürdig solche Messwerte sind.

Meist kennen wir den wahren Mittelwert μ nicht, aber die Zahl der Stichprobenmessungen n, und deren Mittelwert $\bar{x}$ und Standardabweichung s lassen sich bestimmen. Formen wir Gl. 4.6 um, wissen wir zumindest, dass μ zu 95 % in folgendem Bereich liegen muss:

$$\bar{x} \pm t^* \cdot \frac{s}{\sqrt{n}}.$$

Und dieses ist dann genau das 95 %-Konfidenzintervall. Die übliche Schreibweise für das Konfidenzintervall, in dem der wahre Mittelwert μ mit einer gewissen Wahrscheinlichkeit liegt, lautet wie folgt:

Abb. 4.3 Fluoreszenzmessungen samt 95 %-Konfidenzintervallen mit der Weite w um den jeweiligen Mittelwert $\bar{x}$. In dem zweiteiligen Rechteck liegt mit 95 %iger Wahrscheinlichkeit der wahre Mittelwert μ für die Fluoreszenz aller Zellen unter der jeweiligen Bedingung (Kontrolle bzw. Stimulation)

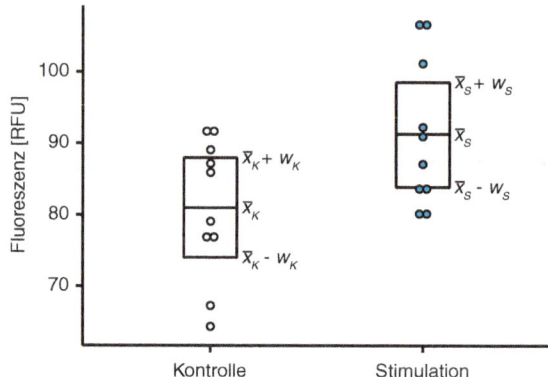

$$CI : [\bar{x} - w, \bar{x} + w].$$

Man sieht, dass das CI symmetrisch um den Mittelwert $\bar{x}$ der Stichproben zentriert ist. Für unser Beispiel ergeben sich in einer informativen Darstellung ersichtliche 95 %-Konfidenzintervalle (Abb. 4.3). Wie die Standardabweichungen (Abb. 4.2) überlappen auch die Konfidenzintervalle. Sicheren Aufschluss über einen signifikanten Unterschied zwischen den Messreihen liefert das 95 %-Konfidenzintervall der Differenz zwischen $\bar{x}_K$ und $\bar{x}_S$. Schließt das Konfidenzintervall von $d_{\bar{x}} = \bar{x}_K - \bar{x}_S$ (Tab. 4.1) die Null nicht mit ein, ist die wahre Differenz zwischen den beiden Gesamtpopulationen mit $p < 1 - 95\%$ also $p < 0{,}05$ signifikant von Null verschieden (s. Abschn. 4.6, Aufgaben, S. 131). Das Konfidenzintervall wird breiter, je weiter unsere Daten mit s streuen, und schmaler mit der Wurzel aus der zunehmenden Anzahl der Messungen $\sqrt{n}$. Das heißt, um die Größe des Konfidenzintervalls zu halbieren und somit den Bereich des wahren Mittelwertes μ weiter einzuengen und genauer zu bestimmen, benötigen wir viermal so viele Messungen, denn $\frac{1}{\sqrt{4}} = \frac{1}{2}$. Bei dem Faktor $\frac{s}{\sqrt{n}}$ handelt es sich erneut um den Standardfehler (s. Abschn. 4.3.1, S. 110).

Standardfehler

Der Standardfehler des Mittelwertes (engl. *standard error of the mean*, *SEM*) ist ein Maß dafür, wie genau wir den gesuchten wahren Mittelwert bestimmen können. Unsere Schätzung ist umso genauer, je mehr Stichproben wir gemessen haben. Beim *SEM* ist die Standardabweichung der Messungen mit der Wurzel der Anzahl der Messungen skaliert, weil die Standardabweichung vom Mittelwert bei vielen Stichprobenmessungen kleiner wird als in der Gesamtpopulation:

$$SEM = \frac{s}{\sqrt{n}}.$$

Die Herleitung haben wir bereits gezeigt, als wir die Streuung der Schätzer um den wahren Mittelwert betrachtet und dies auf unsere Stichprobe bezogen haben (s. Abschn. 4.3.1, S. 110). Der Standardfehler ergibt sich aus der Verteilung der Stichproben. Hier wird eine

Abb. 4.4 Veränderung des Standardfehlers des Mittelwertes (*SEM*) mit der Zahl gemessener Stichproben (*n*). Um den *SEM* zu halbieren, benötigt man viermal mehr Messungen. Für die Verringerung um eine Kommastelle (auf 10 %) gar 100-mal mehr

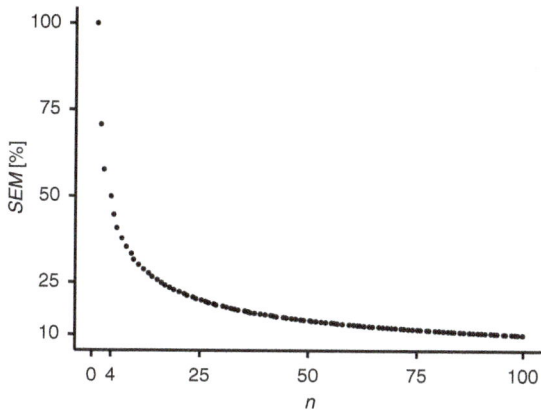

Normalverteilung (s. Abschn. 3.8.2, S. 96) angenommen. Bei einer geringen Anzahl an Messungen verbessert eine zusätzliche Probe das Ergebnis enorm, weil der Standardfehler sich stark verringert und der Mittelwert deshalb wesentlich genauer bestimmt werden kann. Für eine ohnehin hohe Stichprobenzahl tritt bei Hinzunahme einer weiteren Probe hingegen keine große Verbesserung des *SEM* mehr auf (Abb. 4.4).

4.5 Statistische Tests

Wir haben unsere Stichproben gemessen und wollen darauf basierend nun die Grundgesamtheit beurteilen. Auf welchem Signifikanzniveau (mit welcher Wahrscheinlichkeit) können wir unsere Nullhypothese verwerfen und es liegt tatsächlich ein Effekt vor?

4.5.1 Ziel

Statistische Tests (Hypothesentests) dienen dazu, ein objektives Maß zu finden, um Hypothesen adäquat mit experimentellen Daten überprüfen zu können. Das Vorgehen ist dabei immer dasselbe.

4.5.2 Ablauf

1. Beschreibe die Ausgangslage
2. Formuliere die zu überprüfende Fragestellung
3. Stelle die Nullhypothese H_0 und Alternativhypothese H_1 auf

4. Finde die entsprechende Teststatistik
5. Triff eine Entscheidung über die Annahme (Akzeptanz) oder Ablehnung der Hypothesen
6. Bestimme das Signifikanzniveau und damit den p-Wert des Ergebnisses

Es gibt viele verschiedene statistische Tests. Doch wie finden wir den geeigneten Test für unseren Datensatz? Es kommt darauf an, welchen Parameter man untersuchen möchte und welcher Skala dieser entspringt bzw. wie dieser berechnet wurde (s. Abschn. 2.2, S. 51). Um Mittelwerte quantitativer Variablen wie der Fluoreszenz in unserem Beispiel zu untersuchen, eignen sich t- und Z-Test. Für qualitative oder kategorisierte Variablen eignen sich hingegen der Z- oder χ^2-Test, die vor allem bei großen Studien verwendet werden, wenn es z. B. darum geht, ob Gene exprimiert oder reprimiert sind, Tumore gut- oder bösartig, Patienten gesund oder krank.

4.5.3 Voraussetzungen

Statistische Tests beruhen auf einigen Annahmen. Je mehr solcher Voraussetzungen erfüllt sind, desto spezifischere Aussagen kann man letzten Endes treffen. Die Überprüfung der Voraussetzungen sollten losgelöst vom eigentlichen statistischen Test betrachtet werden. Für unser Beispiel ist die Überprüfung dieser Voraussetzungen hier exemplarisch dargestellt.

- Die Stichproben sollten bezüglich des untersuchten Merkmals auf **Normalverteilung** überprüft werden (s. Abschn. 3.8.2, S. 96). Die Messungen unseres Beispiels sind normalverteilt, was sich aus Abb. 4.1 jedoch nur erahnen lässt.
- Außerdem muss überprüft werden, ob die **Streuung** der beiden Messreihen etwa gleich ist, um sicherzugehen, dass die Messungen der gleichen Verteilung entstammen, was hier nicht zutrifft und mit Blick auf $s^2(x_{K_i})$ und $s^2(x_{S_i})$ in Tab. 4.1 ersichtlich wird.

Wie man diese beiden Überprüfungen schnell und sicher durchführen kann, zeigt das R-Skript SkriptSchlStat01.R. Darüber hinaus sollte sichergestellt sein, dass die Stichprobenmessungen zufällig und unabhängig voneinander getätigt worden sind.

> **Statistische Tests**
> Man sollte nicht so lange verschiedene statistische Tests durchführen, bis irgendwann das gewünschte Ergebnis unter dem gewählten Signifikanzniveau herauskommt. Wir wissen, dass die Versuchung, nach den Signifikanzsternen zu greifen, groß ist. Aber wenn das Testergebnis nicht den Erwartungen entspricht, müssen die ursprüngliche Fragestellung und das Experiment an sich überdacht werden. Diskutiert in eurer Arbeit lieber die **fehlende Signifikanz** als eure Daten mit falschen statistischen Schlüssen und Aussagen zu beschönigen.

Tab. 4.5 Entscheidung über die Nullhypothese H_0 (erste Spalte), in Abhängigkeit von der Realität (erste Zeile)

	H_0 wahr	H_0 falsch
H_0 akzeptiert	$1 - \alpha$ $1-$ Signifikanzniveau	Fehler 2. Art β
H_0 verworfen	Fehler 1. Art α	$1 - \beta$

Der Fehler 1. Art beschreibt mit der Wahrscheinlichkeit α die Falsch–positiv–Rate, der Fehler 2. Art mit β die Falsch–negativ–Rate

4.5.4 Fehler

Die Aussagekraft statistischer Tests hängt von Fehlerwahrscheinlichkeiten ab. Es könnte sein, dass die Mittelwerte zweier Stichprobenmessreihen rein zufällig voneinander verschieden sind, was in Wirklichkeit für die Gesamtpopulationen nicht der Wahrheit entspricht. Fehler bedeutet in diesem Zusammenhang, dass man Hypothesen verwirft, obwohl sie stimmen, bzw. falsche Hypothesen akzeptiert. Man kann zwei Arten von Fehlern unterscheiden, die der jeweilige statistische Test produziert. Wir nennen die zugehörigen Wahrscheinlichkeiten für das Auftreten solcher Fehler „α" und „β" (Tab. 4.5). Für ein Signifikanzniveau α liefern die Tests mit einer Wahrscheinlichkeit α zufällig einen **Fehler 1. Art**. Das bedeutet, die Nullhypothese wird verworfen, obwohl sie wahr ist. Meist interessiert uns das 5 %-Signifikanzniveau. In 5 % der Tests geschieht dann ein Fehler 1. Art. Alle statistischen Tests sind so konzipiert, dass das α stets möglichst klein gewählt wird. Alle Teststatistiken und theoretischen Wahrscheinlichkeitsverteilungen gelten ohnehin nur unter der Annahme, dass die Nullhypothese stimmt. Es kann allerdings mit der Wahrscheinlichkeit von α rein zufällig passieren, dass sich aus dem statistischen Test ergibt, unsere Stimulationsmessung unterscheide sich von der Kontrolle, obwohl das in Wahrheit gar nicht der Fall ist. Unsere positive Schlussfolgerung, dort liege ein Unterschied vor, ist falsch. Deswegen beziffert der Fehler 1. Art mit α auch die Falsch–positiv–Rate.

Es kann auch passieren, dass ein signifikanter Unterschied zwischen den Fluoreszenzwerten vorliegt, wir aber die Nullhypothese $H_0 : \bar{x}_K - \bar{x}_S = 0$ akzeptieren. Wenn die Nullhypothese akzeptiert wird, obwohl sie falsch ist, nennt man das einen **Fehler 2. Art**. Dann wäre unsere negative Schlussfolgerung, dass kein Unterschied besteht, falsch. Entsprechend beziffert ein Fehler 2. Art mit β die Falsch–negativ–Rate. Je kleiner β, desto höher die Aussagekraft (engl. *power*) $1 - \beta$, einen signifikanten Unterschied auch als solchen zu identifizieren. Allerdings ist β nicht einfach zu bestimmen, weil die Wahrheit selten bekannt ist und alle theoretischen Wahrscheinlichkeitsverteilungen nur unter der Annahme der Nullhypothese gelten. Die Nullhypothese kann mittels statistischer Tests überprüft werden. Die Alternativhypothese, die beim Fehler 2. Art fälschlicherweise verworfen wird, lässt sich hingegen nicht einfach überprüfen. Es wird bei statistischen Tests deshalb stets versucht, α zu minimieren. Fehler 1. und 2. Art sind für das generelle Verständnis statistischer Tests wichtig. In Zeiten der Hochdurchsatzverfahren werden für genomweite Studien Tausende einzelner statistischer Tests durchgeführt, um einschätzen zu können, welche Gene unter definierten Bedingungen signifikant herauf- oder herabreguliert werden. Auch kleine Fehlerraten können bei einer solchen Zahl von Messungen schnell eine große Menge falscher Beurteilungen liefern.

> **Fehler 1. und 2. Art**
> - Fehler 1. Art: Die Falsch-positiv-Rate α gibt an, wie wahrscheinlich es ist, dass man die Nullhypothese verwirft, obwohl sie wahr ist.
> - Fehler 2. Art: Die Falsch-negativ-Rate β gibt an, wie wahrscheinlich es ist, dass man die Alternativhypothese verwirft, obwohl sie wahr ist.

4.5.5 t-Test

Der Test, der von Biologen wohl am meisten verwendet wird, ist der t-Test. Mit diesem Verfahren kann man die **Mittelwerte zweier quantitativer Messreihen** vergleichen. In unserem Beispiel ist es so, dass die Mittelwerte von zwei unabhängigen Stichprobenreihen miteinander verglichen werden sollen.

Ausgangslage

Stichproben wurden gemessen. Die Fluoreszenzwerte von jeweils 10 Zellen einer Population unter Kontroll- bzw. Stimulationsbedingungen sollen miteinander verglichen werden. Die Messwerte sind unabhängig voneinander, weil die Zellen auf zwei verschiedenen Kulturschalen behandelt wurden und zufällig gewählt worden sind. Wir wissen nichts über eine etwaige Erhöhung oder Verringerung der Stressantwort und führen deshalb einen zweiseitigen Test durch, um beide Fälle zu betrachten (s. Abschn. 4.4.1, S. 114).

Frage

Gibt es einen signifikanten Unterschied zwischen den beiden Messreihen oder ist die Differenz zwischen den Mittelwerten der Stichproben rein zufällig sehr klein? Es könnte sein, dass der Unterschied zwischen den Stichprobenmessreihen auf zufällige Schwankungen zurückgeht, obwohl die wahren Mittelwerte der Gesamtpopulation eigentlich nicht signifikant verschieden sind. Die Frage ist in unserem Beispiel, ob die Stimulation einen Effekt auf die Stressantwort der Zellen hat.

Hypothesen

$H_0 : d_{\bar{x}} = \bar{x}_K - \bar{x}_S = 0$
$H_1 : d_{\bar{x}} \neq 0$

Teststatistik

Zunächst sollten wir die Stichprobenreihen und deren Differenz mit Lage- und Streuungsparametern weiter charakterisieren (Tab. 4.1).

Die Teststatistik, die wir ausrechnen müssen, heißt t_W^*. Sie ergibt sich aus der Differenz $d_{\bar{x}}$ zweier unabhängiger, normalverteilter Messreihen mit den Varianzen s_1^2 und s_2^2 bei n_1 bzw. n_2 Stichproben:

$$t_W^* = \frac{d_{\bar{x}}}{\sqrt{\frac{s_1^2}{n_1} + \frac{s_2^2}{n_2}}}. \tag{4.7}$$

Setzen wir nun in Gl. 4.7 für $d_{\bar{x}} = \bar{x}_K - \bar{x}_S$ ein und für $s_1^2 = s_K^2$ und $s_2^2 = s_S^2$, so erhalten wir den folgenden Wert für die Teststatistik:

$$t_W^* = \frac{81{,}03 - 91{,}23}{\sqrt{\frac{94{,}95}{10} + \frac{105{,}08}{10}}} = -2{,}281.$$

Testentscheidung

Die Teststatistik muss nun mit dem Wert t^* der t-Verteilung (s. Abschn. 3.8.2, S. 98) verglichen werden. Dieser ist abhängig von dem gegebenen Quantil q (s. Abschn. 2.2.1, S. 57) und der Zahl der Freiheitsgrade (engl. *degrees of freedom*, *df*). Das Quantil ergibt sich aus $1 - \alpha$, wobei hier unser Signifikanzniveau α noch halbiert werden muss, wenn wir einen zweiseitigen Test durchführen. Die Zahl der Freiheitsgrade *df* ist $n - 2$, weil wir zwei Messreihen durchgeführt haben. Die beiden Mittelwerte $\bar{x}_K$ und $\bar{x}_S$ sind bereits berechnet worden, wodurch je ein Freiheitsgrad verloren ging. Der Wert für t^* mit $q = 1 - \frac{\alpha}{2} = 97{,}5\,\%$ und $df = 18$ ergibt sich mit R wie folgt:

```
> qt(0.975,18)
[1] 2.100922
```

Wenn gilt $|t_W^*| > t_{q,df}^*$ (also unsere Teststatistik noch extremer ist, als wir das von einem zufällig bestimmten t^* der t-Verteilung mit $\mu = d_{\bar{x}} = 0$, gegebener Standardabweichung $\sigma = s$ und dem Signifikanzniveau α erwarten würden), dann wird die Nullhypothese H_0 verworfen. Wir führen einen zweiseitigen Test auf einem Signifikanzniveau von $\alpha = 5\,\% = 0{,}05$ durch. Für unser Beispiel bedeutet das: $|t_W^*| > t_{1-\frac{0{,}05}{2},18}$ und damit:

$$|-2{,}281| > 2{,}101.$$

Die Nullhypothese H_0 wird verworfen und es besteht ein signifikanter Unterschied zwischen den Stichproben der Kontrolle und den Stichproben der Stimulation mit einem p-Wert $< 0{,}05$. Der genaue p-Wert ergibt sich aus der Wahrscheinlichkeit, in der t-Verteilung einen noch extremeren Wert zu finden als $\pm t_W^*$. Da die t-Verteilung symmetrisch ist und der Test zweiseitig durchgeführt wurde, gilt $P(t \leq -2{,}281) = P(t \geq 2{,}281)$ und damit für den p-Wert:

$$p = P(t \leq -2{,}281) + P(t \geq 2{,}281) = 2P(t \geq |-2{,}281|) = 0{,}0349.$$

Das Ganze umfasst mit R nur eine Textzeile und man erhält alle Informationen und Ergebnisse, die wir bis hierher durchgegangen sind: SkriptSchlStat02.R.
Mit Excel heißt die Funktion

= TTEST(array1;array2;tails;type),

wobei „array1" und „array2" die Messreihen umfasst, „tails" den ein- oder zweiseitigen Test bezeichnet und „type" angibt, ob die Messreihen abhängig oder unabhängig voneinander sind und die gleichen oder unterschiedliche Varianzen besitzen.

Sonderfälle

Wenn man zwei Stichprobenmessreihen untersucht, die sehr ähnliche Varianz aufweisen, kann man die Teststatistik aus Gl. 4.8 verwenden. Diese ist gebräuchlich für einen t-Test mit $d_{\bar{x}} = \bar{x}_K - \bar{x}_S$ als Differenz zwischen den zu vergleichenden Mittelwerten. Im Beispiel sind das der Mittelwert der Stichproben der Kontrolle $\bar{x}_K$ und der Mittelwert der Stichproben der Stimulation $\bar{x}_S$. Es könnte allerdings auch ein vorgegebener Wert μ sein, der auf einen Unterschied zum Mittelwert einer Stichprobenreihe $\bar{x}$ hin überprüft werden soll. Einen solchen vorgegebenen Wert entnimmt man zumeist der Literatur oder vorangegangenen Messungen:

$$t_S^* = \frac{d_{\bar{x}}}{s/\sqrt{n}}. \tag{4.8}$$

Der Parameter $s/\sqrt{n}$ meint eigentlich den Standardfehler der Differenzen zwischen den einzelnen Messungen der Stichproben. Das bedeutet, dass Messwerte paarweise zugehörig und somit voneinander abhängig sind. Dies passiert, wenn man ein und dieselbe Zelle beispielsweise vor und nach der Stimulation misst.

4.5.6 Z–Test

Der Z-Test ist dem t-Test sehr ähnlich. Hier werden Mittelwerte großer ($n \geq 20$) Stichprobenreihen mit einem vorgegebenen Wert verglichen. Bei vielen Stichproben kann die Verteilung der Teststatistik als Normalverteilung (s. Abschn. 3.8.2, S. 96) angenähert werden. Damit wird die Teststatistik immer direkt mit dem $(1-\alpha)$-Quantil der Normalverteilung

4.5 Statistische Tests

für einseitige Z-Tests und mit dem $(1 - \frac{\alpha}{2})$-Quantil der Normalverteilung für zweiseitige Z-Tests verglichen. Die Anzahl der Freiheitsgrade geht für solch große Stichprobenreihen nicht in die Berechnung ein.

Ausgangslage

Nehmen wir an, wieder wurden, wie in unserem Beispiel oben (s. Abschn. 4.5.5, S. 124), Stichproben gemessen. Die Fluoreszenz als Reporter für die Stressantwort der Zellen wurde nach Stimulation bestimmt, allerdings für wesentlich mehr Zellen als $n = 10$.

Frage

Gibt es einen Unterschied zwischen der aktuellen Messreihe und den Literaturangaben oder ist die Differenz zwischen dem Mittelwert $\bar{x}$ der Stichproben und der Vorgabe μ gleich Null?

Hypothesen

$H_0 : \bar{x} - \mu = 0$
$H_1 : \bar{x} - \mu \neq 0$

Teststatistik

Die Teststatistik für den Z-Test in Gl. 4.9 enthält mit $\bar{x}$ den Mittelwert der Stichprobenreihe, der mit dem gegebenen Mittelwert μ verglichen werden soll, wobei hier vorausgesetzt wird, dass neben der Anzahl der Messungen n auch die wahre Standardabweichung σ der Gesamtpopulation gegeben ist. Das heißt, man hat schon so oft gemessen, dass man die Streuung der Grundgesamtheit kennt:

$$Z = \frac{\bar{x} - \mu}{\sigma/\sqrt{n}} . \tag{4.9}$$

Testentscheidung

Da die Zufallsvariable Z, wie oben erwähnt, annähernd normalverteilt ist (s. Abschn. 3.8.2, S. 96), kann der Z-Wert direkt mit dem α- und $(1 - \alpha)$-Quantil der Normalverteilung verglichen werden. Wenn der Z-Wert größer ist als der zugehörige Wert für diese Quantile, kann die Nullhypothese (dass kein Unterschied zwischen $\bar{x}$ und μ besteht) auf einem Signifikanzniveau von α verworfen werden.

Exkurs

Die meisten Genexpressionsdaten werden mittels Z-Test analysiert. Die Frage ist, ob Gene bei bestimmten Bedingungen signifikant herauf- oder herabreguliert werden. Exemplarisch wurde dies durchgeführt, um Transkriptomdaten von Hefen auszuwerten, die zwei unterschiedliche Kohlenstoffquellen zum Wachsen zur Verfügung hatten [9]. Es wurde stets die relative Menge einer bestimmten mRNA zur totalen mRNA-Menge zwischen den beiden Bedingungen verglichen. Die Proportion p ergab sich wie folgt:

$$p = \frac{n\,(\text{spezifische mRNA})}{N(\text{gesamte mRNA})},$$

wobei n die Zahl der spezifischen mRNAs (gemeint sind die untersuchten Transkripte eines Gens) darstellt und N die Gesamtzahl aller mRNA-Moleküle pro Zelle. Die Anzahl der detektierten mRNA-Moleküle müsste eigentlich binomialverteilt sein (s. Abschn. 3.8.1, S. 92), denn eine mRNA kann nur entweder detektiert werden oder eben nicht. Aufgrund der hohen Probenzahl – genomweit sind es in *Saccharomyces cerevisiae* etwa 15 000 verschiedene mRNAs – kann die Binomialverteilung gut mit einer Normalverteilung (s. Abschn. 3.8.2, S. 96) angenähert werden, die den Mittelwert $\mu = p$ und die Standardabweichung $\sigma = \sqrt{p(1-p)}$ besitzt. Die Proportionen p_1 und p_2 für die spezifischen mRNA-Moleküle beziehen sich auf die beiden getesteten Bedingungen. Der Standardfehler SE für die Differenz zwischen p_1 und p_2 ist gegeben mit:

$$SE_{p_1-p_2} = \sqrt{p_1(1-p_1)/N_1 + p_2(1-p_2)/N_2}.$$

Damit ergibt sich die Teststatistik analog zu Gl. 4.9:

$$Z = \frac{p_1 - p_2}{\sqrt{p_0(1-p_0)/N_1 + p_0(1-p_0)/N_2}}, \quad (4.10)$$

mit p_0 als Gesamtfraktion der detektierten spezifischen mRNAs unter beiden Bedingungen: $p_0 = (n_1 + n_2)/(N_1 + N_2)$. Zu dieser Fraktion würden wir keinen Unterschied erwarten, wenn die Nullhypothese wahr wäre und kein signifikanter Unterschied in der Regulation der spezifischen mRNA unter den beiden Bedingungen bestünde.

Der Z-Wert kann direkt mit dem 5 %- und 95 %-Quantil der Normalverteilung verglichen werden (Tab. 3.3, Abschn. 3.8.2). Wieder genügt ein R-Befehl:

```
> qnorm(0.975)
[1] 1.959964
```

Wenn für diesen zweiseitigen Test (herauf- oder herabreguliert) also gilt: $Z > 1{,}96$, ist das untersuchte Gen für die spezifische mRNA unter den beiden Bedingungen signifikant unterschiedlich reguliert. Diese Analyse wurde für alle mRNAs der Hefe durchgeführt. Auf diese Weise fand man heraus, dass 20 % der Transkripte in Abhängigkeit von der Kohlenstoffquelle unterschiedlich reguliert werden. Hauptsächlich waren Enzyme für den Stoffwechsel betroffen [9].

4.5 Statistische Tests

Tab. 4.6 Übersicht gruppierter Studienergebnisse zum Test der Heilwirkung eines Medikaments

	krank	geheilt	total
Medikament	A	B	$A+B$
Placebo	C	D	$C+D$
total	$A+C$	$B+D$	n

Die einzelnen Proportionen A, B, C und D ergeben in Summe die Gesamtzahl n der Messwerte bzw. Probanden

4.5.7 χ^2-Test

Der χ^2-Test kommt zur Anwendung, wenn man **zwei oder mehrere qualitative Variablen** oder solche, die in verschiedene Gruppen eingeteilt sind, miteinander vergleichen will. Man untersucht dann jeweils die Anteile („Proportionen") der Messungen, die einer bestimmten Gruppe entsprechen. Das ist üblich für Studien zu Medikamenten. Um die Wirkung eines Medikaments zu testen, wird meist eine Patientengruppe, der das Medikament verabreicht wurde, mit einer Patientengruppe verglichen, die nur ein Placebo zur Kontrolle erhielt.

Ausgangslage

Die Zahlen der Studie lassen sich systematisch in einer Kontingenztabelle erfassen (Tab. 4.6).

Frage

Ist der Anteil an geheilten Patienten in der Gruppe von Patienten, die das Medikament erhielt, ungleich dem Anteil an geheilten Patienten in der Gruppe von Patienten, der das Placebo verabreicht wurde?

Hypothesen

$H_0 : p = p_0$
$H_1 : p \neq p_0$

Teststatistik

Die Teststatistik ergibt sich prinzipiell aus der Summe der quadrierten Differenzen zwischen beobachteten und erwarteten Anteilen, geteilt durch den erwarteten Anteil:

$$\chi^2 = \sum_i \frac{(O_i - E_i)^2}{E_i}, \qquad (4.11)$$

wobei sich O_i auf observierte (beobachtete) Proportionen und E_i auf erwartete Proportionen der Kontrolle bezieht. Für unsere Kontingenztabelle (Tab. 4.6), ergibt sich daraus die folgende Teststatistik:

Tab. 4.7 Auswahl der vorgestellten statistischen Tests, basierend auf den experimentellen Daten mit n Messungen bzw. Versuchstieren oder Probanden.

	t-Test	Z-Test	χ^2-Test
Daten	quantitativ	quantitativ	qualitativ
n	≥ 3	> 20	> 40
Parameter	Mittelwert	Mittelwert Proportion	Proportion

Man benötigt mindestens drei Messungen, um überhaupt einen Test durchführen zu können

$$\chi^2 = \frac{n(A \cdot D - C \cdot B)}{(A+C)(B+D)(A+B)(C+D)}.$$

Testentscheidung

Die Nullhypothese H_0 wird verworfen, wenn gilt:

$$\chi^2 > \chi^2_{q,df},$$

wobei $\chi^2_{q,df}$ das q-Quantil der χ^2-Verteilung (s. Abschn. 3.8.2, S. 99) mit df Freiheitsgraden darstellt. Das Signifikanzniveau α muss zuvor festgelegt werden, weil die χ^2-Verteilung und damit der gesamte statistische Test von $q = 1 - \alpha$ abhängt. Der Test ist immer einseitig, weshalb gilt: $q = 1 - \alpha$. Die Zahl der Freiheitsgrade ist gleich der Zahl der getesteten Bedingungen abzüglich der Kontrolle, also hier $df = 1$. Für $n < 40$ besitzt ein solcher Test nur bedingt Gültigkeit. Ein R-Skript zum Durchführen eines χ^2-Tests findet ihr in der Datei SkriptSchlStat03.R auf www.springer.com/978-3-642-37785-3. Die Daten beziehen sich auf einen Vergleich des Auftretens von Tremor und Demenz bei Parkinson–Patienten [15]. Gleichwohl könnte man jedoch auch die kategoriale Variable der Zellen (Stress/kein Stress) in Abhängigkeit von der Stimulation (Hormon/kein Hormon) analysieren. Doch da wir hier quantitative Daten besaßen, war der t-Test vorzuziehen.

Abschließend noch einmal eine Übersicht, wann welcher statistische Test zu gebrauchen ist (Tab. 4.7).

4.6 Aufgaben

A1 Muss man für Western-blot-Daten auch zwischen Stichprobe und Grundgesamtheit unterscheiden? Warum?

A2 Welche der Hypothesen aus Tab. 4.8 können mit statistischen Tests überprüft werden?

A3 Liegen im 95 %-Konfidenzintervall auch 95 % der Messwerte?

4.6 Aufgaben

Tab. 4.8 Beispiele für Hypothesen in der Biologie

Hypothese	auf „Mathematisch"
Es gibt mehr als 50 % phosphorylierte Moleküle in den Zellen.	$p_{phos} > 50\,\%$
Mindestens ein Drittel aller Zellen ist markerpositiv.	$\frac{\#(\text{Marker}^+)}{\#(\text{Marker}^+ + \text{Marker}^-)} \geq \frac{1}{3}$
Die durchschnittliche Bandenintensität beträgt 531 BLU.	$\mu = 531\, BLU$
Die Streuung des Signals liegt zwischen fünf und sechs.	$\sigma \in [5, 6]$

A4 Ist es ratsam, ein Experiment zu wiederholen, wenn ein statistischer Test kein signifikantes Ergebnis lieferte?

A5 Berechne das 95 %-Konfidenzintervall der Differenzen zwischen Kontroll- und Stimulationsbedingung in der Datei DatenSchlStat01.xls auf www.springer.com/978-3-642-37785-3. Spielt die Reihenfolge der Messwerte eine Rolle? Führe anschließend auch einen t–Test mit der eingeführten Funktion (s. Abschn. 4.5.5, S. 126) durch, um das Ergebnis des R–Skripts zu validieren.

A6 Nutze die Excel–Vorlage auf www.springer.com/978-3-642-37785-3 für die Durchführung eines weiteren χ^2–Tests analog zu Rana et al. 2012 [15].

Lineare Gleichungssysteme

5

Übersicht

5.1	Motivation	134
5.2	Lineare Gleichungssysteme	136
	5.2.1 Konzentrationsbestimmung	136
	5.2.2 Modellierung mit Rekursionsgleichungen	139
5.3	Matrizen und Vektoren	140
	5.3.1 Vektoren	141
	5.3.2 Rechnen mit Vektoren	142
	5.3.3 Matrizen	144
	5.3.4 Rechnen mit Matrizen	146
	5.3.5 Vektor–Matrix–Multiplikation	147
	5.3.6 Matrixmultiplikation	148
5.4	Lösen von LGS	150
	5.4.1 Gaußverfahren	152
	5.4.2 Bestimmung von Inversen	156
	5.4.3 LGS mit der inversen Matrix lösen	158
	5.4.4 Determinanten	159
	5.4.5 Inverse einer 2×2–Matrix	161
	5.4.6 Ausblick	162
5.5	Lineare Abbildungen	163
	5.5.1 Vektorräume	163
	5.5.2 Matrizen als lineare Abbildungen	166
	5.5.3 Eigenwerte und Eigenvektoren	167
5.6	Datenfitten von Polynomfunktionen	175
	5.6.1 Minimierung der Fehlerquadrate	175
5.7	Aufgaben	178

5.1 Motivation

Dieses Kapitel soll die wesentlichen Grundlagen linearer Gleichungssysteme erklären. Lineare Gleichungen sind von besonders einfacher Struktur und deswegen leicht zu handhaben. Außerdem sind sie für praktische Belange unerlässlich. Komplizierte Systeme können oft durch eine Reduktion auf lineare Probleme effizient gelöst werden. Bei dem Versuch, alles Wesentliche und Wissenswerte über lineare Gleichungssysteme zu erfassen, bekommt man es unweigerlich mit Vektoren, Matrizen und Vektorräumen zu tun. Aber jetzt keine Panik, das sind alles Dinge, die euch in einfacher Gestalt bestimmt schon begegnet sind, nur wurden sie vielleicht nicht alle beim Namen genannt. Um alle für die Praxis wichtigen Techniken zu lernen, ist es sehr hilfreich, sich mit den wichtigsten Eigenschaften von Matrizen und Vektoren vertraut zu machen. Diese werden ein unerlässliches Hilfsmittel in unserem mathematischen Werkzeugkasten darstellen.

Wenn wir die Struktur von Vektorräumen kennenlernen, können wir von unserem räumlichen Vorstellungsvermögen profitieren. Falls ihr mehr über lineare Gleichungssysteme wissen möchtet, als wir euch hier zeigen können, so verweisen wir auf die umfangreiche weiterführende Literatur zur linearen Algebra. Die Bücher von Fischer [8] oder Strang [18] sind zwei Beispiele, die zur weiteren Lektüre empfohlen seien. Dennoch gewinnen wir bereits mit unserem ersten Ausflug in dieses Gebiet viele wichtige und für weiterführende Fragestellungen grundlegende Erkenntnisse.

Für biologische Fragestellungen sind lineare Gleichungssysteme vor allem relevant für Aspekte der Modellierung komplexer Prozesse. Meistens sind wirklich gute Modelle zu komplex, um sie durch ein System linearer Gleichungen zu beschreiben, da lineare Systeme im Vergleich zu realen Prozessen unvorstellbar einfach sind. Dennoch lassen sich viele reale Fragestellungen auf lineare Systeme reduzieren. In diesem Sinne ist dieses Kapitel auch eine Vorbereitung auf die Theorie der Differenzialgleichungen und der linearen Systeme, die für die Modellierung eine große Rolle spielen werden.

Wichtiges in Kürze

- Matrix–Vektor–Multiplikation: $A \in \mathbb{R}^{m \times n}$, $\mathbf{x} \in \mathbb{R}^n$, $\mathbf{b} \in \mathbb{R}^m$

$$A \cdot \mathbf{x} = \mathbf{b} \quad \text{also in Komponenten:} \quad \sum_{j=1}^{n} a_{ij} \cdot x_i = b_i \quad \text{für } i = 1, 2, \ldots, m$$

(s. Abschn. 5.3.5, S. 147)

5.1 Motivation

- Matrix–Matrix-Multiplikation:

$$C = A \cdot B \quad \text{also in Komponenten:} \quad c_{ij} = \sum_{l=1}^{n} a_{il} \cdot b_{lj}$$

für Matrizen $A \in \mathbb{R}^{m \times n}$, $B \in \mathbb{R}^{n \times k}$ und $C \in \mathbb{R}^{m \times k}$, mit $i = 1, \ldots, m$ und $j = 1, \ldots, k$

(s. Abschn. 5.3.4, S. 146)

- Determinante einer 2×2-Matrix $A \in \mathbb{R}^{2 \times 2}$:

$$\det(A) = \det \begin{pmatrix} a & b \\ c & d \end{pmatrix} = a \cdot d - b \cdot c$$

(s. Abschn. 5.4.4, S. 159)

- Inverse einer 2×2-Matrix $A \in \mathbb{R}^{2 \times 2}$:

$$A^{-1} = \frac{1}{\det(A)} \begin{pmatrix} d & -b \\ -c & a \end{pmatrix} = \frac{1}{ad - bc} \begin{pmatrix} d & -b \\ -c & a \end{pmatrix}$$

(s. Abschn. 5.4.5, S. 161)

- Determinante einer 3×3-Matrix $A \in \mathbb{R}^{3 \times 3}$:

$$\det(A) = \det \begin{pmatrix} a_{11} & a_{12} & a_{13} \\ a_{21} & a_{22} & a_{23} \\ a_{31} & a_{32} & a_{33} \end{pmatrix} = a_{11}a_{22}a_{33} + a_{12}a_{23}a_{31} + a_{13}a_{21}a_{32}$$
$$- a_{31}a_{22}a_{13} - a_{32}a_{23}a_{11} - a_{33}a_{21}a_{12}$$

(s. Abschn. 5.4.4, S. 159)

- Matrix–Vektor-Schreibweise für ein LGS: $A \cdot \mathbf{x} = \mathbf{b}$ (s. Abschn. 5.4, S. 150)
- homogenes LGS: $A \cdot \mathbf{x} = \mathbf{0}_V$ (s. Abschn. 5.4, S. 150)
- Eigenwertgleichung: $A \cdot \mathbf{x} = \lambda \cdot \mathbf{x}$ (s. Abschn. 5.5.3, S. 167)
- charakteristisches Polynom: $\chi_A(t) = \det(t \cdot E_n - A)$ (s. Abschn. 5.5.3, S. 167)
- Eigenraum: $\operatorname{Eig}(A, \lambda) = \{\, \mathbf{x} \in \mathbb{R}^n \mid A \cdot \mathbf{x} = \lambda \cdot \mathbf{x} \,\} = \mathbb{L}(A - \lambda \cdot E_n, \mathbf{0}_V)$

(s. Abschn. 5.5.3, S. 167)

5.2 Lineare Gleichungssysteme

Wie der Name schon verrät, beschäftigt sich das vorliegende Kapitel mit linearen Gleichungen. Dafür müssen wir also klären, was wir unter einer linearen Gleichung verstehen. Für zwei reelle Konstanten $a, b \in \mathbb{R}$ und eine reelle unbekannte Variable x ist die einfachste Form einer linearen Gleichung gegeben durch $a \cdot x = b$, die wir in bekannter Form durch $x = \frac{b}{a}$ lösen können, falls $a \neq 0$ ist. Spannender wird die Sache, sobald wir mehrere Unbekannte betrachten. Für zwei Unbekannte $x, y \in \mathbb{R}$ hat eine allgemeine lineare Gleichung die Form $a_1 \cdot x + a_2 \cdot y = b$. Und analog für drei Unbekannte $x, y, z \in \mathbb{R}$ lautet die allgemeine Form einer linearen Gleichung: $a_1 \cdot x + a_2 \cdot y + a_3 \cdot z = b$. Im Allgemeinen Fall von n unbekannten, reellen Variablen, entspricht das also:

$$a_1 \cdot x_1 + a_2 \cdot x_2 + \cdots + a_n \cdot x_n = \sum_{i=1}^{n} a_i x_i = b. \tag{5.1}$$

Für $n = 2$ kann die lineare Gleichung aus geometrischer Sicht als Geradengleichung[1] aufgefasst werden, während die Gleichung für $n = 3$ geometrisch eine Ebene im dreidimensionalen Raum beschreibt. Oft kann eine geometrische Anschauung helfen, jedoch interessieren wir uns auch unabhängig vom geometrischen Kontext für Systeme solcher linearen Gleichungen, deren Eigenschaften und wie wir sie lösen können.

Um Schreibarbeit zu sparen, werden wir die eine oder andere Abkürzung benutzen. Die wichtigste in diesem Kapitel ist die für **lineare Gleichungssysteme**, die wir kurz **LGS** nennen wollen.

Wir betrachten im folgenden Beispiel ein einfaches LGS aus zwei Gleichungen und erörtern dabei, was wir bereits an Lösungsmethoden kennen.

5.2.1 Konzentrationsbestimmung

Um die Art von Problemen, die durch lineare Gleichungssysteme beschrieben werden können, kennenzulernen, betrachten wir eine praktische Frage aus dem Laboralltag. Angenommen eure Aufgabe ist es, zwei Lösungen L_1 und L_2 herzustellen. Lösung L_1 soll 10 % Wirkstoff A und 20 % Wirkstoff B enthalten. Die zweite Lösung soll entsprechend 20 % Wirkstoff A und 5 % Wirkstoff B enthalten. Außerdem sind die Vorräte knapp, sodass euch nur noch 30 ml reiner Wirkstoff A und 25 ml an reinem Wirkstoff B zur Verfügung stehen. Wie viel Lösung L_1 und L_2 (in ml gemessen) können hergestellt werden, wenn alle Vorräte komplett aufgebraucht werden sollen?

---

[1] Die Funktionen der Form $f(x) = a \cdot x + b$ für zwei reelle Zahlen a und b werden oft als lineare Funktionen bezeichnet. Um die dadurch manchmal entstehende Verwirrung zu vermeiden, sollte erwähnt werden, dass es sich genau genommen um linear affine Funktionen handelt. Für $b = 0$ sind linear affine Funktionen auch wirklich linear.

5.2 Lineare Gleichungssysteme

Wir übertragen die Informationen in Gleichungen. x sei die Menge von Lösung L_1 in ml und y die Menge von Lösung L_2, ebenfalls in ml angegeben. Die Wirkstoffmenge A von Lösung L_1 plus die Wirkstoffmenge A von Lösung L_2 soll gerade 30 ml ergeben. Genauso soll die Wirkstoffmenge B von Lösung L_1 plus die Wirkstoffmenge B von Lösung L_2 gerade 25 ml ergeben. Wenn wir x, y so wählen können, dass diese beiden Bedingungen erfüllt sind, dann werden wir der Vorgabe gerecht und brauchen alle Ressourcen restlos auf. Wir bekommen:

$$0{,}1 \cdot x + 0{,}2 \cdot y = 30 \quad \text{(I)} \tag{5.2}$$
$$0{,}2 \cdot x + 0{,}05 \cdot y = 25 \quad \text{(II)}$$

Ohne weiteres Vorwissen kann man diese Gleichungen lösen, indem man entweder die Gleichungen der Reihe nach nach einer unbekannten Variablen auflöst und in die verbleibenden Gleichungen einsetzt. Alternativ können auch Gleichungen addiert oder voneinander abgezogen werden, um unbekannte Größen zu eliminieren. Man spricht hierbei von Einsetzungs- bzw. Gleichsetzungsverfahren. Um die Übersicht zu behalten, nummerieren wir die Gleichungen mit den römischen Ziffern I und II.

1. Als erstes mutiplizieren wir beide Gleichungen mit 100 und erhalten dadurch zwei neue Gleichungen I' und II'. Hierfür führen wir die Schreibweise: I' $= 100 \cdot$ I bzw. analog II' $= 100 \cdot$ II ein:

$$10 \cdot x + 20 \cdot y = 3000 \quad \text{(I')}$$
$$20 \cdot x + 5 \cdot y = 2500 \quad \text{(II')}.$$

2. Jetzt ziehen wir von der zweiten Gleichung das Zweifache der ersten Gleichung ab. Wir bekommen eine neue zweite Gleichung II'' $=$ II' $- 2 \cdot$ I':

$$20 \cdot x - 2 \cdot (10 \cdot x) + 5 \cdot y - 2 \cdot (20 \cdot y) = 2500 - 2 \cdot 3500 \quad \text{(II'')}$$
$$\iff 0 - 35 \cdot y = -3500 \implies y = \frac{-3500}{-35} = 100.$$

3. Wir konnten die erste unbekannte Variable y damit bereits erfolgreich bestimmen. Diese Lösung setzten wir rückwärts in unser Gleichungssystem ein und bestimmen dadurch den Wert von x. Ein solches Vorgehen wird als Rücksubstitution bezeichnet. Wir setzen den Wert $y = 100$ in Gleichung I ein und bekommen:

$$0{,}1 \cdot x + 0{,}2 \cdot 100 = 30$$
$$\iff 0{,}1 \cdot x + 20 = 30$$
$$\iff 0{,}1 \cdot x = 10 \implies x = \frac{10}{0{,}1} = 100.$$

4. Wir können also exakt $x = 100$ ml von Lösung L_1 und $y = 100$ ml von Lösung L_2 herstellen und brauchen dabei die Wirkstoffmengen exakt auf. Die Gesamtlösung eines linearen Gleichungssystems wird häufig in Form einer Lösungsmenge angegeben. Das ist gerade die Menge, die die Lösung des vorgegebenen Systems enthält. Für unser soeben gerechnetes Beispiel ist die Lösungsmenge gegeben durch

$$\mathbb{L} = \{x = 100, \; y = 100\}. \tag{5.3}$$

Das Vorgehen zum Lösen dieses Einführungsbeispiels war nicht weiter schwierig, oder? Trotzdem veranschaulicht es eine Grundproblematik. Für größere lineare Gleichungssysteme wird der Aufwand schnell größer und das Vorgehen unüberschaubar. Deswegen sind unsere Rechnungen oft fehleranfällig. Um unser Vorgehen zu verbessern, werden wir lineare Gleichungssysteme systematisch untersuchen und so neue Erkenntnisse über Lösungsverfahren und die Struktur von Lösungen gewinnen.

Es war eine weitere Besonderheit dieses Beispiels, dass wir genau eine Lösung finden konnten. Nämlich gerade die, für die x und y genau den Wert 100 annehmen. Es muss jedoch nicht immer eine eindeutige Lösung geben, beziehungsweise es können auch mehrere Lösungen existieren.

Lösbarkeit von reellen LGS
Für reelle lineare Gleichungssysteme gibt es genau drei Möglichkeiten der Lösbarkeit:
- Das LGS hat genau eine Lösung, es existiert also eine einelementige Lösungsmenge $\mathbb{L}$ (s. Gl. 5.3).
- Das LGS hat keine Lösung. Die Lösungsmenge ist leer: $\mathbb{L} = \emptyset = \{\}$.
- Das LGS hat unendlich viele Lösungen.

Um im weiteren Verlauf Aussagen zu treffen, die auch für lineare Gleichungssysteme beliebiger Gestalt und Größe gelten, halten wir an dieser Stelle fest, was wir allgemein unter einem LGS verstehen, und verabreden eine einheitliche Schreibweise hierfür. Das Gleichungssystem 5.2 auf S. 137 ist ein Beispiel für ein lineares Gleichungssystem, bestehend aus zwei Gleichungen in zwei Unbekannten.

Im Allgemeinen wählen wir die folgenden Bezeichnungen.

Ein lineares Gleichungssystem aus ***m* Gleichungen in *n* Unbekannten** $x_1, x_2, \ldots, x_n$ schreiben wir in der unten stehenden Form als geordnetes System von m Gleichungen. Die Vorfaktoren der Unbekannten bezeichnen wir als **Koeffizienten** a_{ij} und die konstanten Terme b_i als „rechte Seite" einer Gleichung:

5.2 Lineare Gleichungssysteme

$$
\begin{aligned}
a_{11} \cdot x_1 + a_{12} \cdot x_2 + \ldots + a_{1n} \cdot x_n &= b_1 \\
a_{21} \cdot x_1 + a_{22} \cdot x_2 + \ldots + a_{2n} \cdot x_n &= b_2 \\
\vdots \qquad \vdots \qquad\qquad \vdots \qquad &\;\;\vdots \\
a_{m,1} \cdot x_1 + a_{m2} \cdot x_2 + \ldots + a_{mn} \cdot x_n &= b_m.
\end{aligned}
\tag{5.4}
$$

Sind alle $b_i = 0$ für alle $i = 1, 2, \ldots, m$, so spricht man von einem **homogenen** LGS. Ist hingegen mindestens ein $b_i \neq 0$, so nennt man das System **inhomogen**.

Das ist die allgemeinste Form, in der man ein lineares Gleichungssystem, bestehend aus m Gleichungen in n unbekannten Variablen $x_1, x_2, \ldots, x_n$ aufschreiben kann. Wenn dies nicht explizit anders gefordert wird, so gehen wir gewöhnlich davon aus, dass wir mit reellen Zahlen $\mathbb{R}$ rechnen und demnach eine Lösung dieses Gleichungssystems aus den reellen Zahlen suchen.

5.2.2 Modellierung mit Rekursionsgleichungen

Für biologische Fragestellungen sind lineare Gleichungssysteme vor allem für die theoretische Modellierung relevant. Angenommen wir untersuchen zwei Prozessgrößen x und y. Diese beiden Größen können z. B. Stoffkonzentrationen eines metabolischen Zyklus widerspiegeln. Wir möchten eine Situation modellieren, in der diese beiden Prozessgrößen in Abhängigkeit von der Zeit untersucht werden. Wir interessieren uns dabei jeweils für den Wert von x und y nach einem diskreten Zeitschritt, wenn also z. B. ein Prozesszyklus durchlaufen ist. Zudem sind beide Größen gegenseitig voneinander abhängig, sodass die beschreibenden Gleichungen gekoppelt sind. Wir nummerieren hierfür die Zeitschritte, sodass t_n den n-ten Zeitpunkt beschreibt und ein diskreter Zeitschritt gegeben ist durch $\Delta t = t_n - t_{n-1}$. Die aktuellen Werte von x und y zu den jeweiligen Zeitpunkten seien dann mit einem tiefgestellten Index gekennzeichnet, sodass x_n den Wert von x zum Zeitpunkt t_n beschreibt. Dieses sehr einfache Modell kann durch zwei Rekursionsgleichungen beschrieben werden:

$$
\begin{aligned}
x_{n+1} &= a_{11} \cdot x_n + a_{12} \cdot y_n \\
y_{n+1} &= a_{21} \cdot x_n + a_{22} \cdot y_n.
\end{aligned}
$$

Um ein Modell durchrechnen zu können, muss jetzt noch ein Startwert vorgegeben werden. Gewöhnlich legt man fest, welchen Wert x und y zum Zeitpunkt $t = 0$ (entspricht $n = 0$) haben sollen, d. h. wir geben x_0 und y_0 vor.

Wir möchten im Folgenden das System

$$
\begin{aligned}
x_{n+1} &= \frac{13}{4} x_n - \frac{3}{4} y_n \\
y_{n+1} &= \frac{15}{4} x_n - \frac{1}{4} y_n
\end{aligned}
$$

untersuchen. Hierbei wollen wir zwei zentrale Fragen in den Vordergrund rücken:

- Gibt es ein effizientes Verfahren, schnell die Rekursionsvorschrift zu berechnen, also x_n und y_n für zukünftige Zeiten zu bestimmen, indem man die Rekursionsgleichungen ausrechnet?
- Gibt es stationäre Zustände in diesem System?

Unter stationären Zuständen verstehen wir einen Zustand $(x, y)^T \in \mathbb{R}^2$, in dem sich das System befinden kann und der sich, sobald er einmal erreicht ist, nicht mehr ändert.

Ein Beispiel für eine mathematische Analyse von stationären Zuständen ist in der wissenschaftlichen Veröffentlichung *Modeling Recursive RNA Interference* von Wallace F. Marshall [11] zu finden. In dieser Arbeit werden mathematische Modelle zum RNA-Interferenz(RNAi-)Signalweg untersucht. Bei der RNA-Interferenz handelt es sich um einen Genregulationsmechanismus, in dem kurze RNA-Sequenzen ihnen ähnliche Gene deaktivieren. Um diesen Prozess genauer zu verstehen, wendet man diesen Mechanismus auf die Gene, die für den RNAi-Signalweg verantwortlich sind, selbst an. Dieser Prozess kann als rekursive Selbstbeeinflussung mathematisch modelliert werden. Dabei wurde versucht, viele der relevanten Parameter zu vereinfachen. In dem vorliegenden Beispiel wurde das System im Wesentlichen durch zwei Parameter charakterisiert. Einer beschreibt die Wirksamkeit, mit der die RNA-Interferenz ein Gen ausschaltet, und ein zweiter beschreibt eine Zeitkonstante, die die Geschwindigkeit der Deaktivierung charakterisiert. In dieser Arbeit wurde als Reportergen die Genexpression des grünfluoreszierenden Proteins (GFP) betrachtet. Als wesentliches Merkmal dieser Modellierung wurde auch nach stationären Zuständen dieses Systems (*steady states*) gesucht. Sobald wir die mathematischen Werkzeuge zur Beantwortung der Fragen erlernt haben, greifen wir dieses Beispiel wieder auf (s. Beispiel 5.19, S. 169).

5.3 Matrizen und Vektoren

Lineare Gleichungssysteme sind einfacher zu handhaben, wenn man sie durch Matrizen und Vektoren beschreibt. Deshalb erklären wir die grundlegenden Regeln für das Rechnen mit Matrizen und Vektoren.

5.3.1 Vektoren

> **Vektoren**
>
> Ein Vektor ist eine geordnete Auflistung von Zahlen (genannt Tupel) in der Form
>
> $$\mathbf{a} = \begin{pmatrix} a_1 \\ a_2 \\ a_3 \\ \vdots \\ a_n \end{pmatrix} \in \mathbb{R}^n,$$
>
> wobei die einzelnen Einträge selbst wieder reelle Zahlen sind. Hier wird der erste Eintrag des Vektors $\mathbf{a}$ mit a_1 bezeichnet, der zweite mit a_2 usw. Um allgemeingültig auf die Elemente eines Vektors zugreifen zu können, verwendet man eine Indexnotation: Eine tiefgestellte Zahl (hier i) gibt an, die wievielte Komponente des Vektors gemeint ist. Hierbei bezeichnet a_i den i-ten Eintrag des Vektors $\mathbf{a}$.

Wie ihr euch jetzt vielleicht schon denkt, schreibt man Vektoren im Fließtext fettgedruckt. Hier gilt also für alle Einträge $a_i \in \mathbb{R}$. Deswegen schreiben wir auch $\mathbf{a} \in \mathbb{R}^n$. Dabei bezeichnet $\mathbb{R}^n$ die Menge aller Vektoren mit n reellen Einträgen. Diese Menge bezeichnet man gewöhnlich als n-dimensionalen reellen Raum und schreibt dafür kurz:

$$\mathbb{R}^n = \left\{ \mathbf{x} = \begin{pmatrix} x_1 \\ \vdots \\ x_n \end{pmatrix} \;\middle|\; x_i \in \mathbb{R} \text{ für alle } i = 1, \ldots, n \right\}.$$

Schreibweise: Die Schreibweise von Vektoren ist in der Literatur nicht einheitlich. Da man Vektoren oftmals jedoch auch optisch von gewöhnlichen Zahlen unterscheiden möchte, führt man eine eigene Schreibweise für sie ein. Man geht dazu über, Vektoren fettgedruckt zu notieren, sodass $a \in \mathbb{R}$ eine reelle Zahl und $\mathbf{a} \in \mathbb{R}^n$ einen Vektor mit n reellen Zahlen als Einträgen bezeichnet. Alternativ werden Vektoren manchmal mit einem Pfeil über dem Vektorsymbol $\vec{a}$ oder einem Strich unter dem Symbol $\underline{a}$ gekennzeichnet, was in gedruckten Texten jedoch der Übersichtlichkeit wegen vermieden werden sollte. In handschriftlichen Texten oder z. B. Klausuren ist es hingegen gebräuchlich, Pfeile über Vektoren zu schreiben.

Transposition von Vektoren: Für den Moment ist ein Vektor für uns eine Spalte mit mehreren Einträgen, die wir übereinander geordnet aufschreiben. Aufgrund dieser Form spricht man hierbei auch von Spaltenvektoren. Man kann ebenso auch mit Zeilenvektoren arbeiten, wo die verschiedenen Einträge in einer Zeile stehend nebeneinander eingetragen werden. Aus formalen Gründen macht es Sinn, Zeilenvektoren und Spaltenvektoren als zwei verschiedene Darstellungen aufzufassen, auch wenn sie identische Einträge haben sollten. Um zwischen diesen beiden Darstellungen wechseln zu können, führt man die **Vektortransposition** (oder kurz **Transposition**) ein. Wenn wir einen Vektor transponieren, dann „klappen" wir ihn gerade um. Dies macht man im Text kenntlich, indem man ein hochgestelltes „T" an Vektoren anbringt. Für einen Vektor **x** bezeichnet also $\mathbf{x}^T$ den transponierten Vektor.

> **Vektortransposition**
> Die Vektortransposition überführt einen Spaltenvektor **x** in einen Zeilenvektor $\mathbf{x}^T$ und umgekehrt. Die Transposition wird dabei ausgeführt, indem man den Spaltenvektor umklappt und als Zeilenvektor schreibt.

Beispiel 5.1

$$\mathbf{a} = \begin{pmatrix} 1 \\ 5 \\ 7 \end{pmatrix} \in \mathbb{R}^3 \qquad \mathbf{a}^T = (1, 5, 7)$$

□

Die Transposition überführt also einen Spaltenvektor in einen Zeilenvektor. Transponieren wir umgekehrt einen Zeilenvektor, so erhalten wir wieder einen Spaltenvektor.

5.3.2 Rechnen mit Vektoren

Im Folgenden seien $\mathbf{x} = \begin{pmatrix} x_1 \\ \vdots \\ x_n \end{pmatrix}$ und $\mathbf{y} = \begin{pmatrix} y_1 \\ \vdots \\ y_n \end{pmatrix}$ zwei Vektoren aus dem $\mathbb{R}^n$. Aus Platzgründen geht man häufig dazu über, Vektoren als Zeilen aufzuschreiben:

$$\mathbf{x} = (x_1, \ldots, x_n)^T \qquad \mathbf{y} = (y_1, \ldots, y_n)^T$$

- **Addition:** Man addiert zwei Vektoren, in dem man komponentenweise die Summe der Vektoreinträge berechnet:

$$\mathbf{x} + \mathbf{y} = \begin{pmatrix} x_1 \\ \vdots \\ x_n \end{pmatrix} + \begin{pmatrix} y_1 \\ \vdots \\ y_n \end{pmatrix} = \begin{pmatrix} x_1 + y_1 \\ \vdots \\ x_n + y_n \end{pmatrix}.$$

5.3 Matrizen und Vektoren

- **skalare Multiplikation** (Multiplikation mit einer reellen Zahl): Es sei $c \in \mathbb{R}$ eine beliebige reelle Zahl. Dann können wir einen beliebigen Vektor $\mathbf{x} \in \mathbb{R}^n$ damit multiplizieren, indem wir jede Komponente einzeln mit dieser Zahl multiplizieren:

$$c \cdot \mathbf{x} = c \cdot \begin{pmatrix} x_1 \\ \vdots \\ x_n \end{pmatrix} = \begin{pmatrix} c \cdot x_1 \\ \vdots \\ c \cdot x_n \end{pmatrix}.$$

- **Nullvektor:** Ein besonderer Vektor ist der Nullvektor, der in jeder Komponente den Eintrag 0 hat. Oftmals wird dieser in sehr zweideutigerweise auch einfach nur mit 0 selbst bezeichnet. Um ihn von der gewöhnlichen Null zu unterscheiden wollen wir ihn $\mathbf{0}_V$ nennen:

$$\mathbf{0}_V = \begin{pmatrix} 0 \\ \vdots \\ 0 \end{pmatrix} = (0, \ldots, 0)^T.$$

Die Rechenregeln bleiben im Endeffekt aber die gleichen: $\mathbf{x} + \mathbf{0}_V = \mathbf{x}$ und $c \cdot \mathbf{0}_V = \mathbf{0}_V$ für beliebige $\mathbf{x} \in \mathbb{R}^n$ und $c \in \mathbb{R}$.

- **Negative und Subtraktion:** Außerdem können wir von Vektoren $\mathbf{x}$ den entsprechenden negativen Vektor $-\mathbf{x}$ bilden. Dieser ist gerade gegeben durch:

$$-\mathbf{x} = \begin{pmatrix} -x_1 \\ \vdots \\ -x_n \end{pmatrix} = (-x_1, \ldots, -x_n)^T.$$

Damit ist auf natürliche Weise die Subtraktion von zwei Vektoren $\mathbf{x}$ und $\mathbf{y}$ definiert durch die komponentenweise Subtraktion:

$$\mathbf{x} - \mathbf{y} = \begin{pmatrix} x_1 \\ \vdots \\ x_n \end{pmatrix} - \begin{pmatrix} y_1 \\ \vdots \\ y_n \end{pmatrix} = \begin{pmatrix} x_1 - y_1 \\ \vdots \\ x_n - y_n \end{pmatrix}.$$

Beispiel 5.2

Wir wollen diese Rechenregeln an Beispielen verdeutlichen:

- Addition: Es sei $\mathbf{x} = (2, -5, 1)^T \in \mathbb{R}^3$ und $\mathbf{y} = (3, 1, 4)^T \in \mathbb{R}^3$. Dann ist die Summe dieser beiden Vektoren gegeben durch:

$$\mathbf{x} + \mathbf{y} = \begin{pmatrix} 2 \\ -5 \\ 1 \end{pmatrix} + \begin{pmatrix} 3 \\ 1 \\ 4 \end{pmatrix} = \begin{pmatrix} 2+3 \\ -5+1 \\ 1+4 \end{pmatrix} = \begin{pmatrix} 5 \\ -4 \\ 5 \end{pmatrix}.$$

- skalare Multiplikation: $\mathbf{x} = (2, 4, \frac{1}{2})^T \in \mathbb{R}^3$ und $c = \frac{1}{2} \in \mathbb{R}$:

$$c \cdot \mathbf{x} = \frac{1}{2} \cdot \begin{pmatrix} 2 \\ 4 \\ \frac{1}{2} \end{pmatrix} = \begin{pmatrix} \frac{1}{2} \cdot 2 \\ \frac{1}{2} \cdot 4 \\ \frac{1}{2} \cdot \frac{1}{2} \end{pmatrix} = \begin{pmatrix} 1 \\ 2 \\ \frac{1}{4} \end{pmatrix}.$$

- Subtraktion: Wir nehmen $\mathbf{x} = (3, 3, 3)^T$ und $\mathbf{y} = (1, 1, 1)^T$. Dann ist z. B.:

$$\mathbf{x} - 3 \cdot \mathbf{y} = \begin{pmatrix} 3 \\ 3 \\ 3 \end{pmatrix} - 3 \cdot \begin{pmatrix} 1 \\ 1 \\ 1 \end{pmatrix} = \begin{pmatrix} 3 - 3 \cdot 1 \\ 3 - 3 \cdot 1 \\ 3 - 3 \cdot 1 \end{pmatrix} = \begin{pmatrix} 0 \\ 0 \\ 0 \end{pmatrix} = \mathbf{0}_V.$$

$\square$

Die Vektoraddition ist zudem eine mathematische Operation, bei der die Reihenfolge von zwei Summanden keine Rolle spielt und die Klammerung von mehr als zwei Summanden beliebig gesetzt werden kann. Für Vektoren $\mathbf{a}, \mathbf{b}, \mathbf{c} \in \mathbb{R}^n$ gilt also: $\mathbf{a} + \mathbf{b} = \mathbf{b} + \mathbf{a}$ und $\mathbf{a} + (\mathbf{b} + \mathbf{c}) = (\mathbf{a} + \mathbf{b}) + \mathbf{c} = \mathbf{a} + \mathbf{b} + \mathbf{c}$. Die erste Eigenschaft nennt man **Kommutativität**, die zweite **Assoziativität**.

5.3.3 Matrizen

Eine Matrix ist ein geordnetes Zahlenschema, ähnlich einer Tabelle mit Zeilen und Spalten. Eine Matrix, die aus m Zeilen und n Spalten besteht, wird als $m \times n$–Matrix (gelesen „m kreuz n") bezeichnet. Während Vektoren im Fließtext meist fettgedruckt werden, verwendet man für Matrizen häufig Großbuchstaben, z. B. A:

$$A = (a_{ij}) = \begin{pmatrix} a_{11} & a_{12} & a_{13} & \ldots & a_{1n} \\ a_{21} & a_{22} & a_{32} & \ldots & a_{2n} \\ a_{31} & a_{32} & a_{33} & \ldots & a_{3n} \\ \vdots & \vdots & \vdots & \ddots & \vdots \\ a_{m1} & a_{m2} & a_{m3} & \ldots & a_{mn} \end{pmatrix}. \tag{5.5}$$

Der Eintrag von A, der in der i-ten Zeile und j-ten Spalte steht wird mit a_{ij} bezeichnet. Beachtet, dass man bei der Angabe der beiden Zahlen i und j zuerst die Zeile und dann die Spalte angibt. Der Einfachheit wegen werden wir uns auf 2×2- und 3×3- Beispiele, also Matrizen der Form

$$A = \begin{pmatrix} a & b \\ c & d \end{pmatrix}, \quad A = \begin{pmatrix} a_{11} & a_{12} & a_{13} \\ a_{21} & a_{22} & a_{23} \\ a_{31} & a_{32} & a_{33} \end{pmatrix} \tag{5.6}$$

beschränken.

So ist z. B.

$$A = \begin{pmatrix} 2 & -1 & 5 \\ 3 & 4 & -3 \\ 9 & 5 & -1 \end{pmatrix}$$

eine 3 × 3–Matrix mit Einträgen aus den reellen Zahlen. Der Eintrag a_{12} bezeichnet das Element von A, das in der ersten Zeile und der zweiten Spalte steht, und ist hier $a_{12} = -1$ und $a_{31} = 9$ — der Eintrag in der dritten Zeile und der ersten Spalte. Da man gerne vergisst, welcher Index die Zeile und welcher die Spalte angibt, gibt es hierfür einen einfachen **Merksatz:**

Zeilen **z**uerst, **S**palten **s**päter.

Der erste Index benennt also die Zeile, der zweite Index gibt an, um welche Spalte es sich handelt.

Schreibweise: Für die Menge aller Matrizen einer bestimmen Größe führen wir eine Abkürzung ein. Wir bezeichnen mit $\mathbb{R}^{m \times n}$ die Menge aller Matrizen, bestehend aus m Zeilen und n Spalten und Einträgen aus den reellen Zahlen $\mathbb{R}$. Wenn wir also sagen, $A \in \mathbb{R}^{3 \times 2}$, dann meinen wir damit, dass A eine Matrix mit drei Zeilen und zwei Spalten ist. Außerdem wird eine Matrix A häufig geschrieben als $A = (a_{ij})$. Das soll lediglich aussagen, dass A diejenige Matrix ist, deren i–j–ter Eintrag (also der Eintrag, der in der i-ten Zeile und j-ten Spalte steht) gerade gegeben ist durch a_{ij}.

Matrixtransposition: Ähnlich wie für Vektoren gibt es auch eine Transposition für Matrizen. Bei der Matrixtransposition werden die Einträge der Matrix an der Hauptdiagonalen der Matrix gespiegelt. Ist eine Matrix $A = (a_{ij})$ gegeben, so ist die transponierte Matrix A^T gegeben durch $A^T = (a_{ji})$.

Beispiel 5.3

$$A = \begin{pmatrix} 1 & -4 \\ 0{,}38 & -2{,}7 \end{pmatrix} \in \mathbb{R}^{2 \times 2} \quad \Longrightarrow \quad A^T = \begin{pmatrix} -1 & 0{,}38 \\ -4 & -2{,}7 \end{pmatrix} \tag{5.7}$$

Das heißt, für eine beliebige 2 × 2–Matrix A gilt stets:

$$A = \begin{pmatrix} a & b \\ c & d \end{pmatrix} \quad \Longrightarrow \quad A^T = \begin{pmatrix} a & c \\ b & d \end{pmatrix} \tag{5.8}$$

Wir möchten betonen, dass Angaben wie $\in \mathbb{R}^{2 \times 2}$ in Gl. 5.7 nicht immer dazugeschrieben werden müssen. Es handelt sich vielmehr um eine zusätzliche Information, die dem Leser sagen soll, dass es sich bei der vorliegenden Matrix um eine Matrix mit zwei Zeilen und zwei Spalten handelt, deren Einträge reelle Zahlen sind. In diesem vorliegenden Beispiel würde man das aus Gewohnheit vermutlich direkt annehmen. Man gerät jedoch schnell in Situationen, in denen man für solche ergänzende Informationen sehr dankbar ist. □

Beispiel 5.4

Interessanter ist die Matrixtransposition für nicht quadratische Matrizen. Wir betrachten eine 2×3-Matrix A und bestimmen ihre Transponierte:

$$A = \begin{pmatrix} 1 & 2 & 3 \\ 4 & 5 & 6 \end{pmatrix} \in \mathbb{R}^{2 \times 3} \implies A^T = \begin{pmatrix} 1 & 4 \\ 2 & 5 \\ 3 & 6 \end{pmatrix} \in \mathbb{R}^{3 \times 2}.$$

Wir erkennen zum einen, dass die Matrixtransposition eine sehr einfache mechanische Sache ist. Man nimmt gerade die Zeilen der Ausgangsmatrix und schreibt diese als Spalten der neuen Matrix auf. Zum anderen erkennen wir, dass eine $m \times n$-Matrix A transponiert eine neue Matrix A^T der Größe $n \times m$ ergibt. □

5.3.4 Rechnen mit Matrizen

Mit Matrizen kann man rechnen wie mit gewöhnlichen Zahlen auch. Dabei muss man aber manchmal ein paar Dinge zusätzlich beachten, auf die wir im Folgenden eingehen werden. Wichtig ist dabei, dass die Matrizen, mit denen wir rechnen möchten, entweder die gleiche Größe haben oder zumindest gewisse Bedingungen erfüllen müssen, die wir an den entsprechenden Stellen vermerken.

- **Addition:** Zwei beliebige Matrizen $A, B \in \mathbb{R}^{m \times n}$, also $A = (a_{ij})$ und $B = (b_{ij})$, sollen addiert werden. Dann gilt: $A + B = C = (c_{ij})$, wobei $c_{ij} = a_{ij} + b_{ij}$. Das heißt, man addiert zwei Matrizen gleicher Größe, indem man alle Einträge komponentenweise addiert.
- **Subtraktion:** Hier gilt fast das Gleiche wie bei der Addition. Man benötigt wieder zwei gleich große Matrizen $A, B \in \mathbb{R}^{m \times n}$, also $A = (a_{ij})$ und $B = (b_{ij})$, und kann diese voneinander abziehen, indem man komponentenweise die Differenz bildet:

$$A - B = C = (c_{ij}), \text{ wobei } c_{ij} = a_{ij} - b_{ij}.$$

- **skalare Multiplikation:** Wir können eine beliebige Matrix $A \in \mathbb{R}^{m \times n}$ mit einer beliebigen reellen Zahl $c \in \mathbb{R}$ (einem Skalar) multiplizieren, indem wir jeden Eintrag der Matrix mit dieser Zahl multiplizieren. Es gilt $c \cdot A = C$ mit $C = (c \cdot a_{ij})$.

Beispiel 5.5

Diese Rechenregeln demonstrieren wir nun an den folgenden Beispielen.

- Addition: Es sei $A = \begin{pmatrix} 1 & 3 \\ -2 & 5 \end{pmatrix} \in \mathbb{R}^{2 \times 2}$ und $B = \begin{pmatrix} 2 & 1 \\ -1 & 1 \end{pmatrix} \in \mathbb{R}^{2 \times 2}$. Dann ist die Summe dieser beiden Matrizen gegeben durch:

5.3 Matrizen und Vektoren

$$A + B = \begin{pmatrix} 1 & 3 \\ -2 & 5 \end{pmatrix} + \begin{pmatrix} 2 & 1 \\ -1 & 1 \end{pmatrix} = \begin{pmatrix} 1+2 & 3+1 \\ -2+(-1) & 5+1 \end{pmatrix} = \begin{pmatrix} 3 & 4 \\ -3 & 6 \end{pmatrix} \in \mathbb{R}^{2 \times 2}.$$

- Subtraktion: Mit den zwei Matrizen A und B aus dem obigen Beispiel erhält man analog:

$$A - B = \begin{pmatrix} 1 & 3 \\ -2 & 5 \end{pmatrix} - \begin{pmatrix} 2 & 1 \\ -1 & 1 \end{pmatrix} = \begin{pmatrix} 1-2 & 3-1 \\ -2-(-1) & 5-1 \end{pmatrix} = \begin{pmatrix} -1 & 2 \\ -1 & 4 \end{pmatrix} \in \mathbb{R}^{2 \times 2}.$$

- skalare Multiplikation: Für $c = 2 \in \mathbb{R}$ und die gleiche Matrix A erhalten wir:

$$2 \cdot A = 2 \cdot \begin{pmatrix} 1 & 3 \\ -2 & 5 \end{pmatrix} = \begin{pmatrix} 2 \cdot 1 & 2 \cdot 3 \\ 2 \cdot (-2) & 2 \cdot 5 \end{pmatrix} = \begin{pmatrix} 2 & 6 \\ -4 & 10 \end{pmatrix}.$$

$\square$

5.3.5 Vektor–Matrix–Multiplikation

Wir können einen Vektor von rechts an eine Matrix multiplizieren, wenn er genau so viele Einträge hat wie die Matrix Spalten. Dafür sei $A \in \mathbb{R}^{m \times n}$ eine beliebige $m \times n$–Matrix und $\mathbf{x} \in \mathbb{R}^n$ ein beliebiger Vektor mit n Einträgen.

Vektor–Matrix–Multiplikation

$$A \cdot \mathbf{x} = \mathbf{b} = \begin{pmatrix} \sum_{j=1}^{n} a_{1j} \cdot x_j \\ \sum_{j=1}^{n} a_{2j} \cdot x_j \\ \vdots \\ \sum_{j=1}^{n} a_{mj} \cdot x_j \end{pmatrix} \in \mathbb{R}^m$$

Das Ergebnis von $A \cdot \mathbf{x}$ ist wieder ein Vektor $\mathbf{b}$ mit m Komponenten, für den gilt: $b_i = \sum_{i=1}^{n} a_{ij} \cdot x_j$ für alle $i = 1, 2, 3, \ldots, m$.

Beispiel 5.6

$$\underbrace{\begin{pmatrix} 2 & -1 \\ 3 & 5 \\ -2 & 2 \end{pmatrix}}_{=A} \cdot \underbrace{\begin{pmatrix} 3 \\ 2 \end{pmatrix}}_{=\mathbf{x}} = \begin{pmatrix} 3 \cdot 2 + 2 \cdot (-1) \\ 3 \cdot 3 + 2 \cdot 5 \\ 3 \cdot (-2) + 2 \cdot 2 \end{pmatrix} = \underbrace{\begin{pmatrix} 4 \\ 19 \\ -2 \end{pmatrix}}_{=\mathbf{b}} \in \mathbb{R}^3$$

Die Vektor–Matrix–Multiplikation kann man ebenfalls durch ein Umklappen des Spaltenvektors auf jede Zeile der Matrix A veranschaulichen. Wenn man den Spaltenvektor $\mathbf{x}$ um 90° gegen den Uhrzeigersinn dreht und diesen dann auf jede Zeile der Matrix A klappt, so erhält man die Einträge des Ergebnisvektors $\mathbf{b}$, wenn man die Einträge

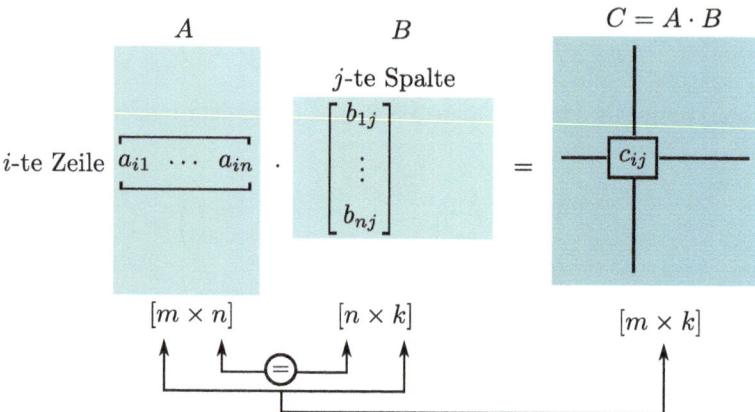

Abb. 5.1 Schematische Veranschaulichung der Matrixmultiplikation. Zwei Matrizen können immer genau dann multipliziert werden, wenn die Anzahl der Spalten der linken Matrix gleich der Anzahl der Zeilen der rechten Matrix ist, also hier $n = n$. Multipliziert man eine $m \times n$–Matrix mit einer $n \times k$–Matrix, so ist das Ergebnis stets eine Matrix der Größe $m \times k$

jeder Zeile komponentenweise mit den Vektoreinträgen multipliziert und dann aufsummiert. □

5.3.6 Matrixmultiplikation

Eine wichtige Operation ist die Matrixmultiplikation, die etwas mehr Erklärung bedarf. Man kann zum einen nicht beliebige Matrizen miteinander multiplizieren und außerdem spielt bei der Matrixmultiplikation die Reihenfolge der Matrizen eine wichtige Rolle. Man kann zwei Matrizen A und B genau dann miteinander multiplizieren, also das Produkt $C = A \cdot B$ bilden, wenn der linke Faktor (also hier A) genau so viele Spalten hat wie die rechts stehende Matrix (hier B) Zeilen, also wenn für beliebige m, n und $k \in \mathbb{N}$ gilt: $A \in \mathbb{R}^{m \times n}$ und $B \in \mathbb{R}^{n \times k}$ (s. Abb. 5.1). Erfüllen zwei Matrizen A, B diese Voraussetzung, so können wir ihr Produkt $C = A \cdot B$ bestimmen und es gilt $C = (c_{ij})$ mit:

$$c_{ij} = \sum_{l=1}^{n} a_{il} b_{lj} \quad \text{für alle } 1 \leq i \leq m,\ 1 \leq j \leq k. \tag{5.9}$$

Beispiel 5.7

Wir führen eine Matrixmultiplikation für $A = \begin{pmatrix} 1 & 3 \\ -2 & 5 \end{pmatrix} \in \mathbb{R}^{2 \times 2}$ und $B = \begin{pmatrix} 2 & 1 \\ -1 & 1 \end{pmatrix} \in \mathbb{R}^{2 \times 2}$ durch:

5.3 Matrizen und Vektoren

$$A \cdot B = \begin{pmatrix} 1 & 3 \\ -2 & 5 \end{pmatrix} \cdot \begin{pmatrix} 2 & 1 \\ -1 & 1 \end{pmatrix} = \begin{pmatrix} 1\cdot 2 + 3\cdot(-1) & 1\cdot 1 + 3\cdot 1 \\ -2\cdot 2 + 5\cdot(-1) & -2\cdot 1 + 5\cdot 1 \end{pmatrix} =$$

$$= \begin{pmatrix} 2-3 & 1+3 \\ -4-5 & -2+5 \end{pmatrix} = \begin{pmatrix} -1 & 4 \\ -9 & 3 \end{pmatrix}.$$

Ähnlich wie schon bei der Vektor–Matrix–Multiplikation kann man sich die Rechenvorschrift für die Matrix–Matrix–Multiplikation einprägen, indem man die Spalten der rechten Matrix umklappt und auf alle Zeilen der links stehenden Matrix anwendet. Dies funktioniert dann ganz mechanisch. Der i–j-te Eintrag der Ergebnismatrix entsteht dann gerade, indem man die j-te Spalte der rechten Matrix auf die i-te Zeile der linken Matrix klappt und komponentenweise die Einträge miteinander multipliziert und aufsummiert. Das ist genau, was Gl. 5.9 als Formel ausdrückt. Hieran erkennen wir, dass wir die Vektor–Matrix–Multiplikation als Spezialfall der Matrix–Matrix–Multiplikation verstehen können, indem wir n-komponentige Vektoren als $n \times 1$-Matrizen auffassen. Diese Vereinheitlichung betont die Bedeutung von Matrizen, da wir Vektoren einfach als spezielle Matrizen auffassen können. □

Beispiel 5.8

Um etwas Erfahrung zu sammeln, schauen wir uns ein zweites Beispiel mit einer nicht quadratischen Matrix an: Wie nehmen zum einen $A = \begin{pmatrix} 1 & 4 \\ 2 & 5 \\ 3 & 6 \end{pmatrix} \in \mathbb{R}^{3\times 2}$ und $B = \begin{pmatrix} 1 & 0 \\ 2 & 3 \end{pmatrix} \in \mathbb{R}^{2\times 2}$ und möchten $A \cdot B$ berechnen. Wir halten fest, dass $A \cdot B$ in der Tat berechnet werden kann, da A zwei Spalten und B zwei Zeilen hat. Umgekehrt kann $B \cdot A$ nicht berechnet werden, da die Anzahl der Spalten von B ungleich der Anzahl der Zeilen von A ist ($2 \neq 3$).

$$A \cdot B = \begin{pmatrix} 1 & 4 \\ 2 & 5 \\ 3 & 6 \end{pmatrix} \cdot \begin{pmatrix} 1 & 0 \\ 2 & 3 \end{pmatrix} = \begin{pmatrix} 1\cdot 1 + 4\cdot 2 & 1\cdot 0 + 4\cdot 3 \\ 2\cdot 1 + 5\cdot 2 & 2\cdot 0 + 5\cdot 3 \\ 3\cdot 1 + 6\cdot 2 & 3\cdot 0 + 6\cdot 3 \end{pmatrix} =$$

$$= \begin{pmatrix} 1+8 & 0+12 \\ 2+10 & 0+15 \\ 3+12 & 0+18 \end{pmatrix} = \begin{pmatrix} 9 & 12 \\ 12 & 15 \\ 15 & 18 \end{pmatrix}$$

□

Beispiel 5.9

Abschließend möchten wir noch einen wichtigen Unterschied zur gewöhnlichen Multiplikation aufzeigen. Für zwei Matrizen spielt die Reihenfolge, in der man sie multipliziert, im Gegensatz zu gewöhnlichen Zahlen, eine Rolle. Während für zwei reelle Zahlen $a, b \in \mathbb{R}$ ganz selbstverständlich $a \cdot b = b \cdot a$ gilt, so gilt für Matrizen $A, B \in \mathbb{R}^{n \times n}$ im Allgemeinen $A \cdot B \neq B \cdot A$. Wir veranschaulichen diese Besonderheit anhand von $A = \begin{pmatrix} 0 & 1 \\ 0 & 0 \end{pmatrix}$ und $B = \begin{pmatrix} 1 & 0 \\ 0 & 0 \end{pmatrix}$. Da beide Matrizen quadratisch sind, kann sowohl $A \cdot B$ als auch $B \cdot A$ berechnet werden, jedoch ist das Ergebnis unterschiedlich:

$$A \cdot B = \begin{pmatrix} 0 & 1 \\ 0 & 0 \end{pmatrix} \cdot \begin{pmatrix} 1 & 0 \\ 0 & 0 \end{pmatrix} = \begin{pmatrix} 0 & 0 \\ 0 & 0 \end{pmatrix} \neq \begin{pmatrix} 0 & 1 \\ 0 & 0 \end{pmatrix} = \begin{pmatrix} 1 & 0 \\ 0 & 0 \end{pmatrix} \cdot \begin{pmatrix} 0 & 1 \\ 0 & 0 \end{pmatrix} = B \cdot A.$$

Eine weitere Eigenschaft der Matrixmultiplikation ist wichtig, sobald man mehr als zwei Matrizen multiplizieren möchte. Ähnlich wie bei der Multiplikation von reellen Zahlen, ist die Matrixmultiplikation **assoziativ**. Darunter versteht man genau das Folgende: Wenn wir aus drei Matrizen A, B und C das Produkt $A \cdot B \cdot C$ bilden wollen, dann ist es egal, ob wir erst A und B multiplizieren und dann von rechts mit C multiplizieren oder ob wir zuerst $B \cdot C$ berechnen und dann von links mit A multiplizieren. Es gilt:

$$(A \cdot B) \cdot C = A \cdot (B \cdot C) = A \cdot B \cdot C.$$

Wo welche Matrix steht, ist fundamental, jedoch nicht die Reihenfolge welches Matrixprodukt wir als erstes berechnen. Diese Eigenschaft wird als **Assoziativität der Matrixmultiplikation** bezeichnet. □

5.4 Lösen von LGS

Nachdem wir nun unseren Werkzeugkasten erfolgreich um die Vektor und Matrixrechnung erweitert haben, greifen wir unser Ausgangsproblem wieder auf. Wie brauchen einen systematischen Weg zum Lösen allgemeiner linearer Gleichungssysteme. Im ersten Schritt übertragen wir hierfür ein allgemeines System mit m Gleichungen in n Unbekannten in die Matrix–Vektor–Schreibweise. Ein allgemeines System haben wir in Gl. 5.4 auf S. 139 in geordneter Form bereits beschrieben. Wir führen die folgenden neuen Bezeichnungen ein:

$$A := \begin{pmatrix} a_{11} & \cdots & a_{1n} \\ \vdots & \ddots & \vdots \\ a_{m1} & \cdots & a_{mn} \end{pmatrix} = \text{Koeffizientenmatrix}$$

5.4 Lösen von LGS

$$\mathbf{x} := \begin{pmatrix} x_1 \\ \vdots \\ x_n \end{pmatrix} = \text{Lösungsvektor}$$

$$\mathbf{b} := \begin{pmatrix} b_1 \\ \vdots \\ b_m \end{pmatrix} = \text{„rechte Seite"}$$

$$\left(\begin{array}{ccc|c} a_{11} & \cdots & a_{1n} & b_1 \\ \vdots & \ddots & \vdots & \vdots \\ a_{m1} & \cdots & a_{mn} & b_m \end{array} \right) = \text{erweiterte Koeffizientenmatrix}.$$

Wenn wir jetzt die erlernten Rechenregeln für Matrizen und Vektoren anwenden, sehen wir, dass:

$$A \cdot \mathbf{x} = \begin{pmatrix} a_{11} \cdot x_1 + \cdots + a_{1n} \cdot x_n \\ \vdots \\ a_{m1} \cdot x_1 + \cdots + a_{mn} \cdot x_n \end{pmatrix} = \begin{pmatrix} b_1 \\ \vdots \\ b_m \end{pmatrix} = \mathbf{b}$$

nichts anderes ist als die vektorielle Form von Gl. 5.4 auf S. 139.

> **LGS**
>
> Ein lineares Gleichungssystem aus m Gleichungen in n Unbekannten kann ausgedrückt werden in der Form
>
> $$A \cdot \mathbf{x} = \mathbf{b},$$
>
> wobei A eine $m \times n$–Matrix darstellt und $\mathbf{x} = (x_1, \ldots, x_n)^T \in \mathbb{R}^n$ eine Lösung des LGS ist, genau dann wenn $\mathbf{x}$ die Gleichung $A \cdot \mathbf{x} = \mathbf{b}$ erfüllt. Die Menge aller Lösungsvektoren bezeichnet man als Lösungsmenge des LGS und schreibt dafür
>
> $$\mathbb{L} = \{\mathbf{x} \in \mathbb{R}^n \mid A \cdot \mathbf{x} = \mathbf{b}\}.$$
>
> - ist $\mathbf{b} = \mathbf{0}_V$ (Nullvektor), so beschreibt $A \cdot \mathbf{x} = \mathbf{0}_V$ ein **homogenes** LGS
> - ist hingegen $\mathbf{b} \neq \mathbf{0}_V$, so nennen wir das LGS **inhomogen**

Wenn wir jetzt unser Eingangsbeispiel wieder aufgreifen, so können wir das LGS in Gl. 5.2 auf S. 137, bestehend aus zwei Gleichungen in den zwei Unbekannten x und y, wie folgt in eine vektorielle Form überführen:

$$\underbrace{\begin{pmatrix} 0{,}1 & 0{,}2 \\ 0{,}2 & 0{,}05 \end{pmatrix}}_{A} \cdot \underbrace{\begin{pmatrix} x \\ y \end{pmatrix}}_{\mathbf{x}} = \underbrace{\begin{pmatrix} 30 \\ 25 \end{pmatrix}}_{\mathbf{b}}.$$

5.4.1 Gaußverfahren

Der nächste Abschnitt erklärt ein verbreitetes Verfahren zur Bestimmung der Lösungsmenge linearer Gleichungssysteme: das Gaußverfahren. Für das Gaußverfahren überführen wir, wie oben beschrieben, ein LGS in die vektorielle Schreibweise und schreiben als Ausgangspunkt die erweiterte Koeffizientenmatrix des Systems auf. Das Ziel des Gaußverfahrens ist es nun, so lange Zeilenumformungen auf dieser Matrix durchzuführen, bis wir die Lösung ablesen können. Dafür müssen wir zunächst klären, was wir unter Zeilenumformungen verstehen.

> **Zeilenumformungen**
> Die folgende Auflistung enthält Zeilenumformungen, deren Durchführung auf der erweiterten Koeffizientenmatrix die Lösungsmenge eines LGS nicht verändert, also für unsere Aufgabe erlaubt sind.
> - Typ I: Vertauschen von Zeilen
> - Typ II: Multiplikation einer Zeile mit einer Konstante $c \in \mathbb{R}$, $c \neq 0$
> - Typ III: Addition des c–Fachen einer Zeile zu einer anderen Zeile ($c \in \mathbb{R}$)

Ziel des Gaußverfahrens ist es, durch geschickte und wiederholte Anwendung der oben beschriebenen Operationen ein LGS so weit umzuformen, bis uns die Lösung in einfacher Gestalt präsentiert wird. Es ist hierbei wichtig zu betonen, dass diese hier zulässigen Operationen gerade so gewählt wurden, dass sich die Lösung dadurch nie verändert.

> **Gaußverfahren**
> Ausgangspunkt für das Gaußverfahren ist die erweiterte Koeffizientenmatrix eines LGS.
> 1. Wir fangen mit der ersten Spalte an und vertauschen so lange Zeilen, bis oben links ein Eintrag (**Pivotelement**) ungleich 0 steht. Durch sukzessive Anwendung von Zeilenumformungen des Typs I–III eliminieren wir alle Einträge unterhalb dieses Pivotelements.
> 2. In gleicher Weise verfahren wir mit der zweiten Spalte, indem wir hier dafür sorgen, dass alle Einträge unterhalb des 2. Eintrags durch Anwenden von entsprechenden Zeilenumformungen null werden. Dies führt man für alle weiteren Spalten von links nach rechts gehend so lange fort, bis man die vorletzte Spalte erreicht. Die dadurch entstehende Form der Matrix nennt man **Zeilen-Stufen-Form** der erweiterten Koeffizientenmatrix.
> 3. Aus dieser Zeilen-Stufen-Form kann man ablesen, ob eine Lösung existiert, und eine Parametrisierung der Lösungsmenge angeben. Eventuell auftretende Nullzeilen bringt man durch Zeilenvertauschungen nach unten.

5.4 Lösen von LGS

Bei diesem Lösungsverfahren können mehrere Spezialfälle auftreten, die man am schnellsten erkennt, wenn man bereits einige Erfahrung mit dieser Lösungsmethode gewonnen hat. Deswegen wollen wir das Gaußverfahren gleich auf unser Eingangsbeispiel anwenden. Wir geben dabei die Zeilenoperationen, die wir in jedem Schritt durchführen, explizit an und zeigen, wie man die gesuchte Lösungsmenge aufstellt.

Beispiel 5.10

Wir nehmen uns ein LGS mit drei Gleichungen in drei Unbekannten vor.

$$x - 7y + 5z = 0 \quad \text{(I)}$$
$$-x + 4z = 2 \quad \text{(II)}$$
$$-2x + y + 4z = 1 \quad \text{(III)}$$

Die erweiterte Koeffzientenmatrix unseres Eingangsbeispiels lautet:

$$\begin{pmatrix} 1 & -7 & 5 & | & 0 \\ -1 & 0 & 4 & | & 2 \\ -2 & 1 & 4 & | & 1 \end{pmatrix} \begin{matrix} \\ \text{II}+\text{I} \\ \text{III}+2\cdot\text{I} \end{matrix}$$

$$\rightsquigarrow \begin{pmatrix} 1 & -7 & 5 & | & 0 \\ (-1)+1 & 0+(-7) & 4+5 & | & 2+0 \\ (-2)+2\cdot 1 & 1+2\cdot(-7) & 4+2\cdot 4 & | & 1+2\cdot 0 \end{pmatrix} = \begin{pmatrix} 1 & -7 & 5 & | & 0 \\ 0 & -7 & 9 & | & 2 \\ 0 & -13 & 14 & | & 1 \end{pmatrix}$$

Der linke obere Eintrag (unser erstes Pivotelement) ist hier 1 (also ungleich 0). Dann können wir damit beginnen die Einträge unterhalb dieser 1 zu eliminieren. Das erreicht man, indem man die beiden rechts neben der Matrix angegebenen Zeilenoperationen ausführt. Zum einen addieren wir die erste Zeile auf die zweite Zeile (II + I) und als zweiten Schritt addieren wir das Zweifache der ersten Zeile zur dritten Zeile (III + 2 · I). Diese beiden Zeilenoperationen vom Typ III erzeugen in der ersten Spalte die gewünschten Nullen und überführen unsere erweiterte Koeffizientenmatrix in die neue Form auf der rechten Seite. Nun widmen wir uns der zweiten Spalte. Wir führen die Zeilenumformung 7 · III − 13 · II durch, ziehen also vom Siebenfachen der dritten Zeile das 13-Fache der zweiten Zeile ab.

$$\begin{pmatrix} 1 & -7 & 5 & | & 0 \\ 0 & -7 & 9 & | & 2 \\ 0 & -13 & 14 & | & 1 \end{pmatrix} \begin{matrix} \\ \\ 7\cdot\text{III} - 13\cdot\text{II} \end{matrix} \rightsquigarrow \begin{pmatrix} 1 & -7 & 5 & | & 0 \\ 0 & -7 & 9 & | & 2 \\ 0 & 0 & -19 & | & -19 \end{pmatrix} \begin{matrix} \\ \\ |\cdot\frac{1}{19} \end{matrix} \rightsquigarrow \begin{pmatrix} 1 & -7 & 5 & | & 0 \\ 0 & -7 & 9 & | & 2 \\ 0 & 0 & 1 & | & 1 \end{pmatrix}$$

An diesem Punkt bricht das Verfahren ab, da wir unterhalb der Diagonalen (von oben links nach unten rechts gehend) überall Nullen erzeugt haben. Wir erhalten die gewünschte Treppenform, die in unserem Fall sogar eine Dreiecksform ist (da wir eine quadratische Matrix untersuchen). Durch die folgenden weiteren Zeilenoperationen (diesmal von unten nach oben arbeitend) können wir direkt die Lösungsmenge ablesen.

Dieses Vorgehen entspricht einer Rücksubstitution, was einigen vielleicht noch ein Begriff ist. Falls möglich versuchen wir, in einem ähnlichen Vorgehen oberhalb der Diagonalen ebenfalls Nullen zu erzeugen.

$$\begin{pmatrix} 1 & -7 & 5 & | & 0 \\ 0 & -7 & 9 & | & 2 \\ 0 & 0 & 1 & | & 1 \end{pmatrix} \text{II} - 9 \cdot \text{III} \rightsquigarrow \begin{pmatrix} 1 & -7 & 5 & | & 0 \\ 0 & -7 & 0 & | & -7 \\ 0 & 0 & 1 & | & 1 \end{pmatrix} \begin{matrix} \text{I} - \text{II} \\ | \cdot -\frac{1}{7} \end{matrix} \rightsquigarrow$$

$$\rightsquigarrow \begin{pmatrix} 1 & 0 & 5 & | & 7 \\ 0 & 1 & 0 & | & 1 \\ 0 & 0 & 1 & | & 1 \end{pmatrix} \begin{matrix} \text{I} - 5 \cdot \text{III} \end{matrix} \rightsquigarrow \begin{pmatrix} 1 & 0 & 0 & | & 2 \\ 0 & 1 & 0 & | & 1 \\ 0 & 0 & 1 & | & 1 \end{pmatrix}$$

Explizit ausgeschrieben entspricht die letzte erweiterte Koeffizientenmatrix gerade folgenden Gleichungen:

$$1 \cdot x + 0 \cdot y + 0 \cdot z = 2$$
$$0 \cdot x + 1 \cdot y + 0 \cdot z = 1$$
$$0 \cdot x + 0 \cdot y + 1 \cdot z = 1.$$

Wir konnten durch weitere Zeilenumformungen das Gaußsystem in Diagonalform überführen (das ist genau dann der Fall, wenn alle Einträge außer den Diagonaleinträgen null sind). Im allerletzten Schritt wurde explizit ausgeschrieben, was die erweiterte Koeffizientenmatrix in diesem Schritt ausdrückt. Man erkennt leicht, dass aus dieser Form der gesuchte Lösungsvektor direkt ablesbar ist. Wir erhalten $\mathbf{x} = (2\ 1\ 1)^T$. Damit lässt sich die gesuchte Lösungsmenge angeben:

$$\mathbb{L} = \left\{ \mathbf{x} = \begin{pmatrix} x \\ y \\ z \end{pmatrix} = \begin{pmatrix} 2 \\ 1 \\ 1 \end{pmatrix} \in \mathbb{R}^3 \right\}.$$

Da in diesem Fall eine eindeutige Lösung gefunden werden konnte, enthält die Lösungsmenge genau diesen einen Lösungsvektor. □

Beispiel 5.11

Um zumindest einen weiteren der vielen möglichen Fälle, die auftreten können, abzudecken, betrachten wir ein weiteres Beispiel:

$$\begin{pmatrix} 2 & 5 & 4 \\ \frac{4}{3} & 2 & \frac{8}{3} \\ -1 & -2 & -2 \end{pmatrix} \cdot \begin{pmatrix} x \\ y \\ z \end{pmatrix} = \begin{pmatrix} 5 \\ 2 \\ -2 \end{pmatrix}.$$

Wir stellen als erstes die erweiterte Koeffizientenmatrix auf:

5.4 Lösen von LGS

$$\begin{pmatrix} 2 & 5 & 4 & | & 5 \\ \frac{4}{3} & 2 & \frac{8}{3} & | & 2 \\ -1 & -2 & -2 & | & -2 \end{pmatrix}.$$

Wir beginnen erneut mit dem Gaußverfahren und versuchen in der ersten Spalte Nullen im zweiten und dritten Eintrag zu erzeugen:

$$\begin{pmatrix} 2 & 5 & 4 & | & 5 \\ \frac{4}{3} & 2 & \frac{8}{3} & | & 2 \\ -1 & -2 & -2 & | & -2 \end{pmatrix} \begin{matrix} \\ \frac{3}{2} \cdot \text{II} - \text{I} \\ 2 \cdot \text{III} + \text{I} \end{matrix} \leadsto \begin{pmatrix} 2 & 5 & 4 & | & 5 \\ \frac{3}{2} \cdot \frac{4}{3} - 2 & \frac{3}{2} \cdot 2 - 5 & \frac{3}{2} \cdot \frac{8}{3} - 4 & | & \frac{3}{2} \cdot 2 - 5 \\ 2 \cdot (-1) + 2 & 2 \cdot (-2) + 5 & 2 \cdot (-2) + 4 & | & 2 \cdot (-2) + 5 \end{pmatrix} = $$

$$= \begin{pmatrix} 2 & 5 & 4 & | & 5 \\ 0 & -2 & 0 & | & -2 \\ 0 & 1 & 0 & | & 1 \end{pmatrix} \begin{matrix} \\ |\cdot(-\frac{1}{2}) \\ 2 \cdot \text{III} + \text{II} \end{matrix} \leadsto \begin{pmatrix} 2 & 5 & 4 & | & 5 \\ 0 \cdot (-\frac{1}{2}) & -2 \cdot (-\frac{1}{2}) & 0 \cdot (-\frac{1}{2}) & | & -2 \cdot (-\frac{1}{2}) \\ 2 \cdot 0 + 0 & 2 \cdot 1 + (-2) & 2 \cdot 0 + 0 & | & 2 \cdot 1 + (-2) \end{pmatrix} =$$

$$= \begin{pmatrix} 2 & 5 & 4 & | & 5 \\ 0 & 1 & 0 & | & 1 \\ 0 & 0 & 0 & | & 0 \end{pmatrix} \begin{matrix} \text{I} - 5 \cdot \text{II} \\ \\ \end{matrix} \leadsto \begin{pmatrix} 2 - 5 \cdot 0 & 5 - 5 \cdot 1 & 4 - 5 \cdot 0 & | & 5 - 5 \cdot 1 \\ 0 & 1 & 0 & | & 1 \\ 0 & 0 & 0 & | & 0 \end{pmatrix} =$$

$$= \begin{pmatrix} 2 & 0 & 4 & | & 0 \\ 0 & 1 & 0 & | & 1 \\ 0 & 0 & 0 & | & 0 \end{pmatrix} \begin{matrix} |\cdot\frac{1}{2} \\ \\ \end{matrix} \leadsto \begin{pmatrix} 2 \cdot \frac{1}{2} & 0 \cdot \frac{1}{2} & 4 \cdot \frac{1}{2} & | & 0 \cdot \frac{1}{2} \\ 0 & 1 & 0 & | & 1 \\ 0 & 0 & 0 & | & 0 \end{pmatrix} = \begin{pmatrix} 1 & 0 & 2 & | & 0 \\ 0 & 1 & 0 & | & 1 \\ 0 & 0 & 0 & | & 0 \end{pmatrix}.$$

Explizit ausgeschrieben können wir das letzte System auch schreiben als:

$$x = 0 + -2 \cdot z$$
$$y = 1 + 0 \cdot z$$
$$z = 0 + 1 \cdot z.$$

In diesem Fall ist in der dritten Zeile eine Nullzeile aufgetreten. Das bedeutet, dass die Lösung nicht eindeutig ist und wir deswegen eine Form finden müssen, die möglichen Lösungen zu beschreiben. Hierfür führt man frei wählbare Parameter ein, in deren Abhängigkeit die Lösung angegeben wird. Da hier eine Nullzeile vorliegt, haben wir einen frei wählbaren Parameter zur Verfügung. Wir entscheiden uns hier für $r := z$ als freien Parameter. Dieser erlaubt uns die Lösung in Abhängigkeit von r zu parametrisieren. r kann jede beliebige reelle Zahl annehmen. Das heißt, das LGS hat in diesem Fall unendlich viele Lösungen, $y = 1$, während x und z in gegenseitiger Abhängigkeit voneinander unendliche viele Werte annehmen können. Ein Lösungsvektor $\mathbf{x}$ ist also von der Form:

$$\mathbf{x} = \begin{pmatrix} x \\ y \\ z \end{pmatrix} = \begin{pmatrix} -2r \\ 1 \\ r \end{pmatrix} = \begin{pmatrix} 0 \\ 1 \\ 0 \end{pmatrix} + r \cdot \begin{pmatrix} -2 \\ 0 \\ 1 \end{pmatrix}; \; r \in \mathbb{R},$$

sodass die Lösungsmenge die Menge aller Vektoren dieser Form ist:

$$\mathbb{L} = \left\{ \mathbf{x} = \begin{pmatrix} 0 \\ 1 \\ 0 \end{pmatrix} + r \cdot \begin{pmatrix} -2 \\ 0 \\ 1 \end{pmatrix} \in \mathbb{R}^3 \;\middle|\; r \in \mathbb{R} \right\}.$$

Geometrisch betrachtet stellt die Form des Lösungsvektors **x** eine Geradengleichung mit Stützvektor und Richtungsvektor dar. Da wir einen unabhängigen freien Parameter (hier r) vorliegen haben, spricht man auch von einem eindimensionalen Lösungsraum. Das ergibt Sinn, da eine Gerade ein eindimensionales Objekt in einem (hier) dreidimensionalen Raum ($\mathbb{R}^3$) ist. □

Bemerkung zu Nullzeilen: Das Auftreten einer Nullzeile im obigen Beispiel hat dazu geführt, dass wir einen eindimensionalen Lösungsraum gefunden haben. Sofern kein Widerspruch auftritt und somit eine Lösung für das LGS existiert, entspricht die Anzahl der auftretenden Nullzeilen exakt der Anzahl der frei wählbaren Parameter und damit exakt der Dimension des Lösungsraums.

Liegt eine Matrix nach angewandtem Gaußverfahren in ihrer entsprechenden Zeilen–Stufen–Form vor, so nennt man die Anzahl der Zeilen, die nicht gleich einer Nullzeile sind, den Rang einer Matrix. Der Rang ist eine Kenngröße, die der Charakterisierung von Matrizen dient. Kennt man ihn, so kann man daraus oftmals wichtige Eigenschaften einer Matrix ableiten.

Beispiel 5.12

Bisher konnten wir für alle Gleichungssysteme eine Lösung bestimmen. Der Fall, dass ein LGS keine Lösung besitzt, ist sehr einfach zu erkennen. Wir betrachten das LGS:

$$\begin{pmatrix} 4 & 2 & | & 3 \\ 2 & 1 & | & 1 \end{pmatrix} \begin{array}{c} \\ 2 \cdot \text{II} - \text{I} \end{array} \rightsquigarrow \begin{pmatrix} 4 & 2 & | & 3 \\ 0 & 0 & | & -1 \end{pmatrix}.$$

In der letzten Zeile des zweiten Gaußsystems finden wir die Gleichung $0 \cdot x + 0 \cdot y = -1$ vor. Diese Gleichung kann für keine $x, y \in \mathbb{R}$ erfüllt werden. Aufgrund dieses Widerspruchs ist die Lösungsmenge leer: $\mathbb{L} = \{\} = \emptyset$. Sobald eine Nullzeile in der normalen Koeffizientenmatrix auftritt, deren rechte Seite ungleich null ist, dann ist diese Gleichung nicht lösbar und damit die Lösungsmenge des ganzen Systems leer. □

5.4.2 Bestimmung von Inversen

Inverse Matrix

Die inverse Matrix einer gegebenen quadratischen $n \times n$–Matrix A ist eine Matrix $A^{-1} \in \mathbb{R}^{n \times n}$, für die gilt: $A \cdot A^{-1} = E_n = A^{-1} \cdot A$. Hier bezeichnet E_n die $n \times n$–

5.4 Lösen von LGS

> **Einheitsmatrix.** Das ist eine Matrix, die nur Einsen auf der Diagonalen und sonst Nullen als Einträge hat. Nicht jede quadratische Matrix hat eine inverse Matrix. Außerdem kann es Inverse nur für quadratische Matrizen geben.

In enger Verwandschaft zum Gaußalgorithmus zur Bestimmung der Lösungsmenge eines LGS gibt es auch einen Algorithmus, der dieselben Zeilenumformungen verwendet und mit dessen Hilfe man die Inverse einer Matrix A bestimmen kann, falls diese existiert. Wir erklären diesen Algorithmus zur Inversenbestimmung in der folgenden Auflistung:

1. Ähnlich dem Konzept der erweiterten Koeffizientenmatrix (s. Abschn. 5.4, S. 150) schreiben wir die Ausgangsmatrix A links von dem Trennstrich in ein Zahlenschema und rechts daneben die Einheitsmatrix gleicher Größe.
2. Wir führen so lange Zeilenumformungen von Typ I–III auf dem gesamten System durch, bis wir die Ausgangsmatrix auf der linken Seite in die Einheitsmatrix überführt haben. Ist es mit den erlaubten Zeilenumformungen nicht möglich, links eine Einheitsmatrix zu erzeugen, dann existiert für die gegebene Ausgangsmatrix keine Inverse und der Algorithmus bricht an dieser Stelle ab.
3. Sobald dies der Fall ist, ist die gleich große Matrix auf der rechten Seite gerade die inverse Matrix zu A.

Beispiel 5.13

Wir möchten die inverse Matrix von

$$A = \begin{pmatrix} 1 & -2 & -4 \\ 0 & 1 & 2 \\ 0 & 1 & 1 \end{pmatrix} \in \mathbb{R}^{3 \times 3} \tag{5.10}$$

bestimmen. Hierfür wenden wir den beschriebenen Algorithmus an und beginnen damit, das erweiterte Zahlenschema zu notieren. Bedenkt dabei, dass dadurch die rechte Hälfte mit umgeformt wird und die Nullen rechts meistens verschwinden. Der Fokus ist zunächst auf die linke Hälfte des Zahlenschemas gerichtet:

$$\begin{pmatrix} 1 & -2 & -4 & | & 1 & 0 & 0 \\ 0 & 1 & 2 & | & 0 & 1 & 0 \\ 0 & 1 & 1 & | & 0 & 0 & 1 \end{pmatrix} \begin{array}{l} \text{I}+2\cdot\text{II} \\ \\ \text{III}-\text{II} \end{array}$$

$$\rightsquigarrow \begin{pmatrix} 1+2\cdot 0 & -2+2\cdot 1 & -4+2\cdot 2 & | & 1+2\cdot 0 & 0+2\cdot 1 & 0+2\cdot 0 \\ 0 & 1 & 2 & | & 0 & 1 & 0 \\ 0-0 & 1-1 & 1-2 & | & 0-0 & 0-1 & 1-0 \end{pmatrix}$$

$$= \begin{pmatrix} 1 & 0 & 0 & | & 1 & 2 & 0 \\ 0 & 1 & 2 & | & 0 & 1 & 0 \\ 0 & 0 & -1 & | & 0 & -1 & 1 \end{pmatrix} \begin{array}{l} \\ \text{II}+2\cdot\text{III} \\ |\cdot(-1) \end{array}$$

$$\rightsquigarrow \begin{pmatrix} 1 & 0 & 0 & | & 1 & 2 & 0 \\ 0+2\cdot 0 & 1+2\cdot 0 & 2+2\cdot(-1) & | & 0+2\cdot 0 & 1+2\cdot(-1) & 0+2\cdot 1 \\ 0\cdot(-1) & 0\cdot(-1) & -1\cdot(-1) & | & 0\cdot(-1) & -1\cdot(-1) & 1\cdot(-1) \end{pmatrix}$$

$$= \begin{pmatrix} 1 & 0 & 0 & | & 1 & 2 & 0 \\ 0 & 1 & 0 & | & 0 & -1 & 2 \\ 0 & 0 & 1 & | & 0 & 1 & -1 \end{pmatrix}$$

$$\implies A^{-1} = \begin{pmatrix} 1 & 2 & 0 \\ 0 & -1 & 2 \\ 0 & 1 & -1 \end{pmatrix}.$$

Aus dem letzten Schritt können wir das gewünschte Ergebnis für A^{-1} ablesen. Es gilt:

$$A^{-1} = \begin{pmatrix} 1 & 2 & 0 \\ 0 & -1 & 2 \\ 0 & 1 & -1 \end{pmatrix} \quad \text{mit} \quad A \cdot A^{-1} = A^{-1} \cdot A = E_3 = \begin{pmatrix} 1 & 0 & 0 \\ 0 & 1 & 0 \\ 0 & 0 & 1 \end{pmatrix}.$$

Um zum Beispiel in einer Klausur zur überprüfen, ob ihr richtig gerechnet habt, empfiehlt es sich zu kontrollieren, dass $A \cdot A^{-1}$ die Einheitsmatrix ergibt. Falls nicht, dann habt ihr euch verrechnet. Wenn wir das mechanische Vorgehen bei der Inversenbestimmung nochmal genauer analysieren, dann bemerken wir, dass wir n LGS–Systeme mit dem Gaußalgorithmus parallel lösen, wobei n die Größe der Matrix ist. Anstatt nur einer rechten Seite **b** gibt es jetzt rechts vom Trennstrich n Spalten, nämlich gerade die n Spalten der $n \times n$-Einheitsmatrix. Der beschriebene Algorithmus macht nichts anderes, als diese n linearen Gleichungssysteme mit erlaubten Gaußoperationen parallel zu lösen. □

5.4.3 LGS mit der inversen Matrix lösen

Die vorgestellte Methode zum Bestimmen der Inversen einer Matrix kann auch verwendet werden, um ein LGS zu lösen. Dies beruht auf dem Gedankengang, dass, falls A invertierbar ist, also die zugehörige inverse Matrix existiert und erfolgreich bestimmt werden konnte, man diese von links auf das allgemeine LGS $A \cdot \mathbf{x} = \mathbf{b}$ anwenden kann. Als Ergebnis steht links des Gleichheitszeichens der gesuchte Lösungsvektor und rechts ist nur eine Matrixmultiplikation (s. Abschn. 5.3.6, S. 148) auszuführen:

$$A \cdot \mathbf{x} = \mathbf{b} \quad \overset{|\cdot A^{-1}}{\Longrightarrow} \quad \underbrace{A^{-1} \cdot A}_{=E_n} \cdot \mathbf{x} = A^{-1} \cdot \mathbf{b} \quad \underset{E_n \cdot \mathbf{x} = \mathbf{x}}{\Longleftrightarrow} \quad \mathbf{x} = A^{-1} \cdot \mathbf{b}.$$

5.4 Lösen von LGS

Beispiel 5.14

Angenommen wir möchten das LGS

$$\underbrace{\begin{pmatrix} 1 & -2 & -4 \\ 0 & 1 & 2 \\ 0 & 1 & 1 \end{pmatrix}}_{=:A} \cdot \begin{pmatrix} x \\ y \\ z \end{pmatrix} = \begin{pmatrix} -1 \\ 1 \\ 1 \end{pmatrix}$$

lösen. Von dieser Koeffizientenmatrix haben wir im vorherigen Beispiel bereits die Inverse ausgerechnet. Dadurch können wir den gesuchten Lösungsvektor direkt aus $\mathbf{x} = A^{-1} \cdot \mathbf{b}$ errechnen. Wir bekommen:

$$\mathbf{x} = A^{-1} \cdot \mathbf{b} = \begin{pmatrix} 1 & 2 & 0 \\ 0 & -1 & 2 \\ 0 & 1 & -1 \end{pmatrix} \cdot \begin{pmatrix} -1 \\ 1 \\ 1 \end{pmatrix} = \begin{pmatrix} 1 \cdot (-1) + & 2 \cdot 1 + & 0 \cdot 1 \\ 0 \cdot (-1) + & (-1) \cdot 1 + & 2 \cdot 1 \\ 0 \cdot (-1) + & 1 \cdot 1 + & (-1) \cdot 1 \end{pmatrix} = \begin{pmatrix} 1 \\ 1 \\ 0 \end{pmatrix},$$

und folglich

$$\mathbb{L} = \left\{ \mathbf{x} = \begin{pmatrix} 1 \\ 1 \\ 0 \end{pmatrix} \in \mathbb{R}^3 \right\}.$$

□

5.4.4 Determinanten

Um schnell Aussagen über die Lösbarkeit von linearen Gleichungssystemen oder eine Aussage über die Invertierbarkeit einer gegebenen Matrix treffen zu können, stellt die Theorie der linearen Algebra ein weiteres praktisches Werkzeug bereit, nämlich die Determinantenfunktion. Die Determinante ist eine wichtige Kenngröße, die eine Matrix charakterisiert und uns Aufschluss über die Eigenschaften einer Matrix gibt.

Die Determinantenfunktion ist dabei eine Abbildung, die jeder quadratischen $n \times n$-Matrix $A \in \mathbb{R}^{n \times n}$ eine reelle Zahl, nämlich ihre Determinante, zuordnet. Der Einfachheit halber betrachten wir zunächst nur Matrizen der Größe 2×2 und der Größe 3×3. Anschließend werden wir darauf verweisen, wie man auch von größeren Matrizen die Determinante bestimmen kann, sollte ihr je in die Verlegenheit kommen, das tun zu müssen.

Determinante

Die Determinante ist eine Abbildung, die jeder quadratischen $n \times n$-Matrix eine reelle Zahl zuordnet:

$$\det: \mathbb{R}^{n \times n} \longrightarrow \mathbb{R}$$
$$A \longmapsto \det(A) \in \mathbb{R}.$$

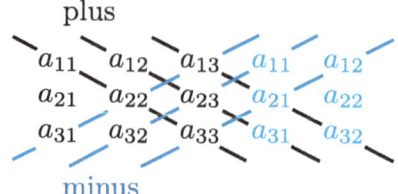

Abb. 5.2 Regel von Sarrus zur Determinantenberechnung von 3 × 3–Matrizen. Hierfür kopiert man die ersten zwei Spalten der Matrix und schreibt sie rechts neben die bestehende Matrix. Dann beschreiben die drei durchgezogenen Linien von oben links nach unten rechts die drei Summanden, die mit positivem Vorzeichen beitragen, während die drei farbigen Linien von unten links nach oben rechts für die drei negativen Terme stehen

- Für eine gegebene 2 × 2–Matrix $A = \begin{pmatrix} a & b \\ c & d \end{pmatrix}$ berechnet sich die Determinante aus:

$$\det(A) = \det \begin{pmatrix} a & b \\ c & d \end{pmatrix} = a \cdot d - b \cdot c \in \mathbb{R}.$$

- Liegt eine beliebige 3 × 3–Matrix A vor, so können wir ihre Determinante nach der **Regel von Sarrus** bestimmen:

$$\det(A) = \det \begin{pmatrix} a_{11} & a_{12} & a_{13} \\ a_{21} & a_{22} & a_{23} \\ a_{31} & a_{32} & a_{33} \end{pmatrix}$$

$$= a_{11}a_{22}a_{33} + a_{12}a_{23}a_{31} + a_{13}a_{21}a_{32} - a_{31}a_{22}a_{13} - a_{32}a_{23}a_{11} - a_{33}a_{21}a_{12}.$$

Da diese Formel auf Anhieb unübersichtlich ist, kann man sich die einzelnen Summanden durch das Muster in Abb. 5.2 besser einprägen.
- Für zwei $n \times n$–Matrizen A und B gilt zudem: $\det(A \cdot B) = \det(A) \cdot \det(B)$ und $\det(A^T) = \det(A)$.

Beispiel 5.15

Wir bestimmen die Determinante von A und B:

$$A = \begin{pmatrix} 2 & -1 \\ 4 & 3 \end{pmatrix}, \quad B = \begin{pmatrix} 1 & -1 & 6 \\ 0 & 2 & -1 \\ \frac{1}{2} & -2 & -1 \end{pmatrix}.$$

5.4 Lösen von LGS

Aus den oben genannten Regeln zur Determinantenberechnung ergibt sich:

$$\det(A) = 2 \cdot 3 - 4 \cdot (-1) = 6 + 4 = 10,$$

$$\det(B) = 1 \cdot 2 \cdot (-1) + (-1) \cdot (-1) \cdot \frac{1}{2} + 6 \cdot 0 \cdot (-2)$$
$$- \frac{1}{2} \cdot 2 \cdot 6 - (-2) \cdot (-1) \cdot 1 - (-1) \cdot 0 \cdot (-1) = -2 + \frac{1}{2} + 0 - 6 - 2 - 0$$
$$= -\frac{19}{2}.$$
□

> **Kriterium für Invertierbarkeit einer Matrix**
> Eine quadratische $n \times n$-Matrix ist genau dann **invertierbar**, wenn ihre Determinante ungleich null ist:
>
> $$A \text{ ist invertierbar.} \iff \det(A) \neq 0$$

Erinnern wir uns an unsere Beispielmatrix, deren Inverse wir mit dem Gaußverfahren bestimmen konnten, so finden wir in Übereinstimmung, dass die Determinante tatsächlich ungleich 0 ist:

$$\det \begin{pmatrix} 1 & -2 & -4 \\ 0 & 1 & 2 \\ 0 & 1 & 1 \end{pmatrix} = 1 + 0 + 0 - 0 - 2 - 0 = -1 \neq 0.$$

5.4.5 Inverse einer 2 × 2–Matrix

Für den Spezialfall von Matrizen der Größe 2×2 gibt es eine elegante Formel, die direkt die Inverse bestimmt, falls diese existiert. Für eine Matrix $A = \begin{pmatrix} a & b \\ c & d \end{pmatrix} \in \mathbb{R}^{2 \times 2}$ gilt:

$$A^{-1} = \frac{1}{\det(A)} \begin{pmatrix} d & -b \\ -c & a \end{pmatrix} = \frac{1}{ad - bc} \begin{pmatrix} d & -b \\ -c & a \end{pmatrix}. \tag{5.11}$$

> **Beispiel 5.16**
>
> So hat z. B. die Matrix $A = \begin{pmatrix} 0 & -1 \\ 2 & 1 \end{pmatrix}$ eine Determinante von $\det(A) = 0 - (-2) = 2$ und damit eine inverse Matrix $A^{-1} = \frac{1}{2} \cdot \begin{pmatrix} 1 & 1 \\ -2 & 0 \end{pmatrix} = \begin{pmatrix} \frac{1}{2} & \frac{1}{2} \\ -1 & 0 \end{pmatrix}$. Man sieht dieser Formel zudem an, dass die Determinante nicht null sein darf. □

5.4.6 Ausblick

Sobald wir größere Systeme untersuchen, benötigen wir eine allgemeine Vorschrift zur Bestimmung der Determinante einer Matrix. Für beliebige $n \times n$-Matrizen kann dies mit der Laplace-Entwicklung getan werden. Hierbei kann man die Determinante einer Matrix A bestimmen, indem man diese entweder nach einer bestimmten Zeile oder nach einer bestimmten Spalte entwickelt. Nicht erschrecken, es sieht undurchsichtig aus, aber wir erklären es am Beispiel.

- **Entwicklung nach der i-ten Zeile:** $\det(A) = \sum_{j=1}^{n} (-1)^{i+j} \cdot a_{ij} \cdot \det(A_{ij})$
- **Entwicklung nach der j-ten Spalte:** $\det(A) = \sum_{i=1}^{n} (-1)^{i+j} \cdot a_{ij} \cdot \det(A_{ij})$

Diese beiden Formeln unterscheiden sich ausschließlich im Summationsindex (i und j) und sind sonst identisch. Die klein geschriebenen a_{ij} stehen wie gewohnt für den Matrixeintrag in der i-ten Zeile und j-ten Spalte, wohingegen wir mit dem großgeschriebenen A_{ij} eine neue Abkürzung einführen. A_{ij} steht für die Matrix, die aus A selbst hervorgeht, wenn man gerade die i-te Zeile und j-te Spalte streicht. Der Faktor $(-1)^{i+j}$ ist (lediglich) ein Vorzeichenfaktor, der immer nur $(+1)$ oder (-1) ist. Ist die Nummer der Spalte/Zeile, nach der entwickelt wird, ungerade, so ist dieser Faktor im ersten Summand $(+1)$ und danach immer abwechselnd (-1) und wieder $(+1)$ usw. Man spricht bei diesem Verhalten von alternierenden Vorzeichen.

Wir demonstrieren diese Formel an der Matrix

$$A = \begin{pmatrix} 3 & 1 & 1 \\ 0 & -1 & 2 \\ -2 & 0 & 4 \end{pmatrix} \in \mathbb{R}^{3 \times 3}.$$

Es bietet sich immer an, nach Zeilen oder Spalten zu entwickeln, die möglichst viele Nullen enthalten, da das den Rechenaufwand gering hält. Wir entscheiden uns hier z. B. für die Entwicklung nach der zweiten Zeile, wählen also $i = 2$. Wir kennzeichnen die entsprechenden Vorzeichen des Faktors $(-1)^{i+j} = (-1)^{2+j}$ in Blau:

$$\det \begin{pmatrix} 3 & 1 & 1 \\ 0 & -1 & 2 \\ -2 & 0 & 4 \end{pmatrix} = \underbrace{0}_{=a_{21}} \cdot (-1)^{2+1} \cdot \det \begin{pmatrix} 1 & 1 \\ 0 & 4 \end{pmatrix} + \underbrace{(-1)}_{=a_{22}} \cdot (-1)^{2+2} \cdot \det \begin{pmatrix} 3 & 1 \\ -2 & 4 \end{pmatrix} +$$

$$\underbrace{(2)}_{=a_{23}} \cdot (-1)^{2+3} \cdot \det \begin{pmatrix} 3 & 1 \\ -2 & 0 \end{pmatrix} = (-1) \cdot (12+2) - 2 \cdot (+2) = -18.$$

5.5 Lineare Abbildungen

5.5.1 Vektorräume

Die Rechenregeln, die wir bereits für Vektoren und Matrizen kennengelernt haben, findet man in ähnlicher Form bei vielen mathematischen Strukturen. Um diese Gemeinsamkeiten hervorzuheben, führt man den Begriff des Vektorraums ein. Die Menge aller n-dimensionalen reellen Vektoren bilden mit den besprochenen Rechenregeln den Vektorraum $\mathbb{R}^n$. Das ist ein Standardbeispiel für einen reellen Vektorraum. Im Folgenden geben wir die allgemeine Definition für reelle Vektorräume. Reell bezieht sich hierbei darauf, dass wir unter der skalaren Multiplikation von Vektoren die Multiplikation mit reellen Zahlen verstehen.

> **Vektorraum**
>
> Ein reeller Vektorraum besteht aus einer Menge von Vektoren V, für die eine Addition und eine Multiplikation mit reellen Zahlen definiert ist, sodass folgende Rechenregeln gelten:
>
> **V1 Vektoraddition:** Für alle Vektoren $\mathbf{a}, \mathbf{b} \in V$ gibt es einen eindeutigen Vektor $\mathbf{a} + \mathbf{b} \in V$.
>
> **V2 Assoziativität:** Die Vektoraddition folgt dem Assoziativgesetz, d.h., für alle $\mathbf{a}, \mathbf{b}, \mathbf{c} \in V$ gilt: $\mathbf{a} + (\mathbf{b} + \mathbf{c}) = (\mathbf{a} + \mathbf{b}) + \mathbf{c}$.
>
> **V3 Nullvektor:** Es gibt einen Nullvektor $\mathbf{0}_V \in V$ mit der Eigenschaft: $\mathbf{0}_V + \mathbf{a} = \mathbf{a} + \mathbf{0}_V = \mathbf{a}$ für einen beliebigen Vektor $\mathbf{a} \in V$.
>
> **V4 Inverse (Negative):** Für jeden Vektor $\mathbf{x} \in V$ gibt es einen Vektor $-\mathbf{x} \in V$, sodass $\mathbf{x} + (-\mathbf{x}) = \mathbf{x} - \mathbf{x} = \mathbf{0}_V$. Dieses $\mathbf{x}$ entgegengesetzte Element bezeichnet man auch als das Inverse oder Negative von $\mathbf{x}$.
>
> **V5 Kommutativität:** Für alle $\mathbf{a}, \mathbf{b} \in V$ gilt: $\mathbf{a} + \mathbf{b} = \mathbf{b} + \mathbf{a}$.
>
> **V6 skalare Multiplikation:** Für jedes $c \in \mathbb{R}$ und für jeden Vektor $\mathbf{a} \in V$ ist $c \cdot \mathbf{a} \in V$ wieder ein eindeutig bestimmter Vektor in V.
>
> **V7 Rechenregeln:** im Folgenden seien $\mathbf{a}, \mathbf{b} \in V$ sowie $c, c_1, c_2 \in \mathbb{R}$ beliebig:
> (i) $c_1 \cdot (c_2 \cdot \mathbf{a}) = (c_1 \cdot c_2) \cdot \mathbf{a}$
> (ii) für die $1 \in \mathbb{R}$ gilt: $1 \cdot \mathbf{a} = \mathbf{a}$
> (iii) $c \cdot (\mathbf{a} + \mathbf{b}) = c \cdot \mathbf{a} + c \cdot \mathbf{b}$
> (iv) $(c_1 + c_2) \cdot \mathbf{a} = c_1 \cdot \mathbf{a} + c_2 \cdot \mathbf{a}$

Der Vektorraum ist also ein Konzept, das mathematische Objekte (z. B. Zahlen, Vektoren, Matrizen) und das was man mit ihnen so anstellen kann (multiplizieren, addieren usw.) zusammenfasst.

Der Nullvektor ist in jedem Vektorraum ein ausgezeichnetes Element. Um Verwirrung zu vermeiden, schreiben wir $\mathbf{0}_V$ mit dem Subskript V und kennzeichnen so, dass es sich um das Nullelement des Vektorraums handelt und nicht z. B. um die Zahl 0 aus den reellen Zahlen.

Liegt ein mathematisches Objekt vor, dass alle Regeln von V1 bis V7 erfüllt, dann handelt es sich dabei um einen Vektorraum. Das prominenteste Beispiel ist wohl der uns bereits sehr vertraute $\mathbb{R}^n$.

Oft sind auch kleinere Teile des Ganzen von Interesse. Solche Teilstrukturen von Vektorräumen, die selbst wieder für sich genommen ein Vektorraum sind, nennt man Untervektorräume. Im dreidimensionalen Vektorraum $\mathbb{R}^3$ ist z. B. jede Ebene, die den Koordinatenursprung $\mathbf{0}_V$ enthält, ein zweidimensionaler Untervektorraum oder analog jede Gerade, die durch den Ursprung geht, ein eindimensionaler Untervektorraum. Formal versteht man unter einem Untervektorraum Folgendes:

> **Untervektorraum (UVR)**
> Ein Untervektorraum U ist eine Teilmenge $U \subseteq V$ eines Vektorraums V, die eingeschränkt auf U selbst wieder ein reeller Vektorraum ist. Das ist äquivalent zu der folgenden Definition:
> - $\mathbf{0}_V \in U$. Der Nullvektor $\mathbf{0}_V$ ist in U enthalten, und damit ist U insbesondere nicht leer.
> - Für alle $\mathbf{a}, \mathbf{b} \in U$ gilt $\mathbf{a} + \mathbf{b} \in U$.
> - Für alle $c \in \mathbb{R}$ und für alle $\mathbf{a} \in U$ gilt $c \cdot \mathbf{a} \in U$.

Ergänzend führen wir den Begriff der linearen Unabhängigkeit von Vektoren ein. Wir werden ihn später bei der Betrachtung von Eigenvektoren benötigen.

> **Linearkombination und lineare Unabhängigkeit**
> Wir betrachten n Vektoren $v_1, v_2, \ldots, v_n$ aus einem reellen Vektorraum und n reelle Zahlen $c_1, c_2, \ldots, c_n \in \mathbb{R}$. Einen Term der Form
> $$\sum_{i=1}^{n} c_i \cdot v_i = c_1 \cdot v_1 + c_2 \cdot v_2 + \cdots + c_n \cdot v_n$$
> nennt man **Linearkombination** der n Vektoren. Folgt aus der Gleichung
> $$\sum_{i=1}^{n} c_i \cdot v_i = c_1 \cdot v_1 + c_2 \cdot v_2 + \cdots + c_n \cdot v_n = \mathbf{0}_V,$$
> dass $c_1 = 0, c_2 = 0, \ldots, c_n = 0$, so nennt man die n Vektoren **linear unabhängig**. Mit anderen Worten: Kann man den Nullvektor $\mathbf{0}_V$ als Linearkombination der n Vektoren nur darstellen, wenn man alle reellen Koeffizienten gleich null setzt (man spricht auch

5.5 Lineare Abbildungen

von der trivialen Linearkombination), so sind diese Vektoren linear unabhängig. Ist dies nicht der Fall, so nennt man sie **linear abhängig**.

Beispiel 5.17

Für zwei Vektoren ist das Konzept der linearen Unabhängigkeit einfacher zu erfassen. Wenn wir uns z. B. die Vektoren

$$\mathbf{v_1} = \begin{pmatrix} 1 \\ 1 \end{pmatrix}, \quad \mathbf{v_2} = \begin{pmatrix} 3 \\ 3 \end{pmatrix}, \quad \mathbf{v_3} = \begin{pmatrix} 1 \\ 2 \end{pmatrix} \quad \text{und} \quad \mathbf{v_4} = \begin{pmatrix} 4 \\ 8 \end{pmatrix} \in \mathbb{R}^2$$

ansehen, dann wird schnell klar, was gemeint ist. Zwei Vektoren sind jeweils genau dann linear abhängig, wenn sie Vielfache voneinander sind, also wenn man durch Multiplikation des einen mit einer entsprechenden Zahl $c \in \mathbb{R}$ den anderen Vektor erhält. Geht das nicht, dann sind sie eben linear unabhängig. Daran erkennt man, dass $\mathbf{v_1}$ und $\mathbf{v_2}$ linear abhängig sind, denn wir können schreiben:

$$\mathbf{v_2} = \begin{pmatrix} 3 \\ 3 \end{pmatrix} = 3 \cdot \begin{pmatrix} 1 \\ 1 \end{pmatrix} = 3 \cdot \mathbf{v_1}. \tag{5.12}$$

Mit der gleichen Argumentation sind $\mathbf{v_3}$ und $\mathbf{v_4}$ linear abhängig, da $\mathbf{v_4} = 4 \cdot \mathbf{v_3}$ gilt. $\mathbf{v_1}$ und $\mathbf{v_3}$ sind hingegen linear unabhängig, denn der Versuch, durch skalare Multiplikation einen der Vektoren in den anderen zu überführen, gelingt nicht:

$$2 \cdot \mathbf{v_1} = 2 \cdot \begin{pmatrix} 1 \\ 1 \end{pmatrix} = \begin{pmatrix} 2 \cdot 1 \\ 2 \cdot 1 \end{pmatrix} = \begin{pmatrix} 2 \\ 2 \end{pmatrix} \neq \begin{pmatrix} 1 \\ 2 \end{pmatrix} = \mathbf{v_3}.$$

Wir können also $\mathbf{v_1}$ durch skalare Multiplikation nicht in $\mathbf{v_3}$ überführen. Demnach sind die beiden Vektoren linear unabhängig und die Linearkombination des Nullvektors $c_1 \cdot \mathbf{v_1} + c_1 \cdot \mathbf{v_2} = \mathbf{0}_V$ kann nur für $c_1 = 0 = c_2$ erfüllt werden. □

Basis eines Vektorraums

Ein System von Vektoren $\mathbf{v_1}, \ldots, \mathbf{v_n} \in V$ eines Vektorraums V nennt man genau dann Basis eines Vektorraums, wenn es
- linear unabhängig ist und
- jeder Vektor $\mathbf{v} \in V$ sich als Linearkombination dieses Systems in der Form $\mathbf{v} = \sum_{i=1}^{n} c_i \cdot \mathbf{v_i}$ schreiben lässt (für reelle Konstanten $c_i \in \mathbb{R}$).

Deswegen nennt man eine Basis auch ein linear unabhängiges Erzeugendensystem, da jeder Vektor des Vektorraums von der Basis dargestellt (erzeugt) werden kann.

Für den Vektorraum $\mathbb{R}^3$ ist eine mögliche Basis durch $\mathbf{e}_1 = (1,0,0)^T, \mathbf{e}_2 = (0,1,0)^T$ und $\mathbf{e}_3 = (0,0,1)^T$ gegeben. Man spricht hierbei auch von der Standardbasis.

5.5.2 Matrizen als lineare Abbildungen

Für viele praktische Anwendungen kann es hilfreich sein, sich über die Bedeutung von Matrizen ein paar Gedanken zu machen. Man kann sie nicht bloß als willkürlich gewählte Zahlentabelle betrachten, sondern auch als Abbildungen auffassen. Die gewöhnlichen Abbildungen oder Funktionen, die uns am häufigsten in der Praxis begegnen, sind reelle Funktionen $f : \mathbb{R} \longrightarrow \mathbb{R}$, also Abbildungen, die eine reelle Zahl als Argument entgegennehmen und eine reelle Zahl, nämlich gerade ihren Funktionswert, ausgeben. Hierfür gibt es unzählige Beispiele ($f(x) = \sin(x), f(x) = x^2, \dots$). Matrizen sind nun Abbildungen, die nicht von den reellen Zahlen in die reellen Zahlen abbilden, sondern es sind Abbildungen, die zwischen den Vektorräumen $\mathbb{R}^n$ und $\mathbb{R}^m$ abbilden.

> **Lineare Abbildungen**
> Jede $m \times n$-Matrix $A \in \mathbb{R}^{m \times n}$ stellt eine lineare Abbildung zwischen dem $\mathbb{R}^n$ und dem $\mathbb{R}^m$ dar:
> $$A : \mathbb{R}^n \longrightarrow \mathbb{R}^m$$
> $$\mathbf{x} = \begin{pmatrix} x_1 \\ \vdots \\ x_n \end{pmatrix} \mapsto \begin{pmatrix} a_{11} & \cdots & a_{1n} \\ \vdots & \ddots & \vdots \\ a_{m1} & \cdots & a_{mn} \end{pmatrix} \cdot \begin{pmatrix} x_1 \\ \vdots \\ x_n \end{pmatrix}.$$

Zur Veranschaulichung wollen wir uns quadratische 2×2-Matrizen ansehen, die Punkte im $\mathbb{R}^2$ abbilden (s. Abb. 5.3, S. 169). Hierbei wählen wir aus Gründen der Anschauung bewusst diesen geometrischen Zugang, was jedoch nicht bedeutet, dass man jede Matrix in einem solchen Kontext auffassen kann oder muss. Durch Matrizen können geometrische Umformungen kompakt dargestellt werden. Hierfür erinnern wir uns daran, dass wir jeden Punkt in der Ebene als Vektor $(x, y) \in \mathbb{R}^2$ beschreiben können. Wir geben lineare Abbildungen für die folgenden geometrischen Operationen an:

- Drehung um einen Winkel α gegen den Uhrzeigersinn:
$$A(\alpha) = \begin{pmatrix} \cos\alpha & -\sin\alpha \\ \sin\alpha & \cos\alpha \end{pmatrix} \in \mathbb{R}^{2 \times 2}$$

- Streckung/Stauchung um einen Faktor $c \in \mathbb{R}\backslash\{0\}$:

5.5 Lineare Abbildungen

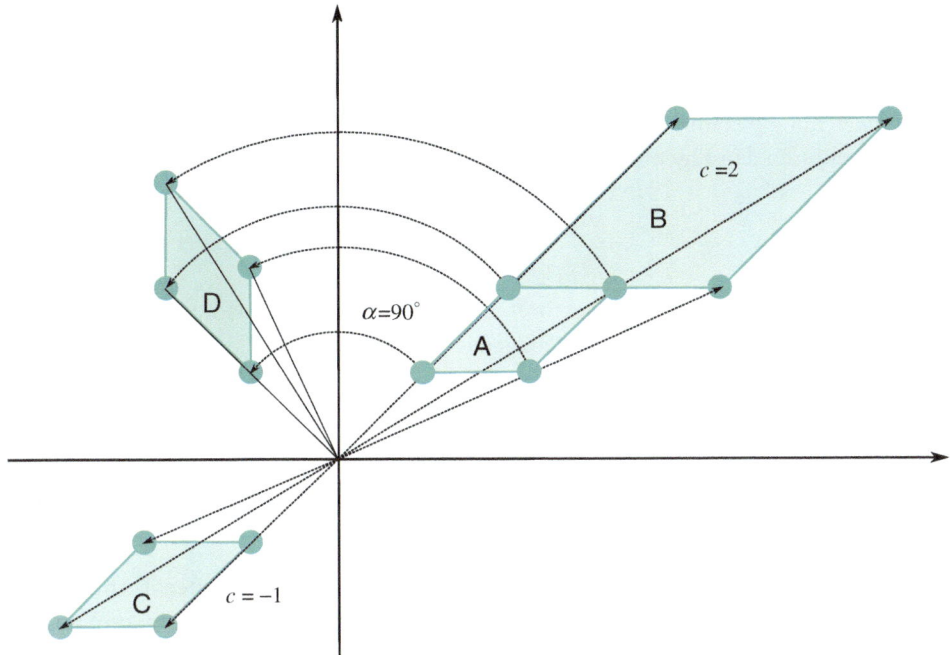

Abb. 5.3 Matrizen als lineare Abbildungen. Ausgehend von einem Parallelogramm A, bestehend aus vier Punkten, haben wir zunächst eine Streckung mit $c = 2$ durchgeführt, die das Parallelogramm in B überführt. Dabei werden die Matrizen nur auf die vier Randpunkte angewendet. Wählt man hingegen $c = -1$, so entspricht das gerade einer Spiegelung am Ursprung (C). Wendet man auf alle vier Punkte die Matrix $A(\alpha = 90°)$ an, so werden alle Punkte entgegen dem Uhrzeigersinn um 90° um den Ursprung gedreht (D)

$$A(c) = \begin{pmatrix} c & 0 \\ 0 & c \end{pmatrix} \in \mathbb{R}^{2 \times 2}$$

5.5.3 Eigenwerte und Eigenvektoren

Von besonderem Interesse in diesem Abschnitt ist die Fragestellung, ob es für eine gegebene lineare Abbildung A bestimme Vektoren gibt, die von A nur auf Vielfache von sich selbst abgebildet werden, die also geometrisch gesprochen von A effektiv nur gestreckt werden. Dieses Frage führt zur Definition von Eigenvektoren und Eigenwerten.

> **Eigenvektoren und Eigenwerte**
> Für eine $n \times n$–Matrix $A \in \mathbb{R}^{n \times n}$ nennt man Vektoren $\mathbf{x} \in \mathbb{R}^n$ mit $\mathbf{x} \neq \mathbf{0}_V$ Eigenvektoren, falls es eine reelle Zahl $\lambda \in \mathbb{R}$ gibt, sodass gilt:

$$A \cdot \mathbf{x} = \lambda \cdot \mathbf{x}.$$

Dann nennt man **x** **Eigenvektor** zum **Eigenwert** λ. Die Gleichung ist als Eigenwertgleichung bekannt. Für einen gegebenen Eigenwert nennt man die Menge aller Eigenvektoren den **Eigenraum** von A zum Eigenwert λ:

$$\text{Eig}(A, \lambda) = \{\mathbf{x} \in \mathbb{R}^n \,|\, A \cdot \mathbf{x} = \lambda \cdot \mathbf{x}\}.$$

Das große Interesse daran, Eigenvektoren zu finden, erklärt sich dadurch, dass obwohl A eine beliebige Struktur haben kann, die Eigenvektoren genau jene Elemente sind, auf die die Wirkung von A denkbar einfach ist, da sie gerade einer skalaren Multiplikation von **x** mit seinem zugehörigen Eigenwert entspricht. Das Konzept der Eigenvektoren und Eigenwerte spielt eine wichtige Rolle bei der weiterführenden Betrachtung von vielen für die Biologie relevanten Themen und ist fundamental für die Betrachtung von dynamischen Systemen und bei der Behandlung von Differenzialgleichungen und deren Beschreibung durch lineare Systeme.

Aus diesem Grund beschreiben wir im Folgenden die zwei wichtigsten Techniken, um zum einen überhaupt erst die Eigenwerte einer Matrix zu bestimmen und zum anderen danach alle zu den Eigenwerten zugehörigen Eigenvektoren zu finden.

Charakteristisches Polynom

Die Eigenwerte einer Matrix $A \in \mathbb{R}^{n \times n}$ sind gerade die Nullstellen seines charakteristischen Polynoms. Das charakteristische Polynom ist ein Polynom n-ten Grades, das sich berechnet aus:

$$\chi_A(t) = \det(t \cdot E_n - A).$$

Damit ist $\chi_A(t)$ ein Polynom in der unbekannten Variablen t mit reellen Koeffizienten. Es berechnet sich als Determinante (s. Abschn. 5.4.4, S. 159) der Matrix $t \cdot E_n - A$.

Beispiel 5.18

Angenommen, uns liegt die Matrix $A = \begin{pmatrix} 2 & -1 \\ -2 & 1 \end{pmatrix} \in \mathbb{R}^{2 \times 2}$ vor und wir möchten deren Eigenwerte bestimmen. Dafür berechnen wir deren charakteristisches Polynom und bestimmen dessen Nullstellen:

$$\chi_A(t) = \det(t \cdot E_2 - A) = \det\left(\begin{pmatrix} t & 0 \\ 0 & t \end{pmatrix} - \begin{pmatrix} 2 & -1 \\ -2 & 1 \end{pmatrix}\right) = \det\begin{pmatrix} t-2 & 1 \\ 2 & t-1 \end{pmatrix} =$$
$$= (t-2)(t-1) - 2 = t^2 - 3t + 2 - 2 = t^2 - 3t = t(t-3).$$

5.5 Lineare Abbildungen

Der Ausdruck in der letzten Zeile wird genau dann null, wenn entweder $t = 0$ oder $(t - 3) = 0$ ist. Also gibt es die beiden Nullstellen $t = 0$ und $t = 3$. Diese beiden Nullstellen des charakteristischen Polynoms sind damit gerade die beiden Eigenwerte der Matrix A: $\lambda_1 = 0$ und $\lambda_2 = 3$. □

In einem zweiten Schritt möchte man jetzt gerne die zu den Eigenwerten korrespondierenden Eigenvektoren bestimmen, also die entsprechenden Eigenräume aufstellen. Hierzu mache man sich folgenden Gedankengang klar. Ein Eigenraum zu einem bestimmten Eigenwert besteht gerade aus allen $\mathbf{x} \in \mathbb{R}^n$, die die Eigenwertgleichung $A \cdot \mathbf{x} = \lambda \cdot \mathbf{x}$ erfüllen. Wir schreiben diese Gleichung in folgender Weise um:

$$\begin{aligned} & A \cdot \mathbf{x} = \lambda \cdot \mathbf{x} \\ \Leftrightarrow \quad & A \cdot \mathbf{x} - \lambda \cdot \mathbf{x} = 0 \\ \Leftrightarrow \quad & A\mathbf{x} - \lambda \cdot E_n \cdot \mathbf{x} = 0 \\ \Leftrightarrow \quad & \underbrace{(A - \lambda E_n)}_{=:B} \cdot \mathbf{x} = 0. \end{aligned}$$

In der dritten Zeile haben wir ausgenutzt, dass die Einheitsmatrix einen Vektor unverändert lässt, wenn wir ihn mit ihr multiplizieren. Fassen wir den Ausruck $(A - \lambda E_n) =: B$ als eine neue Matrix B auf, so suchen wir also alle Vektoren $\mathbf{x}$, die das homogene LGS $B \cdot \mathbf{x} = 0$ lösen. Das fassen wir nochmal zusammen:

Eigenraum
Der Eigenraum einer Matrix A zu einem Eigenwert λ ist der Lösungsraum des homogenen LGS $(A - \lambda E_n) \cdot \mathbf{x} = 0$. Es handelt sich dabei um alle Vektoren, die die Eigenwertgleichung $A \cdot \mathbf{x} = \lambda \cdot \mathbf{x}$ erfüllen.

Beispiel 5.19 Modellierung mit Rekursionsgleichungen

An diesem Punkt greifen wir unser Eingangsbeispiel wieder auf und beantworten die gestellten Fragen. Ausgangspunkt waren zwei Rekursionsgleichungen. Wie wir mittlerweile unschwer erkennen, kann die vektorielle Schreibweise für mehr übersichtlichkeit sorgen. So wollen wir auch hier das System der zwei Rekursionsgleichungen in eine vektorielle Form bringen:

$$\begin{aligned} x_{n+1} &= \tfrac{13}{4}x_n - \tfrac{3}{4}y_n \\ y_{n+1} &= \tfrac{15}{4}x_n - \tfrac{1}{4}y_n \end{aligned} \quad \Leftrightarrow \quad \begin{pmatrix} x_{n+1} \\ y_{n+1} \end{pmatrix} = \underbrace{\begin{pmatrix} \tfrac{13}{4} & -\tfrac{3}{4} \\ \tfrac{15}{4} & -\tfrac{1}{4} \end{pmatrix}}_{=:A} \cdot \begin{pmatrix} x_n \\ y_n \end{pmatrix}.$$

Wir erkennen also, dass wir einen Iterationsschritt von n nach $n + 1$ durch eine Matrixmultiplikation mit A ausführen können. Diese Beobachtung wollen wir nochmal explizit ausdrücken. Angenommen, unser Ausgangspunkt ist der Startvektor $\mathbf{v}_0^T = (x_0 \; y_0)$ zum Zeitpunkt 0. Dann gilt gerade:

$$\mathbf{v}_1 = \begin{pmatrix} x_1 \\ y_1 \end{pmatrix} = A \cdot \mathbf{v}_0$$

$$\mathbf{v}_2 = A \cdot A \cdot \mathbf{v}_0 = A^2 \cdot \mathbf{v}_0$$

$$\vdots$$

$$\mathbf{v}_n = A^n \cdot \mathbf{v}_0$$

$$\mathbf{v}_{n+1} = A^{n+1} \cdot \mathbf{v}_0.$$

Die erste Beobachtung ist also, dass wir die Rekursionsvorschrift durchlaufen können, indem wir Matrixpotenzen ausrechnen und auf den Startvektor anwenden. Wenn wir uns erinnern, wie wir die Matrixmultiplikation definiert hatten, werden wir feststellen, dass es ziemlich rechenaufwendig ist, A^n zu bestimmen, und hoffen eine effizientere und elegantere Lösung für dieses Problem zu finden. Hierfür wollen wir uns ein kleines Beispiel ansehen. □

Beispiel 5.20

Angenommen, uns läge eine Matrix $B = \begin{pmatrix} 2 & 0 \\ 0 & 3 \end{pmatrix} \in \mathbb{R}^{2 \times 2}$ in Diagonalgestalt vor, d. h. alle Einträge außer den Diagonaleinträgen sind null. Dann ist es jetzt besonders leicht, Potenzen dieser Matrix zu bestimmen, da die n-te Potenz einer Diagonalmatrix sich aus derselben Matrix mit den Diagonaleinträgen zur n-ten Potenz genommen ergibt. Zum Beispiel:

$$B \cdot B = B^2 = \begin{pmatrix} 2 & 0 \\ 0 & 3 \end{pmatrix}^2 = \begin{pmatrix} 2 & 0 \\ 0 & 3 \end{pmatrix} \cdot \begin{pmatrix} 2 & 0 \\ 0 & 3 \end{pmatrix} = \begin{pmatrix} 2 \cdot 2 + 0 \cdot 0 & 0 \cdot 2 + 3 \cdot 0 \\ 2 \cdot 0 + 0 \cdot 3 & 0 \cdot 2 + 3 \cdot 3 \end{pmatrix}$$

$$= \begin{pmatrix} 2^2 & 0 \\ 0 & 3^2 \end{pmatrix} = \begin{pmatrix} 4 & 0 \\ 0 & 9 \end{pmatrix}$$

$$B \cdot B \cdot B = B^3 = \begin{pmatrix} 2 & 0 \\ 0 & 3 \end{pmatrix}^3 = \begin{pmatrix} 2^3 & 0 \\ 0 & 3^3 \end{pmatrix} = \begin{pmatrix} 8 & 0 \\ 0 & 27 \end{pmatrix}$$

$\vdots$ usw.

□

5.5 Lineare Abbildungen

Im Allgemeinen gilt also:

> **Potenzen von Diagonalmatrizen**
> Die k-te Potenz einer Diagonalmatrix
> $$A = \begin{pmatrix} d_1 & 0 & \cdots & 0 \\ 0 & d_2 & \ddots & \vdots \\ \vdots & \ddots & \ddots & 0 \\ 0 & \cdots & 0 & d_n \end{pmatrix} \in \mathbb{R}^{n \times n}$$
>
> mit den Diagonaleinträgen $d_i \in \mathbb{R}$ ist gegeben durch:
> $$A^k = \begin{pmatrix} d_1^k & 0 & \cdots & 0 \\ 0 & d_2^k & \ddots & \vdots \\ \vdots & \ddots & \ddots & 0 \\ 0 & \cdots & 0 & d_n^k \end{pmatrix} \in \mathbb{R}^{n \times n}.$$

Wenn wir also unsere Matrix A, die die beiden Rekursionsgleichungen beschreibt, in Diagonalgestalt vorliegen hätten, dann wäre es ein Leichtes, alle Rekursionsschritte effizient zu berechnen. An diesem Punkt greifen wir unsere Ergebnisse aus der Eigenwerttheorie auf. Diese stellt uns ein Hilfsmittel bereit, welches es unter bestimmten Umständen erlaubt, eine Matrix durch geschickte Umformungen auf Diagonalgestalt zu bringen. Wie das geht, soll im Folgenden erläutert werden.

Ausgangspunkt für die Beantwortung der Frage, ob eine Matrix auf Diagonalgestalt gebracht werden kann (man sagt: **diagonalisierbar** ist), ist die Bestimmung der Eigenwerte der Matrix. Also fangen wir damit an, von unserer Matrix A zunächst die Eigenwerte zu bestimmen. Dafür müssen wir die Nullstellen des charakteristischen Polynoms bestimmen (s. Abschn. 5.5.3, S. 167):

$$\chi_A(t) = \det(t \cdot E_2 - A) = \det\begin{pmatrix} t - \frac{13}{4} & \frac{3}{4} \\ -\frac{15}{4} & t + \frac{1}{4} \end{pmatrix} = \left(t - \frac{13}{4}\right)\left(t + \frac{1}{4}\right) + \frac{45}{16} =$$
$$= t^2 - 3t - \frac{13}{16} + \frac{45}{16} = t^2 - 3t + 2 = (t-1)(t-2).$$

Der Ausdruck $(t-1)(t-2)$ aus der letzten Zeile wird genau dann null, wenn entweder $t = 1$ oder $t = 2$ gilt. Das heißt, unsere Matrix A hat die beiden Eigenwerte $\lambda_1 = 1$ und $\lambda_2 = 2$. Für diese beiden Eigenwerte werden wir nun der Reihe nach ihre Eigenräume bestimmen. Wir beginnen mit dem ersten Eigenwert $\lambda_1 = 1$. Hierfür müssen wir das homogene LGS der Matrix $A - 1 \cdot E_2 = \begin{pmatrix} \frac{9}{4} & -\frac{3}{4} \\ \frac{15}{4} & -\frac{5}{4} \end{pmatrix}$ lösen:

$$\begin{pmatrix} \frac{9}{4} & -\frac{3}{4} \\ \frac{15}{4} & -\frac{5}{4} \end{pmatrix} \cdot \begin{pmatrix} x \\ y \end{pmatrix} = \begin{pmatrix} 0 \\ 0 \end{pmatrix} \quad \Leftrightarrow$$

$$\begin{pmatrix} \frac{9}{4} & -\frac{3}{4} & \Big| & 0 \\ \frac{15}{4} & -\frac{5}{4} & \Big| & 0 \end{pmatrix} \begin{matrix} | \cdot \frac{4}{3} \\ | \cdot \frac{4}{5} \end{matrix} \rightsquigarrow$$

$$\begin{pmatrix} 3 & -1 & \Big| & 0 \\ 3 & -1 & \Big| & 0 \end{pmatrix} \text{II} - \text{I} \rightsquigarrow$$

$$\begin{pmatrix} 3 & -1 & \Big| & 0 \\ 0 & 0 & \Big| & 0 \end{pmatrix} \quad \Leftrightarrow \quad 3 \cdot x = y.$$

Da wir eine Nullzeile haben, benötigen wir einen freien Parameter $r := y \in \mathbb{R}$, um den Lösungsraum zu parametrisieren. Damit können wir die Lösungsmenge angeben, die in diesem Fall gerade der gesuchte Eigenraum von A zum Eigenwert $\lambda_1 = 1$ ist:

$$\mathbb{L} = \text{Eig}(A, 1) = \left\{ \mathbf{x} = r \cdot \begin{pmatrix} 1 \\ 3 \end{pmatrix} \in \mathbb{R}^2 \,\bigg|\, r \in \mathbb{R} \right\}.$$

Man sagt auch, dass dieser eindimensionale Lösungs-/Eigenraum von dem Vektor $(1, 3)^T$ aufgespannt wird. Diesen Vorgang wiederholen wir nun für den zweiten Eigenwert $\lambda_2 = 2$. Hierfür müssen wir also das homogene LGS der Matrix $A - 2 \cdot E_2 = \begin{pmatrix} \frac{5}{4} & -\frac{3}{4} \\ \frac{15}{4} & -\frac{9}{4} \end{pmatrix}$ lösen:

$$\begin{pmatrix} \frac{5}{4} & -\frac{3}{4} \\ \frac{15}{4} & -\frac{9}{4} \end{pmatrix} \cdot \begin{pmatrix} x \\ y \end{pmatrix} = \begin{pmatrix} 0 \\ 0 \end{pmatrix} \quad \Leftrightarrow$$

$$\begin{pmatrix} \frac{5}{4} & -\frac{3}{4} & \Big| & 0 \\ \frac{15}{4} & -\frac{9}{4} & \Big| & 0 \end{pmatrix} \begin{matrix} | \cdot 4 \\ | \cdot \frac{4}{3} \end{matrix} \rightsquigarrow$$

$$\begin{pmatrix} 5 & -3 & \Big| & 0 \\ 5 & -3 & \Big| & 0 \end{pmatrix} \text{II} - \text{I} \rightsquigarrow$$

$$\begin{pmatrix} 5 & -3 & \Big| & 0 \\ 0 & 0 & \Big| & 0 \end{pmatrix} \quad \Leftrightarrow \quad 5 \cdot x = 3 \cdot y.$$

Nach dem analogen Vorgehen wie zuvor erhalten wir diesmal:

$$\mathbb{L} = \text{Eig}(A, 2) = \left\{ \mathbf{x} = s \cdot \begin{pmatrix} 3 \\ 5 \end{pmatrix} \in \mathbb{R}^2 \,\bigg|\, s \in \mathbb{R} \right\}.$$

Dieser zweite Eigenraum wird also von dem Vektor $(3, 5)^T$ aufgespannt.

In den beiden homogenen LGS ist jeweils eine Nullzeile aufgetaucht. Bei der Bestimmung von Eigenräumen kann man sich merken, dass immer mindestens eine Nullzeile, wenn nicht sogar mehrere auftreten müssen. Die Begründung dafür ist einfach. Wenn ein Eigenwert λ vorliegt, dann gibt es dazu immer einen Eigenvektor $\mathbf{x}$. Damit ist aber zugleich jedes skalare

5.5 Lineare Abbildungen

Vielfache von **x** in der Form $c \cdot \mathbf{x}$, $(c \in \mathbb{R}\setminus\{0\})$ auch immer ein Eigenvektor. Der Eigenraum ist demzufolge mindestens eindimensional, was gerade einer Nullzeile entspricht.

Nun müssen wir noch klären, woran wir erkennen, dass wir eine Diagonalgestalt von A finden können. Das Kriterium hierfür lautet wie folgt:

> **Diagonalisierbarkeit**
> Eine quadratische Matrix A der Größe n ist genau dann diagonalisierbar, wenn es n linear unabhängige Eigenvektoren gibt. Ist das der Fall, so gibt es eine Diagonalform dieser Matrix mit ihren Eigenwerten auf der Diagonalen. Diese Diagonalform wird erreicht, indem man A von links und rechts mit entsprechenden Transformationsmatrizen multipliziert (s. Abschn. 5.3.6, S. 174). Die n linear unabhängigen Eigenvektoren bilden eine Basis des Vektorraums. Diese Basis aus Eigenvektoren wird auch Eigenbasis genannt.

In unserem vorliegenden Beispiel enthält jeder Eigenraum für sich genommen unendlich viele mögliche Eigenvektoren, jedoch sind je zwei Vektoren aus demselben Eigenraum linear abhängig, da sie aufgrund der Lösungsraumstruktur gerade skalare Vielfache voneinander sind. Deswegen reicht es hier, aus jedem der beiden Eigenräume je einen Eigenvektor zu nehmen und zu überprüfen, ob diese beiden linear unabhängig sind (s. Abschn. 5.5.1, S. 164). Die lineare Unabhängigkeit überprüft man, indem man untersucht, ob der Nullvektor nur als triviale Linearkombination dargestellt werden kann. Man untersucht also die Gleichung:

$$c_1 \cdot \begin{pmatrix} 1 \\ 3 \end{pmatrix} + c_2 \cdot \begin{pmatrix} 3 \\ 5 \end{pmatrix} = \begin{pmatrix} 0 \\ 0 \end{pmatrix} \quad c_1, c_2 \in \mathbb{R} \quad \Leftrightarrow \quad \begin{matrix} c_1 + 3c_2 = 0 \\ 3c_1 + 5c_2 = 0. \end{matrix}$$

Wir können diese Gleichung wieder als homogenes LGS in den zwei Unbekannten c_1 und c_2 auffassen:

$$\begin{pmatrix} 1 & 3 & | & 0 \\ 3 & 5 & | & 0 \end{pmatrix} \underset{\text{II}-3\cdot\text{I}}{\rightsquigarrow} \begin{pmatrix} 1 & 3 & | & 0 \\ 0 & -4 & | & 0 \end{pmatrix} \underset{\text{I}\cdot-\frac{1}{4}}{\rightsquigarrow} \begin{pmatrix} 1 & 3 & | & 0 \\ 0 & 1 & | & 0 \end{pmatrix} \underset{\text{I}-3\cdot\text{II}}{\rightsquigarrow} \begin{pmatrix} 1 & 0 & | & 0 \\ 0 & 1 & | & 0 \end{pmatrix}.$$

Aus dem letzten Gaußsystem können wir ablesen, dass dieses Gleichungssystem nur die Lösung $c_1 = 0$ und $c_2 = 0$ hat. Demnach sind die beiden Vektoren $(1,3)^T$ und $(3,5)^T$ linear unabhängig und damit unsere Ausgangsmatrix A diagonalisierbar. Alternativ hätten wir uns auch davon überzeugen können, dass die beiden Vektoren nicht als Vielfaches voneinander darstellbar sind (s. Gl. 5.12, S. 165):

$$3 \cdot \begin{pmatrix} 1 \\ 3 \end{pmatrix} = \begin{pmatrix} 3 \\ 9 \end{pmatrix} \neq \begin{pmatrix} 3 \\ 5 \end{pmatrix}.$$

> **Transformation auf Diagonalgestalt**
> Ist eine quadratische Matrix A diagonalisierbar, so stelle man eine Matrix S der gleichen Größe auf, deren Spalten aus den Eigenvektoren von A bestehen. Dann gilt:
>
> $$S^{-1} \cdot A \cdot S = D = \begin{pmatrix} \lambda_1 & 0 & \cdots & 0 \\ 0 & \lambda_2 & \ddots & \vdots \\ \vdots & \ddots & \ddots & 0 \\ 0 & \cdots & 0 & \lambda_n \end{pmatrix} \in \mathbb{R}^{n \times n}.$$
>
> Die **Diagonaleinträge** $\lambda_1, \ldots, \lambda_n$ sind die n **Eigenwerte** der Matrix A. Umgekehrt gilt, dass wenn eine Matrix in Dreiecksgestalt oder sogar in Diagonalgestalt vorliegt, ihre Diagonaleinträge automatisch ihre Eigenwerte sind. Ist man nur an der Diagonalform interessiert, so ist die Berechnung von S nicht notwendig, denn die Diagonalgestalt ist immer eine Diagonalmatrix mit den Eigenwerten auf der Diagonalen. Möchten wir jedoch die Umformung in Diagonalgestalt explizit durchführen, so führt kein Weg daran vorbei S zu berechnen. Stellt man die obige Matrixgleichung nach A um, so erhält man äquivalent dazu $A = SDS^{-1}$.

In unserem Fall können wir also S direkt aufstellen, indem wir die beiden linear unabhängigen Eigenvektoren spaltenweise als Matrix schreiben. Mit Gl. 5.11 auf S. 161 bestimmen wir zugleich S^{-1}. Wir finden:

$$S = \begin{pmatrix} 1 & 3 \\ 3 & 5 \end{pmatrix}, \quad S^{-1} = \frac{1}{\det(S)} \begin{pmatrix} 5 & -3 \\ -3 & 1 \end{pmatrix} = -\frac{1}{4} \begin{pmatrix} 5 & -3 \\ -3 & 1 \end{pmatrix} = \begin{pmatrix} -\frac{5}{4} & \frac{3}{4} \\ \frac{3}{4} & -\frac{1}{4} \end{pmatrix},$$

sodass gilt:

$$S^{-1} \cdot A \cdot S = D = \begin{pmatrix} 1 & 0 \\ 0 & 2 \end{pmatrix}.$$

Jetzt können wir endlich die offenen Fragen beantworten:

- Zunächst haben wir eine Möglichkeit gefunden, effizient A^n zu bestimmen. Hierfür vermerken wir, dass $S^{-1}AS = D$ äquivalent ist zu $A = SDS^{-1}$, wobei sich die Reihenfolge von S und S^{-1} gerade vertauscht. Das heißt, wir erhalten insgesamt:

$$A^n = (SDS^{-1})^n = \underbrace{SDS^{-1}SDS^{-1}\ldots SDS^{-1}}_{n\text{-mal}} = S \cdot D^n \cdot S^{-1}.$$

Hier nutzen wir aus, dass $S^{-1} \cdot S = E_n$ ergibt und dass $E_n \cdot D = D$ ist. Das macht die Berechnung von D^n sehr einfach. Wir erhalten A^n durch das einfache Potenzieren seiner Diagonalmatrix D^n und müssen dann nur noch abschließend von links mit S und von rechts mir S^{-1} multiplizieren.

- Die zweite Frage richtet sich danach, ob es einen stationären Systemzustand gibt, der sich, sobald einmal erreicht, nie mehr verändert. Das entspricht gerade der Frage, ob die Matrix A einen Eigenwert $+1$ hat. Falls ja, dann gibt es folglich einen Eigenvektor $\mathbf{v} \in \mathbb{R}^2$, sodass $A \cdot \mathbf{v} = 1 \cdot \mathbf{v} = \mathbf{v}$. Das ist ein Zustandsvektor, der durch den Rekursionsschritt unverändert bleibt und demnach für alle Zeit konstant $\mathbf{v}$ bleibt. Wie wir weiter oben bereits gesehen haben, hat die vorliegende Matrix in der Tat einen Eigenwert $\lambda_1 = 1$ und ein zugehöriger Eigenvektor ist z. B. $\mathbf{v} = (1, 3)^T$. Um zu verdeutlichen, dass dieser Vektor einen stationären Zustand beschreibt, verifizieren wir diese Behauptung, indem wir A auf $\mathbf{v}$ anwenden:

$$A \cdot \mathbf{v} = \begin{pmatrix} \frac{13}{4} & -\frac{3}{4} \\ \frac{15}{4} & -\frac{1}{4} \end{pmatrix} \cdot \begin{pmatrix} 1 \\ 3 \end{pmatrix} = \begin{pmatrix} \frac{13}{4} \cdot 1 - \frac{3}{4} \cdot 3 \\ \frac{15}{4} \cdot 1 - \frac{1}{4} \cdot 3 \end{pmatrix} = \begin{pmatrix} 1 \\ 3 \end{pmatrix} = \mathbf{v}.$$

Da A den Vektor $\mathbf{v}$ nicht verändert, ist $\mathbf{v}$ offenkundig ein stationärer Zustand unseres gekoppelten Systems.

5.6 Datenfitten von Polynomfunktionen

Angenommen, ihr habt gerade im Labor eure aktuelle Messreihe beendet und wollt jetzt eure Daten auswerten. Dabei kennt ihr möglicherweise ein zugrunde liegendes biologisches Modell, dass den Verlauf der Daten quantitativ beschreibt. Dieses Modell ist das theoretische Gegenstück zu den experimentellen Ergebnissen. Um zu erahnen, wie gut die Daten durch ein Modell dargestellt werden können, versucht man, Modellparameter so zu wählen, dass ein optimaler Fit entsteht. Diese Optimalität wird häufig über das Prinzip der minimalen Fehlerquadrate definiert. Wir nehmen an, dass n Messungen durchgeführt wurden, wobei jeweils ein Messergebnis aus einem x-Wert und einem y-Wert besteht. Es kann zum Beispiel x eine Konzentration sein und y entsprechend eine konzentrationsabhängige Reaktionsgeschwindigkeit, Assemblierungsrate oder eine Diffusionsgeschwindigkeit in einem molekularen Prozess. Analog könnte x auch einer Zeit entsprechen und y ist die zum Zeitpunkt x gemessene Durchflussrate eines Reaktionspartners. Dann bestehen die Messwerte aus den zwei komponentigen Vektoren $(x_k, y_k)^T$ mit $k = 1, 2, \ldots, n$. Wenn das Modell durch eine Polynomfunktion gegeben ist, dann möchten wir zeigen, dass die Ausgleichsrechnung, die den optimalen Fit eines vorgegebenen Modells an die Daten bestimmt, durch ein lineares Gleichungssystem gelöst wird.

5.6.1 Minimierung der Fehlerquadrate

Angenommen, wir betrachten eine Zielfunktion $f(x)$, die unser Modell darstellt. Dann beschreibt $f(x_i) - y_i$ die Abweichung des Messwertes y_i von dem theoretisch vorhergesagten

Wert $f(x_i)$. Das Modell f hängt selbst von einigen Parametern ab, die wir in einem Fit bestmöglich wählen möchten. Unser Ziel ist es, diese Parameter so zu wählen, dass die Summe der quadratischen Fehler minimal ist. Als ein Optimierungsproblem (Extremalproblem) aufgefasst, möchten wir also das Minimum der Summe der quadratischen Fehler bestimmen:

$$\min\left(\sum_{k=1}^{n}(f(x_k) - y_k)^2\right).$$

Wir wählen exemplarisch eine Polynomfunktion dritten Grades für unser Modell f. Die allgemeine Form unseres Modells lautet dann:

$$f(x) := b_3 \cdot x^3 + b_2 \cdot x^2 + b_1 \cdot x + b_0 = \sum_{j=0}^{3} b_j \cdot x^j.$$

Das ist die allgemeine Form eines Polynoms dritten Grades mit Koeffizienten $b_i \in \mathbb{R}$. Diese vier unbekannten Koeffizienten gilt es also so zu bestimmen, dass dieses Modell die Daten bestmöglich beschreibt. Wir führen einen Parametervektor $\mathbf{v} = (b_0, b_1, b_2, b_3)^T \in \mathbb{R}^4$ ein, der als Komponenten gerade die vier unbekannten Modellparameter enthält. Das Ziel ist es, für dieses Modell und für eine Messreihe diesen Parametervektor optimal zu bestimmen. Man findet ein solches Minimum, indem man die Ableitung der Zielfunktion gleich null setzt und daraus die Lösung bestimmt. Dies wollen wir im Folgenden auch für unsere Zielfunktion $h(\mathbf{v}) = \sum_{k=1}^{n}(f(x_k) - y_k)^2$ machen. Die Extremalbedingung lautet dann $\nabla h(\mathbf{v}) = \mathbf{0}_V$. Komponentenweise ausgeschrieben ist das gleichbedeutend mit $\frac{\partial h(\mathbf{v})}{\partial b_i} = 0$ für alle $i = 0, 1, 2, 3$. Wir fordern also, dass alle partiellen Ableitungen bezüglich der Parameter b_i gleich null sein müssen. Für eindimensionale Zielfunktionen ist dieses Vorgehen aus dem Extremalprinzip zum Auffinden von Extremstellen bekannt. Das hier ist nur die logische Erweiterung auf den mehrdimensionalen Fall, da uns hier mehr als nur eine unabhängige Variable vorliegt. Diese Ableitungen lassen sich explizit ausrechnen:

$$\frac{\partial}{\partial b_i} h(\mathbf{v}) = \frac{\partial}{\partial b_i}\left[\sum_{k=1}^{n}(f(x_k) - y_k)^2\right] = \frac{\partial}{\partial b_i}\left[\sum_{k=1}^{n}\left(\sum_{j=0}^{3} b_j \cdot x_k^j - y_k\right)^2\right] =$$

$$= \sum_{k=1}^{n} 2 \cdot \left(\sum_{j=0}^{3} b_j \cdot x_k^j - y_k\right) \cdot x_k^i = 0 \quad \text{für alle } i = 0, \ldots, 3.$$

Wir können diese Gleichungen umschreiben in der Form:

$$\sum_{k=1}^{n}\left(\sum_{j=0}^{3} b_j \cdot x_k^j\right) \cdot x_k^i = \sum_{k=1}^{n} y_k \cdot x_k^i \iff \sum_{j=0}^{3}\underbrace{\left[\sum_{k=1}^{n} x_k^{i+j}\right]}_{=:a_{ij}} \cdot \underbrace{b_j}_{=:x_j} = \underbrace{\sum_{k=1}^{n} y_k \cdot x_k^i}_{=:r_i}. \quad (5.13)$$

5.6 Datenfitten von Polynomfunktionen

Jetzt erinnern wir uns an unsere Schreibweise für lineare Gleichungssysteme in Matrixform:

$$A \cdot \mathbf{v} = \mathbf{r} \quad \Longleftrightarrow \quad \sum_{j=0}^{3} a_{ij} \cdot b_j = r_i \quad \text{für alle } i = 0, 1, 2, 3.$$

Damit können wir Gl. 5.13 als LGS auffassen mit der Koeffizientenmatrix $A = (a_{ij}) = \left(\sum_{k=1}^{n} x_k^{i+j}\right) \in \mathbb{R}^{4\times 4}$ und der rechten Seite

$$\mathbf{r} = \begin{pmatrix} \sum_{k=1}^{n} y_k \cdot x_k^0 \\ \sum_{k=1}^{n} y_k \cdot x_k^1 \\ \sum_{k=1}^{n} y_k \cdot x_k^2 \\ \sum_{k=1}^{n} y_k \cdot x_k^3 \end{pmatrix} \in \mathbb{R}^4$$

und dem unbekannten, zu bestimmenden Lösungsvektor

$$\mathbf{v} = \begin{pmatrix} b_0 \\ b_1 \\ b_2 \\ b_3 \end{pmatrix} \in \mathbb{R}^4.$$

Das Fitten von Messdaten mit einer nichtlinearen Polynomfunktion ist also nichts weiter, als dieses vorliegende LGS $A \cdot \mathbf{v} = \mathbf{r}$ zu lösen. Da meistens eine große Anzahl an Messwerten vorliegt, übergibt man dieses LGS in der Regel an ein Computerprogramm und lässt sich den Lösungsvektor $\mathbf{v}$ berechnen. Dies mag verblüffend erscheinen, da das hier als Beispiel gewählte Polynom dritten Gerades eine nichtlineare Funktion ist. Das stimmt auch. Dieses Polynom ist nichtlinear in seinem Argument x, aber es ist linear in den Parametern b_i was erklärt, warum wir das Problem mit einem linearen Gleichungssystem lösen können. Wenn wir den gleichen Ansatz verfolgen wie oben beschrieben, aber als Zielfunktion eine Gerade $f(x) := a \cdot x + c$ wählen, mit den beiden Parametern $a, c \in \mathbb{R}$, dann erhalten wir ein überschaubares LGS der Größe 2×2. Die Koeffizientenmatrix ist wieder gegeben durch $A = (a_{ij}) = (\sum_{k=1}^{n} x_k^{i+j})_{ij}$, wobei i und j jetzt nur die beiden Werte 0 und 1 annehmen und $A \in \mathbb{R}^{2\times 2}$. Die rechte Seite ist gegeben durch:

$$\mathbf{r} = \begin{pmatrix} \sum_{k=1}^{n} y_k \\ \sum_{k=1}^{n} y_k \cdot x_k \end{pmatrix}.$$

Als Ergebnis erhalten wir die beiden Parameter a und c ($\mathbf{v} = (a, c)^T$), die eine Regressionsgerade durch unsere Messdaten beschreiben (s. Abb. 5.4, S. 174). Das ist die bekannte lineare Regressionsanalyse.

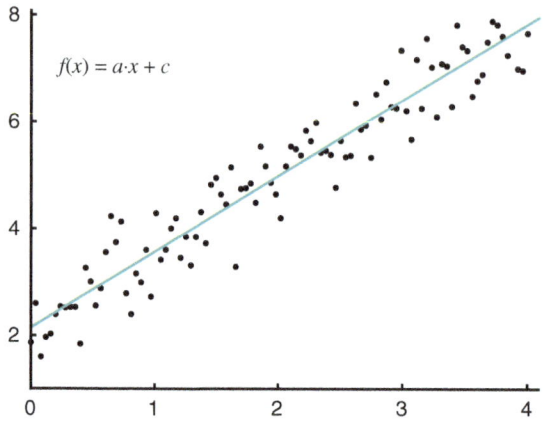

Abb. 5.4 Fit einer linearen Ausgleichsgeraden durch 100 verrauschte Messpunkte. Das Modell ist eine Geradengleichung $f(x) = a \cdot x + c$

5.7 Aufgaben

A1 Löst das lineare Gleichungssystem und bestimmt die Dimension des Lösungsraums:

$$3 \cdot x_1 + 4 \cdot x_2 + 6 \cdot x_3 - x_4 = 21$$
$$x_1 + 2 \cdot x_2 + 2 \cdot x_3 - x_4 = 7$$
$$2 \cdot x_1 + 2 \cdot x_2 + 3 \cdot x_3 = 11$$
$$x_1 + x_2 + 2 \cdot x_3 = 7.$$

A2 Berechnet die dritte Potenz der Matrix A:

$$A = \begin{pmatrix} 0 & 1 & 1 \\ 0 & 0 & 1 \\ 0 & 0 & 0 \end{pmatrix} \in \mathbb{R}^{3 \times 3}.$$

A3 Welche Eigenwerte hat die Matrix B?

$$B = \begin{pmatrix} 6 & 8 & 8 \\ 0 & -2 & 0 \\ -4 & -4 & -6 \end{pmatrix} \in \mathbb{R}^3$$

Wie lauten die zugehörigen Eigenvektoren? Ist B diagonalisierbar?

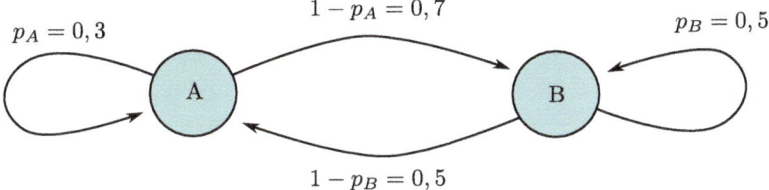

Abb. 5.5 Zweizustandssystem mit den Übergangswahrscheinlichkeiten p_A und p_B

A4 Wir betrachten das folgende System aus zwei Zuständen A und B. Mit einer Wahrscheinlichkeit von $p_A = 0{,}3$ bleibt Zustand A erhalten. Mit der komplementären Wahrscheinlichkeit $1 - p_A = 0{,}7$ wechselt man zu B. Für B gilt analog $p_B = 0{,}5$ und $1 - p_B = 0{,}5$ (Abb. 5.5). Ein zweidimensionaler Zustandsvektor $\mathbf{v} = (x, y)^T \in \mathbb{R}^2$ beschreibt einen Besetzungszustand. x beschreibt, zu wie vielen Teilen Zustand A besetzt ist, und y gibt die Besetzungsanzahl von Zustand B an. Die Matrix

$$A = \begin{pmatrix} p_A & 1 - p_B \\ 1 - p_A & p_B \end{pmatrix} = \begin{pmatrix} 0{,}3 & 0{,}5 \\ 0{,}7 & 0{,}5 \end{pmatrix} \in \mathbb{R}^{2 \times 2}$$

beschreibt das Übergangsverhalten des Systems. Die Einträge in jeder Spalte sind gerade die entsprechenden Übergangswahrscheinlichkeiten und alle Spalteneinträge summieren sich jeweils zu 1. Wendet man A auf einen Zustandsvektor des Systems an, so erhält man die neue Besetzungsverteilung. Gibt es für dieses System einen stationären Zustand? Gibt es also einen Zustandsvektor (Eigenvektor) $\mathbf{v}^* \in \mathbb{R}^2$ für den gilt

$$A \cdot \mathbf{v}^* = \mathbf{v}^* \; ?$$

Modellierung mit gewöhnlichen Differenzialgleichungen

6

Übersicht

6.1	Motivation	182
6.2	Mathematische Modellierung in den Biowissenschaften	186
	6.2.1 Was ist ein Modell?	186
	6.2.2 Warum lohnt es sich, mathematische Modelle zu formulieren?	188
	6.2.3 Modellierungsprozess	189
	6.2.4 Wann kann man gewöhnliche Differenzialgleichungen zum Modellieren verwenden?	190
6.3	Modellierung biochemischer Prozesse	193
	6.3.1 Die Grundprinzipien für das Aufstellen einer gewöhnlichen Differenzialgleichung	193
	6.3.2 Massenwirkungsgesetz	198
	6.3.3 Enzymkinetik	200
	6.3.4 Modellierung von Signalwegen	208
6.4	Einführung in die Theorie gewöhnlicher Differenzialgleichungen	211
	6.4.1 Lösbarkeit von Differenzialgleichungen	212
	6.4.2 Separation der Variablen	214
	6.4.3 Richtungsfeld	220
	6.4.4 Gleichgewichtspunkte	222
	6.4.5 Stabilität nichtlinearer Differenzialgleichungen	226
	6.4.6 Phasendiagramm	228
6.5	Systeme gewöhnlicher Differenzialgleichungen	230
	6.5.1 Lineare Systeme von gewöhnlichen Differenzialgleichungen	232
	6.5.2 Stabilität von Gleichgewichtspunkten bei linearen Systemen	246
	6.5.3 Nichtlineare Systeme von gewöhnlichen Differenzialgleichungen	250
	6.5.4 Phasendiagramm	262
6.6	Aufgaben	273

L. Adlung et al., *Tutorium Mathe für Biologen*,
DOI: 10.1007/978-3-642-37786-0_6, © Springer-Verlag Berlin Heidelberg 2014

6.1 Motivation

Wir haben bereits in Kap. 1 gesehen, dass Funktionen eine wichtige Rolle bei der Beschreibung biologischer Prozesse spielen. Die Exponentialfunktion ist z. B. geeignet, das Wachstum von *Escherichia coli* zu beschreiben. Die Gompertz-Funktion charakterisiert die Expansion eines Tumors. Ebenso gibt es Funktionen für die Veränderung der Konzentrationen von Blutvorläuferzellen über die Zeit.

Aber woher kommen diese Funktionen? Wie können sie angepasst werden, wenn wir ein verändertes biologisches System betrachten?

In diesem Kapitel werden wir uns mit Funktionen, die Lösungen von gewöhnlichen Differenzialgleichungen (abgekürzt DGL) sind, beschäftigen. Beim Aufstellen einer solchen Differenzialgleichung werden bereits vorhandene Informationen über das biologische System genutzt. Diesen Prozess nennen wir Modellierung. Die **Lösung** einer solchen Differenzialgleichung ist dann eine **Funktion**, die die Veränderung des biologischen Systems über die Zeit beschreibt.

Dr. Arnold kommt nach vielen Experimenten und statistischen Auswertungen zu einer neuen Erkenntnis, nämlich dass das Protein STAT5 einen entscheidenden Einfluss auf die Entwicklung einer Tumorart hat. Er hat schon ein recht klares Bild von den zellulären Abläufen gewonnen, allerdings hat er noch nicht verstanden, wie genau das Protein im Zellplasma mit anderen Zellbestandteilen interagiert. Bevor er viel Zeit und Geld in weitere *in vitro*-Experimente investiert, möchte Dr. Arnold durch ein *in silico*-Experiment Klarheit darüber erlangen, welche seiner Hypothesen über die Interaktion des Proteins die wahrscheinlichste ist. Er formuliert nun sein bisheriges Wissen sowie seine Hypothesen in Form einer Differenzialgleichung, deren Lösung die Veränderung der Proteinkonzentrationen über die Zeit beschreibt. Dann schätzt er die auftretenden Parameter und simuliert das System mithilfe eines Computerprogramms. Bei einer seiner Hypothesen stimmen die Messergebnisse besonders gut mit den Berechnungen überein und er kann sich daran machen, diese Hypothese experimentell zu überprüfen.

Gewöhnliche Differenzialgleichungen sind geeignet, viele verschiedene biologische Prozesse zu beschreiben. Wir werden uns primär mit der Modellierung biochemischer Prozesse auseinandersetzen, da diese in der aktuellen Forschung eine wichtige Rolle spielen. Wir wollen klarstellen, welche Voraussetzungen nötig sind, um mit gewöhnlichen Differenzialgleichungen zu modellieren, und welche Annahmen dabei implizit getroffen werden.

Wir wollen uns außerdem die mathematischen Grundlagen von Differenzialgleichungen erarbeiten. Oft produziert die erste Begegnung mit ihnen einen Knoten im Kopf, sodass wir Schritt für Schritt von relativ einfachen Gleichungen zu komplizierten nichtlinearen Systemen kommen werden, wie sie in der Biologie nötig sind. Wir werden uns mit verschiedenen analytischen Lösungsmethoden beschäftigen. Programme zur numerischen Lösung findet ihr online unter http://www.springer.com/978-3-642-37785-3.

Wichtiges in Kürze

- ein Modell ist ein vereinfachtes Abbild der Realität, das zur Beantwortung von Fragen erstellt wird (s. Abschn. 6.2.1, S. 186)
- in der Biologie unterscheidet man *in vivo-*, *in vitro-* und *in silico*-Modelle. (s. Abschn. 6.2.1, S. 186)
- ein mathematisches Modell ist quantitativ und dynamisch (s. Abschn. 6.2.1, S. 189)
- mathematische Modelle erlauben es, biologische Hypothesen zu überprüfen und neue Hypothesen zu generieren (s. Abschn. 6.2.2, S. 188)
- in einem mathematischen Modell kommen Zustandsvariablen, Konstanten und Parameter vor (s. Abschn. 6.2.3, S. 189)
- eine gewöhnliche Differenzialgleichung (DGL) hat die Form $\frac{d}{dt}u = f(u)$, dabei ist $f(u)$ die Rate und $u(t)$ die Lösung, die Rate muss modelliert und die Lösung berechnet werden (s. Abschn. 6.2.4, S. 190)
- ein Modell aus gewöhnlichen Differenzialgleichungen ist deterministisch, betrachtet die Zeit als kontinuierlich, den Raum als homogen und liefert eine makroskopische Beschreibung (s. Abschn. 6.2.4, S. 190)
- die Rate ist die Differenz aus Produktions- und Abbaurate $\frac{d}{dt}u = p(u) - d(u)$ (s. Abschn. 6.3.1, S. 193)
- das Massenwirkungsgesetz besagt, dass die Rate einer chemischen Reaktion gleich dem Produkt der Konzentrationen der Reaktanten hoch ihre Molekularität ist (s. Abschn. 6.3.2, S. 198)
- die Michaelis-Menten-Gleichung beschreibt die enzymkatalysierte Bildung eines Produkts durch die Rate $\frac{d}{dt}u_P = \frac{V_m u_S}{K_m + u_S}$ (s. Abschn. 6.3.3, S. 200)
- die Hill-Funktion beschreibt die Produktionsrate eines Produkts, dessen Bildung durch Enzyme mit n identischen Bindungsstellen katalysiert wird, durch die Rate $\frac{d}{dt}u_P = \frac{V_m u_S^n}{K_m^n + u_S^n}$ (s. Abschn. 6.3.3, S. 200)
- ein Anfangswertproblem (AWP) $\frac{d}{dt}u = f(u), u(0) = u_0$ hat eine eindeutige Lösung (s. Abschn. 6.4.1, S. 212)
- Separation der Variablen: $\int_0^u \frac{1}{f(\tilde{u})} d\tilde{u} = t + C$ ist eine Lösung der DGL $\frac{d}{dt}u = f(u)$ (s. Abschn. 6.4.2, S. 214)
- das lineare AWP $\frac{d}{dt}u = au, u(0) = u_0$ hat die Lösung $u_0 e^{at}$ (s. Abschn. 6.4.2, S. 214)
- die Lösungen der logistischen DGL $\frac{d}{dt}u = u(1-u)$ sind für Anfangswerte $0 < u_0 < 1$ Sigmoidfunktionen (s. Abschn. 6.4.2, S. 214)
- das Richtungsfeld ordnet einem Punkt (t, u) einen Vektor mit der Steigung $f(u)$ zu (s. Abschn. 6.4.3, S. 220)
- ein Gleichgewichtspunkt $\bar{u}$ ist eine konstante Lösung der DGL $\frac{d}{dt}u = f(u)$ und erfüllt $f(\bar{u}) = 0$ (s. Abschn. 6.4.4, S. 222)

- ein Gleichgewichtspunkt $\bar{u}$ ist anziehend stabil, wenn $f'(\bar{u}) < 0$ ist, und er ist instabil, wenn $f'(\bar{u}) > 0$ ist (s. Abschn. 6.4.5, S. 226)
- ein Phasendiagramm zeigt qualitativ, wie sich Lösungen der DGL $\frac{d}{dt}u = f(u)$ verhalten (s. Abschn. 6.4.6, S. 228)
- Lösungen einer einzelnen DGL sind entweder monoton (wachsend oder fallend) oder konstant (s. Abschn. 6.4.6, S. 228)
- ein System von zwei DGL hat die Form $\frac{d}{dt}u = f(u,v), \frac{d}{dt}v = g(u,v)$ (s. Abschn. 6.5, S. 230)
- ein AWP bei einem System von zwei DGL hat eine Anfangsbedingung $u(0) = u_0, v(0) = v_0$ (s. Abschn. 6.5, S. 230)
- ein lineares System von zwei DGL kann mit einer Systemmatrix $A = \begin{pmatrix} a & b \\ c & d \end{pmatrix}$ geschrieben werden

$$\begin{pmatrix} \frac{d}{dt}u \\ \frac{d}{dt}v \end{pmatrix} = A \cdot \begin{pmatrix} u \\ v \end{pmatrix} \quad \text{(s. Abschn. 6.5.1, S. 234)}$$

- die Lösung eines linearen AWP mit der Systemmatrix A ist gegeben durch

$$\begin{pmatrix} u(t) \\ v(t) \end{pmatrix} = e^{tA} \begin{pmatrix} u_0 \\ v_0 \end{pmatrix} \quad \text{(s. Abschn. 6.5.1, S. 236)}$$

- ist $A = \begin{pmatrix} \lambda_1 & 0 \\ 0 & \lambda_2 \end{pmatrix}$, dann ist

$$e^{tA} = \begin{pmatrix} e^{t\lambda_1} & 0 \\ 0 & e^{t\lambda_2} \end{pmatrix} \quad \text{(s. Abschn. 6.5.1, S. 237)}$$

- ist die Matrix $A = S \cdot D \cdot S^{-1}$ diagonalisierbar (s. Abschn. 5.5.3, S. 167), dann ist $e^{tA} = S \cdot e^{tD} \cdot S^{-1}$ (s. Abschn. 6.5.1, S. 232)
- hat die Systemmatrix A zwei reelle Eigenwerte λ_1 und λ_2 zu den Eigenvektoren v_1 und v_2, dann haben Lösungen die Form

$$\begin{pmatrix} u(t) \\ v(t) \end{pmatrix} = r_0 e^{\lambda_1 t} v_1 + s_0 e^{\lambda_2 t} v_2 \quad \text{(s. Abschn. 6.5.1, S. 232)}$$

- die Matrix $A = \begin{pmatrix} a & b \\ -b & a \end{pmatrix}$ hat die Eigenwerte $\lambda_{1/2} = a \pm ib$. (s. Abschn. 6.5.1, S. 232)
- ein lineares AWP mit der Systemmatrix $\begin{pmatrix} a & b \\ -b & a \end{pmatrix}$ hat die Lösung

6.1 Motivation

$$\begin{pmatrix} u(t) \\ v(t) \end{pmatrix} = u_0 e^{at} \begin{pmatrix} \cos bt \\ -\sin bt \end{pmatrix} + v_0 e^{at} \begin{pmatrix} \sin bt \\ \cos bt \end{pmatrix} \quad \text{(s. Abschn. 6.5.1, S. 232)}$$

- der Gleichgewichtspunkt $(\bar{u}, \bar{v})^T$ eines Systems von zwei DGL ist die Lösung von $f(\bar{u}, \bar{v}) = 0$ und $g(\bar{u}, \bar{v}) = 0$ (s. Abschn. 6.5.2, S. 246, und 6.5.3, S. 250)
- $(0, 0)^T$ ist immer Gleichgewichtspunkt eines linearen Systems von DGL; ist die Determinante der Systemmatrix ungleich null, dann ist er der einzige Gleichgewichtspunkt (s. Abschn. 6.5.2, S. 246)
- ein Gleichgewichtspunkt eines linearen Systems von DGL ist stabil, wenn beide Eigenwerte der Systemmatrix negativ oder null sind, er ist anziehend stabil, wenn beide Eigenwerte der Systemmatrix negativ sind, und er ist instabil, sobald ein Eigenwert positiv ist (s. Abschn. 6.5.2, S. 246)
- eine Funktion in zwei Variablen $f(u, v)$ hat zwei partielle Ableitungen $\frac{\partial}{\partial u} f(u, v)$ und $\frac{\partial}{\partial v} f(u, v)$ (s. Abschn. 6.5.3, S. 250)
- zwei Funktionen $f(u, v)$ und $g(u, v)$ haben eine Jacobi-Matrix

$$J(u, v) = \begin{pmatrix} \frac{\partial}{\partial u} f(u, v) & \frac{\partial}{\partial v} f(u, v) \\ \frac{\partial}{\partial u} g(u, v) & \frac{\partial}{\partial v} g(u, v) \end{pmatrix} \quad \text{(s. Abschn. 6.5.3, S. 254)}$$

- ein Gleichgewichtspunkt $(\bar{u}, \bar{v})^T$ eines nichtlinearen Systems von DGL ist anziehend stabil, wenn die Jacobi-Matrix $J(\bar{u}, \bar{v})$ zwei negative Eigenwerte hat bzw. zwei Eigenwerte mit negativem Realteil, und er ist instabil, sobald $J(\bar{u}, \bar{v})$ einen positiven Eigenwert hat bzw. einen Eigenwert mit positivem Realteil (s. Abschn. 6.5.3, S. 250)
- ein Phasendiagramm eines Systems von zwei DGL beschreibt qualitativ den Verlauf von Lösungen; zu seiner Erstellung werden die Nullklinen $f(u, v) = 0$ und $g(u, v) = 0$ berechnet (s. Abschn. 6.5.4, S. 262)
- wenn ein System von DGL mit dem Gleichgewichtspunkt $(\bar{u}, \bar{v})^T$ die Jacobi-Matrix $J(\bar{u}, \bar{v})$ hat, die zwei reelle Eigenwerte λ_1 und λ_2 besitzt, dann heißt der Gleichgewichtspunkt
  - stabiler Knoten, wenn λ_1 und λ_2 positiv sind,
  - instabiler Knoten, wenn λ_1 und λ_2 negativ sind, und
  - Sattelpunkt, wenn λ_1 und λ_2 unterschiedliche Vorzeichen haben
- hat die Jacobi-Matrix $J(\bar{u}, \bar{v})$ eines Systems von DGL zwei komplexe Eigenwerte $a + ib$ und $a - ib$, dann heißt der Gleichgewichtspunkt $(\bar{u}, \bar{v})^T$
  - stabile Spirale, wenn a negativ ist,
  - instabile Spirale, wenn a positiv ist, und
  - neutrales Zentrum, wenn $a = 0$ ist. (s. Abschn. 6.5.4, S. 262)

6.2 Mathematische Modellierung in den Biowissenschaften

Wir wollen dieses Kapitel nutzen, um zu erklären, was wir unter einem Modell und dem Prozess der mathematischen Modellierung verstehen. Um Modellierung gezielt zur Erkenntnisgewinnung einsetzen zu können, ist es wichtig zu wissen, was Modelle leisten können, aber auch, wozu sie nicht fähig sind. Dabei richtet sich unser Augenmerk auf Modelle, die aus gewöhnlichen Differenzialgleichungen bestehen.

6.2.1 Was ist ein Modell?

Ein Modell ist ein **vereinfachtes Abbild der Realität**, das verwendet wird, um bestimmte Fragen zu beantworten. Ob ein Modell geeignet ist, hängt von der Fragestellung ab. Interessieren wir uns für physikalische Eigenschaften der Zelle als Ganzes, dann kann eine Kugel ein gutes Modell für die Zelle sein. Wollen wir hingegen etwas über den Stoffwechsel in der Zelle erfahren, dann sind Chemikalien ein besseres Modell. Wollen wir etwas über das Zellverhalten wissen, dann kann eine Zellkultur ein geeignetes Modell sein.

Auch jede grafische Darstellung einer Zelle ist ein Modell. Und je nachdem, welche Aspekte einer Zelle beschrieben werden, können diese Bilder sehr unterschiedlich sein. In Abb. 6.1 sind zwei verschiedene grafische Modelle einer Zelle zu sehen. Die linke Darstellung verschaulicht die Ionenungleichverteilung an der Zellmembran, die rechte Darstellung die Grundbestandteile des reduzierten MAP-Kinase-Signalwegs. Beide Modelle zeigen nur die für den betrachteten Prozess relevanten Komponenten der Zelle.

Ein Modell ist hier eine **Repräsentation eines biologischen Systems** mit Objekten, Beziehungen und/oder Abläufen. Die Objekte können Gewebe, Zellen oder Moleküle sein. Abläufe sind Wechselwirkungen und Reaktionen. Ein System verstehen wir dabei als ein hypothetisches Konstrukt, von dem man vermutet, dass es einen Teil der Realität abbildet. Gerade bei vielen molekularen Prozessen wissen wir nicht genau, wie sie funktionieren. Wir können aber aus unseren Hypothesen ein Modell formulieren und überprüfen, welche Hypothesen wahr und welche falsch sind.

Typen von Modellen

Grundsätzlich werden in der Biologie drei Typen von Modellen und Experimenten unterschieden.

Experimente innerhalb eines Organismus, z. B. in der Maus, werden als *in vivo*-**Experimente** bezeichnet. Es gibt für jedes Teilgebiet der Biologie Modellorganismen. Die Maus ist eines der wichtigsten *in vivo*-**Modelle**.

Experimente, die außerhalb eines Organismus, also z. B. in einer Zellkultur stattfinden, nennt man *in vitro*-**Experimente**. Die Zellkultur ist ein *in vitro*-**Modell**.

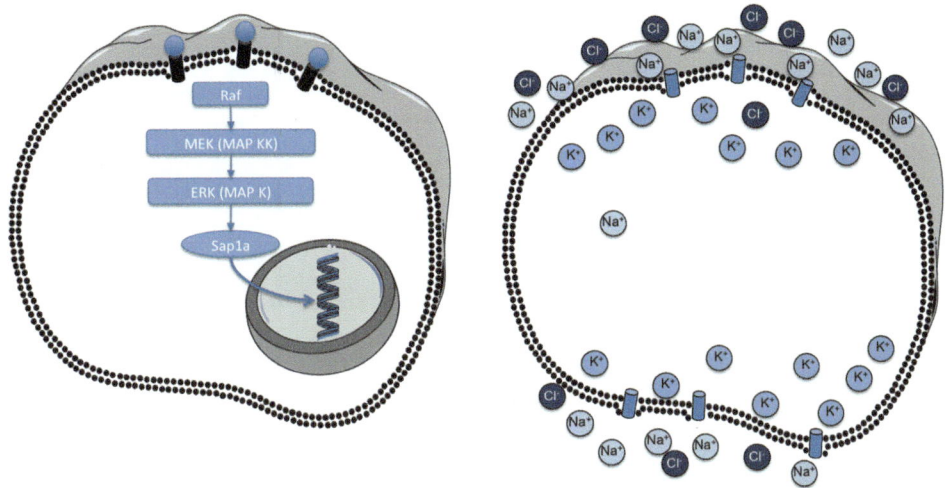

Abb. 6.1 Grafische Modelle einer Zelle. Eine Grafik veranschaulicht die Ionenungleichverteilung an der Zellmembran (*rechts*), die andere die Grundbestandteile des reduzierten MAP-Kinase-Signalwegs (*links*). (Die Abbildung wurde mit freundlicher Genehmigung unter Verwendung von Servier Medical Art erstellt.)

Computermodelle und mathematische Modelle werden als *in silico*-**Modelle** bezeichnet. *in silico*-**Experimente** sind Simulationen dieser Modelle.

Mathematische Modelle

Ein mathematisches Modell ist grundsätzlich **quantitativ**, d. h. der Zustand des Systems wird nicht in Worten oder Bildern beschrieben, sondern durch messbare Größen angegeben. Ein qualitatives Modell kann z. B. sagen, ob jemand krank oder gesund ist, ein quantitatives Modell gibt dies in Zahlen an. Geeignete messbare Größen sind die Konzentrationen von Proteinen, Viren oder anderen Biomolekülen, aber auch die Größe eines Tumors oder die Länge eines Biomoleküls. Die Auswahl der Komponenten, die durch das Modell beschrieben werden, ist ein wichtiger Teil des Modellierungsprozesses.

Weiterhin ist ein mathematisches Modell **dynamisch**. Es beschreibt also keine Momentaufnahmen (Snapshot-Daten), sondern die **Veränderung** des Systems über einen gewissen Zeitraum.

Die Bedeutung von Skalen für mathematische Modelle

Biologische Prozesse finden auf sehr unterschiedlichen zeitlichen und räumlichen Skalen statt (Abb. 6.2). Je mehr Skalen in ein Modell integriert sind, umso schwieriger ist es mathematisch zu analysieren oder mithilfe eines Computer zu simulieren. Daher sollte man darauf achten, nicht zu viele verschiedene Skalen in einem Modell zu vereinen [4]. Auf der

Abb. 6.2 Verschiedene räumliche und zeitliche Skalen in der Biologie (nach Klipp et al.: Systems Biology. Seite 4. 2009. Copyright Wiley-VCH Verlag GmbH & Co. KGaA. Abdruck mit freundlicher Genehmigung.)

anderen Seite ist es nur durch mathematische Verfahren möglich, die Auswirkungen von Prozessen, die auf einer Skala stattfinden, auf das Verhalten des Systems auf einer anderen Skala vorherzusagen. So ist eine wichtige Fragestellung, wie sich biochemische Prozesse, die auf einer Nanoskala stattfinden, auf die Entwicklung von Zellen und Geweben auswirken.

6.2.2 Warum lohnt es sich, mathematische Modelle zu formulieren?

Zunächst wollen wir einmal klarstellen, dass Mathematik und Computer nicht alle biologischen Experimente ersetzen sollen. Ohne den Abgleich mit experimentellen Daten ist ein Modell nichts wert. Dennoch gibt es viele gute Gründe, die biologische Erkenntnisgewinnung durch mathematische Modellierung zu unterstützen. Wir modellieren nicht um des Modellierens willen, sondern um eine biologische Frage adäquat zu beantworten.

Die biologische Forschung generiert immer mehr Erkenntnisse über Enzyme, Signalmoleküle und andere Substanzen. Jetzt ist es notwendig, diese Erkenntnisse zusammenzuführen und die **molekularen Mechanismen** zu untersuchen, die den experimentellen Beobachtungen zugrunde liegen. Durch einfache Überlegungen ist es allerdings unmöglich, das Verhalten eines biologischen Systems vorherzusagen. Biologische Systeme sind so komplex, dass man sie nicht intuitiv verstehen kann (s. Beispiel 1.3, S. 42). Die schiere Menge an interagierenden Komponenten ermöglicht eine Vielzahl von komplexen Verhaltensmöglichkeiten. Durch mathematische Modellierung ist es möglich, systematisch das Verhalten biologischer Systeme zu untersuchen. Durch Modelle können wir prüfen, ob die Vorstellungen, die wir von einem biologischen System haben, unsere Beobachtungen erklären können. Modelle erlauben uns, die Wirkung von verschiedenen Größen auf ein biologisches System zu untersuchen, auch wenn das experimentell nicht möglich ist. Wir können mit ihnen Größen abschätzen, die nicht direkt gemessen werden können.

Des Weiteren können durch Modellierung und Simulationen **neue Hypothesen** erzeugt werden, die dann experimentell überprüft werden können. Mathematische Modelle

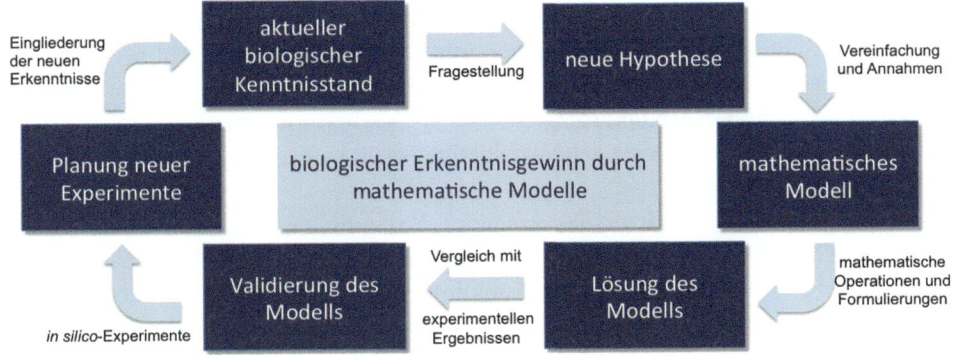

Abb. 6.3 Flussdiagramm zur Veranschaulichung des Modellierungsprozesses

erlauben es, aus gewonnenen Erkenntnissen neue Schlüsse zu ziehen und Vorhersagen zu treffen.

Und nicht zuletzt sind die Kosten für eine mathematische Modellierung erheblich geringer als für biologische Experimente und es werden auch keine Versuchstiere benötigt.

6.2.3 Modellierungsprozess

Jedes Modell vereinfacht und abstrahiert das repräsentierte System. Es berücksichtigt nur die für die Fragestellung relevanten Teilaspekte. Daher ist es wichtig, diejenigen Komponenten eines biologischen Systems zu identifizieren, die relevant für die Beantwortung der Fragestellung sind. Diese Komponenten heißen **Zustandsvariablen** des Systems. Das kann z. B. die Konzentration des an einem Signalweg beteiligten Proteins sein oder der Aktivierungszustand eines Gens. Die Zustandsvariablen sind zeitabhängig.

Neben den Zustandsvariablen kommen in mathematischen Modellen auch Konstanten und Parameter vor. **Konstanten** sind unveränderlich und haben einen festen Wert, wie z. B. die Gaskonstante $R = 8{,}3144621\, Jmol^{-1}K^{-1}$ oder die Kreiszahl $\pi = 3{,}14159\ldots$. **Parameter** sind im Modell mit der Zeit unveränderlich, aber ihre Werte müssen anhand von experimentellen Messungen geschätzt werden. Parameter sind z. B. Proportionalitätskonstanten oder der Wachstumsmodifikator der Gompertz-Kurve (s. Abschn. 1.2.3, S. 17). Zur Schätzung von Parametern werden Verfahren verwendet, denen die gleiche Idee zugrunde liegt, wie dem Aufstellen einer Regressionsgeraden (s. Abschn. 2.3.2, S. 67).

Der Prozess der Modellierung verlangt ein enges Ineinandergreifen von biologischen und mathematischen Experimenten (Abb. 6.3).

Biologisches Wissen und Hypothesen werden mathematisch formuliert. Dabei werden viele Annahmen getroffen und Vereinfachungen gemacht. Das Modell wird durch biologische Experimente validiert, d. h. es wird so angepasst, dass es bekannte Daten reproduzieren kann. Mit dem validierten Modell wiederum werden *in silico*-Experimente durchgeführt. Diese Simulationen werden unter bestimmten Bedingungen gemacht, die es erlauben, Schlüsse zu ziehen. Dies liefert im besten Fall Vorhersagen und neue Hypothesen, die experimentell überprüft werden und somit eine weitere Verbesserung des Modells implizieren.

Im Wesentlichen werden in der Modellierung zwei Ansätze der Modellbildung unterschieden [21]:

Bottom-up Das Wissen über die einzelnen Teile des Systems und seine Verknüpfungen wird modelliert. Dann werden die Verhaltensmöglichkeiten untersucht. Die zugrunde liegende Idee besteht darin, dass man die Funktionsweise eines Systems nur verstehen kann, wenn man seine Komponenten versteht.

Top-down Das Wissen über das gewünschte Verhalten des Systems steht am Anfang und man modelliert ein System, das dieses Verhalten zeigt. Dieses Vorgehen erlaubt es, die Grundbausteine von Netzwerken zu identifizieren [22].

Besonders bei Bottom-up-Ansätzen sollte das Modell zu Beginn so einfach wie möglich sein. Erst langsam werden neue Aspekte hinzugefügt, um zu beobachten, zu welchen Veränderungen sie führen. So kann systematisch überprüft werden, welcher Teil der Gleichung welchen Einfluss auf die Lösungskurven hat. Auf der anderen Seite ist es möglich, durch eine Analyse eines Netzwerks die wesentlichen Komponenten herauszustellen, umso das Modell immer mehr auf das Wesentliche zu reduzieren.

6.2.4 Wann kann man gewöhnliche Differenzialgleichungen zum Modellieren verwenden?

Grundsätzlich gibt es verschiedene mathematische Ansätze, ein Modell zu formulieren. Modelle sind Idealisierungen, die auf Annahmen beruhen. Bereits durch die Wahl der Art des Modells treffen wir Annahmen, setzen Beziehungen voraus und entscheiden uns für eine Beschreibungsebene. Je nach Ansatz wird ein biologisches System auf unterschiedlichen Niveaus von Detailtreue, Komplexität und Informationsgehalt beschrieben.

Beispiel 6.1

Im Folgenden nennen wir vier biologische Prozesse, die unterschiedliche Beschreibungen benötigen, die in einem Modell verwirklicht werden können.

- Will man Genexpressionsprofile untersuchen, in welchen die Aktivität eines Gens beschrieben wird, dann ist ein Netzwerk geeignet, in dem jedes Gen nur zwei mögliche Zustände annehmen kann: aktiv oder inaktiv (s. Abschn. 3.8.1, S. 92).
- Man kann die Entwicklung einer kleinen Anzahl von Zellen durch die Angabe, wie sie benachbarte Zellen beeinflussen, beschreiben.
- Die Ausbreitung von Epidemien kann durch die Angabe des Anteils infizierter Menschen an der Gesamtpopulation zu jedem Zeitpunkt in einer Region beschrieben werden.

- Um die Bewegung eines Moleküls in der Zelle zu beschreiben, kann man durch Fluoreszenzspektroskopie seinen aktuellen Ort messen und die möglichen Bewegungsrichtungen zu jedem Zeitpunkt angeben. □

Was ist eine Differenzialgleichung?

Wir wollen hier klären, welche Annahmen getroffen werden, wenn wir uns für eine gewöhnliche Differenzialgleichung (abgekürzt Differenzialgleichung oder DGL) entscheiden. Dafür wollen wir kurz erklären, was eine DGL und ihre Lösung ist. Keine Angst, falls ihr beim ersten Lesen das Gefühl habt, einen Knoten im Kopf zu bekommen. Wir werden es später noch einmal ausführlicher erklären.

Der Name **Differenzial**gleichung verrät, dass es eine Gleichung ist, die etwas mit Differenzieren, also Ableiten (s. Abschn. 1.4, S. 28), zu tun hat. Und zwar ist eine Differenzialgleichung eine Gleichung, in der sowohl eine Funktion $u(t)$ als auch deren Ableitung $\frac{d}{dt} u(t)$ vorkommen.

Beispiel 6.2

Ein Beispiel ist die Differenzialgleichung $\frac{d}{dt} u(t) = u(t)$. Eine Lösung dieser DGL ist eine Funktion $u(t)$, deren Ableitung gleich der ursprünglichen Funktion ist. Ein Blick in Tab. 1.3 (S. 34) verrät, dass dies auf die Exponentialfunktion zutrifft. Wir sagen daher, dass die Funktion $u(t) = \exp(t)$ eine Lösung der DGL $\frac{d}{dt} u(t) = u(t)$ ist, denn es gilt

$$\frac{d}{dt} u(t) = \frac{d}{dt} \exp(t) = \exp(t) = u(t).$$

□

Wir werden uns in diesem Kapitel mit Differenzialgleichungen beschäftigen, die die Form

$$\frac{d}{dt} u(t) = f(u(t))$$

haben. Die Funktion $f(u)$ heißt **Rate** und muss modelliert werden. In diese Funktion fließt unser biologisches Wissen über Produktion, Abbau und Interaktionen eines Biomoleküls. Die Funktion $u(t)$ ist die **Lösung** der DGL und beschreibt die Veränderung der Konzentration des Biomoleküls über die Zeit.

Annahmen, die bei der Wahl von Differenzialgleichungen getroffen werden

Bei der Wahl eines mathematischen Modells in Form von Differenzialgleichungen entscheiden wir uns für die folgende Betrachtungsweise von Zeit, Raum, Beschreibungsebene und Reproduzierbarkeit.

Zeit Die Zeit wird als **kontinuierlich** betrachtet. Das bedeutet, dass das Modell den Zustand des Systems zu jedem beliebigen Zeitpunkt ab einem Startzeitpunkt beschreibt. Das Gegenteil davon ist eine diskrete Zeit, was bedeutet, dass das System nur zu gewissen Zeitpunkten mit festen Abständen beschrieben wird. Ein Modell, in dem die Zeit als diskret betrachtet wird, ist z. B. sinnvoll, wenn man Genexpressionsprofile beschreiben möchte, die durch Exomsequenzierung zu festen Zeiten während einer Krebstherapie gewonnen wurden. Für molekulare Prozesse hingegen kann man meist keinen festen Zeitschritt bestimmen, in dem alle Änderungen gleichzeitig stattfinden, deshalb ist die Zeit t eine reelle Zahl und damit kontinuierlich.

Der Zustand des Systems hängt von der Zeit ab, aber nicht die Regeln, die die Veränderung des Systems beschreiben. Ist also ein System zu verschiedenen Zeitpunkten im gleichen Zustand, dann wird es sich auch auf die gleiche Art und Weise weiterentwickeln.

Raum Der Raum wird als **homogen** betrachtet. Das bedeutet, dass das Modell keine räumlichen Unterschiede beschreibt. Es nimmt an, dass alle relevanten Substanzen **gut gemischt** und an allen Stellen gleichmäßig verteilt sind. Wenn es räumliche Unterschiede gibt, dann werden sie so schnell ausgeglichen, dass man sie vernachlässigen kann. Es ist also nicht möglich, die räumliche Ausbreitung eines Stoffes zu untersuchen, um z. B. Diffusionsprozesse zu beschreiben.

Beschreibungsebene Die Beschreibung des Systems ist **makroskopisch**. Wir untersuchen nicht einzelne Zellen oder Moleküle, sondern betrachten Konzentrationen von Stoffen (Anzahl der Moleküle pro Volumeneinheit). Für die Beschreibung der Veränderungen eines einzelnen Moleküls spielen zufällige Effekte eine große Rolle, die aber für die Entwicklung der Molekülkonzentration ignoriert werden können, vorausgesetzt die Konzentration ist nicht zu gering.

Modell Das Modell ist **deterministisch**, d. h. durch den Zustand des Systems zu einem Anfangszeitpunkt ist der Zustand zu jedem späteren Zeitpunkt durch das Modell eindeutig bestimmt. Die Ergebnisse einer Simulation sind daher **reproduzierbar**. Das Gegenteil sind stochastische Modelle, bei denen die Entwicklung von Wahrscheinlichkeitsverteilungen beschrieben wird.

Wenngleich diese Annahmen nicht in Gänze für ein biologisches System gelten, stellen sie doch eine vernünftige Näherung dar, mit der sich gut rechnen lässt. Am problematischsten ist sicherlich die Annahme, dass alle Stoffe immer gut gemischt sind. In einer Zelle ist nicht alles zu einer homogenen Suppe verrührt, sondern sie hat eine Struktur. Eine Betrachtung von räumlicher Ausbreitung, z. B. durch Diffusionsprozesse, ist durch partielle Differenzialgleichungen möglich, deren Betrachtung allerdings den Rahmen dieses Buches sprengen würde.

Modellierung mit gewöhnlichen Differenzialgleichungen

Ein Modell, bestehend aus gewöhnlichen Differenzialgleichungen, beschreibt die **kontinuierliche zeitliche Veränderung** eines biologischen Systems. Die Zustandsvariablen des Systems sind zeitabhängige Funktionen, die die Konzentrationen der betrachteten Substanzen zu jedem Zeitpunkt angeben.

Ein Modell aus DGL ist **deterministisch**, liefert eine **makroskopische Beschreibung** des biologischen Systems und betrachtet den Raum als **homogen**.

6.3 Modellierung biochemischer Prozesse

Das Verständnis biochemischer Reaktionen ist in den modernen Biowissenschaften von großer Bedeutung. Diese Reaktionen sind die Grundlage für metabolische Netzwerke, Signalkaskaden oder die Bindung von Transkriptionsfaktoren an die DNA. Alle physiologischen und metabolischen Phänomene sind durch komplexe Netzwerke zellulärer und molekularer Interaktionen reguliert.

Biochemische Prozesse sind sehr gut geeignet, durch gewöhnliche Differenzialgleichungen modelliert zu werden, da die in Abschn. 6.2.4 formulierten Voraussetzungen zutreffen. Wir müssen jedoch beachten, dass eine DGL keine räumliche Ausbreitung modellieren kann. Diffusionsprozesse müssen daher schnell genug sein, um vernächlässigt werden zu können. Unterschiedliche Konzentrationen von Biomolekülen in den verschiedenen Kompartimenten der Zelle stellen hingegen kein Problem dar. Es ist möglich, je eine Gleichung für die Konzentration eines Biomoleküls z. B. im Nucleus und im Cytosol zu formulieren.

6.3.1 Die Grundprinzipien für das Aufstellen einer gewöhnlichen Differenzialgleichung

Biochemische Prozesse bestehen darin, dass Moleküle einer Art in Moleküle anderer Art umgewandelt werden. Durch diese Reaktionen ändern sich die Konzentrationen der Biomoleküle (Anzahl der Moleküle pro Volumeneinheit). Von Interesse sind daher Funktionen, die die Veränderung der Konzentrationen der beteiligten Biomoleküle über die Zeit beschreiben. Diese Funktionen sind die Zustandsvariablen des Modells. Wir bezeichnen die Zeit mit $t \geq 0$ und nennen die Funktion, die einem Zeitpunkt t die Konzentration des Biomoleküls zu diesem Zeitpunkt $u(t)$ zuordnet, u. Die Ableitung $\frac{d}{dt}u(t)$ (s. Abschn. 1.4, S. 28) beschreibt die momentane Änderungsrate der Konzentration, also ob sie gerade mehr wird oder weniger.

Haben wir experimentelle Daten, dann können wir diese Funktion bestimmen, indem wir versuchen, bekannte Funktionen so anzupassen, dass sie die Daten gut beschreiben (s. Abschn. 1.2.3, S. 17). In der Realität beschreiben unsere Daten aber nur selten eine lupenreine Gerade oder Exponentialfunktion, sodass wir diese Funktionen raten können, und das auch nur in einfachen Fällen. Oft ist es sogar (noch) nicht möglich, die Daten, die uns interessieren, zu erheben.

Wir benötigen also eine systematische Methode, biologische Informationen in Funktionen zu übersetzen. Eine Möglichkeit dies zu tun besteht darin, eine gewöhnliche Differenzialgleichung für die Konzentrationen der involvierten Biomoleküle aufzustellen. Diese Methode werden wir jetzt kennenlernen.

Beispiel 6.3

In Beispiel 1.1 (s. S. 11) haben wir gesehen, dass sich das Wachstum des Bakteriums *E. coli* durch die Exponentialfunktion $u(t) = u_0 e^{kt}$ beschreiben lässt, zumindest solange die Bakterien genug Platz und Nahrung haben. Die Ableitung der Exponentialfunktion lautet

$$\frac{d}{dt}u(t) = \frac{d}{dt}u_0 e^{kt} = u_0 \cdot \frac{d}{dt}e^{kt} = u_0 \cdot ke^{kt} = k \cdot u_0 e^{kt} = k \cdot u(t),$$

ist also gleich der ursprünglichen Funktion mal k. Wir sagen daher, dass die Exponentialfunktion eine Lösung der gewöhnlichen Differenzialgleichung

$$\frac{d}{dt}u(t) = ku(t)$$

ist. □

Normalerweise kennen wir aber die Lösung der Differenzialgleichung nicht, sondern müssen unser biologisches Wissen verwenden, um die Gleichung aufzustellen.

Zunächst ist es nötig, die Biologie des zu beschreibenden Systems gut zu kennen. Es ist wichtig zu wissen, welche Moleküle auf welche Art und Weise zu neuen Verbingungen reagieren. Diese Information wird übersetzt in eine **Änderungsrate**. Wissen wir, dass Molekül A mit Molekül B zu Molekül C reagiert, dann heißt das, dass die Konzentrationen von A und B kleiner werden, also eine negative Änderungsrate haben, wohingegen die Änderungsrate der Konzentration von C positiv ist.

Die Änderungsrate wird häufig abkürzend **Rate** oder **Reaktionsrate** genannt. Sie setzt sich zusammen aus einer **Produktionsrate**, die alle Prozesse beinhaltet, die dazu führen, dass die Konzentration des Moleküls zunimmt, und einer **Abbaurate**, die alle Prozesse umfasst, die dazu führen, dass die Konzentration des Moleküls abnimmt. Da bei einer Reaktion (meistens) umso mehr Moleküle miteinander reagieren, je mehr vorhanden sind, hängen sowohl Produktionsrate als auch Abbaurate von deren aktuellen Molekülkonzentrationen ab.

Aufstellen einer Gleichung

Betrachten wir zunächst ein einzelnes Molekül. Die Zustandsvariable des Systems ist $u(t)$, die Konzentration des Moleküls zu einem Zeitpunkt t. Wir nehmen an, dass sich die Konzentrationen anderer Moleküle so wenig ändern, dass man sie als konstant betrachten kann. Sie können in der Gleichung als Parameter vorkommen. Wir können uns auch eine Bakterienkolonie in einem Nährmedium vorstellen. Die Zustandsvariable des Systems dann ist $u(t)$, die Konzentration der Bakterien zu einem Zeitpunkt t.

Produktion und Abbau hängen in dieser Situation nur von der Konzentration des betrachteten Moleküls bzw. der Bakterien sowie von Parametern ab. Die Produktionsrate bezeichnen wir mit $p(u(t))$ und die Abbaurate mit $d(u(t))$ (engl. *decay rate*). Beide Funktionen hängen von der momentanen Molekülkonzentration $u(t)$ ab. Die Reaktionsrate ist die Differenz von Produktionsrate und Abbaurate.

Da die Änderungsrate einer Funktion durch ihre Ableitung $\frac{d}{dt}u(t)$ gegeben ist, liefert uns die folgende Gleichung die Information, wovon die Änderungsrate abhängt

$$\begin{aligned} \text{Änderungsrate} &= + \text{Produktionsrate} - \text{Abbaurate} \\ \frac{d}{dt}u(t) &= + \quad p(u(t)) \quad - \quad d(u(t)). \end{aligned}$$

Wir können die Reaktionsrate zusammenfassend als eine Funktion $f(u(t)) = p(u(t)) - d(u(t))$ schreiben, dann erhalten wir eine Gleichung der Form

$$\frac{d}{dt}u(t) = f(u(t)) = p(u(t)) - d(u(t)). \tag{6.1}$$

Das ist eine gewöhnliche Differenzialgleichung. Eine Lösung dieser Gleichung ist eine Funktion $u(t)$, deren Ableitung sich durch Einsetzen von $u(t)$ in die Reaktionsrate $f(u)$ ausrechnen lässt. Wir schreiben ab sofort verkürzend dafür

$$\frac{d}{dt}u = f(u) = p(u) - d(u),$$

da zwei Funktionen gleich sind, wenn sie für alle Werte von t, die man einsetzen kann, gleich sind.

Die Differenzialgleichung 6.1 beschreibt die Regeln, nach denen sich die Molekül- oder Bakterienkonzentration verändert. Der Zustand des Systems, also die Konzentration zu einem gewissen Zeitpunkt $u(t)$, hängt aber nicht nur von den Regeln für die Veränderung ab, sondern auch vom Anfangszustand u_0 des Systems, also der Konzentration zu einem Anfangszeitpunkt $t = 0$. Dieser Anfangswert muss positiv sein, da er sonst keine sinnvolle biologische Interpretation hat.

Ein **Anfangswertproblem** ist eine Differenzialgleichung zusammen mit der Information, welchen Wert die Lösungsfunktion $u(t)$ zu einem Anfangszeitpunkt $t = 0$ haben soll. Dies liefert uns

$$\frac{d}{dt}u(t) = f(u(t)), u(0) = u_0.$$

> **Gewöhnliche Differenzialgleichung**
> Eine Gleichung der Form $\frac{d}{dt}u(t) = f(u(t))$ heißt **gewöhnliche Differenzialgleichung** (DGL).
>
> Die Funktion $f(u)$ heißt **Reaktionsrate** und ist die Differenz aus Produktions- und Abbaurate. Die Reaktionsrate $f(u)$ beschreibt, wie die Änderungsrate $\frac{d}{dt}u$ der Molekülkonzentration von der vorhandenen Molekülkonzentration abhängt.

> Ein **Anfangswertproblem** ist eine DGL zusammen mit einer Anfangsbedingung $u(0) = u_0$.
>
> Eine **Lösung des Anfangswertproblems** ist eine Funktion $u(t)$, deren Ableitung sich in der Form $f(u(t))$ ausdrücken lässt und die zusätzlich die Anfangsbedingung erfüllt.

Wir kennen bereits aus Beispiel 6.3 (s. S. 194) die DGL, deren Lösung die Exponentialfunktion ist. Hier wollen wir zeigen, wie man, ohne die Lösung schon zu kennen, dieselbe DGL aufstellen kann.

Beispiel 6.4

Wir betrachten wie in Beispiel 1.1 (s. S. 11) *E. coli*-Bakterien in einem Nährmedium und wollen die Veränderung der Bakterienkonzentration beschreiben. Die Zustandsvariable des Systems ist hier $u(t)$, also die Konzentration der Bakterien in dem Nährmedium.

Solange ausreichend Platz und Nahrung vorhanden sind, ist es eine plausible Annahme, dass die Produktionsrate (oder in diesem Kontext eher die Wachstumsrate) proportional zur vorhandenen Bakterienkonzentration ist. Je mehr Bakterien vorhanden sind, umso stärker können sie sich vermehren. Wir bezeichnen die Proportionalitätskonstante mit k. Somit hat die Produktionsrate die Form $p(u) = ku$. Ein Absterben der Bakterien ignorieren wir, d. h. die Abbaurate $d(u)$ ist gleich null.

Auf „Mathematisch" bedeutet dies, dass die Reaktionsrate die Form $f(u) = p(u) - 0 = ku$ hat. Daher ist die Funktion u, die die Veränderung der Bakterienkonzentration zum Anfangswert u_0 über die Zeit beschreibt, eine Lösung des Anfangswertproblems

$$\frac{\mathrm{d}}{\mathrm{d}t}u = ku, \quad u(0) = u_0. \tag{6.2}$$

Wir haben in Beispiel 6.3 nachgerechnet, dass die Exponentialfunktion $u(t) = u_0 e^{kt}$ die DGL $\frac{\mathrm{d}}{\mathrm{d}t}u(t) = k \cdot u(t)$ erfüllt. Nun müssen wir noch prüfen, ob auch die Anfangsbedingung erfüllt ist. Setzen wir $t = 0$ in die Funktion ein, dann erhalten wir $u(0) = u_0 e^{k \cdot 0} = u_0 e^0 = u_0 \cdot 1 = u_0$, weshalb $u(t) = u_0 e^{kt}$ eine Lösung des Anfangswertproblems 6.2 ist. Die Differenzialgleichung 6.2 heißt linear, da die Funktion $f(u) = ku$ linear ist.

In der Realität ist allerdings nie unbegrenzt Nahrung und Platz vorhanden. Je größer die Bakterienkonzentration ist, umso langsamer nimmt sie zu, bis sie sich auf einen Wert einpendelt, bei dem Wachstum und Absterben ausgeglichen sind. Ist die Bakterienkonzentration größer als dieser Schwellenwert, dann sterben mehr Mikroorganismen, als sich vermehren können. Das Wachstum ist somit einerseits proportional zur vorhandenen Bakterienkonzentration $u(t)$, andererseits aber auch zur Funktion $K - u(t)$, die die noch verbliebene Kapazität an Nahrung und Platz beschreibt. Mit der Gleichung

$$\frac{\mathrm{d}}{\mathrm{d}t}u = ku(K-u), \quad u(0) = u_0 \tag{6.3}$$

lässt sich dieses Verhalten modellieren.

Die Lösungen dieser Gleichung sind für Anfangswerte $0 < u_0 < K$ Sigmoidfunktionen (s. Abschn. 1.2.3, S. 17), wie wir in Abschn. 6.4 sehen werden. Die Differenzialgleichung 6.3 heißt logistische Differenzialgleichung. □

Aufstellen eines Differenzialgleichungssystems

Kommen wir wieder zurück zur Biochemie. Normalerweise ist es eine zu starke Vereinfachung, ein einzelnes Molekül zu betrachten. Es gibt Interaktionen zwischen einer Vielzahl von Molekülen, die dafür sorgen, dass sich die Konzentrationen mehrerer Moleküle so stark ändern, dass sie nicht ignoriert werden können. Dann ist es notwendig, die Reaktionsrate für jedes beteiligte Molekül zu bestimmen. Diese ist wieder die Differenz aus Produktions- und Abbaurate, allerdings kann sie von der aktuellen Konzentration aller Biomoleküle abhängen.

Wir nennen im Folgenden die Zustandsvariablen meist so, dass man an dem Namen sehen kann, wofür sie stehen. Zum Beispiel kann man die Konzentrationen eines Moleküls A mit u_A bezeichnen. Eine andere Möglichkeit ist das Durchnummerieren der Zustandsvariablen $u_1(t), u_2(t), \dots$.

$$\begin{array}{rcccc}
\text{Änderungsrate} & = & + \text{ Produktionsrate} & - & \text{Abbaurate} \\
\frac{\mathrm{d}}{\mathrm{d}t} u_1 & = & + \quad p_1(u_1, u_2, \dots) & - & d_1(u_1, u_2, \dots). \\
\frac{\mathrm{d}}{\mathrm{d}t} u_2 & = & + \quad p_2(u_1, u_2, \dots) & - & d_2(u_1, u_2, \dots). \\
\vdots & & \vdots & & \vdots
\end{array}$$

Auf diese Art und Weise erhalten wir ein **System von gewöhnlichen Differenzialgleichungen**. Eine Lösung davon ist ein Vektor von Funktionen $(u_1(t), u_2(t), \dots)^T$, die von der Zeit t abhängen. Genau wie für eine einzelne Differenzialgleichung ist es auch hier notwendig, den Anfangszustand des Systems festzulegen. Das ist die anfängliche Konzentration jedes beteiligten Moleküls

$$\begin{pmatrix} u_1(t) \\ u_2(t) \\ \vdots \end{pmatrix} = \begin{pmatrix} (u_0)_1 \\ (u_0)_2 \\ \vdots \end{pmatrix}.$$

Für eine sinnvolle biologische Interpretation müssen die Werte $(u_0)_1, (u_0)_2, \dots$ positiv oder null sein.

6.3.2 Massenwirkungsgesetz

Nachdem wir wissen, wie Differenzialgleichungen prinzipiell aufgestellt werden, bleibt also noch die Frage, wie Produktions- und Abbaurate zu bestimmen sind.

Das Massenwirkungsgesetz beschreibt den Gleichgewichtszustand von reversiblen chemischen Reaktionen. Häufig wird der Begriff aber auch verwendet für eine Regel, nach der die Reaktionsrate chemischer Reaktionen modelliert werden kann, dem schließen wir uns an. Das Gleichsetzen der Reaktionsraten für Hin- und Rückreaktion liefert dann das Massenwirkungsgesetz im eigentlichen Sinne.

Das Massenwirkungsgesetz basiert auf der Annahme, dass die Reaktionsrate proportional zur Wahrscheinlichkeit einer Kollision der Reaktanten ist. Diese Wahrscheinlichkeit ist wiederum proportional zur Konzentration der Reaktanten hoch ihre Molekularität, d. h. der Anzahl der beteiligten Moleküle.

Kommen wir gleich zu einem Beispiel. Wenn ein Molekül A mit einem Molekül B zum Molekül C reagiert nach

$$A + B \xrightarrow{k} C,$$

dann ist die Reaktionsrate laut Massenwirkungsgesetz durch das Produkt $k u_A u_B$ gegeben. Wir bezeichnen hier mit der Funktion u_A die Konzentration des Moleküls A. Die Reaktionsrate ist also proportional zur Konzentration von A, die zu einem gewissen Zeitpunkt vorliegt. Sie ist ebenfalls proportional zur Konzentration von B. Nur wenn wir das Produkt $u_A u_B$ verwenden, dann erhalten wir diese Proportionalität. Der Parameter k ist die Geschwindigkeitskonstante der Reaktion.

Das Massenwirkungsgesetz liefert uns somit folgende Differenzialgleichungen:

$$\text{Änderungsrate von } A \qquad \frac{d}{dt} u_A = -k u_A u_B$$

$$\text{Änderungsrate von } B \qquad \frac{d}{dt} u_B = -k u_A u_B$$

$$\text{Änderungsrate von } C \qquad \frac{d}{dt} u_C = k u_A u_B.$$

Die Gleichungen für u_A und u_B sind negativ, da die Konzentrationen von A und B weniger werden, wenn die Moleküle miteinander zu C reagieren.

Betrachten wir nicht nur die Hinreaktion, sondern beachten, dass es zu allen chemischen Reaktionen auch eine Rückreaktion gibt, dann erhalten wir folgende Reaktionsgleichung:

$$A + B \underset{k^{(-)}}{\overset{k^{(+)}}{\rightleftharpoons}} C$$

und mit dem Massenwirkungsgesetz folgende Differenzialgleichung:

6.3 Modellierung biochemischer Prozesse

$$\frac{d}{dt}u_A = -k^{(+)}u_A u_B + k^{(-)}u_C$$

$$\frac{d}{dt}u_B = -k^{(+)}u_A u_B + k^{(-)}u_C$$

$$\frac{d}{dt}u_C = k^{(+)}u_A u_B - k^{(-)}u_C.$$

Der positive Teil der Gleichung beschreibt die **Produktionsrate** für das jeweilige Molekül, der negative die Abbaurate.

Betrachten wir eine Reaktion, bei der zwei Moleküle A mit einem Molekül B zu drei Molekülen C reagieren:

$$2A + B \underset{k^{(-)}}{\overset{k^{(+)}}{\rightleftharpoons}} 3C.$$

In diesem Fall müssen wir in den Gleichungen die Konzentrationen von A und C hoch ihre Molekularität, also zwei bzw. drei, nehmen und erhalten die Gleichungen unten. Auch hier ist jeweils der positive Teil der Gleichung die **Produktionsrate** und der negative die Abbaurate:

$$\frac{d}{dt}u_A = -k^{(+)}u_A^2 u_B + k^{(-)}u_C^3$$

$$\frac{d}{dt}u_B = -k^{(+)}u_A^2 u_B + k^{(-)}u_C^3$$

$$\frac{d}{dt}u_C = k^{(+)}u_A^2 u_B - k^{(-)}u_C^3.$$

Wahrscheinlich wundert ihr euch über die Exponenten in der Gleichung. Aber wenn A und B miteinander reagieren, dann kommt in der Reaktionsrate das Produkt $u_A \cdot u_B$ vor. Also muss, wenn A mit A reagiert, dort das Produkt $u_A \cdot u_A = u_A^2$ stehen.

Das Massenwirkungsgesetz liefert nur eine Annäherung an die wirkliche Reaktionsrate, aber es ist gut geeignet für verdünnte Lösungen.

Das Massenwirkungsgesetz findet häufig auch in Modellen ohne chemische Reaktionen Verwendung. Die Wahrscheinlichkeit, dass sich ein gesunder und ein virusinfizierter Mensch in einer Stadt treffen und der eine den anderen ansteckt, kann auf dieselbe Art beschrieben werden wie die Wahrscheinlichkeit für das Aufeinandertreffen zweier Moleküle.

Beispiel 6.5

Wir können das Massenwirkungsgesetz auch heranziehen, um zu erklären, wie die logistische Differenzialgleichung

$$\frac{d}{dt}u = ku(K - u) = kKu - ku^2$$

aus Beispiel 6.4 (s. S. 196) aufgestellt wurde. Der Term kKu ist die Produktionsrate, die proportional zur vorhandenen Bakterienkonzentration ist. Der Term $-ku^2$ ist die Abbaurate, die die Konkurenz zwischen Bakterien um Platz und Nahrung modelliert. Das Quadrat steht für das Aufeinandertreffen zweier Bakterien. □

Beispiel 6.6

Ein System, bestehend aus zwei voneinander abhängigen Differenzialgleichungen, stellen die Lotka-Volterra-Gleichungen dar, die als „Räuber-Beute-Modell" in der Populationsdynamik verwendet werden. Gleichungen dieser Art werden auch in der Epidemiologie zur Beschreibung der Ausbreitung von Krankheiten genutzt. Grundsätzlich können viele Prozesse mit diesem System beschrieben werden. Voraussetzung dafür ist, dass wir zwei einander beeinflussende Substanzen haben, bei der die Anwesenheit der ersten Substanz eine Steigerung von z. B. Menge oder Konzentration der zweiten bewirkt, die umgekehrt eine Verringerung der ersten Substanz auslöst.

Wir betrachten zwei Moleküle A und B. Wir nehmen an, dass A eine Produktionsrate hat, die proportional zur vorhandenen Molekülkonzentration u_A ist. A wird abgebaut, dadurch dass es mit B reagiert. Die Reaktion von A mit B führt (über Zwischenschritte) zur Zunahme von B, weshalb die Produktionsrate von B durch $du_A u_B$ modelliert wird. Die Abbaurate von B wiederum ist proportional zur vorhandenen Konzentration von B. Diese Annahmen führen zum folgenden System von Differenzialgleichungen:

$$\begin{pmatrix} \frac{d}{dt} u_A \\ \frac{d}{dt} u_B \end{pmatrix} = \begin{pmatrix} au_A - bu_A u_B \\ -cu_B + du_A u_B \end{pmatrix} = \begin{pmatrix} u_A(a - bu_B) \\ -u_B(c - du_A) \end{pmatrix}.$$

Für positive Anfangswerte hat dieses System Lösungen, die oszillieren. Damit werden wir uns in den Beispielen 6.29 (s. S. 252) und 6.30 (s. S. 252) beschäftigen. □

6.3.3 Enzymkinetik

Eigentlich sind wir mit dem Massenwirkungsgesetz schon ziemlich glücklich. Nach diesem Prinzip wurden schon sehr viele Modelle erfolgreich aufgestellt. Nur leider haben wir schon für eine recht einfache Reaktion ein System mit drei Differenzialgleichungen erhalten. Je mehr Moleküle wir betrachten, umso mehr Gleichungen erhalten wir, was die Angelegenheit kompliziert macht.

Daher wäre es gut, Strategien zu entwickeln, wie DGL zusammengefasst und vereinfacht werden können. Besonders geeignet sind diese Strategien für Gleichungen von

6.3 Modellierung biochemischer Prozesse

enzymkatalysierten Reaktionen. Enzyme spielen eine wichtige Rolle in vielen biochemischen Reaktionen, dennoch ist man üblicherweise nicht an ihrer Konzentration interessiert.

Enzyme bilden mit dem sogenannten Substrat einen Komplex, der nach der Reaktion in das Produkt und das unveränderte Enzym zerfällt. Dies ist schneller als die direkte Reaktion von Substrat zu Produkt. Aufgrund verschiedener Zeitskalen bei diesen Reaktionen ist es möglich, die entstehenden Gleichungen zu vereinfachen, um letztendlich nur noch zwei Gleichungen, nämlich für Substrat und Produkt, zu haben, in denen die Zwischenreaktionen enthalten sind.

Enzyme können die Reaktionsrate erhöhen, sind aber auch in andere Arten von Regulationen involviert. Effektoren (Aktivatoren oder Inhibitoren) können an das aktive Zentrum des Enzyms, den Komplex oder das Substrat binden und so die Reaktion beeinflussen. Die Analyse all dieser Reaktionen ist unter dem Begriff Enzymkinetik zusammengefasst. Wir werden hier nur den einfachsten Fall, die Michaelis-Menten-Gleichung, detailliert betrachten.

Michaelis-Menten-Gleichung

Die folgenden Schritte sind für eine enzymkatalysierte Reaktion geeignet, bei der weitere Effektoren keine Rolle spielen. Am einfachsten ist eine zweistufige Reaktion:

1. Das Enzym bildet mit dem Substrat einen Komplex.
2. Der Komplex zerfällt zum Produkt und dem Enzym.

Wir werden also gleich ein System aus vier Differenzialgleichungen aufstellen, je eine Gleichung für die Konzentration von Substrat, Enzym, Komplex und Produkt. Diese vier Differenzialgleichungen werden zu zwei Gleichungen zusammengefasst und vereinfacht, die beschreiben, mit welcher Reaktionsrate das Substrat abgebaut und das Produkt gebildet wird.

Die zwei Schritte der Reaktion lassen sich mit der folgenden Reaktionsgleichung darstellen:

$$S + E \underset{k_1^{(-)}}{\overset{k_1^{(+)}}{\rightleftharpoons}} C \overset{k_2}{\rightarrow} P + E. \tag{6.4}$$

Wir vernachlässigen hier die Rückreaktion im zweiten Schritt, da in biologischen Systemen oft gewährleistet ist, dass ihr Ausmaß sehr klein ist. Diese Reaktionen liefern mit dem Massenwirkungsgesetz folgende Differenzialgleichungen, wobei die Anteile der einzelnen Reaktionen einfach addiert werden:

Änderungsrate	=	erster Schritt Hinreaktion	erster Schritt Rückreaktion	zweiter Schritt
$\frac{d}{dt} u_S$	=	$-k_1^{(+)} u_S u_E$	$+k_1^{(-)} u_C$	
$\frac{d}{dt} u_E$	=	$-k_1^{(+)} u_S u_E$	$+k_1^{(-)} u_C$	$+k_2 u_C$
$\frac{d}{dt} u_C$	=	$k_1^{(+)} u_S u_E$	$-k_1^{(-)} u_C$	$-k_2 u_C$
$\frac{d}{dt} u_P$	=			$+k_2 u_C$

Wenn wir die Ausdrücke auf der rechten Seite umsortieren, sehen wir genau, welche von ihnen Produktionsraten (blau) sind, und welche Abbauraten. Diese Schreibweise ist meist praktischer:

Änderungsrate	=	Produktionsrate	Abbaurate	
$\frac{d}{dt} u_S$	=	$k_1^{(-)} u_C$	$-k_1^{(+)} u_S u_E$	(6.5)
$\frac{d}{dt} u_E$	=	$(k_1^{(-)} + k_2) u_C$	$-k_1^{(+)} u_S u_E$	(6.6)
$\frac{d}{dt} u_C$	=	$k_1^{(+)} u_S u_E$	$-(k_1^{(-)} + k_2) u_C$	(6.7)
$\frac{d}{dt} u_P$	=	$k_2 u_C$		(6.8)

Durch genaues Betrachten der Gl. 6.6 und 6.7 sehen wir, dass die Reaktionsrate für das Enzym genau das Negative der Reaktionsrate für den Komplex ist. Wenn wir jetzt die entsprechenden Gleichungen addieren, dann erhalten wir null:

$$\frac{d}{dt} u_E + \frac{d}{dt} u_C = \left((k_1^{(-)} + k_2) u_C - k_1^{(+)} u_S u_E\right) + \left(k_1^{(+)} u_S u_E - (k_1^{(-)} + k_2) u_C\right) = 0.$$

Das bedeutet, dass sich die Gesamtkonzentration des Enzyms nicht ändert. Entweder es liegt frei vor oder gebunden im Komplex, aber es wird nicht neu gebildet oder verschwindet. Die Lösungen der Differenzialgleichung $\frac{d}{dt}(u_E + u_C) = 0$ ist eine konstante Funktion, deren Wert durch die Anfangsbedingung vorgegeben ist (s. Beispiel 6.9, S. 213):

$$u_E(t) + u_C(t) = E_0. \tag{6.9}$$

Dabei ist $u_E(0) = E_0$ die Anfangskonzentration des Enzyms. Die Anfangskonzentration des Komplexes ist $u_C(0) = 0$, da der Komplex erst durch die Reaktion von Enzym mit Substrat gebildet wird.

Mithilfe der Gl. 6.9 können wir die Konzentration des Enzyms ausrechnen, sobald wir die Konzentration des Komplexes kennen:

6.3 Modellierung biochemischer Prozesse

$$u_E(t) = E_0 - u_C(t).$$

Wir nutzen dies, um u_E in den Differenzialgleichungen 6.5 und 6.7 zu ersetzen und erhalten die zwei Gleichungen:

$$\frac{d}{dt}u_S = k_1^{(-)} u_C - k_1^{(+)} u_S (E_0 - u_C) \qquad (6.10)$$

$$\frac{d}{dt}u_C = k_1^{(+)} u_S (E_0 - u_C) - (k_1^{(-)} + k_2) u_C. \qquad (6.11)$$

In den nächsten Schritt fließt biochemisches Wissen ein. Der erste Schritt der Reaktion, die Bildung des Komplexes aus Enzym und Substrat, ist sehr viel schneller als der zweite Teil, der Zerfall des Komplexes zu Produkt und Enzym. Für die Konstanten heißt das $k_1^{(+)}, k_1^{(-)} \gg k_2$. Aus diesem Grund verwendet man die **Quasi-Steady-state-Hypothese**, die besagt, dass die Änderung der Konzentration des Komplexes so gering ist, dass man annehmen kann sie sei null. Diese Hypothese ist nur dann richtig, wenn die Konzentration des Enzyms erheblich geringer ist als die Konzentration des Substrats.

Die Quasi-Steady-state-Hypothese liefert uns in Gl. 6.11 $\frac{d}{dt}u_C = 0$. Nun formen wir die rechte Seite der Gleichung nach u_C um:

$$k_1^{(+)} u_S (E_0 - u_C) - (k_1^{(-)} + k_2) u_C = 0 \qquad \big| + (k_1^{(-)} + k_2) u_C$$

$$k_1^{(+)} u_S (E_0 - u_C) = (k_1^{(-)} + k_2) u_C \qquad \big| \cdot \frac{1}{u_C}$$

$$\frac{1}{u_C} \cdot k_1^{(+)} u_S (E_0 - u_C) = (k_1^{(-)} + k_2) \qquad \big| \cdot \frac{1}{k_1^{(+)} u_S}$$

$$\frac{1}{u_C}(E_0 - u_C) = \frac{k_1^{(-)} + k_2}{k_1^{(+)}} \frac{1}{u_S} \qquad \big| \text{ Auflösen der Klammern}$$

$$\frac{E_0}{u_C} - 1 = \frac{k_1^{(-)} + k_2}{k_1^{(+)}} \frac{1}{u_S} \qquad \big| + 1 = \frac{u_S}{u_S}$$

$$\frac{E_0}{u_C} = \frac{k_1^{(-)} + k_2}{k_1^{(+)}} \frac{1}{u_S} + \frac{u_S}{u_S} \qquad \big| \text{ Ausklammern von } \frac{1}{u_S}$$

$$\frac{E_0}{u_C} = \left(\frac{k_1^{(-)} + k_2}{k_1^{(+)}} + u_S \right) \frac{1}{u_S} \qquad \big| \text{ Vertauschen von Zähler und Nenner}$$

$$\frac{u_C}{E_0} = \frac{u_S}{\left(\frac{k_1^{(-)} + k_2}{k_1^{(+)}} + u_S \right)} \qquad \big| \cdot E_0$$

$$u_C = \frac{E_0 u_S}{\frac{k_1^{(-)} + k_2}{k_1^{(+)}} + u_S}.$$

Wir bezeichnen den Bruch $\frac{k_1^{(-)}+k_2}{k_1^{(+)}}$ als Michaelis-Menten-Konstante und schreiben

$$K_m = \frac{k_1^{(-)} + k_2}{k_1^{(+)}}.$$

Wir haben also einen Ausdruck für u_C erhalten, in dem nur u_S vorkommt

$$u_C = \frac{E_0 u_S}{K_m + u_S}. \tag{6.12}$$

Ersetzen wir jetzt u_C in Gl. 6.10 durch den eben berechneten Ausdruck in Gl. 6.12, dann erhalten wir eine Differenzialgleichung für u_S, in der nur noch u_S und Konstanten vorkommen:

$$\begin{aligned}
\frac{d}{dt} u_S &= k_1^{(-)} u_C - k_1^{(+)} u_S (E_0 - u_C) & &\Big|\text{ Einsetzen von Gl. 6.12}\\
&= k_1^{(-)} \frac{E_0 u_S}{K_m + u_S} - k_1^{(+)} u_S \left(E_0 - \frac{E_0 u_S}{K_m + u_S}\right) & &\Big|\text{ Auflösen der Klammern}\\
&= \frac{k_1^{(-)} E_0 u_S}{K_m + u_S} - k_1^{(+)} u_S E_0 + \frac{k_1^{(+)} u_S E_0 u_S}{K_m + u_S} & &\Big|\text{ Bilden des Hauptnenners}\\
&= \frac{k_1^{(-)} E_0 u_S}{K_m + u_S} - \frac{k_1^{(+)} u_S E_0 (K_m + u_S)}{K_m + u_S} + \frac{k_1^{(+)} E_0 u_S^2}{K_m + u_S} & &\Big|\text{ Addition}\\
&= \frac{k_1^{(-)} E_0 u_S - k_1^{(+)} E_0 u_S (K_m + u_S) + E_0 k_1^{(+)} u_S^2}{K_m + u_S} & &\Big|\text{ Auflösen der Klammern}\\
&= \frac{k_1^{(-)} E_0 u_S - k_1^{(+)} E_0 u_S K_m - k_1^{(+)} E_0 u_S^2 + E_0 k_1^{(+)} u_S^2}{K_m + u_S} & &\Big|\text{ Addition}\\
&= \frac{k_1^{(-)} E_0 u_S - k_1^{(+)} E_0 u_S K_m}{K_m + u_S} & &\Big|\text{ Einsetzen von } K_m\\
&= \frac{k_1^{(-)} E_0 u_S - k_1^{(+)} E_0 u_S \frac{k_1^{(-)}+k_2}{k_1^{(+)}}}{K_m + u_S} & &\Big|\text{ Kürzen}\\
&= \frac{k_1^{(-)} E_0 u_S - (k_1^{(-)} + k_2) E_0 u_S}{K_m + u_S} & &\Big|\text{ Auflösen der Klammern}\\
&= \frac{k_1^{(-)} E_0 u_S - k_1^{(-)} E_0 u_S - k_2 E_0 u_S}{K_m + u_S}\\
&= \frac{-k_2 E_0 u_S}{K_m + u_S}.
\end{aligned}$$

Wir nennen $V_m = k_2 E_0$ und erhalten letztendlich die Differenzialgleichung

6.3 Modellierung biochemischer Prozesse

$$\frac{d}{dt}u_S = -\frac{V_m u_S}{K_m + u_S}. \tag{6.13}$$

Um die Michaelis-Menten-Konstante K_m biologisch interpretieren zu können, betrachten wir den Anteil der im Komplex gebundenen Enzyme an der Gesamtkonzentration des Enzyms. Anders ausgedrückt wollen wir den Anteil der belegten Bindungsstellen an den Bindungsstellen aller Enzyme wissen. Dies enspricht dem Bruch $\frac{u_C}{u_E+u_C}$. Da wir wissen, dass die Gesamtkonzentration des Enzyms konstant ist, $u_E + u_C = E_0$, erhalten wir unter Verwendung von Gl. 6.12:

$$\frac{u_C}{u_E + u_C} = \frac{u_C}{E_0} = \frac{1}{E_0} \cdot \frac{E_0 u_S}{K_m + u_S} = \frac{u_S}{K_m + u_S}. \tag{6.14}$$

Wenn die Konzentration des Substrats den Wert $u_S = K_m$ hat, dann ist der Anteil der belegten Bindungsstellen genau $\frac{u_C}{u_E+u_C} = \frac{K_m}{K_m+K_m} = \frac{1}{2}$.

Das ursprüngliche Problem war, wie wir die Änderungsrate der Produktkonzentration nur mithilfe der Substratkonzentration ausdrücken können. Diese Änderungsrate entspricht der Geschwindigkeit, mit der das Produkt gebildet wird. Dafür ersetzen wir wieder u_C durch Gl. 6.12 in Gl. 6.8:

$$\frac{d}{dt}u_P = k_2 u_C = \frac{k_2 E_0 u_S}{K_m + u_S} = \frac{V_m u_S}{K_m + u_S}.$$

Diese Gleichung trägt den Namen **Michaelis-Menten-Gleichung**. Die Konstante V_m lässt sich mit dieser Gleichung als maximale Geschwindigkeit interpretieren, mit der das Produkt gebildet wird. Wenn die Konzentration des Substrats sehr hoch ist, dann gilt

$$\frac{d}{dt}u_P = \frac{V_m u_S}{K_m + u_S} = \frac{u_S}{u_S} \frac{V_m}{\frac{K_m}{u_S} + 1} = \frac{V_m}{\frac{K_m}{u_S} + 1} \approx V_m. \tag{6.15}$$

Michaelis-Menten-Gleichungen
Eine biochemische Reaktion, bei der aus einem Substrat S durch enzymatische Katalyse ein Produkt P gebildet wird, kann durch die **Michaelis-Menten-Gleichungen**

$$\frac{d}{dt}u_S = -\frac{V_m u_S}{K_m + u_S}$$
$$\frac{d}{dt}u_P = \frac{V_m u_S}{K_m + u_S}$$

beschrieben werden. Zur Herleitung der Gleichungen wird die **Quasi-Steady-state-Hypothese** verwendet, die nur gilt, wenn viel weniger Enzym als Substrat im Reaktionsgemisch vorhanden ist. V_m ist die Maximalgeschwindigkeit der Reaktion. K_m ist der Wert der Konzentration u_S, bei der die Hälfte der Bindungsstellen des Enzyms belegt sind.

Es ist es also nicht notwendig, die vier Gl. 6.5–6.8 in ein größeres Netzwerk einzubeziehen, sondern es genügen zwei. Die Konstanten K_m und V_m müssen aus biologischen Daten bestimmt werden.

Die direkte Umwandlung eines Substrats in ein Produkt würde zu einer linearen und damit unbeschränkten Produktionsrate führen. Die Produktionsrate des Produkts in den Michaelis-Menten-Gleichungen hingegen ist beschränkt. Sie hat die Form eines Hyperbelzweigs und wird daher **hyperbolisch** genannt.

Beispiel 6.7

Die Hydrolyse von Benzoyl-L-Arginin-Ethylester wird durch das Enzym Trypsin katalysiert und kann gut durch die Michaelis-Menten-Gleichung beschrieben werden. Die Parameter für diesen Prozess sind [5]:

$$k_1^{(+)} = 4 \cdot 10^6 \, \text{M}^{-1}\text{s}^{-1}, \quad k_1^{(-)} = 25 \, \text{s}^{-1}, \quad k_2 = 15 \, \text{s}^{-1}.$$

Geeignete Anfangswerte sind:

$$S_0 = 10^{-5} \, \text{M} \quad \text{und} \quad E_0 = 10^{-8} \, \text{M}.$$

Damit können wir die Michaelis-Menten-Konstante K_m sowie die Maximalgeschwindigkeit der Reaktion V_m berechnen:

$$K_m = \frac{k_1^{(-)} + k_2}{k_1^{(+)}} = 10^{-5} \, \text{M} \quad \text{und} \quad V_m = k_2 E_0 = 1{,}5 \cdot 10^{-7} \, \text{Ms}^{-1}.$$

Abbildung 6.4 zeigt die Rate der Michaelis-Menten-Gleichung für diese Parameter sowie die Lösung. Außerdem sind die Lösungen des Systems der vier Gl. 6.5–6.8 abgebildet. Die Konzentrationen des Enzyms und des Komplexes sind sehr viel kleiner als die Konzentrationen des Substrats und des Produkts und sind daher nicht in der Abbildung zu erkennen. □

Das MATLAB-Skript MichaelisMenten.m, mit dem Abb. 6.4 erstellt wurde, findet ihr online unter http://www.springer.com/978-3-642-37785-3.

Hat man detaillierte Kenntnisse über den genauen Ablauf von Reaktionen, dann kann man dafür die Gleichungen aufstellen und analog zur Michaelis-Menten-Reaktion vereinfachen. Fehlt dieses Wissen, dann ist es sinnvoll, mit der einfachsten Beschreibungsmöglichkeit des Prozesses anzufangen und wenn nötig schrittweise kompliziertere Gleichungen aufzustellen.

Hill-Funktion

Eine Möglichkeit, eine sigmoidale (s. Abschn. 1.2.3, S. 16) Produktionsrate eines Moleküls zu modellieren, ist durch die Hill-Funktion gegeben.

6.3 Modellierung biochemischer Prozesse

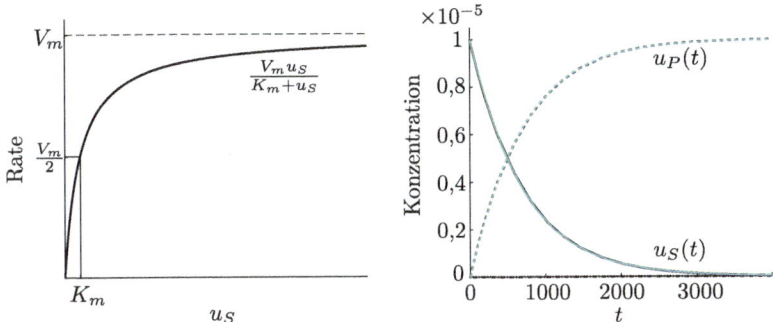

Abb. 6.4 Reaktionsrate (*links*) und Lösung (*rechts*) der Michaelis-Menten-Gleichung. Die Lösungen des Systems von vier Gl. 6.5–6.8 (*schwarz*) unterscheiden sich kaum von den Lösungen der Michaelis-Menten-Gleichung (*blau*)

Wir betrachten dafür eine enzymkatalysierte Reaktion der Form 6.4, die die Annahmen der Michaelis-Menten-Gleichung erfüllt. Eine sigmoidale Produktionsrate ist ein Zeichen für eine kooperative Interaktion der Bindungsstellen des Enzyms. Wir nehmen zunächst an, dass das Enzym ein Dimer ist, also ein Molekül, das aus zwei identischen Untereinheiten besteht und zwei identische Bindungsstellen besitzt. Kooperatives Bindungsverhalten bedeutet, dass die Bindung des ersten Liganden die Bindung des zweiten erleichtert. Eine vollständige Kooperativität liegt vor, wenn das Dimer entweder ohne Ligand oder mit zwei gebundenen Liganden detektiert werden kann, nicht aber mit nur einem Liganden. Für ein Enzym mit n Bindungsstellen bedeutet vollständige Kooperativität, dass ein einzelnes Molekül des Substrats die Besetzung aller Bindungsstellen des Enzyms mit weiteren Substratmolekülen hervorrufen kann.

Der Anteil der belegten Bindungsstellen an der Gesamtzahl von Bindungsstellen berechnet sich dann durch die Konzentration des Substrats mithilfe der Hill-Funktion

$$\frac{u_S^n}{K_m^n + u_S^n},$$

wobei für die Substratkonzentration $u_S = K_m$ dieser Anteil genau $\frac{1}{2}$ beträgt (vgl. Gl. 6.14 und 6.15 für die entsprechenden Rechnungen für die Michaelis-Menten-Gleichung).

Hill-Funktion
Eine biochemische Reaktion, bei der aus einem Substrat *S* durch enzymatische Katalyse ein Produkt *P* gebildet wird, kann durch die Gleichungen

Abb. 6.5 Rate der Hill-Funktion (*schwarz*) für verschiedene Exponenten im Vergleich zur Rate der Michaelis-Menten-Gleichung

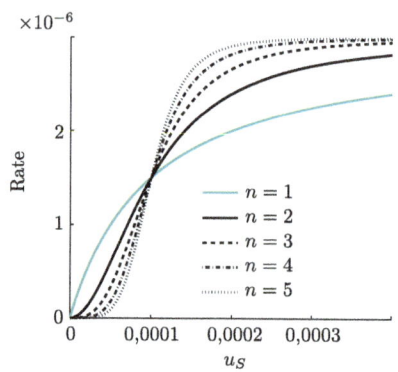

$$\frac{d}{dt}u_S = -\frac{V_m u_S^n}{K_m^n + u_S^n}$$

$$\frac{d}{dt}u_P = \frac{V_m u_S^n}{K_m^n + u_S^n}$$

beschrieben werden, wenn das Enzym identische Bindungsstellen besitzt. Der Wert $n > 1$ heißt Hill-Koeffizient und beschreibt den Grad der Kooperativität. V_m ist die Maximalgeschwindigkeit der Reaktion. K_m ist der Wert der Konzentration u_S, bei der die Hälfte der Bindungsstellen des Enzyms belegt ist.

Abbildung 6.5 zeigt die Hill-Funktion für verschiedene Exponenten n sowie im Vergleich dazu die Rate der Michaelis-Menten-Gleichung. Die Parameter K_m und V_m wurden wie in Beispiel 6.7 (s. S. 208) gewählt.

Die Hill-Funktion wurde erstmals 1910 von Archibald Hill verwendet, um den Sättigungsgrad von Hämoglobin mit Sauerstoff zu beschreiben. Hämoglobin hat eine sigmoidale Bindungskurve, wodurch es effizient Sauerstoff an das Gewebe abgeben kann. Der Hill-Koeffizient von Hämoglobin ist zwischen 2,8 und 3. Das Muskelprotein Myoglobin, das für den Sauerstofftransport in der Muskulatur verantwortlich ist, hat hingegen eine hyperbolische Bindungskurve und bindet den Sauerstoff stärker [25].

6.3.4 Modellierung von Signalwegen

Die Fähigkeit von Zellen, externe oder interne Informationen zu empfangen, weiterzuleiten und umzusetzen, ist grundlegend für die Regulation vieler biologischer Prozesse. Zellen empfangen extrazelluläre Information, übersetzen diese in intrazelluläre Informationen, die letzten Endes im Zellkern die Aktivierung oder Deaktivierung eines Gens zur

6.3 Modellierung biochemischer Prozesse

Folge haben. Auf molekularer Ebene sind Prozesse wie Produktion und Abbau, molekulare Modifikationen (z. B. durch Phosphorylierung oder Methylierung) und Aktivierung oder Hemmung von Reaktanten involviert. Durch die vielen verschiedenen beteiligten Moleküle und Interaktionsmöglichkeiten sind diese Prozesse extrem komplex.

Die Informationsübertragung läuft dabei dennoch häufig nach demselben Grundprinzip ab: Ein externer Stimulus wird durch einen Rezeptor in das Zellinnere weitergeleitet, wo er eine Kaskade von Reaktionen auslöst. Am Ende der Kaskade steht ein Molekül, das in den Zellkern eindringt, dort an die DNA bindet und die Genexpression beeinflusst.

Beispiel 6.8

Wir haben in Beispiel 1.3 (s. S. 42) den JAK–STAT-Signalweg zur Bildung von roten Blutkörperchen kennengelernt. Hier wollen wir uns mit zwei Modellen für den grundlegenden Teil des Signalwegs beschäftigen und erklären, wie diese Modelle aufgestellt wurden [19]. In Beispiel 6.33 (s. S. 256) werden wir uns ihrer mathematischen Analyse widmen.

Um die Anzahl der Gleichungen und Parameter in einem Modell möglichst klein zu halten, sind Vereinfachungen notwendig. Daher beschreiben die vorgestellten Modelle nicht alle Komponenten und Schritte des Signalwegs, sondern konzentrieren sich auf den Übergang der STAT5-Proteine vom monomeren nicht phosphorylierten Zustand im Cytoplasma in den dimerisierten phosphorylierten Zustand im Nucleus (vgl. Abb. 1.14, S. 43).

Die Zustandsvariablen der Modelle sind durch folgende Proteinkonzentrationen gegeben:

- u_1: die Konzentration von **monomeren nicht phosphorylierten** STAT5-Proteinen im Cytoplasma
- u_2: die Konzentration von **monomeren phosphorylierten** STAT5-Proteinen im Cytoplasma
- u_3: die Konzentration von **dimerisierten phosphorylierten** STAT5-Proteinen im **Cytoplasma**
- u_4: die Konzentration von **dimerisierten phosphorylierten** STAT5-Proteinen im **Nucleus**

Fassen wir nun den Ablauf der Signalübertragung zusammen, aus dem wir ein System von vier Differenzialgleichungen herleiten.

1. Das Hormon Epo bindet an den Rezeptor EpoR an der Zelloberfläche und sorgt dadurch für eine Konformationsänderung des Rezeptors, die letztendlich zu seiner Aktivierung führt. Die maximale Konzentration der aktivierten Rezeptoren wird mit $EpoR_A$ bezeichnet und im Modell als Parameter (s. Abschn. 6.2.3, S. 189) betrachtet.
2. Die monomeren nicht phosphorylierten STAT5-Proteine im Cytoplasma docken am Rezeptor an und werden dort phosphoryliert. Das Massenwirkungsgesetz liefert daher

als Abbaurate für die nicht phosphorylierten Proteine das Produkt aus Rezeptorkonzentration und Proteinkonzentration multipliziert mit einer Proportionalitätskonstante k_1.

$$\frac{d}{dt} u_1 = -k_1 \cdot u_1 \cdot EpoR_A \tag{6.16}$$

3. Die Abbaurate der nicht phosphorylierten Moleküle, die im letzten Schritt phosphoryliert wurden, entspricht der Produktionsrate der phosphorylierten Proteine. Die phosphorylierten STAT5-Proteine lösen sich vom Rezeptor und dimerisieren. Die Abbaurate ist laut Massenwirkungsgesetz die Konzentration u_2 im Quadrat, da zwei Proteine miteinander reagieren, um ein Dimer zu bilden, mal einer Proportionalitätskonstante k_2:

$$\frac{d}{dt} u_2 = k_1 \cdot u_1 \cdot EpoR_A - k_2 \cdot u_2^2. \tag{6.17}$$

4. Es entstehen genau halb so viele Dimere wie vorher Monomere vorhanden waren, weshalb die Produktionsrate der Dimere halb so groß ist wie die Abbaurate der Monomere. Der Übergang der Dimere vom Cytoplasma in den Nucleus ist nach dem Massenwirkungsgesetz proportional zur vorhandenen Konzentration im Cytoplasma:

$$\frac{d}{dt} u_3 = 0{,}5 \cdot k_2 \cdot u_2^2 - k_3 \cdot u_3. \tag{6.18}$$

5. Die Produktionsrate der Dimere im Nucleus ist gleich der Abbaurate der Dimere im Cytoplasma:

$$\frac{d}{dt} u_4 = k_3 \cdot u_3. \tag{6.19}$$

6. Im Nucleus führen nun die STAT5-Dimere zur Aktivierung der Zielgene des Signalwegs, was allerdings im Modell nicht berücksichtigt wird. Was danach mit den Dimeren passiert, darüber herrschte vor der Veröffentlichung von Swameye et al. (2003) Uneinigkeit [19]. Es gab zwei sich widersprechende Hypothesen. Jede dieser Hypothesen führte zu einem anderen Modell.

Hypothese 1: Die STAT5-Dimere verbleiben im Kern. In Modell 1 wurde dies modelliert wie in Gl. 6.19.

Hypothese 2: Die STAT5-Dimere verbleiben eine gewisse Zeit im Nucleus, werden dann dephosphoryliert und gelangen im monomeren nicht phosphorylierten Zustand wieder in das Cytoplasma. In Modell 2 wurde dies modelliert, indem zu Gl. 6.19 der Term $-k_4 u_4$ für den Abtransport aus dem Nucleus hinzugefügt wurde. In Gl. 6.16 wurde der Term $+2k_4 u_4$ hinzugefügt, da jedes Dimer zwei unphophorylierte Monomere liefert.

Wir erhalten daher folgende Systeme von vier Differenzialgleichungen:

Modell 1	Modell 2
$\frac{d}{dt} u_1 = -k_1 u_1 EpoR_A$	$\frac{d}{dt} u_1 = -k_1 u_1 EpoR_A + 2k_4 u_4$

$$\frac{d}{dt}u_2 = k_1 u_1 EpoR_A - k_2 u_2^2 \qquad \frac{d}{dt}u_2 = k_1 u_1 EpoR_A - k_2 u_2^2$$

$$\frac{d}{dt}u_3 = 0{,}5 k_2 u_2^2 - k_3 u_3 \qquad \frac{d}{dt}u_3 = 0{,}5 k_2 u_2^2 - k_3 u_3$$

$$\frac{d}{dt}u_4 = k_3 u_3 \qquad \frac{d}{dt}u_4 = k_3 u_3 - k_4 u_4$$

Es wurde noch zusätzlich eine zeitliche Verzögerung in das Modell 2 eingebaut, um die Zeit, die die STAT-Dimere im Nucleus verbringen, zu modellieren [19]. Dies führt allerdings zu einer retardierten Differenzialgleichung (engl. *delay differential equation*), die wir in diesem Buch nicht behandelt haben. Hier betrachten wir eine vereinfachte Variante des Modells ohne Verzögerung.

Das Massenwirkungsgesetz ist gut geeignet, um den Prozess der Dimerisierung zu modellieren. Für die Phosphorylierung und den Übergang der Dimere in den Nucleus liefert es hingegen nur eine Näherung. Die Terme $\pm k_1 u_1 EpoR_A$ und $\pm k_3 u_3$ hätten daher auch durch andere ersetzt werden können, z. B. durch Ausdrücke, die eine Sättigung beschreiben, da der Nucleus nicht beliebig viele Moleküle aufnehmen kann.

Modell 1 beschreibt eine Informationsübertragung, die nur in eine Richtung geht. Durch den Rezeptor an der Zelloberfläche empfangene Informationen werden in den Nucleus übertragen. Aber es wird keine Information vom Nucleus zurückgegeben. Daher handelt es sich daher um eine Feedforward-Informationsübertragung. Durch Schätzung der Parameter konnte gezeigt werden, dass dieses Modell nicht geeignet ist, die biologischen Daten zu reproduzieren [19].

Modell 2 beschreibt zusätzlich zur Informationsübertragung vom Rezeptor in den Nucleus auch eine Rückkopplung (Feedback). Informationen gelangen vom Nucleus zurück ins Cytoplasma und beeinflussen den Prozess auf komplexe Art und Weise. Es wurde gezeigt, dass dieses Modell (mit der Zeitverzögerung) gut geeignet ist, die experimentellen Daten zu beschreiben. Somit konnte mithilfe des mathematischen Modells gezeigt werden, wie die STAT5-Deaktivierung mechanisch vonstatten geht [19].

Es ist natürlich möglich, die hier vorgestellten Modelle des JAK–STAT-Signalwegs zu erweitern oder Modelle für andere Aspekte zu formulieren. Einen guten Überblick über verschiedene Aspekte sowie weitere Modellierungsansätze, besonders im Hinblick auf seine Bedeutung bei der Krebsentstehung, sind in Vera et al. (2011) zu finden [24]. □

6.4 Einführung in die Theorie gewöhnlicher Differenzialgleichungen

Nachdem Dr. Arnold nun ein System von gewöhnlichen Differenzialgleichungen aufgestellt hat, das den biochemischen Prozess, für den er sich interessiert, gut beschreibt, möchte er natürlich auch die Lösungsfunktionen dieser DGL bestimmen.

Auch wenn letztendlich die DGL mit dem Computer gelöst werden, so ist es trotzdem hilfreich, sie mathematisch zu analysieren, um die vom Computer produzierten Ergebnisse besser zu verstehen. Dabei können wir nur in seltenen Fällen erwarten, dass wir eine explizite Formel für die Lösung finden. Aber wir werden in der Lage sein, wichtige Eigenschaften der Lösungsfunktion zu untersuchen. Es ist möglich festzustellen, ob die Funktion sigmoidal ist, ob sie periodisch schwankt oder ob es Schwellenwerte für die Anfangswerte gibt, bei denen sich das Verhalten der Lösungen stark ändert.

Um das mathematische Vorgehen bei der Analyse eines Systems von DGL besser verstehen zu können, ist es notwendig, sich zunächst mit einer einzelnen Gleichung zu beschäftigen.

6.4.1 Lösbarkeit von Differenzialgleichungen

In diesem Abschnitt wollen wir eine einzelne Differenzialgleichung $\frac{d}{dt}u(t) = f(u(t))$ bzw. das Anfangswertproblem

$$\frac{d}{dt}u(t) = f(u(t)), \quad u(0) = u_0 \qquad (6.20)$$

lösen. Wir stellen uns die Frage, wie die Lösungsfunktion $u(t)$ aussieht und ob es Unterschiede in Abhängigkeit vom Anfangswert u_0 gibt. Die Funktion $f(u)$ wird in diesem Abschnitt immer fest vorgegeben sein, wobei wir uns vor allem für die Funktionen aus Beispiel 6.4 (s. S. 198) interessieren.

Eine Differenzialgleichung ist eine Gleichung von Funktionen. Die Ableitung $\frac{d}{dt}u(t)$ ist eine Funktion der Zeit t. Da $u(t)$ eine Funktion ist, ist auch $f(u(t))$ eine Funktion. Zwei Funktionen sind genau dann gleich, wenn sie für alle möglichen Zeitpunkte t gleich sind. Daher werden wir ab jetzt für eine Differenzialgleichung verkürzt

$$\frac{d}{dt}u = f(u) \qquad (6.21)$$

schreiben. Die Gleichung bedeutet dasselbe wie Gl. 6.20. Eine andere Schreibweise ist $u' = f(u)$, $\frac{du}{dt} = f(u)$ oder $\dot{u} = f(u)$, wobei letztere oft in der Physik verwendet wird.

Eine gewöhnliche Differenzialgleichung kann auch eine andere Form als Gl. 6.21 haben. Da sich aber die meisten DGL in die Form von Gl. 6.21 oder in ein System von DGL dieser Form umschreiben lassen (s. Abschn. 6.5, S. 230) und außerdem für biologische Anwendungen weniger wichtig sind, wollen wir hier unter dem Begriff Differenzialgleichung immer eine Gleichung der Form von 6.21 verstehen. Diese kann auch als explizite, autonome DGL erster Ordnung bezeichnet werden. Sie ist erster Ordnung, da nur die erste Ableitung der gesuchten Funktion $u(t)$ vorkommt. Sie ist explizit, da die 1. Ableitung allein auf einer Seite der Gleichung steht, und sie ist autonom, da die Funktion f nur von u und nicht von t

6.4 Einführung in die Theorie gewöhnlicher Differenzialgleichungen

abhängt. Außerdem heißt diese Gleichung skalar, da es eine einzelne Gleichung ist und kein System von mehreren Gleichungen.

Wir werden hier die DGL immer für Zeiten t lösen, die größer als der Anfangszeitpunkt $t = 0$ sind. Wir wollen Aussagen über die Zukunft und nicht die Vergangenheit treffen. Somit ist t immer größer oder gleich null.

Wenn ein Mathematiker eine Gleichung sieht, dann fragt er sich zuerst, ob diese Gleichung überhaupt eine Lösung hat, und wenn ja, wie viele es sind.

Die Antwort auf diese Frage hängt für eine DGL 6.21 von der Funktion $f(u)$ ab. Wir setzen voraus, dass für alle möglichen u ihre Ableitung $f'(u)$ ausgerechnet werden kann. Außerdem muss die Ableitung stetig sein (s. Abschn. 1.2.1, S. 8) und darf nicht gegen unendlich wachsen. Unter diesen Bedingungen hat das Anfangswertproblem genau eine Lösung. Damit hat aber zwangsläufig die DGL unendlich viele Lösungen, da jede reelle Zahl ein Anfangswert sein kann. Wir müssen also immer aufpassen, ob wir von Lösungen der DGL oder von Lösungen eines Anfangswertproblems reden.

Für biologische Anwendungen ist es wichtig, dass ein Modell so aufgestellt wurde, dass es zu jedem Anfangswert genau eine Lösung gibt. Sonst ist es nicht möglich, mit dem Modell Vorhersagen zu treffen, da nicht klar ist, welche Lösung zu einem bestimmten Anfangswert die richtige ist.

Beispiel 6.9

Hängt die Funktion $f(u)$ gar nicht explizit von u ab, sondern nimmt für alle möglichen u den konstanten Wert Null an, dann erhalten wir das Anfangswertproblem

$$\frac{d}{dt}u = 0, \, u(0) = u_0. \tag{6.22}$$

Eine Funktion, deren Ableitung deren Ableitung immer Null ist, muss eine konstante Funktion sein. Daher ist

$$u(t) = u_0$$

die Lösung des AWP Gl. 6.22, denn sie ist konstant und erfüllt die Anfangsbedingung $u(0) = u_0$. □

Beispiel 6.10

Nimmt die Funktion $f(u)$ für u den konstanten Wert 3 an, dann erhalten wir die gewöhnliche Differenzialgleichung

$$\frac{d}{dt}u = 3. \tag{6.23}$$

Die Lösung dieser DGL ist eine Funktion $u(t)$, deren Ableitung für alle Zeiten t den Wert 3 hat. Durch Integration beider Seiten der Gl. 6.23 nach t erhalten wir

Abb. 6.6 Geraden mit dem Anstieg 3 als Lösung der Differenzialgleichung $\frac{d}{dt}u(t) = 3$. Nur die Gerade $u(t) = 3t + 2$ (blau) erfüllt auch die Anfangsbedingung $u(0) = 2$

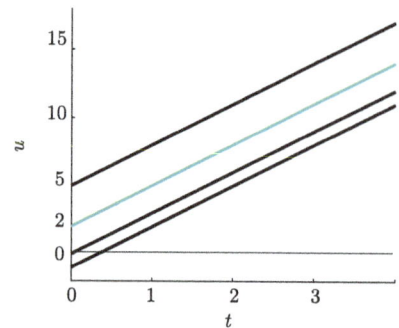

$$u(t) = 3t + c,$$

wobei c die Integrationskonstante, also irgendeine reelle Konstante ist. Also ist $u(t)$ eine Gerade mit dem Anstieg 3.

Geben wir jetzt den Anfangswert $u(0) = 2$ vor, dann müssen wir diejenige Lösung wählen, für die $u(0) = 3 \cdot 0 + c = c = 2$ gilt. Die Lösung des Anfangswertproblems lautet daher $u(t) = 3t + 2$ und ist eindeutig (Abb. 6.6). □

In diesem Beispiel haben wir die DGL durch Integration gelöst. Leider bringt das für kompliziertere Funktionen $f(u)$ nur wenig, da dann die gesuchte Funktion $u(t)$ unter dem Integral steht und wir nichts gewonnen haben:

$$u(t) = u_0 + \int_0^t f(u(\tilde{t}))d\tilde{t}.$$

> **Lösbarkeit des Anfangswertproblems**
> Unter gewissen Anforderungen an die Funktion $f(u)$ hat das Anfangswertproblem
>
> $$\frac{d}{dt}u(t) = f(u(t)), \quad u(0) = u_0$$
>
> eine eindeutige Lösungsfunktion $u(t)$.

6.4.2 Separation der Variablen

Kommen wir nun dazu, wie gewöhnliche Differenzialgleichungen gelöst werden, also wie die Funktion $u(t)$ berechnet werden kann.

Dafür betrachten wir die Ableitung $\frac{d}{dt}u(t) = \frac{du}{dt}$ als „Bruch" und multiplizieren mit dem Nenner. Dann schreibt man alle Ausdrücke, die ein u enthalten, auf die linke Seite und alle, die ein t enthalten, auf die rechte. Wir trennen (separieren) also die Variablen.

6.4 Einführung in die Theorie gewöhnlicher Differenzialgleichungen

Falls es euch komisch vorkommt, dass $\frac{du}{dt}$ jetzt als Bruch aufgefasst wird, dann ist das berechtigt. Es ist nur eine verkürzende Schreibweise für eine Methode, die bewiesen werden kann. Aber mit der Bruchschreibweise ist es leichter, sich das Vorgehen zu merken, und deshalb schreiben wir es hier so. Falls ihr mehr dazu wissen wollt, könnt ihr weitere Informationen in Büchern wie Aulbach (2004) finden [1]. Die Gleichungen lauten:

$$\frac{du}{dt} = f(u) \qquad \text{| Multiplikation mit } dt$$
$$du = f(u)dt \qquad \text{| Division durch } f(u)$$
$$\frac{1}{f(u)}du = dt.$$

Auf der rechten Seite der Gleichung stehen nun alle Ausdrücke, die ein t enthalten, und auf der linken alle, die ein u enthalten. Die Variablen sind also getrennt. Jetzt schreiben wir das Integral von 0 bis u bzw. von 0 bis t hin. Da Integrationsgrenzen und Integrand (das was unter dem Integral steht) nicht die gleichen Variablen sein dürfen, schreiben wir über die Integranden eine Tilde. Dabei darf nicht die Integrationskonstante vergessen werden, da wir willkürlich als untere Integrationsgrenze null gewählt haben. Sie wird gebraucht, um die Anfangsbedingung der DGL zu erfüllen. Es reicht, auf eine Seite der Gleichung die Integrationskonstante zu schreiben:

$$\int_0^u \frac{1}{f(\tilde{u})} d\tilde{u} = \int_0^t d\tilde{t} + C.$$

Wir dividieren hier durch $f(u)$, obwohl wir nicht überprüft haben, ob die Funktion eine Nullstelle hat. Wir werden später sehen, dass auch eine Nullstelle keine Probleme macht, und wir hier einfach weiterrechnen können.

Nun müssen beide Integrale ausgerechnet werden. Das rechte Integral ist nicht sehr schwierig: $\int_0^t d\tilde{t} = \int_0^t 1 d\tilde{t} = t - 0 = t$. Aber je nachdem wie $f(u)$ aussieht, kann das linke Integral ziemlich kompliziert oder sogar unlösbar sein. Als letzten Schritt müssen wir die entstandene Gleichung nach u umstellen, da das die gesuchte Lösung ist.

> **Separation der Variablen**
> Mithilfe der Separation der Variablen kann die Lösung der Differenzialgleichung $\frac{d}{dt}u = f(u)$ durch
> $$\int_0^u \frac{1}{f(\tilde{u})} d\tilde{u} = t + C$$
> berechnet werden. Dabei wird C so bestimmt, dass die Anfangsbedingung $u(0) = u_0$ erfüllt wird.

Beispiel 6.11

Ein wichtiges Beispiel einer Funktion $f(u)$, die wirklich von u abhängt, ist die lineare Funktion $f(u) = au$. Wir nennen in diesem Fall auch die Differenzialgleichung $\frac{d}{dt}u = au$ linear. Wir wissen bereits aus Beispiel 6.3, S. 196, dass die Lösung des Anfangswertproblems

$$\frac{d}{dt}u(t) = au(t), \quad u(0) = u_0 \tag{6.24}$$

durch die Funktion $u(t) = u_0 e^{at}$ gegeben ist. Wir wollen dies mithilfe der **Separation der Variablen** bestätigen.

$$\frac{du}{dt} = au \qquad \text{| Multiplikation mit } dt$$

$$du = au\,dt \qquad \text{| Division durch } u$$

$$\frac{1}{u}du = a\,dt \qquad \text{| Integration}$$

$$\int_0^u \frac{1}{\tilde{u}}d\tilde{u} = a\int_0^t d\tilde{t} + C \qquad \text{| Ausrechnen der Integrale}$$

$$\ln(u) = at + C \qquad \text{| Anwenden der Exponentialfunktion}$$

$$e^{\ln(u)} = e^{at+C}$$

$$u = e^{at}e^{C}$$

Die Konstante e^C soll jetzt noch so bestimmt werden, dass die Anfangsbedingung $u(0) = u_0$ erfüllt ist. Wir setzen den Zeitpunkt $t = 0$ in die **Lösung** ein und berechnen $u(0) = e^C e^{a \cdot 0} = e^C \cdot 1 = e^C$, also ist $e^C = u_0$. Somit erhalten wir wie erwartet die Exponentialfunktion $u(t) = u_0 e^{at}$ als Lösung des Anfangswertproblems 6.24.

In der Herleitung darf u_0 nur eine positive Zahl sein, da e^C immer positiv ist (s. Abb. 1.3, S. 7). Da aber $u_0 e^{at}$ auch für negative u_0 einen Sinn hat und auch die gewöhnliche Differenzialgleichung erfüllt, können wir diese Einschränkung fallen lassen. □

Machen wir gleich weiter mit einem anderen Beispiel, bei dem das Integral schon schwieriger zu lösen ist.

Beispiel 6.12

In Beispiel 6.4 (s. S. 196) haben wir die **logistische Differenzialgleichung** $\frac{d}{dt}u = ku(K - u)$ kennengelernt. Zur Vereinfachung setzen wir $k = K = 1$ und erhalten folgende Gleichung, die wir jetzt lösen werden:

$$\frac{du}{dt} = u(1 - u), \quad u(0) = u_0. \tag{6.25}$$

6.4 Einführung in die Theorie gewöhnlicher Differenzialgleichungen

Wir verwenden dafür die Separation der Variablen.

$$\frac{du}{dt} = u(1-u) \qquad \text{| Multiplikation mit } dt$$

$$du = u(1-u)dt \qquad \text{| Division durch } u(1-u)$$

$$\frac{1}{u(1-u)}du = dt \qquad \text{| Integration}$$

$$\int_0^u \frac{1}{\tilde{u}(1-\tilde{u})}d\tilde{u} = \int_0^t d\tilde{t} + C$$

Für die Lösung des auftretenden Integrals benötigen wir einen Trick. Dieser Trick heißt **Partialbruchzerlegung** und besteht darin, Zahlen a und b zu finden, sodass die folgende Gleichung gilt

$$\frac{1}{u(1-u)} \stackrel{!}{=} \frac{a}{u} + \frac{b}{1-u}. \tag{6.26}$$

Brüche werden addiert, indem man den Hauptnenner berechnet. In unserem Fall ist der Hauptnenner das Produkt der Nenner u und $1-u$. Wir müssen die Brüche also erweitern und erhalten:

$$\frac{a}{u} + \frac{b}{1-u} = \frac{a(1-u)}{u(1-u)} + \frac{bu}{(1-u)u} = \frac{a(1-u)+bu}{u(1-u)} = \frac{a-au+bu}{u(1-u)} = \frac{a+u(b-a)}{u(1-u)}.$$

Da dieser Bruch gleich dem ursprünglichen $\frac{1}{u(1-u)}$ sein soll, muss $1 = a + u(b-a)$ gelten. Auf der rechten Seite steht ein Ausdruck, der sich ändert, wenn verschiedene u eingesetzt werden. Wenn $b - a = 0$ ist, dann kann sich der Ausdruck nicht mehr ändern. Setzen wir $b - a = 0$ ein, dann erhalten wir $1 = a + u \cdot 0 = a$ und aus $b - a = 0$ folgt $b = a = 1$. Setzen wir das in Gl. 6.26 ein, dann steht dort

$$\frac{1}{u(1-u)} = \frac{1}{u} + \frac{1}{1-u}.$$

Das können wir nun nutzen, um das Integral zu lösen.

$$\int_0^u \frac{1}{\tilde{u}(1-\tilde{u})}d\tilde{u} = \int_0^t d\tilde{t} + C \qquad \text{| Anwenden der Partialbruchzerlegung}$$

$$\int_0^u \left(\frac{1}{\tilde{u}} + \frac{1}{1-\tilde{u}}\right)d\tilde{u} = \int_0^t d\tilde{t} + C \qquad \text{| Ausrechnen der Integrale}$$

$$\ln(u) - \ln(1-u) = t + C \qquad \text{| Anwenden der Exponentialfunktion}$$

$$e^{\left(\ln(u)-\ln(1-u)\right)} = e^{t+C} \qquad \text{| Anwenden der Rechenregel } e^{x+y} = e^x e^y$$

$$e^{\ln(u)} e^{-\ln(1-u)} = e^t e^C \qquad \text{| Anwenden der Rechenregel } e^{\ln(x)} = x$$

$$\frac{u}{1-u} = e^C e^t \qquad \text{| Vertauschen von Zähler und Nenner}$$

$$\frac{1}{u}(1-u) = e^{-C}e^{-t} \qquad | \text{ Klammer auflösen}$$

$$\frac{1}{u} - 1 = e^{-C}e^{-t} \qquad | \text{ Addition von 1}$$

$$\frac{1}{u} = e^{-C}e^{-t} + 1 \qquad | \text{ Vertauschen von Zähler und Nenner}$$

$$u = \frac{1}{e^{-C}e^{-t}+1}$$

Somit ist die Lösung der logistischen Differenzialgleichung $u(t) = \frac{1}{e^{-C}e^{-t}+1}$. Nun muss noch die Konstante e^{-C} bestimmt werden, wofür wir den Anfangswert nutzen. Es muss gelten $u(0) = \frac{1}{e^{-C}e^{-0}+1} = \frac{1}{e^{-C}+1} = u_0$. Also erhalten wir durch Umstellen der Gleichung

$$\frac{1}{e^{-C}+1} = u_0 \quad \Rightarrow \quad e^{-C}+1 = \frac{1}{u_0} \quad \Rightarrow \quad e^{-C} = \frac{1}{u_0} - 1 = \frac{1-u_0}{u_0}.$$

Da e^{-C} positiv ist, muss auch $\frac{1-u_0}{u_0}$ positiv sein. Wenn u_0 größer als null ist, dann ist der Nenner positiv, wenn u_0 kleiner als 1 ist, dann ist der Zähler positiv. Für Anfangswerte $0 < u_0 < 1$ ist daher der Bruch $\frac{1-u_0}{u_0}$ positiv.

Nach Erweitern mit u_0 ist die Lösung der logistischen Differenzialgleichung zu Anfangswerten im Bereich $0 < u_0 < 1$ durch die Funktion

$$u(t) = \frac{1}{1 + e^{-t}\left(\frac{1}{u_0} - 1\right)} = \frac{u_0}{u_0 + e^{-t}(1-u_0)} \tag{6.27}$$

gegeben, wobei wir im letzten Schritt $\frac{1}{u_0}$ ausgeklammert haben.

Wir rechnen zur Probe nach, ob die logistische DGL 6.25 erfüllt ist. Dafür schreiben wir

$$u(t) = h(g(t)) = \frac{1}{1 + e^{-t}\left(\frac{1}{u_0} - 1\right)} = \left(1 + e^{-t}\left(\frac{1}{u_0} - 1\right)\right)^{-1}$$

und berechnen die Ableitung mithilfe der **Kettenregel** (s. Abschn. 1.4.4, S. 34)

$$\frac{d}{dt}u(t) = h'(g(t)) \cdot g'(t).$$

Die Funktion $h(x) = x^{-1}$ hat die Ableitung $h'(x) = -x^{-2} = -\frac{1}{x^2}$. Die Funktion $g(t) = 1 + e^{-t}\left(\frac{1}{u_0} - 1\right)$ hat die Ableitung

$$g'(t) = -e^{-t}\left(\frac{1}{u_0} - 1\right).$$

Die Ableitung von $u(t)$ berechnet sich daher durch

$$\frac{d}{dt}u(t) = -\frac{1}{(g(t))^2} \cdot g'(t)$$

6.4 Einführung in die Theorie gewöhnlicher Differenzialgleichungen

$$= \frac{1}{\left(1 + e^{-t}\left(\frac{1}{u_0} - 1\right)\right)^2} \cdot \left(e^{-t}\left(\frac{1}{u_0} - 1\right)\right)$$

$$= \frac{1}{1 + e^{-t}\left(\frac{1}{u_0} - 1\right)} \cdot \frac{e^{-t}\left(\frac{1}{u_0} - 1\right)}{1 + e^{-t}\left(\frac{1}{u_0} - 1\right)}$$

$$= u(t) \cdot \frac{e^{-t}\left(\frac{1}{u_0} - 1\right) + 1 - 1}{1 + e^{-t}\left(\frac{1}{u_0} - 1\right)}$$

$$= u(t) \cdot \frac{e^{-t}\left(\frac{1}{u_0} - 1\right) + 1 - 1}{1 + e^{-t}\left(\frac{1}{u_0} - 1\right)}$$

$$= u(t) \cdot \left(1 - \frac{1}{1 + e^{-t}\left(\frac{1}{u_0} - 1\right)}\right)$$

$$= u(t)(1 - u(t)).$$

Diese Rechnung gilt nicht nur für Anfangswerte im Bereich $0 < u_0 < 1$. Daher ist die Funktion 6.27 eine Lösung der logistischen Gleichung für alle Anfangswerte $u_0 \in \mathbb{R}$.

Wir erkennen an Darstellung 6.27 der Lösung $u(t)$, dass sie für zwei Anfangswerte besonders einfach ist. Für den Anfangswert $u_0 = 0$ erhalten wir $u(t) = \frac{0}{0 + e^{-t}(1-0)} = 0$. Für den Anfangswert $u_0 = 1$ berechnen wir $u(t) = \frac{1}{1 + e^{-t}(1-1)} = 1$. Diese Lösungen heißen konstante Lösungen der Gleichung, da sie für alle Zeiten t den konstanten Wert $u(t) = 0$ bzw. $u(t) = 1$ haben.

In Abb. 6.7 sehen wir, dass die Lösung der logistischen Gleichung für Anfangswerte $0 < u_0 < 1$ eine **Sigmoidfunktion** ist (s. Abschn. 1.2.3, S. 16) und sich immer mehr dem Wert 1 annähert. Für Anfangswerte $u_0 > 1$ fallen Lösungen exponentiell und laufen ebenfalls auf 1 zu. Für negative Anfangswerte werden die Lösungen sehr schnell sehr stark negativ. Dieser Fall ist allerdings biologisch nicht sehr interessant, weshalb wir uns nicht weiter damit beschäftigen. □

Die logistische Gleichung ist ein wichtiges Beispiel in biologischen Anwendungen. Wir werden uns daher im weiteren Verlauf dieses Abschnitts immer wieder auf sie beziehen und sie von verschiedenen Seiten aus beleuchten.

Manchmal kann es auch vorkommen, dass sich eine DGL mit der Separation der Variablen lösen lässt, es aber am Ende der Rechnung nicht möglich ist, die Gleichung nach u aufzulösen. Ein Beispiel dafür ist die Gleichung

$$\frac{\mathrm{d}}{\mathrm{d}t} u = \frac{u}{1 + u},$$

die ein Spezialfall der Michaelis-Menten-Gleichung ist.

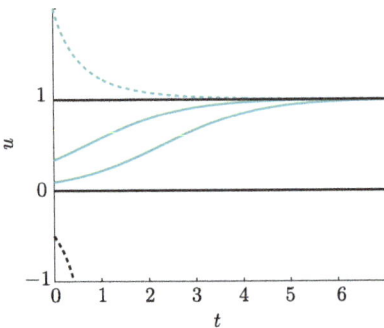

Abb. 6.7 Lösungen der logistischen Differenzialgleichung. Lösungen zu den Anfangswerten 0 und 1 sind konstant (*schwarz, durchgezogen*). Für Anfangswerte $0 < u_0 < 1$ ist die Lösung eine Sigmoidfunktion (*blau, durchgezogen*). Für Anfangswerte $u_0 > 1$ fällt die Lösung exponentiell gegen 1 (*blau, gestrichelt*). Für Anfangswerte $u_0 < 1$ wird die Lösung schnell sehr stark negativ (*schwarz, gestrichelt*)

6.4.3 Richtungsfeld

Da es oft nicht möglich ist, eine Differenzialgleichung explizit zu lösen, beschäftigen wir uns hier mit einer grafischen Methode, um eine Lösung näherungsweise zu bestimmen.

Wir betrachten daher wieder eine DGL $\frac{d}{dt}u = f(u)$ für verschiedene Anfangswerte u_0. Wir zeichnen ein Koordinatensystem mit den Achsen t und u. An jedem Punkt (t, u) tragen wir nun einen kurzen Pfeil mit dem Anstieg $f(u)$ ein. Auf allen horizontalen Geraden im Koordinatensystem sind die Pfeile gleich, da die Funktion $f(u)$ nur von u, aber nicht von t abhängt. Die Pfeile geben die Richtung an, in die eine mögliche Lösung für ein größer werdendes t verläuft, denn die Differenzialgleichung sagt, dass der Anstieg von u zum Zeitpunkt t durch $\frac{d}{dt}u = f(u)$ gegeben ist. Eine Lösung kann dann näherungsweise gezeichnet werden, indem man zum Zeitpunkt $t = 0$ bei $u = u_0$ anfängt und sich nach rechts immer so weiterbewegt, dass die Kurve immer die Pfeile als Tangenten hat. Dabei ist zu beachten, dass sich Lösungen zu verschiedenen Anfangswerten nicht schneiden können. Das liegt an der Eindeutigkeit der Lösung des Anfangswertproblems.

Richtungsfeld
Das Richtungsfeld ist eine grafische Methode, um die DGL $\frac{d}{dt}u = f(u)$ näherungsweise zu lösen. An jedem Punkt (t, u) im Koordinatensystem wird ein Pfeil mit Anstieg $f(u)$ eingetragen. Eine Lösung des AWP findet man, indem man bei $(t, u) = (0, u_0)$ anfängt und den Pfeilen folgt.

Abb. 6.8 Richtungsfeld der logistischen Differenzialgleichung 6.3 und Lösung der Gleichung für den Anfangswert $u_0 = 1/11$ (*blau*). Die Pfeile, die die Lösungskurve berühren, sind immer Tangenten an die Kurve

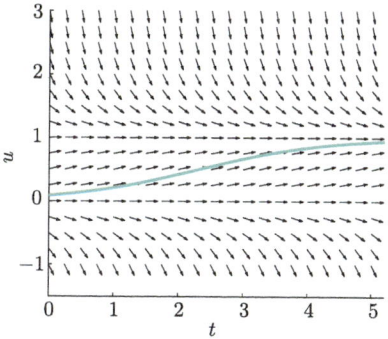

Beispiel 6.13

Für die logistische Differenzialgleichung $\frac{d}{dt}u = u(1-u) = f(u)$ ergibt sich dann Abb. 6.8. Diese wurde mit einem MATLAB-Programm erstellt, aber es ist auch nicht sehr schwierig, sie mit der Hand zu zeichnen. Betrachten wir den Punkt $(t, u) = (0, 2)$, dann berechnen wir $f(u) = f(2) = 2 \cdot (1-2) = 2 \cdot (-1) = -2$. Also tragen wir an dem Punkt $(2, 0)$ einen kurzen Pfeil ein, der mit dem Anstieg -2 nach rechts zeigt. Da die Funktion f nicht explizit von t abhängt, können wir auf der ganzen horizontalen Linie $u = 2$ die gleichen Pfeile eintragen. Nun können wir dasselbe auch noch für andere Werte von u tun.

Wir sehen, dass für $u > 1$ und $u < 0$ alle Pfeile nach rechts unten zeigen, wohingegen für $0 < u < 1$ die Pfeile nach rechts oben zeigen. Nur für $u = 0$ und für $u = 1$ erhalten wir horizontale Pfeile.

Nun können wir Lösungen der DGL in das Richtungsfeld eintragen, indem wir für $t = 0$ bei dem Anfangswert u_0 anfangen und dann den Pfeilen folgen. Wir sehen durch die Pfeile, dass Lösungen, deren Anfangswert u_0 größer als 1 ist, sich immer mehr $u = 1$ annähern. Dasselbe gilt für $0 < u_0 < 1$. Ist allerdings der Anfangswert kleiner als null, dann wird $u(t)$ immer kleiner und strebt gegen $-\infty$. Unter allen Anfangswerten nehmen also zwei eine besonders wichtige Rolle ein, und zwar 0 und 1. Für beide ist die Lösung $u(t)$ besonders einfach, sie ist nämlich einfach konstant 0 bzw. 1. Das liegt daran, dass $f(0) = 0$ und auch $f(1) = 0$ ist, deshalb die Pfeile im Richtungsfeld horizontal sind und sich eine Lösung einfach horizontal nach rechts bewegt und immer den Wert $u(t) = u_0$ annimmt. □

Wir können also bereits durch das Richtungsfeld wesentliche Eigenschaften der Lösung der logistischen Gleichung erkennen, die wir vorher in Beispiel 6.12 (s. S. 218) berechnet haben. Das ist besonders für Gleichungen von Vorteil, die sich nicht durch Separation der Variablen lösen lassen.

Das MATLAB-Skript Richtungsfeld_logistischeDGL.m zur Erstellung des Richtungsfelds der logistischen Differenzialgleichung findet ihr online unter http://www.springer.com/978-3-642-37785-3.

6.4.4 Gleichgewichtspunkte

Wir haben schon beim Lösen der logistischen Gleichung in Beispiel 6.12 (s. S. 218) bemerkt, dass 0 und 1 konstante Lösungen sind. Auch wenn wir das Richtungsfeld anschauen, dann fallen diese konstanten Lösungen auf. Es sind diejenigen Werte, für die der Pfeil immer genau waagerecht nach rechts zeigt, so dass sich $u(t)$ nicht ändert.

Diese wollen wir jetzt genauer unter die Lupe nehmen.

> **Gleichgewichtspunkt**
> Ein Gleichgewichtspunkt $\bar{u}$ der gewöhnlichen Differenzialgleichung $\frac{d}{dt}u = f(u)$ ist ein Wert, für den gilt:
> $$f(\bar{u}) = 0.$$

Die konstante Funktion $u(t) = \bar{u}$ ist die Lösung der Differenzialgleichung $\frac{d}{dt}u(t) = f(u)$ zum Anfangswert $u(0) = \bar{u}$. Das erkennt man daran, dass einerseits die Ableitung einer konstanten Funktion immer null und andererseits $f(\bar{u}) = 0$ ist.

Im Kontext von biochemischen Reaktionen sind Gleichgewichtspunkte diejenigen Konzentrationen, bei denen die Produktionsrate gleich der Abbaurate ist.

Gleichgewichtspunkte (andere Bezeichnungen sind Ruhelage, stationäre Lösung, stationärer Zustand, Fixpunkt, kritischer Punkt, Steady state, ...) spielen eine sehr wichtige Rolle für die Analyse gewöhnlicher Differenzialgleichungen. Da sich Lösungen im Richtungsfeld nicht schneiden dürfen, können also auch keine Gleichgewichtspunkte überquert werden. Ist also ein Anfangswert u_0 kleiner (oder größer) als $\bar{u}$, dann ist auch die Lösung $u(t)$ des AWP zu u_0 kleiner (oder größer) als $\bar{u}$ für alle Zeiten t. Gleichgewichtspunkte bilden also Schwellen, die nicht überschritten werden können. Das stimmt nur für eine einzelne DGL der Form 6.21.

Eine wichtige Frage bei der Analyse gewöhnlicher Differenzialgleichungen ist, wie sich Lösungen verhalten, deren Anfangswerte in der Nähe des Gleichgewichtspunkts liegen. Für die logistische Gleichung wurde dies schon in Beispiel 6.13 (s. S. 222) beschrieben. Alle Lösungen für Anfangswerte $u_0 > 0$ nähern sich dem Gleichgewichtspunkt 1 an. Aber keine Lösung nähert sich dem Gleichgewichtspunkt null.

6.4 Einführung in die Theorie gewöhnlicher Differenzialgleichungen

Stabilität des Gleichgewichtspunkts
Ein Gleichgewichtspunkt $\bar{u}$ heißt **stabil**, wenn es ein kleines Intervall um den Gleichgewichtspunkt gibt, sodass für alle Anfangswerte u_0, die in diesem Intervall liegen, die Lösungen des AWP $\frac{d}{dt}u = f(u)$, $u(0) = u_0$ innerhalb dieses Intervalls bleiben.

Ein Gleichgewichtspunkt $\bar{u}$ heißt **anziehend stabil**, wenn er stabil ist und Lösungen des AWP $\frac{d}{dt}u = f(u)$, $u(0) = u_0$, für u_0 in der Nähe von $\bar{u}$ gegen $\bar{u}$ streben.

Ein Gleichgewichtspunkt $\bar{u}$ heißt **instabil**, wenn er nicht stabil ist.

Unsere Definition eines anziehend stabilen Gleichgewichtspunkts wird in der mathematischen Fachliteratur asymptotisch stabil genannt.

Beispiel 6.14

Wir kennen zwar schon die Gleichgewichtspunkte der logistischen Gleichung $\frac{d}{dt}u = u(1-u) = f(u)$, aber wir wollen sie hier noch einmal berechnen. Ein Gleichgewichtspunkt $\bar{u}$ muss die Gleichung $f(\bar{u}) = \bar{u}(1-\bar{u}) = 0$ erfüllen. Da ein Produkt nur dann null ist, wenn einer der Faktoren null ist, erhalten wir $\bar{u}_1 = 0$ und $\bar{u}_2 = 1$. Im Richtungsfeld (Abb. 6.8) erkennen wir, dass der Gleichgewichtspunkt $\bar{u}_2 = 1$ anziehend stabil ist, wohingegen $\bar{u}_1 = 0$ instabil ist. □

Ist ein Gleichgewichtspunkt $\bar{u}$ instabil, dann streben Lösungen des Anfangswertproblems $\frac{d}{dt}u = f(u)$, $u(0) = u_0$ für $u_0 \neq \bar{u}$ nah an $\bar{u}$ vom Gleichgewichtspunkt $\bar{u}$ weg. Es kann sein, dass die Lösungen des Anfangswertproblems mit Anfangswerten in der Nähe von $\bar{u}$ gegen ∞ streben. Es ist aber auch möglich, dass sie gegen einen anderen Gleichgewichtspunkt streben. Im Richtungsfeld der logistischen Gleichung streben die Lösungen für Anfangswerte $0 < u_0 < 1$ von 0 weg zum Gleichgewichtspunkt 1. Für Anfangswerte $u_0 < 0$ streben sie gegen $-\infty$.

Beispiel 6.15

Wir kommen noch einmal zum linearen Anfangswertproblem

$$\frac{d}{dt}u(t) = au(t), \quad u(0) = u_0. \tag{6.28}$$

Wir wollen auch hier die Gleichgewichtspunkte berechnen und ihre Stabilität analysieren.

Wir unterscheiden drei Fälle. Ist $a = 0$, dann ist für alle u die Funktion $f(u) = 0$ und jeder Punkt $\bar{u}$ ist ein Gleichgewichtspunkt. Da für einen Gleichgewichtspunkt $\bar{u}$ dann auch jeder Punkt in der Nähe wieder ein Gleichgewichtspunkt ist, gibt es keine Lösungen, die sich auf einen Punkt hinbewegen oder von ihm weg. Damit ist jeder Gleichgewichtspunkt stabil, aber keiner anziehend stabil.

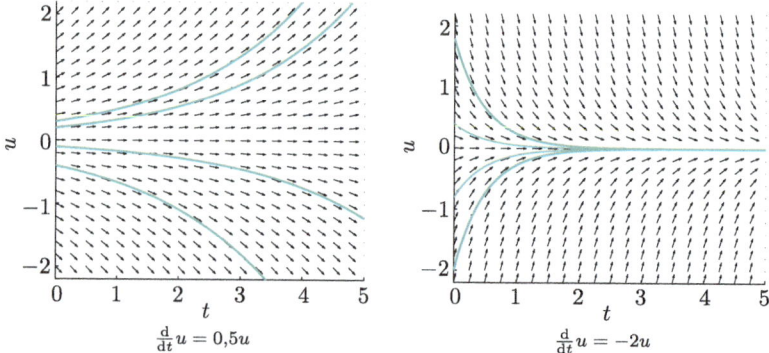

Abb. 6.9 Richtungsfeld der linearen Differenzialgleichung $\frac{d}{dt} = au$ für ein positives a (*links*) und ein negatives a (*rechts*) sowie Lösungen der Gleichung für verschiedene Anfangswerte (*blau*)

Ist $a \neq 0$, dann hat die Funktion $f(u) = au$ nur eine Nullstelle, und zwar $u = 0$. Daher ist $\bar{u} = 0$ der einzige Gleichgewichtspunkt. Die Stabilität des Gleichgewichtspunkts hängt jetzt vom Vorzeichen von a ab. Abbildung 6.9 zeigt das Richtungsfeld der linearen DGL, einmal für einen positiven Wert von a (links) und einmal für einen negativen Wert (rechts). Es ist deutlich zu erkennen, dass für ein positives a alle Pfeile von $\bar{u} = 0$ wegzeigen und sich daher auch für alle Anfangswerte $u_0 \neq 0$ die Lösungen vom Gleichgewichtspunkt wegbewegen. Wir kommen zu demselben Ergebnis, wenn wir die Lösung $u(t) = u_0 e^{at}$ des Anfangswertproblems 6.28 anschauen. Für eine positive Zahl $a > 0$ gilt $\lim_{t \to \infty} e^{at} = \infty$ und somit strebt $u(t)$ in Abhängigkeit vom Anfangswert u_0 nach $+\infty$ oder $-\infty$. Somit ist $\bar{u} = 0$ für $a > 0$ ein instabiler Gleichgewichtspunkt.

Für einen negativen Wert von a zeigen alle Pfeile im Richtungsfeld auf den Gleichgewichtspunkt $\bar{u} = 0$ hin und daher bewegen sich auch alle Lösungen der DGL auf ihn zu. Außerdem gilt für eine negative Zahl $a < 0$ $\lim_{t \to \infty} e^{at} = 0$. Daher streben alle Lösungen der DGL auf null hin. Somit ist der Gleichgewichtspunkt $\bar{u} = 0$ anziehend stabil, wenn $a < 0$ ist. □

Das MATLAB-Skript Richtungsfeld_lineareDGL.m zur Erstellung des Richtungsfelds der linearen Differenzialgleichung $\frac{d}{dt} u = au$ findet ihr online unter http://www.springer.com/978-3-642-37785-3.

Beispiel 6.16

Um die lineare Gleichung

$$\frac{d}{dt} u = au + b, \quad u(0) = u_0 \tag{6.29}$$

zu lösen, verwenden wir einen Trick, der oft zur Anwendung kommt, wenn die Funktion $f(u)$ einen konstanten Term hat.

Schauen wir zunächst an, was passiert, wenn $a = 0$ ist. Dann erhalten wir die Gleichung $\frac{d}{dt}u = b$, die keinen Gleichgewichtspunkt hat. Sie kann durch Integration gelöst werden und hat die Lösung $u(t) = u_0 + bt$.

Wir nehmen daher jetzt an, dass $a \neq 0$ ist. Der Gleichgewichtspunkt der DGL, also der Wert $\bar{u}$, für den $f(\bar{u}) = a\bar{u} + b = 0$ ist, berechnet sich zu $\bar{u} = -\frac{b}{a}$.

Zur Berechnung der Lösung der DGL brauchen wir einen Trick.

Unter der Annahme, dass $u(t)$ eine Lösung der DGL 6.29 ist, berechnen wir, welcher Differenzialgleichung die Funktion $v(t) = u(t) - \bar{u}$ genügt:

$$\begin{aligned}\frac{d}{dt}v(t) &= \frac{d}{dt}(u(t) - \bar{u}) \\ &= \frac{d}{dt}u(t) - 0 = au(t) + b \\ &= a(v(t) + \bar{u}) + b = av(t) + a\left(-\frac{b}{a}\right) + b \\ &= av(t).\end{aligned}$$

Wir können daher das Ergebnis von Beispiel 6.15 verwenden, um $v(t)$ zu berechnen. Wir erhalten $v(t) = v_0 e^{at}$, wobei $v_0 = v(0) = u(0) - \bar{u} = u_0 - \bar{u}$ ist, und können daher die Lösung der ursprünglichen Gleichung berechnen:

$$u(t) = v(t) + \bar{u} = v_0 e^{at} = (u_0 - \bar{u})e^{at} + \bar{u}.$$

Ist $a < 0$, dann nähert sich $u(t)$ dem Gleichgewichtspunkt $\bar{u}$ an, und wenn $a > 0$ ist, dann entfernt sie sich von ihm. Wir erhalten also prinzipiell das gleiche Verhalten, wie es in Beispiel 6.15 für die Gleichung $\frac{d}{dt}u = au$ beschrieben wurde. Wir müssen lediglich 0 durch den Gleichgewichtspunkt $\bar{u}$ ersetzen. □

> **Stabilitätskriterium für lineare DGL**
> Der Gleichgewichtspunkt $\bar{u} = -\frac{b}{a}$ der linearen Differenzialgleichung $\frac{d}{dt}u = au + b$ ist **anziehend stabil**, wenn $a < 0$ ist, und **instabil**, wenn $a > 0$ ist.
>
> Für $a = b = 0$ sind alle Punkte $\bar{u} \in \mathbb{R}$ stabile Gleichgewichtspunkte. Für $a = 0$ und $b \neq 0$ gibt es keine Gleichgewichtspunkte.

Die Bedeutung der linearen Differenzialgleichung $\frac{d}{dt}u = au + b$ liegt vor allem darin, dass die hier gewonnenen Erkenntnisse über das Verhalten von Lösungen von nichtlineare Differenzialgleichungen und auch von Systemen von mehreren Differenzialgleichungen übertragen werden können. Wir können sie nutzen, um die Stabilität von Gleichgewichtspunkten zu untersuchen, und so wichtige Erkenntnisse über alle Lösungen der DGL gewinnen.

6.4.5 Stabilität nichtlinearer Differenzialgleichungen

Sobald die Funktion $f(u)$ nicht durch eine lineare Funktion $f(u) = au + b$ gegeben ist, dann heißt $f(u)$ **nichtlinear**. Man nennt in diesem Fall auch die Differenzialgleichung $\frac{d}{dt}u = f(u)$ nichtlinear. Nichtlineare Differenzialgleichungen sind komplizierter, aber sie sind notwendig, um biologische Prozesse realistisch zu beschreiben, wie wir bereits in Beispiel 6.4 (s. S. 198) gesehen haben.

> **Beispiel 6.17**
>
> Beispiele nichtlinearer Funktionen sind die logistische Gleichung $f(u) = u(1 - u)$ oder irgendein Polynom $f(u) = u^5 + 4u^3 - 1$ oder der Logarithmus $f(u) = \ln u$ oder was auch immer nicht die Form $f(u) = au + b$ hat, also keine Gerade darstellt. □

Bei einer linearen Gleichung kann man an der Gleichung direkt ablesen, ob der Gleichgewichtspunkt stabil ist oder nicht. Bei nichtlinearen Gleichungen ist das nicht mehr ganz so einfach, aber es gibt auch hier eine Methode, die die Stabilität von Gleichgewichtspunkten analysiert, ohne dass es nötig ist, explizit Lösungen der Gleichung auszurechnen.

Da wir annehmen, dass die Funktion $f(u)$ differenzierbar ist und eine stetige Ableitung hat, können wir für jeden Punkt a die Tangente an der Funktion bestimmen. Die Tangente ist durch die Geradengleichung

$$l(u) = f(a) + f'(a)(u - a)$$

gegeben. Wie kommen wir auf diese Gleichung? Die Gerade läuft durch den Punkt $(a, f(a))$, denn wir können $l(a) = f(a) + f'(a)(a - a) = f(a)$ ausrechnen. Und sie hat den Anstieg $f'(a)$, denn die Ableitung berechnet sich zu $l'(u) = 0 + f'(a)(1 - 0) = f'(a)$.

Für Werte u, die nahe an a liegen, beschreibt die Tangente $l(u)$ ziemlich gut das Verhalten der Funktion $f(u)$ (s. Abb. 6.10). Ist also $\bar{u}$ ein Gleichgewichtspunkt der Gleichung $\frac{d}{dt}u = f(u)$, dann ersetzen wir die möglicherweise recht komplizierte Funktion $f(u)$ durch die Tangentengleichung $f(\bar{u}) + f'(\bar{u})(u - \bar{u}) = 0 + f'(\bar{u})(u - \bar{u})$ und erhalten die lineare Differenzialgleichung

$$\frac{d}{dt}u(t) = f'(\bar{u})(u - \bar{u}) = f'(\bar{u})u - f'(\bar{u})\bar{u}.$$

Diese Gleichung hat ebenfalls $\bar{u}$ als Gleichgewichtspunkt. Für Anfangswerte u_0 in der Nähe von $\bar{u}$ verhalten sich die Lösungen der Gleichung $\frac{d}{dt}u = f(u)$ für einen gewissen Zeitraum ähnlich denen der **linearisierten** Gleichung $\frac{d}{dt}u = f'(\bar{u})(u-\bar{u})$. Ist also $\bar{u}$ für die linearisierte Gleichung stabil, dann ist er es auch für die Ausgangsgleichung. Aber für die linearisierte Gleichung ist der Gleichgewichtspunkt genau dann anziehend stabil (instabil), wenn der Anstieg $f'(\bar{u})$ negativ (positiv) ist.

> **Stabilitätskriterium für nichtlineare DGL**
> Der Gleichgewichtspunkt $\bar{u}$ einer nichtlinearen Differenzialgleichung $\frac{d}{dt}u = f(u)$ ist **anziehend stabil**, wenn $f'(\bar{u}) < 0$ ist und **instabil**, wenn $f'(\bar{u}) > 0$ ist.
> Ist $f'(\bar{u}) = 0$, dann kann keine Aussage über die Stabilität des Gleichgewichtspunkts gemacht werden.
> Achtung: Wir meinen mit $f'(u) = \frac{d}{du}f(u)$ die Ableitung nach u und nicht nach t.

Das Berechnen einer linearen DGL, die das Verhalten einer nichtlinearen DGL in der Nähe eines Gleichgewichtspunkts $\bar{u}$ qualitativ gut beschreibt, heißt **Linearisierung**.

Beispiel 6.18

Für die lineare Gleichung $\frac{d}{dt}u = au + b = f(u)$ erhalten wir genau dasselbe Kriterium für Stabilität, das wir bereits kennen, da $f'(u) = a$ ist. □

Beispiel 6.19

Betrachten wir noch einmal die logistische Differenzialgleichung $\frac{d}{dt}u = u(1-u)$. Die Nullstellen der Funktion $f(u) = u(1-u)$ sind Lösungen der Gleichung $u(1-u) = 0$ und daher $\bar{u}_1 = 0$ und $\bar{u}_2 = 1$. Die Ableitung von $f(u)$ kann man mit der Produktregel (s. Abschn. 1.4.4, S. 34) ausrechnen:

$$f'(u) = 1 - u + u(-1) = 1 - 2u.$$

Also gilt:

$$f'(\bar{u}_1) = f'(0) = 1 - 2 \cdot 0 = 1 \quad \text{und} \quad f'(\bar{u}_2) = f'(1) = 1 - 2 \cdot 1 = -1.$$

Somit ist 0 ein instabiler Gleichgewichtspunkt der Gleichung und 1 ein anziehend stabiler. Das ist im Einklang mit den Erkenntnissen, die wir aus der expliziten Rechnung in Beispiel 6.12 (s. S. 216) sowie aus dem Richtungsfeld in Beispiel 6.13 (Abb. 6.8, S. 221) gewonnen haben.

Abbildung 6.10a zeigt den Graph der Funktion $f(u) = u(1-u)$, sowie die Tangente an $\bar{u}_2 = 1$. Die Tangentengleichung ist gegeben durch:

$$l(u) = f'(\bar{u}_2)(u - \bar{u}_2) = f'(1)(u - 1) = -(u - 1).$$

Abbildung 6.10b zeigt Lösungen der nichtlinearen Gleichung $\frac{d}{dt}u = u(1-u)$ sowie der an $\bar{u}_2 = 1$ linearisierten Gleichung $\frac{d}{dt}u = -(u-1)$ jeweils für die Anfangswerte 0,9 und 1,1. Da diese Anfangswerte nah am Gleichgewichtspunkt $\bar{u}_2 = 1$ sind, verhalten sich die

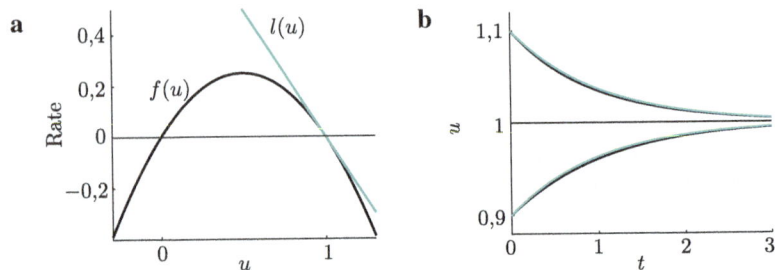

Abb. 6.10 **a** Graph der Funktion $f(u) = u(1-u)$ (*schwarz*) mit Tangente $l(u) = -(u-1)$ (*blau*) an den Graphen von f am Punkt $\bar{u}_2 = 1$. **b** Lösung der logistischen Gleichung (*schwarz*) für die Anfangswerte 0,9 und 1,1 sowie Lösungen der linearisierten Gleichung $\frac{d}{dt}u = -(u-1)$ (*blau*) für dieselben Anfangswerte. Beide sind sehr nah beieinander und streben auf den anziehend stabilen Gleichgewichtspunkt $\bar{u}_2 = 1$ zu (**b**)

Lösungen beider Gleichungen sehr ähnlich und nähern sich dem Gleichgewichtspunkt $\bar{u}_2 = 1$. □

Wenn für einen Gleichgewichtspunkt $f'(\bar{u}) = 0$ gilt, dann können wir keine Aussage treffen, wie sich die Differenzialgleichung $\frac{d}{dt}u = f(u)$ in der Nähe von $\bar{u}$ verhält. Es gibt verschiedene Möglichkeiten, was dann passieren kann. Welche davon eintritt, kann man z. B. durch ein Phasendiagramm feststellen (vgl. Abb. 6.12).

6.4.6 Phasendiagramm

Betrachten wir noch einmal die logistische Differenzialgleichung $\frac{d}{dt}u = f(u) = u(1-u)$ und versuchen zu verstehen, was diese Gleichung bedeutet. Für eine Lösung u der Differenzialgleichung gilt Folgendes: Hat die Funktion u zum Zeitpunkt t den Funktionswert $u(t)$, dann ist die Ableitung zu diesem Zeitpunkt $\frac{d}{dt}u(t)$ durch $f(u(t))$ gegeben.

Die Funktion $f(u) = u(1-u)$ hat die Nullstellen 0 und 1 (s. Beispiel 6.19, S. 227), sie ist positiv für $0 < u < 1$ und sonst negativ (Abb. 6.11). Allein aus dieser Information können wir einiges über das Verhalten von Lösungen schließen. Fangen wir mit einem Anfangswert $u_0 < 0$ an, dann ist $f(u_0) < 0$ und die Lösung $u(t)$ hat einen negativen Anstieg für $t = 0$. Also ist sie zumindest auf einem kleinen Intervall $[0, t_1]$ monoton fallend. Zum Zeitpunkt t_1 ist also $u_1 = u(t_1) < u_0$ und daher auch $f(u_1) < 0$ und die Funktion ist auch auf einem weiteren Intervall $[t_1, t_2]$ monoton fallend. Die Funktion fällt also immer weiter, da $f(u)$ immer negativ ist, wenn u negativ ist.

Fangen wir hingegen mit einem Anfangswert $1 > u_0 > 0$ an, dann ist $f(u_0)$ positiv und $u(t)$ wächst zunächst. Die Änderung bleibt auch immer positiv, wird allerdings immer kleiner, je mehr sich $u(t)$ dem Wert 1 nähert. Der Wert 1 kann nun nie überschritten

Abb. 6.11 Phasendiagramm der logistischen Gleichung. Der Gleichgewichtspunkt $\bar{u}_1 = 0$ ist instabil, der Gleichgewichtspunkt $\bar{u}_2 = 1$ ist stabil

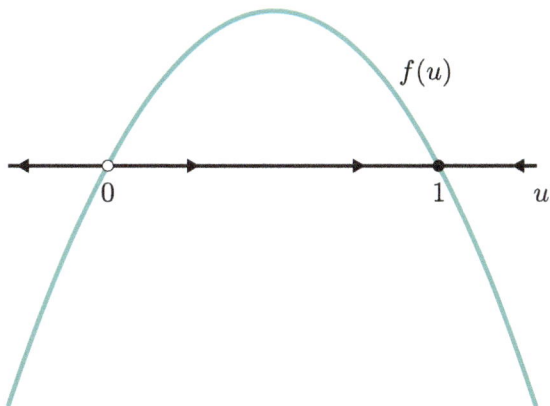

werden, da $u(t) = 1$ die konstante Lösung zum Anfangswert $u_0 = 1$ ist. Lösungen zu verschiedenen Anfangswerten können sich nicht schneiden, weshalb $u(t) < 1$ ist.

Für Anfangswerte $u_0 > 1$ ist $f(u_0) < 0$ und die Lösung $u(t)$ ist monoton fallend. Sie kann aber nicht kleiner als 1 werden, da dies ein Gleichgewichtspunkt ist.

Diese Überlegungen lassen sich in einem Phasendiagramm zusammenfassen. Dabei wird nur die Achse u betrachtet und durch Pfeile markieren wir, wie sich $u(t)$ für die Zeit t ändert. Gleichgewichtspunkte werden durch ausgefüllte Kreise markiert, wenn sie stabil sind, und durch nichtausgefüllte Kreise, wenn sie instabil sind. Es ist hilfreich, den Graph von $f(u)$ einzuzeichnen, da die Nullstellen von f den Gleichgewichtspunkten entsprechen. Ist f positiv, dann wird ein Pfeil nach rechts eingetragen und $u(t)$ ist monoton wachsend. Ist f negativ, dann wird ein Pfeil nach links in das Phasendiagramm eingetragen und $u(t)$ ist monoton fallend (Abb. 6.11).

Wir können jetzt auch besser das Kriterium für Stabilität nichtlinearer DGL verstehen. Ist nämlich $f'(\bar{u}) < 0$, dann ist $f(u) > 0$ für $u < \bar{u}$, also wächst $u(t)$ und nähert sich immer mehr $\bar{u}$ an. Für $u > \bar{u}$ hingegen ist $f(u) < 0$ und $u(t)$ fällt und nähert sich ebenfalls immer mehr $\bar{u}$. Ist $f'(\bar{u}) > 0$, dann ist $f(u) < 0$ für $u < \bar{u}$ und $u(t)$ wird kleiner und läuft daher von $\bar{u}$ weg. Ist $f'(\bar{u}) = 0$, dann haben wir keine Information darüber, ob $f(u)$ vor und nach $\bar{u}$ positiv oder negativ ist. Es gibt verschiedene Möglichkeiten, wie $f(u)$ in der Nähe von $\bar{u}$ aussieht, die jeweils zu anderem Verhalten führen. Vier der Möglichkeiten für das Verhalten von f und die daraus resultierenden Phasendiagramme sind in Abb. 6.12 zu sehen. Ist $f(u)$ in einem Intervall um $\bar{u}$ konstant null, dann ist der Gleichgewichtspunkt stabil, aber nicht anziehend stabil, da es weitere Gleichgewichtspunkte in seiner Nähe gibt.

Außerdem kann $f(u)$ vor oder nach dem Gleichgewichtspunkt null sein, was zu weiteren acht Fällen führt, die wir hier aber nicht ausführen werden.

Nur wenn $f(u) > 0$ für $u < \bar{u}$ und $f(u) < 0$ für $u > \bar{u}$ ist, wie es für die Funktion $f(u) = -u^3$ der Fall ist, dann ist der Gleichgewichtspunkt anziehend stabil.

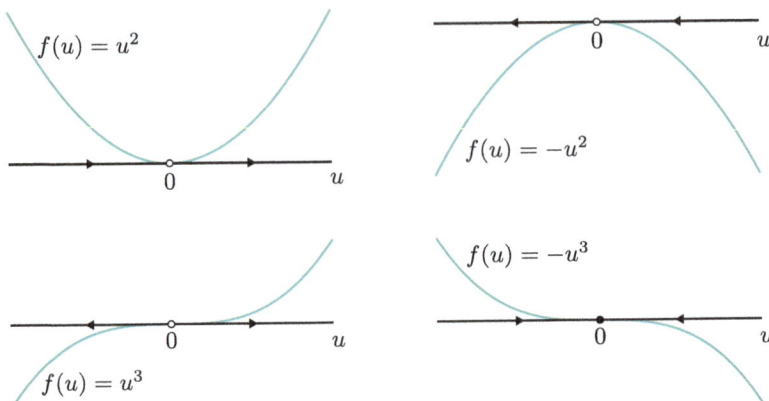

Abb. 6.12 Phasendiagramme von vier Differenzialgleichungen $\frac{d}{dt}u = f(u)$, die alle den Gleichgewichtspunkt $\bar{u} = 0$ haben und für die $f'(0) = 0$ gilt. Trotzdem ist das Verhalten in der Nähe des Gleichgewichtspunkts unterschiedlich. Nur wenn f am Gleichgewichtspunkt einen Vorzeichenwechsel von positiv nach negativ hat, dann ist ist $\bar{u}$ anziehend stabil

Durch das Phasendiagramm wird klar, dass es nicht sehr viele Möglichkeiten gibt, wie eine Lösung von $\frac{d}{dt}u = f(u)$ aussieht. Die Nullstellen von $f(u)$ sind die Gleichgewichtspunkte. Zwischen zwei Nullstellen ist die Funktion entweder positiv oder negativ. Da Gleichgewichtspunkte nicht überquert werden können, ist also eine Lösung $u(t)$ der Differenzialgleichung für einen Anfangswert u_0 mit $f(u_0) > 0$ immer monoton wachsend. Wenn $f(u_0) < 0$ ist, dann ist $u(t)$ monoton fallend. Die Lösungen nähern sich entweder dem nächsten stabilen Gleichgewichtspunkt oder laufen gegen $+\infty$ oder $-\infty$.

> **Verhalten von Lösungen einzelner DGL**
> Eine einzelne Differenzialgleichung $\frac{d}{dt}u = f(u)$ hat nur Lösungen, die **konstant**, die monoton **wachsend** oder die monoton **fallend** sind. Es gibt keine Lösungen die periodisch schwanken.
> Achtung: Diese Aussage stimmt nur für eine einzelne DGL der Form 6.21. Andere Differenzialgleichungen können kompliziertere Lösungen haben.

6.5 Systeme gewöhnlicher Differenzialgleichungen

Im letzten Abschnitt haben wir uns auf das Lösen einer einzelnen gewöhnlichen Differenzialgleichung beschränkt. Damit lässt sich allerdings nur beschreiben, wie sich die Konzentration eines isolierten Proteins im Laufe der Zeit entwickelt. In der Realität hingegen gibt

6.5 Systeme gewöhnlicher Differenzialgleichungen

es immer Wechselwirkungen zwischen verschiedenen Stoffen, die sich nur durch mehrere Gleichungen, die voneinander abhängen, beschreiben lassen.

Bevor ihr weiterlest eine Warnung: Für diesen Abschnitt müsst ihr gut mit Matrizen rechnen können, vor allem auf Abschitt 5.5.3 (s. S. 169) werden wir einige Mal zurückgreifen.

Wir interessieren uns nun in diesem Abschnitt für die zeitliche Entwicklung von zwei Proteinkonzentration $u(t)$ und $v(t)$, die sich gegenseitig beeinflussen. Die Änderung der Konzentration $u(t)$ hängt nun nicht nur von der aktuellen Konzentration $u(t)$ ab, sondern auch von $v(t)$. Da für $v(t)$ dasselbe gilt, erhalten wir ein System von gewöhnlichen Differenzialgleichungen.

System von Differenzialgleichungen und Anfangswertproblem

Ein **System von gewöhnlichen Differenzialgleichungen**, das aus zwei Gleichungen besteht, hat die Form

$$\begin{matrix} \frac{d}{dt}u = f(u,v) \\ \frac{d}{dt}v = g(u,v) \end{matrix} \Leftrightarrow \begin{pmatrix} \frac{d}{dt}u \\ \frac{d}{dt}v \end{pmatrix} = \begin{pmatrix} f(u,v) \\ g(u,v) \end{pmatrix},$$

wobei f und g Funktionen mit zwei Variablen sind.

Ein **Anfangswertproblem** (AWP) ist ein System gewöhnlicher Differenzialgleichungen zusammen mit der Angabe, welchen Wert der Lösungsvektor $(u(t),v(t))^T$ zu einem Anfangszeitpunkt hat:

$$\begin{pmatrix} \frac{d}{dt}u \\ \frac{d}{dt}v \end{pmatrix} = \begin{pmatrix} f(u,v) \\ g(u,v) \end{pmatrix} \quad \text{und} \quad \begin{pmatrix} u(0) \\ v(0) \end{pmatrix} = \begin{pmatrix} u_0 \\ v_0 \end{pmatrix}$$

Ein Anfangswertproblem hat eine eindeutige Lösung unter gewissen Anforderungen an die Funktionen f und g.

Die Funktionen f und g beschreiben den Zusammenhang zwischen den Ableitungen $\frac{d}{dt}u$ und $\frac{d}{dt}v$ und den Funktionen u und v. Wir schreiben hier wieder nur u statt $u(t)$, damit die Sache übersichtlicher wird.

Die Anforderungen an f und g, die nötig sind, damit das AWP eindeutige Lösungen hat, sind ähnlich wie im Fall einer einzelnen DGL. Wenn die Funktionen partielle Ableitungen besitzen (s. Abschn. 6.5.3, S. 252) und die nicht gegen ∞ wachsen, dann sind diese Anforderungen erfüllt. Allgemein spricht man davon, dass die Funktionen die Lipschitz-Bedingung erfüllen müssen.

Eine Funktion mit zwei Variablen sieht nicht viel anders aus als eine normale Funktion, nur dass jetzt zwei Unbekannte vorkommen können. Zum Beispiel ist $f(u,v) = u+2uv-v^2$ eine Funktion in u und v, genau wie $f(u,v) = \exp(u) + \ln(v)$ oder $f(u,v) = \frac{u}{v}$. Aber auch $f(u,v) = u$ ist möglich, da die Funktion von zwei Variablen abhängen kann, aber nicht muss.

Der Graph einer solchen Funktion muss in ein dreidimensionales Koordinatensystem eingetragen werden. Die Funktionswerte liegen auf einer Fläche im Raum.

Die wichtigste Unterscheidung, die wir zwischen Funktionen im Kontext von gewöhnlichen Differenzialgleichungen getroffen haben, ist die Linearität. Genauso machen wir es auch für Systeme von DGL. Eine Funktion in zwei Variablen heißt linear, wenn sie die Form $f(u,v) = au + bv + c$ hat, also z. B. $f(u,v) = u - 2v + 1$ oder $f(u,v) = -3u + 1$. Jede Funktion mit zwei Variablen, die anders aussieht, heißt nichtlinear. Insbesondere sind Funktionen mit Produkten von u und v oder Potenzen wie u^2, wie wir sie durch das Massenwirkungsgesetz erhalten, nichtlinear.

Man kann auch Systeme mit drei, vier oder mehr Differenzialgleichungen, die voneinander abhängen, betrachten. Aus Gründen der Einfachheit beschränken wir uns aber zunächst auf zwei Gleichungen. So bleibt zum einen die Schreibweise übersichtlich und wir müssen nicht mit vielen Indices hantieren. Zum anderen lassen sich die meisten Erkenntnisse für zwei Gleichungen ohne Probleme auf mehr Gleichungen übertragen.

Ob man ein System als Vektorgleichung $\begin{pmatrix} \frac{d}{dt}u \\ \frac{d}{dt}v \end{pmatrix} = \begin{pmatrix} f(u,v) \\ g(u,v) \end{pmatrix}$ schreibt oder nicht, macht für die Gleichungen und ihre Lösungen keinen Unterschied. Wir verwenden vor allem für lineare Systeme die Vektorschreibweise, damit besser ersichtlich ist, wieso die Ergebnisse der linearen Algebra verwendet werden können. Außerdem sehen die Gleichungen etwas übersichtlicher aus und die Analogie zum Vorgehen bei einzelnen DGL wird klarer.

Im Fließtext nutzen wir die platzsparende Schreibweise $(u,v)^T$, womit der zu (u,v) transponierte Vektor gemeint ist, also $\begin{pmatrix} u \\ v \end{pmatrix}$. Mehr zur Schreibweise von Vektoren steht in Abschn. 5.3 auf Seite 140.

6.5.1 Lineare Systeme von gewöhnlichen Differenzialgleichungen

Bei einer einzelnen Differenzialgleichung haben wir uns zunächst mit der Gleichung $\frac{d}{dt}u = f(u)$ beschäftigt, bei der die Funktion $f(u) = au$ linear ist. Die bei dieser Gleichung gewonnenen Erkenntnisse über das Verhalten von Lösungen wurden dann bei komplizierteren Gleichungen genutzt. Auf die gleiche Art und Weise werden wir jetzt auch bei den Systemen vorgehen. Wir beschäftigen uns zunächst mit linearen Systemen von gewöhnlichen Differenzialgleichungen. Zum einen ist es möglich, sie explizit zu lösen, zum anderen werden wir auf sie zurückgreifen, um nichtlineare Systeme zu untersuchen. Zur Beschreibung von biologischen Prozessen sind sie nur für kurze Zeitintervalle geeignet.

> **Lineares System von Differenzialgleichungen**
> Ein System von gewöhnlichen Differenzialgleichungen heißt linear, wenn die Funktionen f und g lineare Funktionen sind, d. h., wenn es Konstanten a, b, c, d gibt,

6.5 Systeme gewöhnlicher Differenzialgleichungen

sodass die Funktionen die Form $f(u, v) = au + bv$ und $g(u, v) = cu + dv$ haben. Dann kann das System in Matrix-Vektor-Form geschrieben werden:

$$\begin{pmatrix} \dfrac{d}{dt} u \\ \dfrac{d}{dt} v \end{pmatrix} = \begin{pmatrix} a & b \\ c & d \end{pmatrix} \cdot \begin{pmatrix} u \\ v \end{pmatrix} = \begin{pmatrix} au + bv \\ cu + dv \end{pmatrix}.$$

Wenn ihr merkt, dass euch die Vektor-Matrix-Multiplikation nicht mehr geläufig ist, dann schaut in Abschn. 5.3.5 auf Seite 147 nach.

Wir ignorieren hier lineare Funktionen mit einem konstanten Term wie $f(u, v) = 3u - v + 1$, da man sie, ähnlich wie in Beispiel 6.16 beschrieben, immer auf ein System ohne konstanten Term zurückführen kann.

Wir bezeichnen die **Systemmatrix**, also die Matrix, die die Entwicklung des Systems beschreibt, mit

$$A = \begin{pmatrix} a & b \\ c & d \end{pmatrix}.$$

Wir werden sehen, dass wir schon sehr viel über das Verhalten des Systems aussagen können, sobald wir die Eigenwerte der Matrix A kennen. Aus diesem Grund müssen wir unterscheiden, ob die Eigenwerte der Matrix (s. Abschn. 5.5.3, S. 167) reelle Zahlen sind oder nicht.

Das MATLAB-Skript LoesungLinearesSystem.m zur Lösung eines linearen Differenzialgleichungssystems findet ihr online unter http://www.springer.com/978-3-642-37785-3.

Die Systemmatrix hat zwei reelle Eigenwerte

Das einfachste System von Differenzialgleichungen erhalten wir, wenn die Matrix A eine Diagonalmatrix ist. Wir nennen dann das System entkoppelt, da wir eine Gleichung für u erhalten, in der v nicht vorkommt, und eine Gleichung für v, in der u nicht vorkommt.

Beispiel 6.20

Wir betrachten die diagonale Systemmatrix $A = \begin{pmatrix} 2 & 0 \\ 0 & -1 \end{pmatrix}$, die zu dem Differenzialgleichungssystem

$$\frac{d}{dt} u(t) = 2u(t)$$

$$\frac{d}{dt} v(t) = -v(t)$$

führt. Wir erhalten also zwei einzelne lineare Gleichungen, die unabhängig voneinander sind. Somit können wir die Lösung für jede der Gleichungen wie in Beispiel 6.11 berechnen und erhalten:

$$u(t) = u_0 e^{2t} \quad \text{und} \quad v(t) = v_0 e^{-t}.$$

Wir schreiben diese Lösung in Vektorform und verwenden jetzt die Rechenregeln für Vektoren (s. Abschn. 5.3.2, S. 142) und Matrizen (s. Abschn. 5.3.4, S. 146), um sie auf eine Art und Weise umzuschreiben, die wir verallgemeinern können:

$$\begin{pmatrix} u(t) \\ v(t) \end{pmatrix} = \begin{pmatrix} u_0 e^{2t} \\ v_0 e^{-t} \end{pmatrix} = \begin{pmatrix} u_0 e^{2t} + 0 \\ 0 + v_0 e^{-t} \end{pmatrix} = \begin{pmatrix} u_0 \cdot e^{2t} + v_0 \cdot 0 \\ u_0 \cdot 0 + v_0 \cdot e^{-t} \end{pmatrix}$$
$$= \begin{pmatrix} e^{2t} & 0 \\ 0 & e^{-t} \end{pmatrix} \cdot \begin{pmatrix} u_0 \\ v_0 \end{pmatrix}.$$

Wir bezeichnen jetzt die Matrixfunktion

$$\begin{pmatrix} e^{2t} & 0 \\ 0 & e^{-t} \end{pmatrix}$$

mit e^{At} und erhalten so folgende Darstellung der Lösung:

$$\begin{pmatrix} u(t) \\ v(t) \end{pmatrix} = e^{At} \cdot \begin{pmatrix} u_0 \\ v_0 \end{pmatrix}. \tag{6.30}$$

□

Wenn wir die Darstellung 6.30 ganz genau ansehen, dann sieht die Lösung eines linearen Differenzialgleichungssystems genauso aus wie die Lösung einer einzelnen linearen Differenzialgleichung. Der Unterschied besteht darin, dass $u(t)$ durch den Vektor $(u(t), v(t))^T$ ersetzt wurde und die Funktion e^{at} durch die Matrixfunktion e^{At}.

Lösung eines linearen Anfangswertproblems
Die Lösung eines linearen AWP mit Systemmatrix A

$$\begin{pmatrix} \frac{d}{dt} u \\ \frac{d}{dt} v \end{pmatrix} = A \cdot \begin{pmatrix} u \\ v \end{pmatrix} \qquad \begin{pmatrix} u(0) \\ v(0) \end{pmatrix} = \begin{pmatrix} u_0 \\ v_0 \end{pmatrix}$$

ist gegeben durch

$$\begin{pmatrix} u(t) \\ v(t) \end{pmatrix} = e^{tA} \begin{pmatrix} u_0 \\ v_0 \end{pmatrix}.$$

6.5 Systeme gewöhnlicher Differenzialgleichungen

Zunächst scheint es nicht sehr viel Sinn zu ergeben, „e hoch eine Matrix" auszurechnen. Wir können allerdings die Exponentialfunktion mithilfe einer Reihe (s. Abschn. 1.3.2, S. 26) schreiben und dem Ausdruck mehr Sinn geben. Für jede reelle Zahl gilt:

$$\exp(x) = e^x = \sum_{n=0}^{\infty} \frac{1}{n!} x^n = 1 + x + \frac{1}{2}x^2 + \frac{1}{6}x^3 + \dots \tag{6.31}$$

Um zu sehen, dass dieser Ausdruck die Exponentialfunktion ist, rechnen wir seine erste Ableitung aus. Dafür brauchen wir die Summenregel aus Abschn. 1.4.4 und die letzte Zeile aus Tab. 1.3 (s. S. 34):

$$\frac{d}{dx}\left(1 + x + \frac{1}{2}x^2 + \frac{1}{6}x^3 + \dots\right) = \frac{d}{dx}(1) + \frac{d}{dx}(x) + \frac{1}{2}\frac{d}{dx}(x^2) + \frac{1}{6}\frac{d}{dx}(x^3) + \dots$$
$$= 0 + 1 + \frac{1}{2} \cdot 2x + \frac{1}{6} \cdot 3x^2 + \dots$$
$$= 1 + x + \frac{1}{2}x^2 + \dots$$

Die Reihe 6.31 ist also eine Funktion, die gleich ihrer ersten Ableitung ist. Außerdem können wir $x = 0$ einsetzen und erhalten $\exp(0) = 1 + 0 + \frac{1}{2}0^2 + \frac{1}{6}0^3 + \dots = 1$. Also ist diese Reihe eine Lösung des AWP $\frac{d}{dx}\exp(x) = \exp(x)$, $\exp(0) = 1$, was nur auf die normale Exponentialfunktion zutrifft.

In dem Ausdruck 6.31 ist es leicht, x durch die Matrix A zu ersetzen. Zunächst sei $A = \begin{pmatrix} \lambda_1 & 0 \\ 0 & \lambda_2 \end{pmatrix}$ eine Diagonalmatrix, dann wissen wir, dass $A^n = \begin{pmatrix} \lambda_1^n & 0 \\ 0 & \lambda_2^n \end{pmatrix}$ ist (s. Abschn. 5.5.3, S. 175), und berechnen damit

$$e^{tA} = \sum_{n=0}^{\infty} \frac{1}{n!}(tA)^n = \sum_{n=0}^{\infty} \frac{1}{n!} t^n A^n = \sum_{n=0}^{\infty} \frac{1}{n!} t^n \begin{pmatrix} \lambda_1^n & 0 \\ 0 & \lambda_2^n \end{pmatrix}$$
$$= \begin{pmatrix} \sum_{n=0}^{\infty} \frac{1}{n!} t^n \lambda_1^n & 0 \\ 0 & \sum_{n=0}^{\infty} \frac{1}{n!} t^n \lambda_2^n \end{pmatrix}$$
$$= \begin{pmatrix} e^{t\lambda_1} & 0 \\ 0 & e^{t\lambda_2} \end{pmatrix}.$$

Wir haben hier die Rechenregel für Matrizen verwendet, die besagt, dass die Addition von Matrizen komponentenweise definiert ist.

Aber auch der Fall, dass A eine diagonalisierbare Matrix ist, ist jetzt nicht mehr schwierig. Wir erinnern uns, dass $A^n = SD^nS^{-1}$ gilt, wenn $A = SDS^{-1}$ ist (s. Abschn. 5.5.3, S. 173). Dabei ist D eine Diagonalmatrix mit den Eigenwerten von A auf der Diagonale, und die Spalten von S sind die Eigenvektoren von A. Damit können wir in jedem Summanden die Matrizen S und S^{-1} ausklammern und die Rechnung für Diagonalmatrizen verwenden:

$$e^{tA} = \sum_{n=0}^{\infty} \frac{1}{n!} t^n A^n = \sum_{n=0}^{\infty} \frac{1}{n!} t^n S D^n S^{-1} = S \left(\sum_{n=0}^{\infty} \frac{1}{n!} t^n D^n \right) S^{-1} = S e^{tD} S^{-1}.$$

Berechnen der Matrixfunktion

Ist die Systemmatrix A eine Diagonalmatrix $A = \begin{pmatrix} \lambda_1 & 0 \\ 0 & \lambda_2 \end{pmatrix}$, dann ist die Matrixfunktion e^{tA} gegeben durch

$$\begin{pmatrix} e^{t\lambda_1} & 0 \\ 0 & e^{t\lambda_2} \end{pmatrix}.$$

Wenn A diagonalisierbar ist, dann gibt es eine invertierbare Matrix S und eine Diagonalmatrix D, sodass $A = S \cdot D \cdot S^{-1}$ gilt (s. Abschn. 5.5.3, S. 173) und die Matrixfunktion gegeben ist durch

$$e^{tA} = S e^{tD} S^{-1}.$$

Beispiel 6.21

Kommen wir nun zu einem konkreten Beispiel. Wir betrachten das lineare Differenzialgleichungssystem

$$\begin{aligned} \frac{d}{dt} u &= u \\ \frac{d}{dt} v &= -4u - v \end{aligned} \quad \Leftrightarrow \quad \begin{pmatrix} \frac{d}{dt} u \\ \frac{d}{dt} v \end{pmatrix} = \begin{pmatrix} 1 & 0 \\ -4 & -1 \end{pmatrix} \cdot \begin{pmatrix} u \\ v \end{pmatrix}, \tag{6.32}$$

mit der Anfangsbedingung $(u(0), v(0))^T = (u_0, v_0)^T$. Die Eigenwerte der Systemmatrix

$$A = \begin{pmatrix} 1 & 0 \\ -4 & -1 \end{pmatrix}$$

berechnen sich als Nullstellen der quadratischen Gleichung (s. Abschn. 5.5.3, S. 167):

$$\chi_A(\lambda) = \det \begin{pmatrix} \lambda - 1 & 0 \\ 4 & \lambda + 1 \end{pmatrix} = (\lambda - 1)(\lambda + 1) - 0 \cdot 4 = (\lambda - 1)(\lambda + 1) = 0.$$

Ein Produkt ist null, sobald einer der Faktoren null ist und daher sind die Eigenwerte $\lambda_1 = 1$ und $\lambda_2 = -1$. Ein Eigenvektor zum Eigenwert 1 ist eine Lösung des linearen Gleichungssystems

$$\begin{pmatrix} 1 - 1 & 0 \\ 4 & 1 + 1 \end{pmatrix} \begin{pmatrix} x_1 \\ y_1 \end{pmatrix} = \begin{pmatrix} 0 \\ 0 \end{pmatrix} \Rightarrow \begin{matrix} 0 = 0 \\ 4x_1 + 2y_1 = 0 \end{matrix} \Rightarrow 4x_1 = -2y_1 \Rightarrow -2x_1 = y_1.$$

6.5 Systeme gewöhnlicher Differenzialgleichungen

Legen wir $x_1 = 1$ fest, dann ist ein Eigenvektor durch $v_1 = \begin{pmatrix} x_1 \\ y_1 \end{pmatrix} = \begin{pmatrix} 1 \\ -2 \end{pmatrix}$ gegeben.

Ein Eigenvektor zum Eigenwert -1 ist eine Lösung des linearen Gleichungssystems

$$\begin{pmatrix} -1-1 & 0 \\ 4 & -1+1 \end{pmatrix} \begin{pmatrix} x_2 \\ y_2 \end{pmatrix} = \begin{pmatrix} 0 \\ 0 \end{pmatrix} \Rightarrow \begin{matrix} -2x_1 = 0 \\ 4x_1 = 0. \end{matrix}$$

Daher muss $x_2 = 0$ sein. Wir legen $y_2 = 1$ fest und erhalten einen Eigenvektor $v_2 = \begin{pmatrix} x_2 \\ y_2 \end{pmatrix} = \begin{pmatrix} 0 \\ 1 \end{pmatrix}$. Wir nennen jetzt die Matrix mit den Spalten v_1 und v_2

$$S = \begin{pmatrix} x_1 & x_2 \\ y_1 & y_2 \end{pmatrix} = \begin{pmatrix} 1 & 0 \\ -2 & 1 \end{pmatrix}.$$

Wir bestimmen ihre inverse Matrix S^{-1} mithilfe der Formel aus Abschn. 5.4.5 (s. S. 161)

$$S^{-1} = \frac{1}{\det(S)} \begin{pmatrix} 1 & -0 \\ -(-2) & 1 \end{pmatrix} = \begin{pmatrix} 1 & 0 \\ 2 & 1 \end{pmatrix},$$

da $\det(S) = 1 \cdot 1 - 0 \cdot 2 = 1$ ist.

Es gibt also die Matrizen

$$S = \begin{pmatrix} 1 & 0 \\ -2 & 1 \end{pmatrix}, \quad S^{-1} = \begin{pmatrix} 1 & 0 \\ 2 & 1 \end{pmatrix} \quad \text{und} \quad D = \begin{pmatrix} 1 & 0 \\ 0 & -1 \end{pmatrix},$$

die $A = SDS^{-1}$ erfüllen. Die Matrixfunktion e^{tD} hat die Form $\begin{pmatrix} e^t & 0 \\ 0 & e^{-t} \end{pmatrix}$. Somit erhalten wir als Lösung der Differenzialgleichung den Vektor von zwei Funktionen 6.32:

$$\begin{pmatrix} u(t) \\ v(t) \end{pmatrix} = e^{At} \begin{pmatrix} u_0 \\ v_0 \end{pmatrix} = S \cdot e^{tD} \cdot S^{-1} \cdot \begin{pmatrix} u_0 \\ v_0 \end{pmatrix}$$

$$z = \begin{pmatrix} 1 & 0 \\ -2 & 1 \end{pmatrix} \cdot \begin{pmatrix} e^t & 0 \\ 0 & e^{-t} \end{pmatrix} \cdot \begin{pmatrix} 1 & 0 \\ 2 & 1 \end{pmatrix} \cdot \begin{pmatrix} u_0 \\ v_0 \end{pmatrix}$$

$$= \begin{pmatrix} 1 \cdot e^t + 0 \cdot 0 & 1 \cdot 0 + 0 \cdot e^{-t} \\ -2e^t + 1 \cdot 0 & -2 \cdot 0 + 1 \cdot e^{-t} \end{pmatrix} \cdot \begin{pmatrix} 1 & 0 \\ 2 & 1 \end{pmatrix} \cdot \begin{pmatrix} u_0 \\ v_0 \end{pmatrix}$$

$$= \begin{pmatrix} e^t & 0 \\ -2e^t & e^{-t} \end{pmatrix} \cdot \begin{pmatrix} 1 & 0 \\ 2 & 1 \end{pmatrix} \cdot \begin{pmatrix} u_0 \\ v_0 \end{pmatrix}$$

$$= \begin{pmatrix} e^t \cdot 1 + 0 \cdot 2 & e^t \cdot 0 + 0 \cdot 1 \\ -2e^t \cdot 1 + e^{-t} \cdot 2 & -2e^t \cdot 0 + e^{-t} \cdot 1 \end{pmatrix} \cdot \begin{pmatrix} u_0 \\ v_0 \end{pmatrix}$$

$$= \begin{pmatrix} e^t & 0 \\ -2e^t + 2e^{-t} & e^{-t} \end{pmatrix} \cdot \begin{pmatrix} u_0 \\ v_0 \end{pmatrix}$$

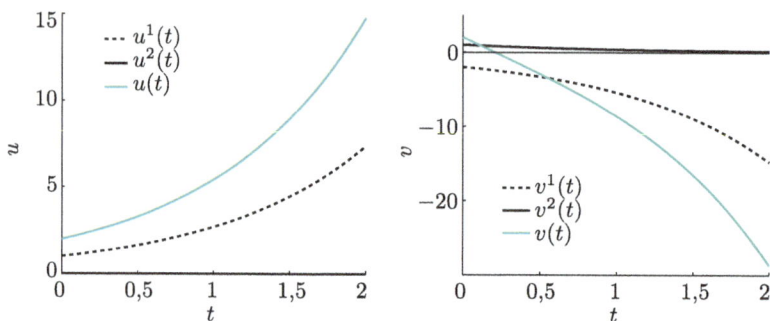

Abb. 6.13 Lösung der linearen Differenzialgleichung aus Beispiel 6.21 zu den Anfangswerten $(2,2)^T$. Die Funktionen $u(t) = 2e^t$ und $v(t) = -4e^t + 6e^{-t}$ (*blau*) sind die Summe der Lösungen zu den Eigenvektoren. Zum Anfangswert $v_1 = (1,-2)^T$ ist $\left(u^1(t), v^1(t)\right)^T = \left(e^t, -2e^t\right)^T$ die Lösung (*schwarz, gestrichelt*), wohingegen zum Anfangswert $v_2 = (0,1)^T$ die Lösung $\left(u^2(t), v^2(t)\right)^T = \left(0, e^{-t}\right)^T$ ist (*schwarz, durchgezogen*)

$$= \begin{pmatrix} u_0 e^t \\ u_0(-2e^t + 2e^{-t}) + v_0 e^{-t} \end{pmatrix} = \begin{pmatrix} u_0 e^t \\ -2u_0 e^t + 2u_0 e^{-t} + v_0 e^{-t} \end{pmatrix}$$

$$= \begin{pmatrix} u_0 e^t \\ -2u_0 e^t + (2u_0 + v_0)e^{-t} \end{pmatrix}.$$

Jetzt können wir die Anfangsbedingung einsetzen und erhalten die Lösung des Anfangswertproblems.

Auf dem ersten Blick sieht das Ganze relativ kompliziert aus. Um eine andere Darstellung der Lösung zu erhalten, betrachten wir was passiert, wenn wir zwei spezielle Anfangswerte einsetzen.

Sei also der Anfangswert ein Eigenvektor zum Eigenwert 1, z. B.

$$\begin{pmatrix} u_0 \\ v_0 \end{pmatrix} = v_1 = \begin{pmatrix} 1 \\ -2 \end{pmatrix}.$$

Dann erhalten wir die Lösung

$$\begin{pmatrix} u(t) \\ v(t) \end{pmatrix} = \begin{pmatrix} 1e^t \\ -2 \cdot 1e^t + (-2 + 2 \cdot 1)e^{-t} \end{pmatrix} = \begin{pmatrix} e^t \\ -2e^t \end{pmatrix} = e^t \cdot \begin{pmatrix} 1 \\ -2 \end{pmatrix} = e^{\lambda_1 t} \cdot v_1. \quad (6.33)$$

Es fallen in der Formel also genau die Ausdrücke mit e^{-t} weg.

Dass die Lösung so einfach aussieht ist kein Zufall, denn auch wenn der Anfangswert durch den Eigenvektor

$$\begin{pmatrix} u_0 \\ v_0 \end{pmatrix} = v_2 = \begin{pmatrix} 0 \\ 1 \end{pmatrix}$$

6.5 Systeme gewöhnlicher Differenzialgleichungen

zum Eigenwert -1 gegeben ist, können wir berechnen:

$$\begin{pmatrix} u(t) \\ v(t) \end{pmatrix} = \begin{pmatrix} 0e^t \\ -2 \cdot 0e^t + (1 + 2 \cdot 0)e^{-t} \end{pmatrix} = \begin{pmatrix} 0 \\ e^{-t} \end{pmatrix} = e^{-t} \cdot \begin{pmatrix} 0 \\ 1 \end{pmatrix} = e^{\lambda_2 t} \cdot v_2. \qquad (6.34)$$

Hier fallen also die Ausdrücke mit e^t weg.

Das wollen wir nun nutzen, um die Lösung des Differenzialgleichungssystems auch für beliebige Anfangswerte übersichtlich zu schreiben.

Wir wissen aus Abschn. 5.5.3 (s. S. 167), dass die Eigenvektoren einer diagonalisierbaren Matrix eine Basis bilden. Das heißt jeder beliebige Vektor, und damit auch $(u_0, v_0)^T$, kann als Linearkombination der Eigenvektoren dargestellt werden. Es gibt also Werte r_0 und s_0 für die gilt:

$$\begin{pmatrix} u_0 \\ v_0 \end{pmatrix} = r_0 \begin{pmatrix} 1 \\ -2 \end{pmatrix} + s_0 \begin{pmatrix} 0 \\ 1 \end{pmatrix}. \qquad (6.35)$$

Wir behaupten jetzt, dass dann die Lösung der Differenzialgleichung 6.32 zum Anfangswert $(u_0, v_0)^T$ durch

$$\begin{pmatrix} u(t) \\ v(t) \end{pmatrix} = r_0 e^t \begin{pmatrix} 1 \\ -2 \end{pmatrix} + s_0 e^{-t} \begin{pmatrix} 0 \\ 1 \end{pmatrix} \qquad (6.36)$$

gegeben ist.

Dass die Formel für Anfangswerte, die Eigenvektoren sind, stimmt, haben wir ja schon gezeigt. Wir multiplizieren jetzt die Lösung 6.33, die wir zum Anfangswert v_1 berechnet haben, mit r_0, und genauso die Lösung 6.34, die wir zum Anfangswert v_2 berechnet haben, mit s_0, und addieren wir beide Ausdrücke. Diese Funktion muss eine Lösung der DGL 6.32 sein, da man aufgrund der Linearität, d. h. der Summenregel, von Matrizen (s. Abschn. 5.3.4, S. 146) und der Ableitung (s. Abschn. 1.4.4, S. 34) Lösungen von linearen DGL addieren kann.

Wir müssen nur noch überprüfen, ob die durch die Gl. 6.36 definierte Lösung die Anfangsbedingung erfüllt. Das machen wir für ein Beispiel.

Der Anfangswert $(2, 2)^T$ kann geschrieben werden in der Form

$$\begin{pmatrix} 2 \\ 2 \end{pmatrix} = 2 \begin{pmatrix} 1 \\ -2 \end{pmatrix} + 6 \begin{pmatrix} 0 \\ 1 \end{pmatrix}.$$

Somit lautet die Lösung zu diesem Anfangswert nach Formel 6.36

$$\begin{pmatrix} u(t) \\ v(t) \end{pmatrix} = 2e^t \begin{pmatrix} 1 \\ -2 \end{pmatrix} + 6e^{-t} \begin{pmatrix} 0 \\ 1 \end{pmatrix} = \begin{pmatrix} 2e^t \\ -4e^t + 6e^{-t} \end{pmatrix}. \qquad (6.37)$$

Die Anfangsbedingung ist erfüllt, da $e^0 = 1$ ist und somit gilt:

$$\begin{pmatrix} u(0) \\ v(0) \end{pmatrix} = 2e^0 \begin{pmatrix} 1 \\ -2 \end{pmatrix} + 6e^{-0} \begin{pmatrix} 0 \\ 1 \end{pmatrix} = \begin{pmatrix} 2 \\ -4+6 \end{pmatrix} = \begin{pmatrix} 2 \\ 2 \end{pmatrix}.$$

Abbildung 6.13 zeigt sowohl die Lösungen zu den Anfangswerten, die Eigenvektoren sind (s. Gl. 6.33 und 6.34), sowie die Lösung zum Anfangswert $(2,2)^T$, die durch Gl. 6.37 gegeben ist. □

Lösungen von linearen Systemen von DGL als Linearkombination

Wir betrachten das lineare Anfangswertproblem $\begin{pmatrix} \frac{d}{dt}u \\ \frac{d}{dt}v \end{pmatrix} = A \begin{pmatrix} u \\ v \end{pmatrix}$ mit einer Systemmatrix A, die zwei reelle Eigenwerte hat.

Ist der Anfangswert $\begin{pmatrix} u_0 \\ v_0 \end{pmatrix}$ ein Eigenvektor v_1 zum Eigenwert λ_1, dann ist die Lösung der Differenzialgleichung durch $e^{\lambda_1 t} v_1$ gegeben.

Ist der Anfangswert eine Linearkombination aus Eigenvektoren

$$\begin{pmatrix} u_0 \\ v_0 \end{pmatrix} = r_0 v_1 + s_0 v_2,$$

dann ist auch die Lösung des Anfangswertproblems eine Linearkombination von Lösungen:

$$\begin{pmatrix} u(t) \\ v(t) \end{pmatrix} = r_0 e^{\lambda_1 t} v_1 + s_0 e^{\lambda_2 t} v_2. \tag{6.38}$$

Hier ist v_1 ein Eigenvektor zu λ_1 und v_2 ein Eigenvektor zu λ_2.

Wir haben hier also die Lösungen $e^{\lambda_1 t} v_1$ und $e^{\lambda_2 t} v_2$ jeweils mit einer Zahl multipliziert und addiert. Das Ergebnis ist dann wieder eine Lösung des Differenzialgleichungssystems zu einem anderen Anfangswert. Das Addieren von Lösungen ist eine spezielle Eigenschaft linearer Systeme und funktioniert bei nichtlinearen Differenzialgleichungssystemen nicht, da diese nicht mithilfe von Matrizen geschrieben werden können.

Für diagonalisierbare $n \times n$-Matrizen mit reellen Eigenwerten funktioniert alles genauso, nur dass wir n Eigenvektoren haben. Die Lösungsfunktion ist dann die Summe von n Funktionen der Form $e^{\lambda t} v$ und ist ein Vektor mit n Komponenten.

Die Systemmatrix hat keine reellen Eigenwerte

Bisher haben wir nur Systemmatrizen betrachtet, die zwei reelle Eigenwerte haben. Aber es gibt auch Matrizen, deren Eigenwerte komplexe Zahlen sind. Dies spielt in vielen biologischen Anwendungen eine Rolle, da es die Voraussetzung für die Existenz periodischer Lösungen ist.

6.5 Systeme gewöhnlicher Differenzialgleichungen

Aber was heißt das eigentlich – keine reellen Eigenwerte? Schauen wir uns zunächst ein Beispiel an.

Beispiel 6.22

Die Matrix $A = \begin{pmatrix} 1 & 2 \\ -2 & 1 \end{pmatrix}$ hat Eigenwerte, die Lösungen der quadratischen Gleichung

$$\det(A - \lambda E_2) = \det\begin{pmatrix} 1-\lambda & 2 \\ -2 & 1-\lambda \end{pmatrix} = (1-\lambda)^2 + 4 = \lambda^2 - 2\lambda + 5 \stackrel{!}{=} 0$$

sind. Die Eigenwerte berechnen sich dann mit der *pq*-Formel zu $\lambda_{1/2} = -1 \pm \sqrt{1-5} = -1 \pm \sqrt{-4}$. Wenn euch jetzt die Idee fehlt, was die Wurzel aus einer negativen Zahl ist, dann ist das völlig normal. Wahrscheinlich wurde euch bisher beigebracht, dass das einfach nicht geht. Naja, es geht auch nicht, zumindest nicht in den reellen Zahlen. Aber die Matrix gibt es nun mal und auch das zugehörige System von Differenzialgleichungen. Also geben wir hier nicht einfach auf. Wir nennen $\sqrt{-1} = i$ die **imaginäre Einheit** und rechnen damit. Unsere Eigenwerte haben dann die Form $\lambda_1 = -1 + 2i$ und $\lambda_2 = -1 - 2i$, wofür wir verkürzend $\lambda_{1/2} = -1 \pm 2i$ schreiben, und es sind komplexe Zahlen. □

Komplexe Eigenwerte

Eine Eigenwertgleichung $\lambda^2 + p\lambda + q = 0$ hat mit der *pq*-Formel die Lösungen $\lambda_{1/2} = \frac{1}{2}(-p + \sqrt{p^2 - 4q})$. Wenn der Ausdruck unter der Wurzel $p^2 - 4q$ eine negative Zahl ist, dann sind die Eigenwerte komplexe Zahlen und lauten

$$\lambda_1 = \frac{1}{2}(-p + i\sqrt{4q - p^2}) \quad \text{und} \quad \lambda_2 = \frac{1}{2}(-p - i\sqrt{4q - p^2}).$$

Hat eine Matrix die spezielle Form

$$A = \begin{pmatrix} a & b \\ -b & a \end{pmatrix},$$

dann hat sie die Eigenwerte $\lambda_1 = a + ib$ und $\lambda_2 = a - ib$.

Hat eine komplexe Zahl die Form $a + ib$, dann nennen wir a den **Realteil** der Zahl und b den **Imaginärteil**.

Wir wollen hier gar nicht weiter darauf eingehen, wie man mit komplexen Zahlen rechnet und was man sonst mit ihnen noch anstellen kann. Uns genügt, dass es sie gibt, und wir werden gleich sehen, wie die Lösungen eines linearen Systems von Differenzialgleichungen aussehen, dessen Systemmatrix komplexe Eigenwerte hat.

Beispiel 6.23

Wir betrachten die lineare Differenzialgleichung

$$\begin{array}{l}\frac{d}{dt}u = v \\ \frac{d}{dt}v = -u\end{array} \quad \Leftrightarrow \quad \begin{pmatrix}\frac{d}{dt}u \\ \frac{d}{dt}v\end{pmatrix} = \begin{pmatrix}0 & 1 \\ -1 & 0\end{pmatrix} \cdot \begin{pmatrix}u \\ v\end{pmatrix}. \tag{6.39}$$

Die Matrix sieht eigentlich nicht so kompliziert aus, aber wenn wir ihre Eigenwerte berechnen wollen, erhalten wir

$$\chi_A(\lambda) = \det(\lambda \cdot E_2 - A) = \det\begin{pmatrix}\lambda & -1 \\ 1 & \lambda\end{pmatrix} = \lambda^2 + 1.$$

Die Eigenwerte der Matrix sind also i und $-i$. Nach dem letzten Abschnitt müsste also eine Lösung der Differenzialgleichung durch e^{it} gegeben sein. Leonard Euler hat gezeigt, dass dies durch die Formel

$$e^{it} = \cos t + i \sin t \tag{6.40}$$

gegeben ist. Aber wir wollen hier nicht weiter mit komplexen Zahlen rechnen und verwenden daher diese Formel nicht.

Schauen wir uns deshalb mal ganz genau die Differenzialgleichung an und erinnern uns an wichtige Funktionen und ihre Ableitungen (s. Tab. 1.3, S. 34). Dann können wir ahnen, welche Funktion eine Lösung sein kann. Wir suchen eine Funktion $u(t)$, deren Ableitung eine andere Funktion $v(t)$ ist, und die Ableitung von $v(t)$ soll aber wieder $-u(t)$ sein. Anders ausgedrückt ist die zweite Ableitung von $u(t)$ gleich $-u(t)$, denn

$$\frac{d^2}{dt^2}u(t) = \frac{d}{dt}(\frac{d}{dt}u(t)) = \frac{d}{dt}v(t) = -u(t).$$

Genau diese Eigenschaften hat die Funktion $u(t) = \sin t$. Ihre Ableitung $\frac{d}{dt}u(t) = \cos t$ nennen wir $v(t)$. Aber da $\frac{d}{dt}v(t) = -\sin t = -u(t)$ gilt, ist die Differenzialgleichung für die Lösung

$$\begin{pmatrix}u(t) \\ v(t)\end{pmatrix} = \begin{pmatrix}\sin t \\ \cos t\end{pmatrix}$$

erfüllt. Aber auch wenn wir $u(t) = \cos t$ setzen, dann berechnen wir $\frac{d}{dt}u(t) = v(t) = -\sin t$. Somit gilt $\frac{d}{dt}v(t) = -\cos t = -u(t)$ und die Gleichung ist auch für

$$\begin{pmatrix}u(t) \\ v(t)\end{pmatrix} = \begin{pmatrix}\cos t \\ -\sin t\end{pmatrix}$$

erfüllt. Haben wir nun einen Anfangswert $(u_0, v_0)^T$ gegeben, dann müssen wir nur die beiden vorher berechneten Lösungen mit dem Anfangswert multiplizieren und dann addieren. Wir wissen von linearen Differenzialgleichungssystemen, dass wir Lösungen addieren können und wieder eine Lösung erhalten.

6.5 Systeme gewöhnlicher Differenzialgleichungen

Da $\cos 0 = 1$ und $\sin 0 = 0$ ist, ergibt sich, welcher Vektor mit u_0 und welcher mit v_0 multipliziert werden muss. Somit ist

$$\begin{pmatrix} u(t) \\ v(t) \end{pmatrix} = u_0 \begin{pmatrix} \cos t \\ -\sin t \end{pmatrix} + v_0 \begin{pmatrix} \sin t \\ \cos t \end{pmatrix} = \begin{pmatrix} u_0 \cos t + v_0 \sin t \\ -u_0 \sin t + v_0 \cos t \end{pmatrix}$$

die Lösung des Anfangswertproblems, denn die Anfangsbedingung ist erfüllt:

$$\begin{pmatrix} u(0) \\ v(0) \end{pmatrix} = u_0 \begin{pmatrix} \cos 0 \\ -\sin 0 \end{pmatrix} + v_0 \begin{pmatrix} \sin 0 \\ \cos 0 \end{pmatrix} = u_0 \begin{pmatrix} 1 \\ 0 \end{pmatrix} + v_0 \begin{pmatrix} 0 \\ 1 \end{pmatrix} = \begin{pmatrix} u_0 \\ v_0 \end{pmatrix}.$$

Wir können jetzt durch Ableiten der Funktion überprüfen, dass sie die Differenzialgleichung erfüllt:

$$\begin{pmatrix} \frac{d}{dt} u(t) \\ \frac{d}{dt} v(t) \end{pmatrix} = \begin{pmatrix} \frac{d}{dt}(u_0 \cos t + v_0 \sin t) \\ \frac{d}{dt}(-u_0 \sin t + v_0 \cos t) \end{pmatrix} = \begin{pmatrix} -u_0 \sin t + v_0 \cos t \\ -u_0 \cos t - v_0 \sin t \end{pmatrix} = \begin{pmatrix} v(t) \\ -u(t) \end{pmatrix}.$$

Somit lautet die Lösung der Differenzialgleichung 6.39 zu den Anfangswerten $u_0 = 2$ und $v_0 = 3$

$$u(t) = 2\cos t + 3\sin t \qquad v(t) = -2\sin t + 3\cos t.$$

Wir sehen in Abb. 6.14, dass beide Funktionen eine entlang der t-Achse verschobene Sinusfunktion sind. Die Periode der Funktionen ist 2π, allerdings ist bei null weder eine Nullstelle noch ein Extremum der Funktion, da sie verschoben ist. □

Hat eine Matrix die komplexen Eigenwerte $a \pm ib$, dann kommen ebenfalls Sinus und Cosinus in den Lösungsfunktionen vor, multipliziert mit der Exponentialfunktion. Das kann man mit der Formel 6.40 beweisen, aber wir zeigen euch hier nur, dass es stimmt.

Lösung eines linearen AWP für eine Systemmatrix mit komplexen Eigenwerten
Die Lösung des Anfangswertproblems

$$\begin{pmatrix} \frac{d}{dt} u \\ \frac{d}{dt} v \end{pmatrix} = \begin{pmatrix} a & b \\ -b & a \end{pmatrix} \cdot \begin{pmatrix} u \\ v \end{pmatrix} \qquad \begin{pmatrix} u(0) \\ v(0) \end{pmatrix} = \begin{pmatrix} u_0 \\ v_0 \end{pmatrix}$$

hat die Form

Abb. 6.14 Lösungen der Differenzialgleichung $\frac{d}{dt}u = v, \frac{d}{dt}v = -u$ zu den Anfangswerten $u_0 = 2$ und $v_0 = 3$. Die Funktionen können mit $u(t) = 2\cos t + 3\sin t$ (*schwarz*) und $v(t) = -2\sin t + 3\cos t$ (*blau*) beschrieben werden

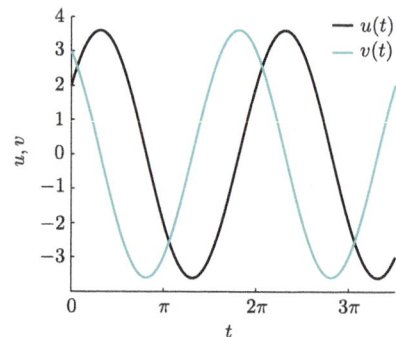

$$\begin{pmatrix} u(t) \\ v(t) \end{pmatrix} = u_0 e^{at} \begin{pmatrix} \cos bt \\ -\sin bt \end{pmatrix} + v_0 e^{at} \begin{pmatrix} \sin bt \\ \cos bt \end{pmatrix} \quad (6.41)$$
$$= \begin{pmatrix} u_0 e^{at} \cos bt + v_0 e^{at} \sin bt \\ -u_0 e^{at} \sin bt + v_0 e^{at} \cos bt \end{pmatrix}.$$

Rechnen wir nun die Ableitungen der Funktionen 6.41 aus, um zu zeigen, dass sie die Differenzialgleichung erfüllen. Die Rechnung sieht zwar ziemlich lang aus, aber ihr braucht trotzdem keine Angst zu bekommen.

Wir verwenden die Produktregel (s. Abschn. 1.4.4, S. 34), um

$$\frac{d}{dt}(e^{at} \sin bt) = \frac{d}{dt}e^{at} \cdot \sin bt + e^{at}\frac{d}{dt}\sin bt = ae^{at}\sin bt + be^{at}\cos bt \quad (6.42)$$

sowie

$$\frac{d}{dt}(e^{at} \cos bt) = \frac{d}{dt}e^{at} \cdot \cos bt + e^{at}\frac{d}{dt}\cos bt = ae^{at}\cos bt - be^{at}\sin bt \quad (6.43)$$

zu berechnen.

Für die Ableitung der durch Gl. 6.41 gegebenen Funktion benötigen wir zunächst die Summenregel sowie die gerade berechneten Ableitungen 6.42 und 6.43. Am Ende sortieren wir das Ergebnis so um, dass alle Ausdrücke, die zusammen gehören (Gl. 6.41), auch nebeneinander stehen.

$$\begin{pmatrix} \frac{d}{dt}u(t) \\ \frac{d}{dt}v(t) \end{pmatrix} = \begin{pmatrix} \frac{d}{dt}(u_0 e^{at} \cos bt + v_0 e^{at} \sin bt) \\ \frac{d}{dt}(-u_0 e^{at} \sin bt + v_0 e^{at} \cos bt) \end{pmatrix}$$

6.5 Systeme gewöhnlicher Differenzialgleichungen

$$= \begin{pmatrix} u_0 \frac{d}{dt}(e^{at}\cos bt) + v_0 \frac{d}{dt}(e^{at}\sin bt) \\ -u_0 \frac{d}{dt}(e^{at}\sin bt) + v_0 \frac{d}{dt}(e^{at}\cos bt) \end{pmatrix}$$

$$= \begin{pmatrix} u_0(ae^{at}\cos bt - be^{at}\sin bt) + v_0(ae^{at}\sin bt + be^{at}\cos bt) \\ -u_0(ae^{at}\sin bt + be^{at}\cos bt) + v_0(ae^{at}\cos bt - be^{at}\sin bt) \end{pmatrix}$$

$$= \begin{pmatrix} u_0 a e^{at}\cos bt - u_0 b e^{at}\sin bt + v_0 a e^{at}\sin bt + v_0 b e^{at}\cos bt \\ -u_0 a e^{at}\sin bt + u_0 b e^{at}\cos bt + v_0 a e^{at}\cos bt - v_0 b e^{at}\sin bt \end{pmatrix}$$

$$= \begin{pmatrix} a(u_0 e^{at}\cos bt + v_0 e^{at}\sin bt) + b(-u_0 e^{at}\sin bt + v_0 e^{at}\cos bt) \\ -b(u_0 e^{at}\cos bt + v_0 e^{at}\sin bt) + a(-u_0 e^{at}\sin bt + v_0 e^{at}\cos bt) \end{pmatrix}$$

$$= \begin{pmatrix} au(t) + bv(t) \\ -bu(t) + av(t) \end{pmatrix}$$

Beispiel 6.24

Die Lösung des Anfangswertproblems

$$\begin{pmatrix} \frac{d}{dt}u \\ \frac{d}{dt}v \end{pmatrix} = \begin{pmatrix} -2 & 4 \\ -4 & -2 \end{pmatrix} \cdot \begin{pmatrix} u \\ v \end{pmatrix}, \quad \begin{pmatrix} u(0) \\ v(0) \end{pmatrix} = \begin{pmatrix} 3 \\ -1 \end{pmatrix}$$

ist nach Formel 6.41 durch

$$\begin{pmatrix} u(t) \\ v(t) \end{pmatrix} = \begin{pmatrix} 3e^{-2t}\cos 4t - e^{-2t}\sin 4t \\ -3e^{-2t}\sin 4t - e^{-2t}\cos 4t \end{pmatrix}$$

gegeben. Die u-Komponente dieser Lösung ist im linken Bild von Abb. 6.15 zu sehen. Alle Lösungen dieser Differenzialgleichung sind Summen der Ausdrücke $e^{-2t}\sin 4t$ und $e^{-2t}\cos 4t$. Man sieht, dass sich diese für ein größer werdendes t immer mehr null annähern, da e^{-2t} gegen null strebt.

Die Lösung des Anfangswertproblems

$$\begin{pmatrix} \frac{d}{dt}u \\ \frac{d}{dt}v \end{pmatrix} = \begin{pmatrix} 1 & 3 \\ -3 & 1 \end{pmatrix} \cdot \begin{pmatrix} u \\ v \end{pmatrix}, \quad \begin{pmatrix} u(0) \\ v(0) \end{pmatrix} = \begin{pmatrix} -3 \\ 2 \end{pmatrix}$$

ist durch

$$\begin{pmatrix} u(t) \\ v(t) \end{pmatrix} = \begin{pmatrix} -3e^t\cos 3t + 2e^t\sin 3t \\ 3e^t\sin 3t + 2e^t\cos 3t \end{pmatrix}$$

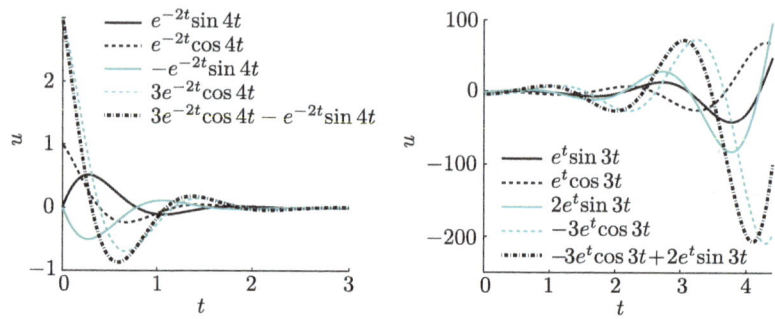

Abb. 6.15 u-Komponenten der beiden Lösungen aus Beispiel 6.24. Die Funktionen (*schwarz*) $e^{-2t}\sin 4t$ und $e^{-2t}\cos 4t$ (*links*), bzw. $e^t \sin 3t$ und $e^{3t} \cos 3t$ (*rechts*) werden zunächst mit den Anfangswerten u_0 und v_0 multipliziert (*blau*) und dann addiert (*schwarz, Punkt-Strich*)

gegeben. Die u-Komponente dieser Lösung ist im rechten Bild von Abb. 6.15 zu sehen. □

Haben wir eine Systemmatrix, die die Eigenwerte $a \pm ib$, aber nicht die Form $\begin{pmatrix} a & b \\ -b & a \end{pmatrix}$ besitzt, dann hat die Lösung der zugehörigen DGL die Form

$$\begin{pmatrix} u(t) \\ v(t) \end{pmatrix} = \begin{pmatrix} r_1 e^{at} \cos bt + s_1 e^{at} \sin bt \\ r_2 e^{at} \sin bt + s_2 e^{at} \cos bt \end{pmatrix}, \tag{6.44}$$

wobei r_1, r_2, s_1 und s_2 Zahlen sind, die von den Anfangsbedingungen und den Eigenvektoren abhängen.

Das sieht zugegebenermaßen ganz schön schwierig aus. Sobald wir aber biologische Rhythmen wie den menschlichen Tag-Nacht-Rhythmus oder die Erregung von Nervenzellen beschreiben wollen, kommen wir nicht drumherum, periodische Funktionen zu betrachten und damit Differenzialgleichungen mit komplexen Eigenwerten.

6.5.2 Stabilität von Gleichgewichtspunkten bei linearen Systemen

Eine wichtige Frage bei der Untersuchung von Differenzialgleichungen ist, wie sich Lösungen für Anfangswerte in der Nähe von Gleichgewichtspunkten verhalten. Dafür ist es bei linearen Systemen hilfreich zu wissen, wie Lösungen für große Werte von t aussehen.

Wir haben gesehen (s. Beispiel 6.15, S. 223), dass dies für die lineare Differenzialgleichung $\frac{d}{dt} u = au$ durch den Parameter a, insbesondere aber sein Vorzeichen, bestimmt wird. Für lineare Systeme von Differenzialgleichungen wird diese Rolle durch die Eigenwerte der

6.5 Systeme gewöhnlicher Differenzialgleichungen

Matrix übernommen. Besonders wichtig ist dabei der größte Eigenwert, da er für große Zeiten t das Verhalten der Funktionen dominiert.

Die Systemmatrix hat reelle Eigenwerte

Alle Lösungen in Beispiel 6.21 sind eine Summe der Funktionen e^{-t} und e^t. Da die Funktion e^t viel schneller wächst als e^{-t}, sieht die Lösung $v(t) = -4e^t + 6e^{-t}$ zum Anfangswert $(2,2)^T$ schon für $t > 1$ fast wie $-4e^t$ aus (vgl. Abb. 6.13, S. 238). Auch für andere Anfangswerte gibt es Zahlen c_1, c_2 sodass gilt:

$$u(t) \approx c_1 e^t \quad v(t) \approx c_2 e^t.$$

Diese Lösungen werden also immer größer und entfernen sich von $(0,0)^T$. Eine Ausnahme bilden lediglich Lösungen zu Anfangswerten, die Eigenvektor zum Eigenwert -1 sind. Diese sind Vielfache von e^{-t} und werden daher immer kleiner.

Für beliebige Systemmatrizen A mit reellen Eigenwerten λ_1, λ_2 können wir die Lösung des zugehörigen Differenzialgleichungssystems mithilfe von Gl. 6.38 schreiben. Wir nehmen an, dass $\lambda_1 \geq \lambda_2$ ist, dann wächst $e^{\lambda_1 t}$ schneller als $e^{\lambda_2 t}$. Daher gibt es Zahlen c_1, c_2 sodass für große Werte von t gilt:

$$u(t) \approx c_1 e^{\lambda_1 t} \quad v(t) \approx c_2 e^{\lambda_1 t}.$$

Das ist richtig für Lösungen zu allen Anfangswerten, außer zu solchen, die ein Eigenvektor zum Eigenwert λ_2 sind.

Die Systemmatrix hat komplexe Eigenwerte

Für lineare Differenzialgleichungssysteme mit komplexen Eigenwerten genügt es zu untersuchen, wie die Funktionen $e^{at} \sin bt$ und $e^{at} \cos bt$ aussehen. Wir wissen, dass Sinus und Cosinus nur Werte zwischen -1 und 1 annehmen (s. Abschn. 1.2.2, S. 8). Das werden wir hier verwenden.

Ist $a = 0$, dann erhalten wir Summen von $\sin bt$ und $\cos bt$. Diese haben die Periode $\frac{2\pi}{b}$ und oszillieren um null. Die Lösung ist also eine harmonische Schwingung (s. Abschn. 1.2.3, S. 16). Maximum und Minimum haben immer den gleichen Abstand zu null.

Ist a hingegen negativ, dann oszilliert die Lösung zwar weiterhin um null, aber nähert sich dabei null an. Die Funktionen $e^{at} \sin bt$ und $e^{at} \cos bt$ liegen zwischen e^{at} und $-e^{at}$, weshalb sie sich genauso schnell null annähern. Die Lösung ist eine gedämpfte Schwingung (Abb. 6.16, links).

Wenn a positiv ist, dann erhalten wir wieder eine oszillierende Funktion, allerdings liegen hier die Maxima und Minima auf den Kurven e^{at} und $-e^{at}$, die immer größer bzw. kleiner werden (Abb. 6.16, rechts).

Das Wissen über das Verhalten von Lösungen werden wir jetzt nutzen, um zu untersuchen, ob Gleichgewichtspunkte einer Differenzialgleichung stabil sind.

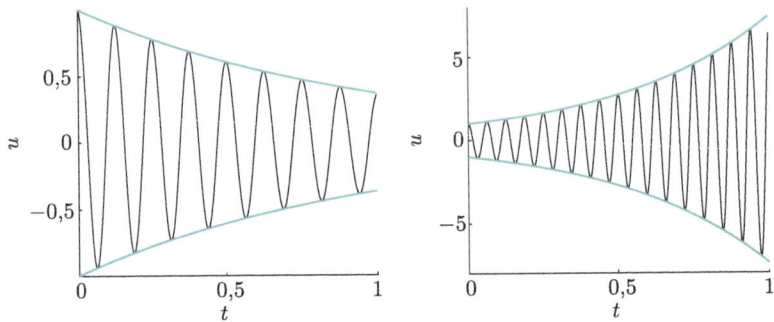

Abb. 6.16 Funktionen $e^{-t}\cos 50t$ bzw. $e^t \cos 100t$ (*schwarz*). Diese schwingen zwischen e^{-t} und $-e^{-t}$ (*blau, links*) bzw. e^t und $-e^t$ (*blau, rechts*) hin und her

Ein Gleichgewichtspunkt $(\bar{u},\bar{v})^T$ ist eine konstante Lösung der Differenzialgleichung. Das heißt für alle Zeiten t gilt $(u(t),v(t))^T = (\bar{u},\bar{v})^T$ und daher ist die Ableitung $\left(\frac{d}{dt}u(t),\frac{d}{dt}v(t)\right)^T = (0,0)^T$. Da aber die Ableitung durch die Differenzialgleichung vorgegeben ist, können Punkte nur dann Gleichgewichtspunkte sein, wenn $\left(f(\bar{u},\bar{v}),g(\bar{u},\bar{v})\right)^T = (0,0)^T$ gilt.

Für lineare Differenzialgleichungssysteme sind die Funktionen f und g durch die Systemmatrix A gegeben, das bedeutet also, dass für den Gleichgewichtspunkt

$$A\begin{pmatrix}\bar{u}\\\bar{v}\end{pmatrix} = \begin{pmatrix}0\\0\end{pmatrix} \tag{6.45}$$

gelten muss. Da homogene lineare Gleichungssysteme immer die triviale Lösung haben (s. Abschn. 5.4, S. 150), ist $(\bar{u},\bar{v})^T = (0,0)^T$ immer ein Gleichgewichtspunkt. Andere Gleichgewichtspunkte kann es nur geben, wenn $\det(A) = 0$ ist. Dann ist die Lösungsmenge von Gl. 6.45 eine Gerade oder, wenn A die Nullmatrix ist, sogar der gesamte Raum $\mathbb{R}^2$.

Wie für eine einzelne DGL (s. Abschn. 6.4.4, S. 222) nennen wir einen Gleichgewichtspunkt **stabil**, wenn Lösungen der Differenzialgleichung zu Anfangswerten in der Nähe des Gleichgewichtspunkts in der Nähe des Gleichgewichtspunkts bleiben. Er heißt **anziehend stabil**, wenn er stabil ist und sich diese Lösungen auf ihn zu bewegen, und **instabil**, wenn er nicht stabil ist.

Wir wissen, dass für fast alle Anfangswerte die Lösungen von linearen Differenzialgleichungssystemen, die wir bisher betrachtet haben, so schnell wachsen, wie durch $e^{\lambda_1 t}$ (wenn die Systemmatrix zwei reelle Eigenwerte $\lambda_1 \geq \lambda_2$ hat) bzw. e^{at} (wenn die Systemmatrix die komplexen Eigenwerte $a \pm ib$ hat) bestimmt wird. Deshalb ist ein Gleichgewichtspunkt anziehend stabil, wenn die Systemmatrix entweder zwei reelle negative Eigenwerte hat oder komplexe Eigenwerte $a + ib$, bei denen der Realteil a eine negative Zahl ist.

> **Gleichgewichtspunkte und deren Stabilität für lineare Systeme von DGL**
> Hat die Matrix A die Determinante $\det(A) \neq 0$, dann ist der einzige **Gleichgewichtspunkt** $\begin{pmatrix} \bar{u} \\ \bar{v} \end{pmatrix}$ des linearen Systems $\begin{pmatrix} \frac{d}{dt}u \\ \frac{d}{dt}v \end{pmatrix} = A \begin{pmatrix} u \\ v \end{pmatrix}$ durch den **Nullvektor** $\begin{pmatrix} \bar{u} \\ \bar{v} \end{pmatrix} = \begin{pmatrix} 0 \\ 0 \end{pmatrix}$ gegeben.
>
> Hat die Matrix A **zwei negative Eigenwerte** oder komplexe Eigenwerte $a \pm ib$ mit **negativem Realteil a**, dann ist der Gleichgewichtspunkt anziehend stabil. Ist ein **Eigenwert positiv** oder ist a **positiv**, dann ist der Gleichgewichtspunkt instabil.
>
> Ist $\det(A) = 0$, dann gibt es unendlich viele Gleichgewichtspunkte. In diesem Fall ist mindestens ein Eigenwert der Matrix null. Ist der zweite Eigenwert positiv, dann sind die Gleichgewichtspunkte instabil, sonst sind sie stabil.
>
> Hat die Systemmatrix A komplexe Eigenwerte mit Realteil null, dann ist $\det(A) \neq 0$ und der Gleichgewichtspunkt ist stabil.

Auch wenn die Matrix A eine $n \times n$-Matrix ist, dann müssen alle Eigenwerte negativ sein, damit der Gleichgewichtspunkt stabil ist. Ein positiver Eigenwert genügt, um den Gleichgewichtspunkt instabil zu machen.

Wir haben hier keine Matrizen, die nicht diagonalisierbar sind, betrachtet. Bei diesen gibt es auch Lösungen, die anders aussehen. Allerdings spielen solche Matrizen in biologischen Anwendungen kaum eine Rolle, weshalb wir uns hier nicht weiter mit diesem Fall beschäftigen.

Beispiel 6.25

Wir betrachten die lineare Differenzialgleichung

$$\begin{pmatrix} \frac{d}{dt}u \\ \frac{d}{dt}v \end{pmatrix} = A \begin{pmatrix} u \\ v \end{pmatrix} \quad \text{mit} \quad A = \begin{pmatrix} 0 & 2 \\ -1 & -3 \end{pmatrix}.$$

Zunächst berechnen wir die Eigenwerte, die die Lösung der quadratischen Gleichung

$$\det(A - \lambda E_2) = \det \begin{pmatrix} -\lambda & 2 \\ -1 & -3-\lambda \end{pmatrix} = -\lambda(-\lambda - 3) - 2 \cdot (-1) = \lambda^2 + 3\lambda + 2 \stackrel{!}{=} 0$$

sind. Es gilt $\lambda_{1/2} = -\frac{3}{2} \pm \sqrt{\frac{9}{4} - 2} = -\frac{3}{2} \pm \frac{1}{2}$. Somit erhalten wir die Eigenwerte $\lambda_1 = -1$ und $\lambda_1 = -2$. Wir wissen also, dass der Gleichgewichtspunkt $(0,0)^T$ stabil ist, auch wenn wir die Lösungen nicht konkret ausgerechnet haben. □

Beispiel 6.26

Wir betrachten die lineare Differenzialgleichung

$$\begin{pmatrix} \dfrac{d}{dt} u \\ \dfrac{d}{dt} v \end{pmatrix} = A \begin{pmatrix} u \\ v \end{pmatrix} \quad \text{mit} \quad A = \begin{pmatrix} -1 & 0 \\ 0 & 0 \end{pmatrix}.$$

Es gilt $\det(A) = 0$ und alle Vektoren der Form $w = (0, y)^T$ sind Lösungen des linearen Gleichungssystems $Aw = 0$ und somit Gleichgewichtspunkte. Die Eigenwerte der Matrix sind die Diagonaleinträge -1 und 0. Daher sind die Gleichgewichtspunkte stabil, aber nicht anziehend stabil.

Die Differenzialgleichung ist entkoppelt, d. h. die Gleichung für u und v sind unabhängig voneinander (vgl. Beispiel 6.20, S. 233), daher ist die Lösung zum Anfangswert $(u_0, v_0)^T$ gegeben durch:

$$\begin{pmatrix} u(t) \\ v(t) \end{pmatrix} = \begin{pmatrix} u_0 e^{-t} \\ v_0 \end{pmatrix}.$$

Diese Lösung strebt auf den Gleichgewichtspunkt $(0, v_0)^T$ zu. □

Hat ein lineares Differenzialgleichungssystem unendlich viele Gleichgewichtspunkte und sind diese stabil, dann hängt es von der Anfangsbedingung ab, welcher Gleichgewichtspunkt von einer Lösung angestrebt wird.

6.5.3 Nichtlineare Systeme von gewöhnlichen Differenzialgleichungen

Nach der Behandlung linearer Differenzialgleichungssysteme ist nun der nächste Schritt, nichtlineare Systeme zu betrachten. Mit ihnen ist es möglich, viele verschiedene biologische Prozesse zu beschreiben. Sie erlauben die Modellierung komplexer Zusammenhänge und besitzen viele verschiedene Arten von Lösungen. Wir sind bereits einigen solcher Systeme in Abschn. 6.3 (s. S. 193) begegnet.

Wir werden hier nur einen ersten Einblick geben und die zwei wichtigsten Methoden zur Analyse der Lösungen vorstellen. Diese erlauben es, qualitative Aussagen über das Verhalten der Lösungen zu treffen. Eine explizite Angabe von Lösungen ist äußerst selten möglich, weshalb wir auf numerische Verfahren, wie sie z. B. von Programmen wie MATLAB benutzt werden, zurückgreifen müssen.

Nichtlineare Funktionen in zwei Variablen

Jede Funktion in zwei Variablen, die nicht die Form $f(u,v) = au + bv + c$ hat, ist nichtlinear. Ein System von zwei Differenzialgleichungen

$$\begin{aligned} \frac{d}{dt}u &= f(u,v) \\ \frac{d}{dt}v &= g(u,v) \end{aligned} \quad \Leftrightarrow \quad \begin{pmatrix} \frac{d}{dt}u \\ \frac{d}{dt}u \end{pmatrix} = \begin{pmatrix} f(u,v) \\ g(u,v) \end{pmatrix}$$

heißt nichtlinear, sobald f oder g nichtlinear sind.

Modelle von Signalwegen können problemlos aus zehn oder mehr Gleichungen bestehen. Metabolische Netzwerke sind häufig noch größer. Auch dann heißt ein System nichtlinear, sobald eine der auftretenden Funktionen nichtlinear ist.

Beispiel 6.27

Die Lotka-Volterra-Gleichungen aus Beispiel 6.6 (s. S. 200) sind nichtlinear, da die Produkte $u_A u_B$ in den Gleichungen vorkommen. □

Beispiel 6.28

Die in Beispiel 6.8 (s. S. 211) vorgestellten Modelle für den JAK–STAT-Signalweg bilden jeweils ein nichtlineares System von vier Differenzialgleichungen. In Modell 1 ist die zweite Gleichung $\frac{d}{dt}u_2 = k_1 EpoR_A u_1 - k_2 u_2^2$ nichtlinear, wegen des Ausdrucks u_2^2. Somit ist das System als Ganzes nichtlinear, unabhängig von den weiteren Gleichungen.

Auch Modell 2 ist somit nichtlinear, da die zweite Gleichung dieselbe Form hat wie bei Modell 1. □

Stabilität von Gleichgewichtspunkten: Eine explizite Lösung hinzuschreiben, wie es für einzelne Differenzialgleichungen und lineare Systeme von Differenzialgleichungen funktioniert, ist für nichtlineare Systeme so gut wie unmöglich. Wir werden daher vorgehen wie bei einzelnen nichtlinearen Differenzialgleichungen (s. Abschn. 6.4.5, S. 226), d. h. wir rechnen zunächst die Gleichgewichtspunkte aus und analysieren dann, wie sich Lösungen in ihrer Nähe verhalten. Dafür wiederum greifen wir auf die Ergebnisse für lineare Systeme zurück.

Gleichgewichtspunkt eines nichtlinearen Systems von DGL

Ein Gleichgewichtspunkt $\begin{pmatrix} \bar{u} \\ \bar{v} \end{pmatrix}$ eines nichtlinearen Systems von Differenzialgleichungen ist eine Lösung der Gleichung

$$f(\bar{u}, \bar{v}) = 0 \quad \text{und} \quad g(\bar{u}, \bar{v}) = 0.$$

Beispiel 6.29

Das Lotka-Volterra-Modell wurde in Beispiel 6.6 (s. S. 200) vorgestellt. Wir setzen der Einfachheit halber alle Konstanten $a = b = c = d = 1$ und erhalten folgendes System von DGL

$$\begin{pmatrix} \frac{d}{dt}u \\ \frac{d}{dt}v \end{pmatrix} = \begin{pmatrix} u(1-v) \\ v(u-1) \end{pmatrix},$$

für das wir jetzt die Gleichgewichtspunkte berechnen. Wir suchen Vektoren $(\bar{u}, \bar{v})^T$, für die gilt:

$$f(\bar{u}, \bar{v}) = \bar{u}(1 - \bar{v}) = 0 \quad \text{und} \quad g(\bar{u}, \bar{v}) = \bar{v}(\bar{u} - 1) = 0.$$

Die erste Gleichung ist null, wenn entweder $\bar{u} = 0$ oder $\bar{v} = 1$ ist. Wenn $\bar{u} = 0$ ist, dann kann die zweite Gleichung nur dann auch null werden, wenn $\bar{v} = 0$ ist. Wenn $\bar{v} = 1$ ist, dann muss $\bar{u} = 1$ sein, damit die zweite Gleichung null wird. Die Gleichung hat also zwei Gleichgewichtspunkte

$$(\bar{u}_1, \bar{v}_1)^T = (0, 0)^T \quad \text{und} \quad (\bar{u}_2, \bar{v}_2)^T = (1, 1)^T.$$

Achtung: Es muss sowohl $f(\bar{u}, \bar{v}) = 0$ als auch $g(\bar{u}, \bar{v}) = 0$ erfüllt sein. Deshalb ist $\bar{u} = 0$ und $\bar{v} = 1$ kein Gleichgewichtspunkt, da dann zwar $f(\bar{u}, \bar{v}) = 0 \cdot (1 - 1) = 0$ ist, aber $g(\bar{u}, \bar{v}) = 1 \cdot (0 - 1) = -1$ gilt. □

Die Gleichung für die Gleichgewichtspunkte entspricht genau der Bedingung $f(\bar{u}) = 0$ im Fall einer einzelnen DGL. Dort haben wir als nächstes die Ableitung von f ausgerechnet, um die Stabilität des Gleichgewichtspunkts zu bestimmen. Aber was für eine Ableitung sollen wir für Systeme berechnen? Außerdem wird ein lineares System durch eine Matrix beschrieben. Wie erhalten wir eine Matrix, die irgendetwas über die Funktion $f(u, v)$ und $g(u, v)$ in der Nähe des Gleichgewichtspunkts aussagt?

Beispiel 6.30

Bleiben wir bei den Lotka-Volterra-Gleichungen mit den beiden Funktionen $f(u, v) = u(1 - v) = u - uv$ und $g(u, v) = v(u - 1) = vu - v$. Wenn v keine Variable ist, sondern einfach eine Konstante, dann können wir sehr wohl eine Ableitung nach u ausrechnen. Diese heißt dann **partielle Ableitung** nach u und kann nach den bekannten Rechenregeln für Ableitungen bestimmt werden, dabei wird v wie eine Konstante behandelt:

$$\frac{\partial}{\partial u} f(u, v) = \frac{d}{du}(u(1-v)) = (1-v)\frac{d}{du}u = (1-v) \cdot 1 = 1 - v.$$

6.5 Systeme gewöhnlicher Differenzialgleichungen

Die Ableitung ist dann wieder eine Funktion in den zwei Variablen u und v (auch wenn hier das u zufällig nicht mehr vorkommt). Um sie von „normalen" Ableitungen zu unterscheiden, verwenden wir den Differenzialoperator $\frac{\partial}{\partial u}$ statt $\frac{d}{du}$, da dieser nur für Funktionen in einer Variable u benutzt wird.

Wir können aber natürlich auch u als konstant betrachten und dann die Ableitung nach v ausrechnen:

$$\frac{\partial}{\partial v}f(u,v) = \frac{d}{dv}(u(1-v)) = \frac{d}{dv}(u - uv) = \frac{d}{dv}u - u\frac{d}{dv}v = 0 - u \cdot 1 = -u.$$

Und jetzt machen wir das Gleiche für die Funktion g und berechnen

$$\frac{\partial}{\partial u}g(u,v) = \frac{d}{du}(v(u-1)) = \frac{d}{du}vu - \frac{d}{du}v = v \cdot 1 - 0 = v$$

und

$$\frac{\partial}{\partial v}g(u,v) = \frac{d}{dv}(v(u-1)) = (u-1)\frac{d}{dv}v = (u-1) \cdot 1 = u-1.$$

Diese vier Ableitungen schreiben wir jetzt in eine Matrix, die **Jacobi-Matrix** heißt:

$$J(u,v) = \begin{pmatrix} \frac{\partial}{\partial u}f(u,v) & \frac{\partial}{\partial v}f(u,v) \\ \frac{\partial}{\partial u}g(u,v) & \frac{\partial}{\partial v}g(u,v) \end{pmatrix} = \begin{pmatrix} 1-v & -u \\ v & u-1 \end{pmatrix}.$$

In dieser Matrix sind alle Einträge Funktionen von u und v, in die wir jetzt die beiden berechneten Gleichgewichtspunkte einsetzen:

$$J(\bar{u}_1, \bar{v}_1) = J(0,0) = \begin{pmatrix} 1-0 & -0 \\ 0 & 0-1 \end{pmatrix} = \begin{pmatrix} 1 & 0 \\ 0 & -1 \end{pmatrix}$$

$$J(\bar{u}_2, \bar{v}_2) = J(1,1) = \begin{pmatrix} 1-1 & -1 \\ 1 & 1-1 \end{pmatrix} = \begin{pmatrix} 0 & -1 \\ 1 & 0 \end{pmatrix}.$$

Und wir hoffen jetzt, aus den linearen Systemen von Differenzialgleichungen

$$\begin{pmatrix} \frac{d}{dt}u(t) \\ \frac{d}{dt}v(t) \end{pmatrix} = \begin{pmatrix} 1 & 0 \\ 0 & -1 \end{pmatrix}\begin{pmatrix} u(t) \\ v(t) \end{pmatrix} \quad \text{und} \quad \begin{pmatrix} \frac{d}{dt}u(t) \\ \frac{d}{dt}v(t) \end{pmatrix} = \begin{pmatrix} 0 & -1 \\ 1 & 0 \end{pmatrix}\begin{pmatrix} u(t) \\ v(t) \end{pmatrix}$$

Informationen über die Lotka-Volterra-Gleichungen in der Nähe ihrer Gleichgewichtspunkte zu erhalten. □

Partielle Ableitungen und Jacobi-Matrix

Hängt eine Funktion $f(u, v)$ von zwei Variablen u und v ab, dann nennen wir diejenige Funktion, die wir erhalten, wenn wir v als Konstante betrachten und die Ableitung nach u ausrechnen, **partielle Ableitung von f nach u**. Wir schreiben dann $\frac{\partial}{\partial u} f(u, v)$. Die **partielle Ableitung von f nach v** ist diejenige Funktion, die wir erhalten, wenn wir u als Konstante betrachten und die Ableitung nach v ausrechnen. Wir schreiben dann $\frac{\partial}{\partial v} f(u, v)$.

Haben wir zwei Funktionen $f(u, v)$ und $g(u, v)$ in zwei Variablen, dann nennt man die Matrix, die aus den vier partiellen Ableitungen besteht, **Jacobi-Matrix**:

$$J(u, v) = \begin{pmatrix} \frac{\partial}{\partial u} f(u, v) & \frac{\partial}{\partial v} f(u, v) \\ \frac{\partial}{\partial u} g(u, v) & \frac{\partial}{\partial v} g(u, v) \end{pmatrix}.$$

Und wie geht es jetzt weiter? Eine Funktion in zwei Variablen kann in der Nähe des Gleichgewichtspunkts gut durch die Jacobi-Matrix beschrieben werden. Wenn das System von

DGL $\begin{pmatrix} \frac{d}{dt} u \\ \frac{d}{dt} u \end{pmatrix} = \begin{pmatrix} f(u, v) \\ g(u, v) \end{pmatrix}$ einen Gleichgewichtspunkt $\begin{pmatrix} \bar{u} \\ \bar{v} \end{pmatrix}$ hat, dann verhalten sich die

Lösungen des Systems von DGL in der Nähe des Gleichgewichtspunkts ungefähr so, wie sich Lösungen des linearen Differenzialgleichungssystems

$$\begin{pmatrix} \frac{d}{dt} u(t) \\ \frac{d}{dt} v(t) \end{pmatrix} = J(\bar{u}, \bar{v}) \begin{pmatrix} u(t) \\ v(t) \end{pmatrix}$$

in der Nähe von $(0, 0)^T$ verhalten. Dieses System ist die **Linearisierung** des nichtlinearen Systems von DGL an ihrem Gleichgewichtspunkt.

Eine Voraussetzung muss dafür erfüllt sein: Keiner der Eigenwerte der Jacobi-Matrix $J(\bar{u}, \bar{v})$ ist null und auch keine komplexe Zahl mit dem Realteil null, also von der Form $0 \pm ib$. Mathematiker nennen diese Aussage übrigens den **Satz von Hartman und Grobman**.

Somit verraten uns die Eigenwerte der Jacobi-Matrix, wie sich die Lösungen des Systems in der Nähe des Gleichgewichtspunkts verhalten.

Stabilität von Gleichgewichtspunkten nichtlinearer Systeme von DGL

Ein Gleichgewichtspunkt $(\bar{u}, \bar{v})^T$ eines nichtlinearen Systems von Differenzialgleichungen ist anziehend stabil, wenn die Jacobi-Matrix $J(\bar{u}, \bar{v})$ zwei negative Eigenwerte

6.5 Systeme gewöhnlicher Differenzialgleichungen

> hat bzw. Eigenwerte der Form $a \pm ib$ mit einem negativen Realteil a. Er ist instabil, sobald die Jacobi-Matrix einen positiven Eigenwert oder einen Eigenwert mit positivem Realteil hat.
>
> Wenn ein Eigenwert null ist oder hat den Realteil null hat, kann man keine Aussage treffen.

Für sehr viele Systeme von gewöhnlichen Differenzialgleichungen ist diese Aussage sehr nützlich. Leider ist ein Fall damit nicht abgedeckt, der auch in biologischen Anwendungen eine wichtige Rolle spielt. Ein lineares System hat periodische Lösungen, wenn die Matrix Eigenwerte der Form $\pm ib$ hat, also wenn die Eigenwerte komplex mit dem Realteil null sind. Aber genau dann, wenn ein nichtlineares System an einem Gleichgewichtspunkt eine Jacobi-Matrix mit Eigenwerten $\pm ib$ hat, können wir den Satz von Hartman und Grobman nicht verwenden. Trotzdem sind komplexe Eigenwerte mit dem Realteil null die notwendige Voraussetzung für periodische Lösungen des nichtlinearen Systems. Um aber wirklich zu prüfen, ob ein nichtlineares System von Differenzialgleichungen periodische Lösungen hat, sind Methoden nötig, die den Rahmen dieses Buches sprengen würden [6].

Gibt es unendlich viele Gleichgewichtspunkte, dann ist null immer Eigenwert der Jacobi-Matrix. Sind alle anderen Eigenwerte negativ, dann sind die Gleichgewichtspunkte stabil, aber nicht anziehend stabil.

Bevor wir uns interessanten Anwendungen zuwenden, wollen wir überprüfen, ob eine Aussage über nichtlineare Systeme für lineare Systeme das liefert, was wir bereits wissen.

Beispiel 6.31

Ist das System von DGL linear, dann haben die Funktionen auf der rechten Seite die Form $f(u,v) = au + bv$ und $g(u,v) = cu + dv$. Somit lautet die Jacobi-Matrix

$$J(u,v) = \begin{pmatrix} \frac{\partial}{\partial u}f(u,v) & \frac{\partial}{\partial v}f(u,v) \\ \frac{\partial}{\partial u}g(u,v) & \frac{\partial}{\partial v}g(u,v) \end{pmatrix} = \begin{pmatrix} a & b \\ c & d \end{pmatrix}.$$

Das ist also genau die Matrix, die das System beschreibt, und wir wissen, dass ihre Eigenwerte uns etwas über die Stabilität des Gleichgewichtspunkts verraten. □

Beispiel 6.32

Der Gleichgewichtspunkt $(0,0)^T$ der Lotka-Volterra-Gleichungen hat die Jacobi-Matrix $\begin{pmatrix} 1 & 0 \\ 0 & -1 \end{pmatrix}$ und somit die Eigenwerte 1 und -1, also ist er nicht stabil.

Der Gleichgewichtspunkt $(1,1)^T$ hat die Jacobi-Matrix $\begin{pmatrix} 0 & -1 \\ 1 & 0 \end{pmatrix}$ mit den Eigenwerten i und $-i$. Wir können also nicht den Satz von Hartman und Grobman anwenden, aber können doch hoffen, dass das System in der Nähe des Gleichgewichtspunkts periodische Lösungen hat. □

Beispiel 6.33

In Beispiel 6.8 (s. S. 209) haben wir zwei Modelle für den JAK–STAT-Signalweg kennengelernt, die wir hier analysieren wollen. Modell 1 ist durch die folgenden Gleichungen gegeben:

$$\frac{d}{dt}u_1 = -k_1 u_1 EpoR_A$$
$$\frac{d}{dt}u_2 = k_1 u_1 EpoR_A - k_2 u_2^2$$
$$\frac{d}{dt}u_3 = 0{,}5 k_2 u_2^2 - k_3 u_3$$
$$\frac{d}{dt}u_4 = k_3 u_3$$

Wir wollen zunächst den oder die Gleichgewichtspunkte ausrechnen. Diese sind die Lösung(en) des Gleichungssystems

$$0 = -k_1 \bar{u}_1 EpoR_A \tag{6.46}$$
$$0 = k_1 \bar{u}_1 EpoR_A - k_2 \bar{u}_2^2 \tag{6.47}$$
$$0 = 0{,}5 k_2 \bar{u}_2^2 - k_3 \bar{u}_3 \tag{6.48}$$
$$0 = k_3 \bar{u}_3. \tag{6.49}$$

Die Gl. 6.46 kann nur null werden, wenn $\bar{u}_1 = 0$ ist, da k_1 und $EpoR_A$ Parameter sind. Das setzen wir in Gl. 6.47 ein und erhalten $-k_2 \bar{u}_2^2 = 0$, woraus $\bar{u}_2 = 0$ folgt. Dies wiederum in Gl. 6.48 eingesetzt, führt zu $-k_3 \bar{u}_3 = 0$ und somit zu $\bar{u}_3 = 0$, im Einklang mit Gl. 6.49. Da die Variable $\bar{u}_4$ in den Gl. 6.46–6.49 nicht vorkommt, kann sie jeden beliebigen positiven Wert $\bar{u}_4$ annehmen. Ein negativer Wert ist mathematisch zwar möglich, hat aber keine sinnvolle biologische Interpretation (was sollte eine negative Konzentration sein?). Also sind die Gleichgewichtspunkte des Modells durch

$$(\bar{u}_1, \bar{u}_2, \bar{u}_3, \bar{u}_4)^T = (0, 0, 0, \bar{u}_4)^T \tag{6.50}$$

gegeben. Dies ist eine Gerade in einem vierdimensionalen Raum mit unendlich vielen Gleichgewichtspunkten.

Als nächstes benötigen wir die Jacobi-Matrix. Da wir vier Gleichungen und somit auch vier Variablen haben, ist die Jacobi-Matrix eine 4×4-Matrix. Die partiellen Ableitungen nach u_4 stehen in der vierten Spalte der Matrix. Sie sind alle null, da u_4 nicht auf der rechten Seite des Differenzialgleichungssystems vorkommt:

6.5 Systeme gewöhnlicher Differenzialgleichungen

$J(u_1, u_2, u_3, u_4)$

$$= \begin{pmatrix} \frac{\partial}{\partial u_1}(-k_1 u_1 EpoR_A) & \frac{\partial}{\partial u_2}(-k_1 u_1 EpoR_A) & \frac{\partial}{\partial u_3}(-k_1 u_1 EpoR_A) & 0 \\ \frac{\partial}{\partial u_1}(k_1 u_1 EpoR_A - k_2 u_2^2) & \frac{\partial}{\partial u_2}(k_1 u_1 EpoR_A - k_2 u_2^2) & \frac{\partial}{\partial u_3}(k_1 u_1 EpoR_A - k_2 u_2^2) & 0 \\ \frac{\partial}{\partial u_1}(0{,}5 k_2 u_2^2 - k_3 u_3) & \frac{\partial}{\partial u_2}(0{,}5 k_2 u_2^2 - k_3 u_3) & \frac{\partial}{\partial u_3}(0{,}5 k_2 u_2^2 - k_3 u_3) & 0 \\ \frac{\partial}{\partial u_1}(k_3 u_3) & \frac{\partial}{\partial u_2}(k_3 u_3) & \frac{\partial}{\partial u_3}(k_3 u_3) & 0 \end{pmatrix}$$

$$= \begin{pmatrix} -k_1 EpoR_A & 0 & 0 & 0 \\ k_1 EpoR_A & -2 k_2 u_2 & 0 & 0 \\ 0 & k_2 u_2 & -k_3 & 0 \\ 0 & 0 & k_3 & 0 \end{pmatrix}.$$

Setzen wir jetzt einen der Gleichgewichtspunkte ein, dann erhalten wir die Matrix

$$J(0, 0, 0, \bar{u}_4) = \begin{pmatrix} -k_1 EpoR_A & 0 & 0 & 0 \\ k_1 EpoR_A & 0 & 0 & 0 \\ 0 & 0 & -k_3 & 0 \\ 0 & 0 & k_3 & 0 \end{pmatrix}.$$

Die Eigenwerte dieser Matrix sind alle λ, für die gilt (s. Abschn. 5.5.3, S. 167):

$$\det(\lambda E_4 - J(0, 0, 0, \bar{u}_4)) = 0.$$

Die Determinante der Matrix

$$\lambda E_4 - J(0, 0, 0, \bar{u}_4) = \begin{pmatrix} \lambda + k_1 EpoR_A & 0 & 0 & 0 \\ -k_1 EpoR_A & \lambda & 0 & 0 \\ 0 & 0 & \lambda + k_3 & 0 \\ 0 & 0 & -k_3 & \lambda \end{pmatrix}$$

lässt sich am besten mit dem Laplace-Entwicklungssatz (s. Abschn. 5.4.6, S. 162) berechnen. Wir entwickeln nach der ersten Zeile und erhalten dadurch eine 3×3-Matrix, deren Determinante wir mit der Regel von Sarrus (s. Abschn. 5.4.4, S. 160) berechnen:

$$\det \begin{pmatrix} \lambda + k_1 EpoR_A & 0 & 0 & 0 \\ -k_1 EpoR_A & \lambda & 0 & 0 \\ 0 & 0 & \lambda + k_3 & 0 \\ 0 & 0 & -k_3 & \lambda \end{pmatrix} = (\lambda + k_1 EpoR_A) \cdot \det \begin{pmatrix} \lambda & 0 & 0 \\ 0 & \lambda + k_3 & 0 \\ 0 & -k_3 & \lambda \end{pmatrix}$$

$$= (\lambda + k_1 EpoR_A) \cdot \lambda \cdot (\lambda + k_3) \cdot \lambda.$$

Die Matrix hat somit die Eigenwerte $-k_1 EpoR_A$, $-k_3$ und zweimal 0. Wir können zwar nicht den Satz von Hartman und Grobman anwenden, aber da kein positiver Eigenwert dabei ist, sind die Gleichgewichtspunkte wahrscheinlich nicht instabil. Da es unendlich viele von ihnen gibt, erwarten wir, dass sie stabil, aber nicht asymptotisch stabil sind (vgl. Beispiel 6.26, S. 251). Um dies zu überprüfen lösen wir das Differenzialgleichungssystem numerisch mit einem MATLAB-Skript.

Abbildung 6.17 zeigt Simulationen von Modell 1 für die Parameter

$$k_1 = 0{,}021, \quad k_2 = 2{,}46 \quad \text{und} \quad k_3 = 0{,}1066 \tag{6.51}$$

sowie die Anfangswerte

$$u_1^0 = 0{,}1 \quad \text{und} \quad u_2^0 = u_3^0 = u_4^0 = 0{,}0001. \tag{6.52}$$

Die Parameter k_1, k_2 und k_3 wurden [19] entnommen. Da zu Beginn der Informationsübertragung hauptsächlich nicht phosphorylierte STAT5-Moleküle vorhanden sind, wurde die Anfangskonzentration $u_1(0) = u_1^0$ 1000-fach höher gewählt als die der anderen STAT5-Proteine.

In den Simulationen beobachten wir einen exponentiellen Abfall der Konzentration der nicht phosphorylierten monomeren STAT5-Moleküle $u_1(t)$, die sich schnell null nähert. Die Konzentration der phosphorylierten monomeren STAT5-Moleküle $u_2(t)$ steigt zunächst an, sinkt dann aber mit dem Einsetzen der Dimerisierung wieder ab und nähert sich ebenfalls null, wenn auch langsamer als $u_1(t)$. Die Konzentration der phosphorylierten dimeren STAT5-Moleküle im Cytoplasma $u_3(t)$ steigt langsamer an als $u_2(t)$ und fängt kurz nach dem Einsetzen der Dimerisierung ebenfalls an zu sinken, da die Moleküle in den Nucleus transportiert werden. Insgesamt sinkt die Konzentration aller STAT5-Moleküle im Cytoplasma und nähert sich null. Die Konzentration der dimerisierten STAT5-Moleküle im Nucleus $u_4(t)$ steigt zunächst nur minimal, aber mit dem Einsetzen der Dimerisierung wird sie schnell höher, um dann auf einen positiven Wert $\bar{u}_4$ zuzustreben, sobald keine STAT5-Moleküle mehr im Cytoplasma vorhanden sind. Für verschiedene Anfangswerte strebt das System auf verschiedene Gleichgewichtspunkte zu, die aber immer die Form von Gl. 6.50 haben. Ein hoher Wert für die maximale Konzentration der aktivierten Rezeptoren führt zu einer schnellen Sättigung des Systems. Daher hat der Parameter $EpoR_A$ Einfluss auf die Geschwindigkeit, mit der ein Gleichgewichtspunkt angenommen wird, aber nicht auf den Wert des angestrebten Gleichgewichtspunkts (vgl. Abb. 6.17).

Modell 2 für den JAK–STAT-Signalweg unterscheidet sich nur um den Ausdruck $+2k_4u_4$ in der ersten Gleichung und $-k_4u_4$ in der vierten Gleichung vom Modell 1. Wir erhalten die Gleichungen:

$$\frac{d}{dt}u_1 = -k_1 u_1 EpoR_A + 2k_4 u_4$$
$$\frac{d}{dt}u_2 = k_1 u_1 EpoR_A - k_2 u_2^2$$

6.5 Systeme gewöhnlicher Differenzialgleichungen

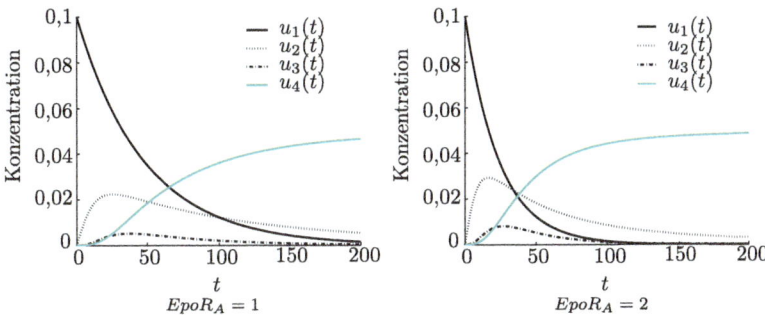

Abb. 6.17 Simulationen von Modell 1 für die Parameter 6.51 und die Anfangswerte 6.52. Die Konzentration der STAT5-Moleküle im Cytoplasma (*schwarz*) wird mit der Zeit weniger und nähert sich null. Die Konzentration der STAT5-Moleküle im Nucleus (*blau*) nähert sich einem positiven Wert $\bar{u}_4$, der von den Anfangswerten abhängt. Die Änderung des Parameters $EpoR_A$ ändert die Geschwindigkeit, mit der das System den Gleichgewichtspunkt anstrebt, da das System schneller gesättigt ist, wenn die Konzentration aktivierter Rezeptoren hoch ist

$$\frac{d}{dt}u_3 = 0{,}5k_2 u_2^2 - k_3 u_3$$

$$\frac{d}{dt}u_4 = k_3 u_3 - k_4 u_4$$

Die Gleichgewichtspunkte sind hier etwas komplizierter zu bestimmen als für Modell 1. Sie sind die Lösungen des Gleichungssystems

$$0 = -k_1 \bar{u}_1 EpoR_A + 2k_4 \bar{u}_4 \qquad (6.53)$$

$$0 = k_1 \bar{u}_1 EpoR_A - k_2 \bar{u}_2^2 \qquad (6.54)$$

$$0 = 0{,}5k_2 \bar{u}_2^2 - k_3 \bar{u}_3 \qquad (6.55)$$

$$0 = k_3 \bar{u}_3 - k_4 \bar{u}_4 \qquad (6.56)$$

Am einfachsten ist es, Schritt für Schritt vorzugehen und die Werte $\bar{u}_1, \bar{u}_2$ und $\bar{u}_3$ in Abhängigkeit von $\bar{u}_4$ auszudrücken.

Aus Gl. 6.53 wissen wir, dass der Gleichgewichtspunkt $k_1 EpoR_A \bar{u}_1 = 2k_4 \bar{u}_4$ und somit $\bar{u}_1 = \frac{2k_4}{k_1 EpoR_A} \bar{u}_4$ erfüllen muss. Aus Gl. 6.56 erhalten wir $k_3 \bar{u}_3 = k_4 \bar{u}_4$ und somit $\bar{u}_3 = \frac{k_4}{k_3} \bar{u}_4$. Gleichung 6.54 liefert uns $k_1 EpoR_A \bar{u}_1 = k_2 \bar{u}_2^2$ und somit $\bar{u}_2^2 = \frac{k_1 EpoR_A}{k_2} \bar{u}_1$. Setzen wir $\bar{u}_1 = \frac{2k_4}{k_1 EpoR_A} \bar{u}_4$ dort ein, dann können wir $\bar{u}_2^2 = \frac{k_1 EpoR_A}{k_2} \frac{2k_4}{k_1 EpoR_A} \bar{u}_4 = \frac{2k_4}{k_2} \bar{u}_4$ berechnen. Gleichung 6.55 liefert uns dieselbe Information. Da negative Gleichgewichtspunkte keine biologische Interpretation haben, erhalten wir $\bar{u}_2 = \sqrt{\frac{2k_4}{k_2}} \sqrt{\bar{u}_4}$ und damit die Menge der Gleichgewichtspunkte

$$(\bar{u}_1, \bar{u}_2, \bar{u}_3, \bar{u}_4)^T = \left(\frac{2k_4}{k_1 EpoR_A} \bar{u}_4, \sqrt{\frac{2k_4}{k_2}} \sqrt{\bar{u}_4}, \frac{k_4}{k_3} \bar{u}_4, \bar{u}_4 \right)^T.$$

Da sich die Gleichungen für Modell 2 von denen für Modell 1 nur um den Ausdruck $+2k_4 u_4$ bzw. $-k_4 u_4$ unterscheiden, verändert sich auch die Jacobi-Matrix nur an zwei Stellen im Vergleich zu Modell 1. Wir berechnen die partiellen Ableitungen von $+k_4 u_4$ und tragen sie an den entsprechenden Stellen in die Jacobi-Matrix ein. Es gilt

$$\frac{\partial}{\partial u_1}(k_4 u_4) = \frac{\partial}{\partial u_2}(k_4 u_4) = \frac{\partial}{\partial u_3}(k_4 u_4) = 0,$$

da weder u_1 noch u_2 noch u_3 in der Funktion vorkommen. Außerdem gilt

$$\frac{\partial}{\partial u_4}(2k_4 u_4) = 2k_4 \quad \text{und} \quad \frac{\partial}{\partial u_4}(-k_4 u_4) = -k_4$$

und wir erhalten die Jacobi-Matrix

$$J(u_1, u_2, u_3, u_4) = \begin{pmatrix} -k_1 EpoR_A & 0 & 0 & 2k_4 \\ k_1 EpoR_A & -2k_2 u_2 & 0 & 0 \\ 0 & k_2 u_2 & -k_3 & 0 \\ 0 & 0 & k_3 & -k_4 \end{pmatrix}.$$

Nun müssen wir den Gleichgewichtspunkt in die Formel einsetzen, d. h. u_2 durch $\sqrt{\frac{2k_4}{k_2}} \sqrt{\bar{u}_4}$ ersetzen:

$$J\left(\frac{2k_4}{k_1 EpoR_A} \bar{u}_4, \sqrt{\frac{2k_4}{k_2}} \sqrt{\bar{u}_4}, \frac{k_4}{k_3} \bar{u}_4, \bar{u}_4\right) = \begin{pmatrix} -k_1 EpoR_A & 0 & 0 & 2k_4 \\ k_1 EpoR_A & -2k_2 \sqrt{\frac{2k_4}{k_2}} \sqrt{\bar{u}_4} & 0 & 0 \\ 0 & k_2 \sqrt{\frac{2k_4}{k_2}} \sqrt{\bar{u}_4} & -k_3 & 0 \\ 0 & 0 & k_3 & -k_4 \end{pmatrix}.$$
(6.57)

Auch um die Eigenwerte dieser Matrix zu bestimmen, berechnen wir die entstehende Determinante mit dem Laplace-Entwicklungssatz und entwickeln zunächst nach der ersten Spalte:

$$\det \begin{pmatrix} \lambda + k_1 EpoR_A & 0 & 0 & -2k_4 \\ -k_1 EpoR_A & \lambda + 2\sqrt{2k_4 k_2} \sqrt{\bar{u}_4} & 0 & 0 \\ 0 & -\sqrt{2k_4 k_2} \sqrt{\bar{u}_4} & \lambda + k_3 & 0 \\ 0 & 0 & -k_3 & \lambda + k_4 \end{pmatrix}$$

6.5 Systeme gewöhnlicher Differenzialgleichungen

$$= (\lambda + k_1 EpoR_A) \cdot \det \begin{pmatrix} \lambda + 2\sqrt{2k_4 k_2}\sqrt{\bar{u}_4} & 0 & 0 \\ -\sqrt{2k_4 k_2}\sqrt{\bar{u}_4} & \lambda + k_3 & 0 \\ 0 & -k_3 & \lambda + k_4 \end{pmatrix}$$

$$- (-k_1 EpoR_A) \begin{pmatrix} 0 & 0 & -2k_4 \\ -\sqrt{2k_4 k_2}\sqrt{\bar{u}_4} & \lambda + k_3 & 0 \\ 0 & -k_3 & \lambda + k_4 \end{pmatrix}$$

$$= (\lambda + k_1 EpoR_A) \cdot (\lambda + 2\sqrt{2k_4 k_2}\sqrt{\bar{u}_4}) \cdot (\lambda + k_3) \cdot (\lambda + k_4)$$

$$+ k_1 EpoR_A \cdot (-2k_4) \cdot (-k_3)(-\sqrt{2k_4 k_2}\sqrt{\bar{u}_4}). \tag{6.58}$$

Setzen wir jetzt in diesem Ausdruck $\lambda = 0$ ein, dann erhalten wir

$$(k_1 EpoR_A)(2\sqrt{2k_4 k_2}\sqrt{\bar{u}_4})(k_3)(k_4) - k_1 EpoR_A (2k_4)(k_3)(\sqrt{2k_4 k_2}\sqrt{\bar{u}_4}) = 0.$$

Daher ist null ein Eigenwert der Jacobi-Matrix. Leider können wir nicht ohne Weiteres die anderen drei Eigenwerte bestimmen. Mit einem MATLAB-Programm können wir aber die anderen Eigenwerte berechnen und sehen, dass sie negativ sind. Daher sind alle Gleichgewichtspunkte zwar stabil, aber nicht asymptotisch stabil.

Abbildung 6.18 zeigt Simulationen von Modell 2 für die Parameter

$$k_1 = 0{,}021, \quad k_2 = 2{,}46, \quad k_3 = 0{,}1066, \quad k_4 = 0{,}1 \quad \text{und} \quad EpoR_A = 1 \tag{6.59}$$

sowie die Anfangswerte

$$u_2^0 = u_3^0 = u_4^0 = 0{,}0001. \tag{6.60}$$

Als Anfangswert u_1^0 wurde einmal 0,1 und einmal 0,02 gewählt.

Qualitativ verlaufen die Lösungen ähnlich wie bei Modell 1, allerdings sinken die Konzentrationen der STAT5-Moleküle im Cytoplasma ($u_1(t)$, $u_2(t)$ und $u_3(t)$) nicht gegen null, sondern nähern sich positiven Werten $\bar{u}_1$, $\bar{u}_2$ bzw. $\bar{u}_3$. Auch die Konzentration der dimerisierten STAT5-Moleküle im Nucleus $u_4(t)$ nähert sich einem positiven Wert $\bar{u}_4$, der allerdings kleiner ist als bei derselben Wahl von Parametern bei Modell 1 (vgl. Abb. 6.17 links und 6.18 links). Der Transport von STAT5-Molekülen in den Nucleus hinein sowie aus den Nucleus heraus erreicht also ein Gleichgewicht, sodass sich die Konzentration der beteiligten Moleküle nicht mehr ändert. Welchen Gleichgewichtspunkt das System anstrebt hängt von der Wahl der Anfangswerte ab. Anders als bei Modell 1 hat die maximale Konzentration der aktivierten Rezeptoren nicht nur Einfluss auf die Geschwindigkeit, mit der ein Gleichgewichtspunkt angenommen wird, sondern auch auf dessen Wert. □

Das MATLAB-Skript JAKSTAT.m zur Lösung des Differenzialgleichungssystems für den JAK–STAT-Signalweg findet ihr online unter http://www.springer.com/978-3-642-37785-3.

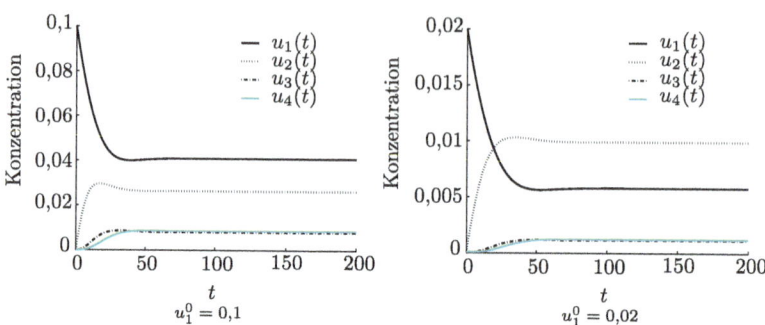

Abb. 6.18 Simulationen von Modell 2 für die Parameter 6.59 und die Anfangswerte 6.60. Die Konzentration der STAT5-Moleküle nähert sich einem positiven Wert an. Die Änderung des Anfangswertes u_1^0 führt zu einem anderen Gleichgewichtspunkt

6.5.4 Phasendiagramm

Mehr noch als für einzelne Differenzialgleichungen lassen sich für Systeme aus zwei Differenzialgleichungen aus Phasendiagrammen, auch Phasenebenen genannt, viele Informationen entnehmen. Sie sind einfach zu erstellen und liefern Informationen darüber, wie sich Lösungen $(u(t), v(t))^T$ für wachsende Zeiten t qualitativ verhalten. An einem Phasendiagramm kann man auch sehen, wie $u(t)$ von $v(t)$ abhängt und umgekehrt. An ihnen ist abzulesen, in welchen Bereichen sich Lösungen wie verhalten.

Das Phasendiagramm für ein Differenzialgleichungssystem

$$\begin{pmatrix} \dfrac{\mathrm{d}}{\mathrm{d}t} u \\ \dfrac{\mathrm{d}}{\mathrm{d}t} v \end{pmatrix} = \begin{pmatrix} f(u, v) \\ g(u, v) \end{pmatrix}$$

besteht aus Pfeilen in einem Koordinatensystem mit den Achsen u und v. Diese Pfeile sind sogenannte Flussvektoren, die dazu dienen, die Fließrichtung von Lösungen zu beschreiben. Wirft man ein Blatt in einen Fluss, dann wird es in Fließrichtung weitertransportiert. Genauso können Lösungen $(u(t), v(t))^T$ skizziert werden, indem man an einem beliebigen Punkt anfängt und eine Kurve zeichnet, die sich immer in Richtung der Pfeile weiterbewegt.

Der Flussvektor an einem Punkt $(u, v)^T$ ist ein Pfeil in Richtung des Vektors $(f(u, v), g(u, v))^T$. Dieser Vektor beschreibt die Änderung der Lösung und gibt daher an, in welche Richtung sich die Lösung weiterbewegt.

Zum Erstellen eines Phasendiagramms muss man nun aber zum Glück nicht den Flussvektor für jeden einzelnen Punkt ausrechnen. Es genügt, die Vektoren an einigen markanten Punkten einzutragen. Da die Funktionen f und g stetig sind, können sich die Flussvektoren nur kontinuierlich ändern. Das heißt, es können nicht zwei Pfeile nebeneinander liegen,

6.5 Systeme gewöhnlicher Differenzialgleichungen

die in verschiedene Richtungen zeigen. Lediglich in der Nähe von Gleichgewichtspunkten kann es qualitative Änderungen geben.

Besonders wichtig ist es zu wissen, in welchen Bereichen waagerechte und senkrechte Pfeile einzutragen sind. Diese Bereiche heißen **Nullklinen** des Systems und sind durch $f(u,v) = 0$ bzw. $g(u,v) = 0$ bestimmt. Auf der Kurve $f(u,v) = 0$ kann sich das System nur in Richtung parallel zur v-Achse ändern, denn es bleibt aufgrund von $\frac{d}{dt}u = 0$ in u-Richtung konstant. Daher werden dort senkrechte Pfeile eingezeichnet. Die Pfeile zeigen in den Bereichen, in denen $g(u,v) > 0$ ist, nach oben, und wo $g(u,v) < 0$ ist, nach unten. Auf $g(u,v) = 0$ werden waagerechte Pfeile eingezeichnet, da sich dort das System aufgrund von $\frac{d}{dt}v = 0$ nur in Richtung parallel zur u-Achse ändert. Die Pfeile zeigen in den Bereichen, in denen $f(u,v) > 0$ ist, nach rechts, und wo $f(u,v) < 0$ ist, nach links.

Die Schnittpunkte von den Nullklinen zu $f = 0$ und zu $g = 0$ sind die Gleichgewichtspunkte des Systems.

Zwischen den Nullklinen kann sich das Vorzeichen von f und g nicht ändern, weshalb es dort genügt, einige Pfeile nach folgendem Schema zu zeichnen.

- In Bereichen mit $f(u,v) > 0$ und $g(u,v) > 0$ werden Pfeile, die nach rechts oben zeigen, eingezeichnet.
- In Bereichen mit $f(u,v) > 0$ und $g(u,v) < 0$ werden Pfeile, die nach rechts unten zeigen, eingezeichnet.
- In Bereichen mit $f(u,v) < 0$ und $g(u,v) > 0$ werden Pfeile, die nach links oben zeigen, eingezeichnet.
- In Bereichen mit $f(u,v) < 0$ und $g(u,v) < 0$ werden Pfeile, die nach links unten zeigen, eingezeichnet.

Beim Einzeichnen von Lösungen ist zu beachten, dass diese sich nur an Gleichgewichtspunkten treffen können. An anderen Stellen können sie sich nicht kreuzen oder berühren.

Phasendiagramme für lineare Systeme

Wir wollen zunächst Phasendiagramme für lineare Systeme gewöhnlicher Differenzialgleichungen

$$\begin{pmatrix} \frac{d}{dt}u \\ \frac{d}{dt}v \end{pmatrix} = A \cdot \begin{pmatrix} u \\ v \end{pmatrix} = \begin{pmatrix} a & b \\ c & d \end{pmatrix} \cdot \begin{pmatrix} u \\ v \end{pmatrix}$$

erstellen.

Die Nullklinen sind hier durch Geraden gegeben. Da $f(u,v) = au + bv$ ist, erhalten wir die Gleichung $au + bv = 0$ für die Nullkline mit senkrechten Pfeilen der Gerade. Die Gleichung liefert $u = -\frac{b}{a}v$. Setzen wir $v = a$, dann muss $u = -\frac{b}{a}a = -b$ sein und die Nullkline ist die Gerade, die durch den Vektor $(u,v)^T = (-b,a)^T$ erzeugt wird. Da $g(u,v) = cu + dv$ ist, erhalten wir die Nullkline mit waagerechten Pfeilen als die Gerade, die durch den Vektor $(u,v)^T = (-d,c)^T$ erzeugt wird. Der Schnittpunkt dieser Gerade ist der einzige Gleichgewichtspunkt des Systems $(0,0)^T$.

Für die Phasendiagramme linearer Systeme spielen zusätzlich die Geraden, die durch die Eigenvektoren der Systemmatrix A erzeugt werden, eine besondere Rolle. Da für einen Eigenvektor

$$A \begin{pmatrix} u \\ v \end{pmatrix} = \lambda \begin{pmatrix} u \\ v \end{pmatrix}$$

gilt, liegt der Flussvektor auf der durch den Eigenvektor erzeugten Gerade. Ist der Eigenwert λ positiv, dann zeigt der Pfeil weg vom Gleichgewichtspunkt, und sonst zeigt er zum Gleichgewichtspunkt hin.

Besonders nützlich sind die Phasendiagramme für Matrizen A in Diagonalform

$$A = \begin{pmatrix} \lambda_1 & 0 \\ 0 & \lambda_2 \end{pmatrix}.$$

Sie sind relativ einfach zu erstellen und die hier gewonnenen Erkenntnisse lassen sich leicht auf kompliziertere Matrizen übertragen.

Die Eigenwerte der Matrix A entsprechen den Diagonaleinträgen λ_1 und λ_2. Die Eigenvektoren zum Eigenwert λ_1 sind durch $(u,0)^T$, also die u-Achse, gegeben. Diese Gerade ist außerdem eine Nullkline, da dort $\frac{d}{dt}v = \lambda_2 0 = 0$ gilt. Analog sind die Eigenvektoren zum Eigenwert λ_2 durch die v-Achse $(0,v)^T$ gegeben, wo gleichzeitig $\frac{d}{dt}u = 0$ gilt. Somit wissen wir, dass für Punkte auf den Koordinatenachsen die Flussvektoren genau auf diesen Achsen liegen. Die Richtung der Pfeile ist durch das Vorzeichen von λ_1 bzw. λ_2 bestimmt.

Zusätzlich ist es für Diagonalmatrizen einfach möglich, die Lösungen der Differenzialgleichung zu bestimmen, da das System entkoppelt ist. Die Lösungen haben die Form

$$\begin{pmatrix} u(t) \\ v(t) \end{pmatrix} = \begin{pmatrix} u_0 e^{\lambda_1 t} \\ v_0 e^{\lambda_2 t} \end{pmatrix}.$$

Damit können wir ausrechnen, wie $u(t)$ von $v(t)$ abhängt oder umgekehrt, und dies in das Phasendiagramm eintragen.

Das MATLAB-Skript PDlinearesSystem.m zur Erstellung eines Phasendiagramms für ein lineares Differenzialgleichungssystem findet ihr online unter http://www.springer.com/978-3-642-37785-3.

Beispiel 6.34

Betrachten wir die Systemmatrix

$$A = \begin{pmatrix} 2 & 0 \\ 0 & 2 \end{pmatrix}.$$

6.5 Systeme gewöhnlicher Differenzialgleichungen

Da $\lambda_1 = \lambda_2 = 2$, sind hier alle Vektoren Eigenvektoren, denn es gilt:

$$\begin{pmatrix} 2 & 0 \\ 0 & 2 \end{pmatrix} \cdot \begin{pmatrix} u \\ v \end{pmatrix} = \begin{pmatrix} 2u \\ 2v \end{pmatrix} = 2 \begin{pmatrix} u \\ v \end{pmatrix}.$$

Das heißt, alle Flussvektoren im Phasendiagramm liegen auf Geraden durch den Ursprung, weshalb das Diagramm sternförmig aussieht. Die Zahl 2 ist positiv, deshalb zeigen alle Pfeile von $(0,0)^T$ weg, wie man in Abb. 6.19a sehen kann.

Wir können diese Überlegungen bestätigen, indem wir die Lösungen der Differenzialgleichung explizit bestimmen. Zum Anfangswert $(u_0, v_0)^T$ sind sie durch $u(t) = u_0 e^{2t}$ und $v(t) = v_0 e^{2t}$ gegeben. Daher erhalten wir $v(t) = \frac{u_0}{u_0} v_0 e^{2t} = \frac{v_0}{u_0} u_0 e^{2t} = \frac{v_0}{u_0} u(t)$ und sehen, dass dies im Phasendiagramm zu einer Gerade durch den Ursprung mit dem Anstieg $\frac{v_0}{u_0}$ führt.

Das Phasendiagramm für die Systemmatrix

$$A = \begin{pmatrix} -5 & 0 \\ 0 & -5 \end{pmatrix}$$

sieht genauso aus, nur dass alle Pfeile auf den Nullpunkt hin zeigen, wie man in Abb. 6.19b sehen kann.

Der Gleichgewichtspunkt $(0,0)^T$ heißt für zwei positive Eigenwerte **instabiler Knoten** und für zwei negative Eigenwerte **stabiler Knoten**. □

Beispiel 6.35

Betrachten wir als nächstes das Phasendiagramm eines linearen Differenzialgleichungssystems, gegeben durch die Diagonalmatrix

$$A = \begin{pmatrix} 1 & 0 \\ 0 & 2 \end{pmatrix}.$$

Da beide Eigenwerte positiv sind, zeigen alle Pfeile weg vom Gleichgewichtspunkt. Allerdings liegen sie nicht mehr auf Geraden. Die Lösungen der Differenzialgleichung lauten $(u(t), v(t))^T = (u_0 e^t, v_0 e^{2t})^T$. Also können wir $v(t)$ wieder mithilfe von $u(t)$ ausdrücken $v(t) = \frac{v_0}{u_0^2} u(t)^2$ und wir erhalten Parabeln im Phasendiagramm, wie man in Abb. 6.19c sehen kann. Da beide Eigenwerte positiv sind, liegt auch hier ein instabiler Knoten vor.

Haben die Eigenwerte der Matrix unterschiedliche Vorzeichen, dann erhalten wir Hyperbeln im Phasendiagramm. Hat die Diagonalmatrix die Form

$$A = \begin{pmatrix} 1 & 0 \\ 0 & -1 \end{pmatrix},$$

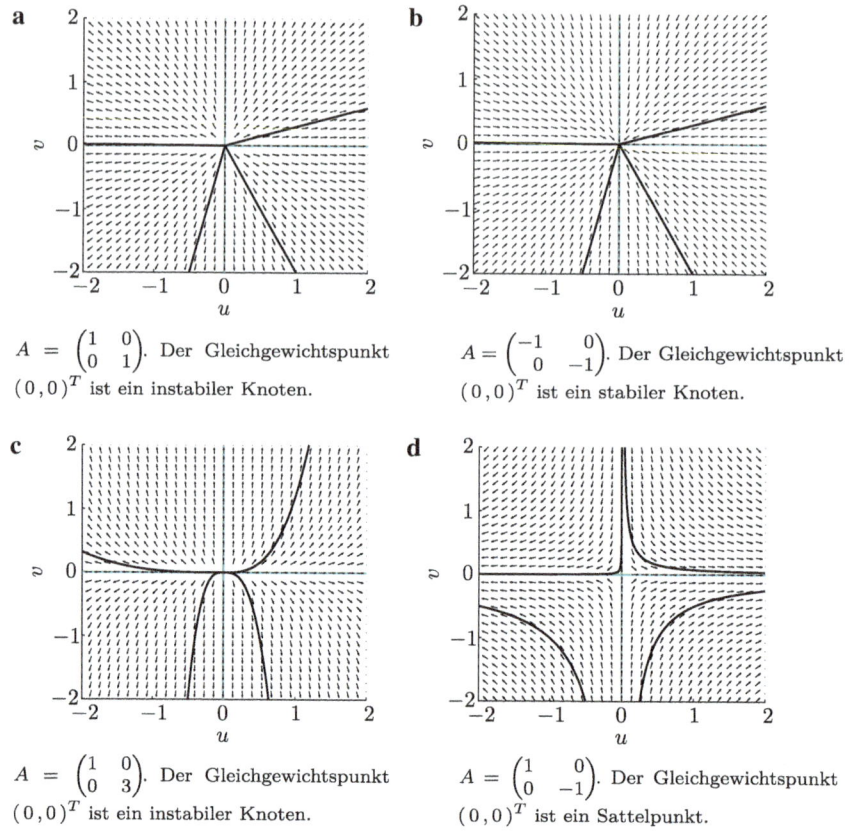

Abb. 6.19 Phasendiagramme für lineare Differenzialgleichungssysteme, deren Systemmatrix A eine Diagonalmatrix ist. Die Koordinatenachsen entsprechen den Nullklinen (*blau*). Lösungen (*schwarz*) $(u(t), v(t))^T$ folgen den Pfeilen und hängen von den Anfangswerten ab. Weitere Erklärung s. Text

dann zeigen die Pfeile auf der u-Achse nach außen, da 1 positiv ist, und auf der v-Achse nach innen, da -1 negativ ist. Die Lösungen der Differenzialgleichung lauten $(u(t), v(t))^T = (u_0 e^t, v_0 e^{-t})^T$ und wir können schreiben $v(t) = \frac{u_0 v_0}{u(t)}$, was zu Hyperbeln führt, wie man in Abb. 6.19d sehen kann. Der Gleichgewichtspunkt $(0, 0)^T$ heißt für Eigenwerte mit unterschiedlichen Vorzeichen **Sattelpunkt**. □

Hat die Systemmatrix A keine Diagonalform, ist aber diagonalisierbar mit reellen Eigenwerten, dann erhalten wir ähnliche Bilder wie für Diagonalmatrizen, allerdings übernehmen nun die Geraden, die durch die Eigenvektoren erzeugt werden, die Rolle der Koordinatenachsen. Die Phasendiagramme sind also etwas verdreht und gestaucht oder gestreckt, aber prinzipiell wird ihr Aussehen durch die Eigenwerte der Matrix bestimmt.

6.5 Systeme gewöhnlicher Differenzialgleichungen

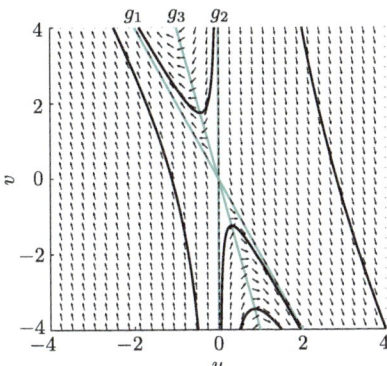

Abb. 6.20 Phasendiagramm des linearen Differenzialgleichungssystems aus Beispiel 6.36 mit Lösungen $(u(t), v(t))^T$ (*schwarz*) für verschiedene Anfangswerte. Die Eigenvektoren (*blau*) liegen auf den Geraden g_1 und g_2. Die Nullklinen (*blau*) sind durch g_2 und g_3 gegeben. Auf g_2 sind alle Pfeile senkrecht, auf g_3 waagerecht. Der Gleichgewichtspunkt $(0,0)^T$ ist ein Sattelpunkt

---

Beispiel 6.36

Wir wollen die Phasenebene für das in Beispiel 6.21 (s. S. 238) untersuchte System erstellen. Die Systemmatrix hat die Form

$$A = \begin{pmatrix} 1 & 0 \\ -4 & -1 \end{pmatrix}.$$

Die Eigenwerte der Matrix A sind 1 und -1, weshalb der Gleichgewichtspunkt $(0,0)^T$ ein Sattelpunkt ist. Insgesamt erhalten wir das in Abb. 6.20 gezeigte Diagramm. Wir tragen zunächst die von den Eigenvektoren erzeugten Geraden

$$g_1 = \left\{ r \begin{pmatrix} 1 \\ -2 \end{pmatrix} \,\middle|\, r \in \mathbb{R} \right\} \quad \text{und} \quad g_2 = \left\{ r \begin{pmatrix} 0 \\ 1 \end{pmatrix} \,\middle|\, r \in \mathbb{R} \right\}$$

in ein Koordinatensystem mit den Achsen u und v ein. Auf der Gerade g_1 zeigen die Pfeile weg vom Gleichgewichtspunkt $(0,0)^T$, da zu dieser Gerade der positive Eigenwert 1 gehört. Auf g_2 zeigen die Pfeile in Richtung Gleichgewichtspunkt, da sie zum negativen Eigenwert -1 gehört.

Die Nullkline mit senkrechten Pfeilen ist gleich g_2, da hier $A \begin{pmatrix} 0 \\ r \end{pmatrix} = \begin{pmatrix} 0 \\ -r \end{pmatrix}$ gilt und somit $\dfrac{d}{dt} u = 0$.

Die Nullkline mit waagerechten Pfeilen berechnet sich als Lösung von $\dfrac{d}{dt} v = -4u - v = 0$ und entspricht somit der Gerade

$$g_3 = \left\{ r \begin{pmatrix} 1 \\ -4 \end{pmatrix} \,\middle|\, r \in \mathbb{R} \right\}.$$

Da auf dieser Gerade für die Ableitung $\frac{d}{dt} u = u = r$ gilt, tragen wir auf g_4 waagerechte Pfeile ein, die nach rechts zeigen, wenn $r > 0$, und nach links, wenn $r < 0$. □

Bisher haben wir nur Matrizen mit reellen Eigenwerten betrachtet. Aber natürlich können wir auch Phasendiagramme für Systemmatrizen mit komplexen Eigenwerten erstellen.

Beispiel 6.37

Wir betrachten das lineare Differenzialgleichungssystem, das durch die Matrix

$$A = \begin{pmatrix} 0 & 1 \\ -1 & 0 \end{pmatrix}$$

gegeben ist. Da die Eigenwerte dieser Matrix die komplexen Zahlen $\pm i$ sind (s. Beispiel 6.23, S. 242), nützt es nichts, die Eigenvektoren zu berechnen. So bleiben uns nur die Nullklinen. Auf der u-Achse

$$g_1 = \left\{ \begin{pmatrix} r \\ 0 \end{pmatrix} \,\middle|\, r \in \mathbb{R} \right\}$$

ist $\frac{d}{dt} u = 0$ und wir erhalten senkrechte Pfeile. Wohingegen wir auf der v-Achse

$$g_1 = \left\{ \begin{pmatrix} 0 \\ r \end{pmatrix} \,\middle|\, r \in \mathbb{R} \right\}$$

waagerechte Pfeile erhalten, aufgrund von $\frac{d}{dt} v = 0$. Tragen wir noch einige Pfeile zwischen den Nullklinen ein, dann erscheint es plausibel, dass sich die Lösungen in Kreisen um null bewegen.

Das können wir aber auch nachrechnen, da wir wissen, dass die Lösungen dieser Differenzialgleichung die Form $u(t) = u_0 \cos t + v_0 \sin t$ und $v(t) = -u_0 \sin t + v_0 \cos t$ haben. Es ist nicht ganz so klar, wie $v(t)$ mithilfe von $u(t)$ ausgedrückt werden kann. Wir verwenden daher einen kleinen Mathematikertrick, der erstmal kompliziert aussieht, aber alles einfacher macht. Wir quadrieren beide Funktionen und addieren sie. Dann verwenden wir die Formel $\sin^2 t + \cos^2 t = 1$ (Gl. 1.5, S. 16) für die Rechnung:

$$\begin{aligned} u(t)^2 + v(t)^2 &= \left(u_0 \cos t + v_0 \sin t \right)^2 + \left(-u_0 \sin t + v_0 \cos t \right)^2 \\ &= \left(u_0^2 \cos^2(t) + v_0^2 \sin^2(t) + 2 u_0 v_0 \cos t \sin t \right) \\ &\quad + \left(u_0^2 \sin^2(t) + v_0^2 \cos^2(t) - 2 u_0 v_0 \cos t \sin t \right) \end{aligned}$$

6.5 Systeme gewöhnlicher Differenzialgleichungen

$$= u_0^2(\cos^2(t) + \sin^2(t)) + v_0^2(\cos^2(t) + \sin^2(t))$$
$$= u_0^2 + v_0^2.$$

Diese Gleichung ist eine Kreisgleichung mit dem Radius $R = \sqrt{u_0^2 + v_0^2}$. Das heißt $(u(t), v(t))^T$ beschreibt in der Phasenebene einen Kreis mit dem Radius $\sqrt{u_0^2 + v_0^2}$, der durch den Anfangswert $(u_0, v_0)^T$ läuft.

In solch einer Situation nennen wir den Gleichgewichtspunkt **neutrales Zentrum**, da sich Lösungen weder von ihm wegbewegen noch auf ihn zu (Abb. 6.21a). □

Beispiel 6.38

Für Systemmatrizen der Form

$$A = \begin{pmatrix} a & b \\ -b & a \end{pmatrix} \tag{6.61}$$

mit komplexen Eigenwerten $a \pm ib$, bei denen a nicht null ist, sind die Nullklinen durch die Geraden

$$g_1 = \left\{ r \cdot \begin{pmatrix} b \\ -a \end{pmatrix} \,\middle|\, r \in \mathbb{R} \right\} \quad \text{und} \quad g_2 = \left\{ r \cdot \begin{pmatrix} a \\ b \end{pmatrix} \,\middle|\, r \in \mathbb{R} \right\}$$

gegeben. Diese Geraden schneiden sich im Nullpunkt und stehen senkrecht aufeinander. Wir wollen uns weitere Rechnerei ersparen und lassen nur den Computer arbeiten. In Abb. 6.21b und c kann man gut erkennen, dass für $a > 0$ Spiralen entstehen, die sich vom Gleichgewichtspunkt wegbewegen, wohingegen sich die Spiralen für $a < 0$ auf den Gleichgewichtspunkt hinbewegen. Daher spricht man für $a > 0$ von einer **instabilen Spirale** bzw. für $a < 0$ von einer **stabilen Spirale**. □

Hat die Systemmatrix A komplexe Eigenwerte, aber nicht die Form von Gl. 6.61, dann erhalten wir ähnliche Bilder wie in Abb. 6.21, allerdings stehen die Nullklinen nicht mehr senkrecht aufeinander. Die Phasendiagramme sind also etwas verdreht und gestaucht oder gestreckt, aber prinzipiell wird ihr Aussehen durch die Eigenwerte der Matrix bestimmt.

Beispiel 6.39

Wir betrachten das lineare Differenzialgleichungssystem, gegeben durch die Matrix

$$A = \begin{pmatrix} -1 & 2 \\ -2 & -3 \end{pmatrix}.$$

Die Eigenwerte der Matrix sind Lösungen der quadratischen Gleichung

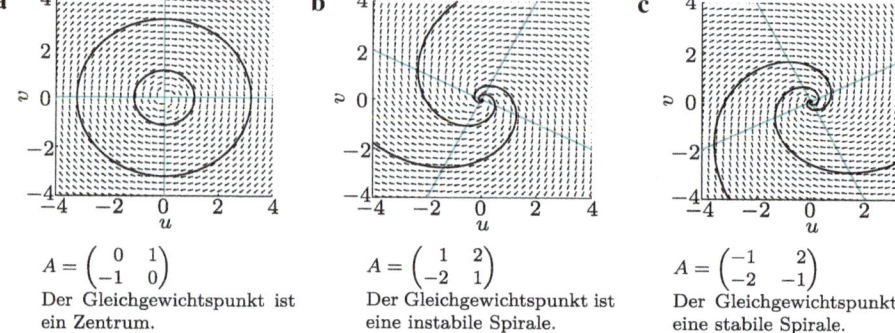

$A = \begin{pmatrix} 0 & 1 \\ -1 & 0 \end{pmatrix}$

Der Gleichgewichtspunkt ist ein Zentrum.

$A = \begin{pmatrix} 1 & 2 \\ -2 & 1 \end{pmatrix}$

Der Gleichgewichtspunkt ist eine instabile Spirale.

$A = \begin{pmatrix} -1 & 2 \\ -2 & -1 \end{pmatrix}$

Der Gleichgewichtspunkt ist eine stabile Spirale.

Abb. 6.21 Phasendiagramme für lineare Differenzialgleichungssysteme, deren Systemmatrix komplexe Eigenwerte hat, sowie die Nullklinen (*blau*) und Lösungen $(u(t), v(t))^T$ (*schwarz*) für verschiedene Anfangswerte. Weitere Erklärung s. Text

Abb. 6.22 Phasendiagramm aus Beispiel 6.39. Auf der Nullkline g_1 sind alle Pfeile senkrecht, wohingegen auf g_2 alle Pfeile waagerecht sind. Insgesamt ergibt sich eine mit dem Uhrzeigersinn drehende Spirale, die sich auf den Gleichgewichtspunkt zubewegt

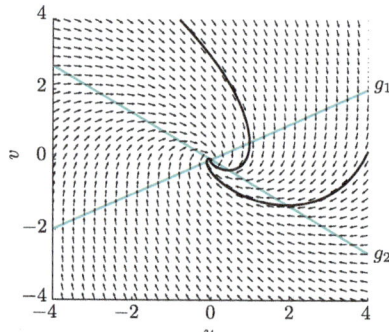

$$\det \begin{pmatrix} \lambda + 1 & -2 \\ 2 & \lambda + 3 \end{pmatrix} = (\lambda + 1)(\lambda + 3) + 4 = \lambda^2 + 4\lambda + 7 = 0.$$

Sie berechnen sich zu $\lambda_{1/2} = -2 \pm \sqrt{4 - 7} = -2 \pm \sqrt{-3} = -2 \pm i\sqrt{3}$. Wir erwarten also eine stabile Spirale. Die Nullklinen sind durch

$$g_1 = \left\{ r \begin{pmatrix} 2 \\ 1 \end{pmatrix} \,\middle|\, r \in \mathbb{R} \right\} \quad \text{und} \quad g_2 = \left\{ r \begin{pmatrix} -3 \\ 2 \end{pmatrix} \,\middle|\, r \in \mathbb{R} \right\}$$

gegeben. In Abb. 6.22 ist das Phasendiagramm zu sehen. □

Phasendiagramme für nichtlineare Systeme

Für nichtlineare Systeme ist es im Gegensatz zu linearen oft nicht möglich, die Lösung $(u(t), v(t))^T$ zu berechnen, weshalb genau hier die Phasendiagramme besonders nützlich

6.5 Systeme gewöhnlicher Differenzialgleichungen

sein können. Sie werden nach dem zu Beginn von Abschn. 6.5.4 (s. S. 262) beschriebenen Vorgehen erstellt.

Besonders wichtig sind die Gleichgewichtspunkte, da die Phasenebene in der Nähe von diesen aussieht wie die für das lineare System, das die gleichen Eigenwerte wie die Jacobi-Matrix des Systems am Gleichgewichtspunkt hat. Ein nichtlineares System kann mehrere Nullklinen für dieselbe Richtung haben. Außerdem können die Nullklinen verschiedene Formen haben und sind nicht zwangsläufig Geraden.

Aufgrund des Aussehens im Phasendiagramm haben wir den Gleichgewichtspunkten von linearen Systemem von DGL spezielle Bezeichnungen gegeben, die von den Eigenwerten abhängen. Da nichtlineare Systeme in der Nähe von Gleichgewichtspunkten gut durch lineare beschrieben werden, verwenden wir hier dieselben Bezeichnungen.

Charakterisierung von Gleichgewichtspunkten
Wir betrachten ein Differenzialgleichungssystem

$$\begin{pmatrix} \frac{\mathrm{d}}{\mathrm{d}t} u \\ \frac{\mathrm{d}}{\mathrm{d}t} v \end{pmatrix} = \begin{pmatrix} f(u,v) \\ g(u,v) \end{pmatrix}$$

mit dem Gleichgewichtspunkt $(\bar{u}, \bar{v})^T$.

Hat die Jacobi-Matrix $J(\bar{u}, \bar{v})$ zwei reelle Eigenwerte λ_1 und λ_2, dann heißt der Gleichgewichtspunkt:

- **stabiler Knoten**, wenn λ_1 und λ_2 positiv sind,
- **instabiler Knoten**, wenn λ_1 und λ_2 negativ sind, und
- **Sattelpunkt**, wenn λ_1 und λ_2 unterschiedliche Vorzeichen haben.

Hat die Jacobi-Matrix $J(\bar{u}, \bar{v})$ zwei komplexe Eigenwerte $a + ib$ und $a - ib$, dann heißt der Gleichgewichtspunkt:

- **stabile Spirale**, wenn a negativ ist,
- **instabile Spirale**, wenn a positiv ist, und
- **neutrales Zentrum**, wenn $a = 0$ ist.

Beispiel 6.40
Wir wollen das Phasendiagramm der Lotka-Volterra-Gleichungen

$$\begin{pmatrix} \frac{\mathrm{d}}{\mathrm{d}t} u \\ \frac{\mathrm{d}}{\mathrm{d}t} v \end{pmatrix} = \begin{pmatrix} u(1-v) \\ v(u-1) \end{pmatrix}$$

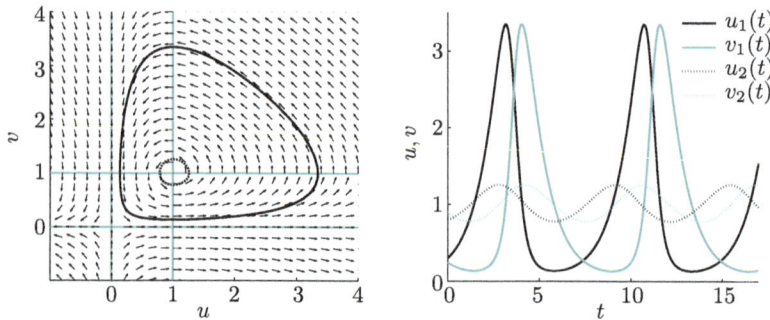

Abb. 6.23 Phasendiagramm (*links*) und Lösungen (*rechts*) der Lotka-Volterra-Gleichungen. Gleichgewichtspunkte sind Schnittpunkte von zwei Nullklinen (*blau*), von denen auf einer senkrechte Pfeile und auf der anderen waagerechte Pfeile liegen. Lösungen für positive Anfangswerte oszillieren. Die Lösung $(u_1(t), v_1(t))^T$ entspricht im Phasendiagramm dem größeren „Kreis" (oder besser: dem Ei), die Lösung $(u_2(t), v_2(t))^T$ dagegen dem kleineren Kreis (*gepunktet*)

erstellen (Abb. 6.23). Wir kennen bereits aus Beispiel 6.29 die Gleichgewichtspunkte $(\bar{u}_1, \bar{v}_1)^T = (0,0)^T$ und $(\bar{u}_2, \bar{v}_2)^T = (1,1)^T$. Die Jacobi-Matrix an $(0,0)^T$ hat einen positiven und einen negativen Eigenwert, daher ist dieser Gleichgewichtspunkt ein Sattelpunkt und wir erwarten, dass die Phasenebene in seiner Nähe ähnlich wie in Abb. 6.19d ist. Der zweite Gleichgewichtspunkt $(\bar{u}_2, \bar{v}_2)^T = (1,1)^T$ hat die komplexen Eigenwerte i und $-i$ und wir erwarten in seiner Nähe Kreise wie in Abb. 6.21a.

Als nächstes berechnen wir die Nullklinen. Aus der ersten Gleichung $\frac{d}{dt}u = u(1-v)$ folgt, dass $\frac{d}{dt}u = 0$ ist, wenn $u = 0$ oder $v = 1$ ist. Es gibt also zwei Nullklinen mit senkrechten Pfeilen. Wir wollen jetzt schauen, wie $\frac{d}{dt}v$ auf diesen Geraden aussieht. Es gilt:

$$\frac{d}{dt}v = v(u-1) = -v \quad \text{auf der Gerade } u = 0$$

und

$$\frac{d}{dt}v = v(u-1) = u-1 \quad \text{auf der Gerade } v = 1.$$

Aus der zweiten Gleichung $\frac{d}{dt}v = v(u-1)$ erhalten wir die Nullklinen $v = 0$ und $u = 1$. Somit gibt es zwei Nullklinen mit waagerechten Pfeilen. Auf diesen Geraden sieht $\frac{d}{dt}u$ wie folgt aus:

$$\frac{d}{dt}u = u(1-v) = u \quad \text{auf der Gerade } v = 0$$

und

$$\frac{d}{dt}u = u(1-v) = u-1 \quad \text{auf der Gerade } u = 1.$$

6.6 Aufgaben

Diese Informationen tragen wir jetzt in die Phasenebene Gl. 6.23 (s. S. 215) ein. Dort sind außerdem die Lösungen für zwei verschiedene Anfangswerte zu sehen. Für Anfangswerte nahe an $(1,1)^T$ entstehen in der Phasenebene Kreise und die Lösungen sehen dem normalen Sinus oder Cosinus recht ähnlich. Je weiter der Anfangswert vom Gleichgewichtspunkt entfernt ist, umso mehr ähneln die Lösungen in der Phasenebene abgerundeten Dreiecken. □

Das MATLAB-Skript LotkaVolterraPD.m zur Erstellung eines Phasendiagramms für die Lotka-Volterra-Gleichungen findet ihr online unter http://www.springer.com/978-3-642-37785-3.

6.6 Aufgaben

A1 Wir betrachten die logistische Differenzialgleichung (s. Beispiel 6.4, S. 198)

$$\frac{d}{dt}u = ku(K - u)$$

für positive Parameter k, K. Berechnet die Gleichgewichtspunkte dieser Gleichung und analysiert deren Stabilität. Erstellt das Phasendiagramm für selbstgewählte Parameter k und K.

A2 Zeigt, dass die Gompertz-Funktion (s. Abschn. 1.2.3, S. 16)

$$N(t) = N_{stat} \exp\left(\ln\left(\frac{N_0}{N_{stat}}\right) \exp(-\alpha t)\right)$$

Lösung der Differenzialgleichung

$$\frac{d}{dt}N = \alpha \ln\left(\frac{N_{stat}}{N(t)}\right) N(t) \qquad (6.62)$$

zum Anfangswert $N(0) = N_0$ ist. Berechnet den Gleichgewichtspunkt der Gl. 6.62 und analysiert dessen Stabilität. Erstellt das Phasendiagramm für die Parameter $\alpha = 2$ und $N_{stat} = 3$.

A3 Rechnet nach, dass die Hill-Funktion

$$f_H(u) = \frac{V_m u^n}{K_m^n + u^n}$$

für $n \geq 2$ eine Sigmoidfunktion ist. Das heißt die Funktion ist monoton wachsend, hat einen positiven Wendepunkt und außerdem gilt $f(u) < V_m$ für alle $u > 0$.

Löst die Differenzialgleichung $\frac{d}{dt}u = f_H(u)$ mithilfe der Separation der Variablen. Schreibt die Lösung so einfach wie möglich (es ist nicht möglich, die Lösung in die Form $u(t) = \ldots$ zu bringen).

A4 Wir betrachten die Lotka-Volterra-Gleichungen (s. Beispiel 6.6, S. 202) für beliebige Paramer $a, b, c, d > 0$.

$$\begin{pmatrix} \frac{d}{dt}u_A \\ \frac{d}{dt}u_B \end{pmatrix} = \begin{pmatrix} u_A(a - bu_B) \\ -u_B(c - du_A) \end{pmatrix} = \begin{pmatrix} au_A - bu_A u_B \\ -cu_B + du_A u_B \end{pmatrix}$$

Berechnet die Gleichgewichtspunkte des Differenzialgleichungssystems und analysiert deren Stabilität. Erstellt das Phasendiagramm für die Parameterwerte $a = 4, b = 2, c = 5$ und $d = 1$.

A5 Ein Chemostat ist ein Gefäß zur Kultivierung von Mikroorganismen, wie z. B. Bakterien. In das Gefäß werden mit konstanter Rate a_2 Nährstoffe zugeführt. Die Bakterien ernähren sich davon, wodurch sie sich vermehren und gleichzeitig die Nährstoffe verbrauchen. Ein Teil des verbrauchten Nährmediums wird zusammen mit den darin befindlichen Bakterien wieder abgeführt. Die Zustandsvariablen des Systems sind

u_B – die Bakterienkonzentration,

u_N – die Nährstoffkonzentration.

Die zeitliche Veränderung der Bakterien- und Nährstoffkonzentration wird durch die Differenzialgleichungen

$$\frac{d}{dt}u_B = a_1 \left(\frac{u_N}{1 + u_N} \right) u_B - u_B$$

$$\frac{d}{dt}u_N = - \left(\frac{u_N}{1 + u_N} \right) u_B - u_N + a_2$$

beschrieben. Berechnet die Gleichgewichtspunkte des Systems und erstellt ein Phasendiagramm. Berechnet die Gleichgewichtspunkte des Systems und gebt Bedingungen an, sodass alle Gleichgewichtspunkte nicht negativ sind. Erstellt ein Phasendiagramm für selbst gewählte Parameter a_1 a_2.

Glossar

#	Das Doppelkreuz symbolisiert die Anzahl der jeweils dahinter angegebenen Objekte. #mRNA bedeutet Anzahl der mRNA-Moleküle
∪	Das Vereinigungssymbol ∪ bezeichnet die Vereinigung von zwei Mengen. Für eine Menge A und eine Menge B bezeichnet also $A \cup B$ diejenige Menge, deren Elemente entweder in A, in B oder sowohl in A als auch in B enthalten sind
∩	Das Symbol ∩ bezeichnet die Schnittmenge (Durchschnitt) von zwei Mengen. Für eine Menge A und eine Menge B ist also $A \cap B$ diejenige Menge, deren Elemente sowohl in A als auch in B enthalten sind
⊆	Ist eine Menge A eine Teilmenge einer anderen Menge B, sind also alle Elemente von A auch in B enthalten, so sagt man A ist eine Teilmenge von B. Dabei bezeichnet man B auch als Obermenge von A. Man schreibt hierfür kurz $A \subseteq B$
∅	Die leere Menge $\emptyset = \{\}$ ist diejenige Menge, die kein Element enthält. Sie ist leer
$\sum_{i=1}^{n} x_i$	Summe über alle x_i von i gleich 1 bis n. Die Messwerte x wurden mit einem Index i versehen von $x_1, x_2, \ldots, x_{n-1}, x_n$. Bei dem Summenzeichen „$\sum_{\text{Anfang}}^{\text{Ende}}$ Werte" werden die Werte von Anfang bis Ende addiert, sprich summiert

Anfangswertproblem eine Differenzialgleichung $\frac{d}{dt}u(t) = f(u(t))$ zusammen mit einer Anfangsbedingung $u(0) = u_0$, bzw. ein Differenzialgleichungssystem $\frac{d}{dt}u(t) = f(u(t), v(t)), \frac{d}{dt}v(t) = g(u(t), v(t))$ zusammen mit einer Anfangsbedingung $u(0) = u_0, v(0) = v_0$

Definitionsmenge Menge, für die eine Funktion definiert und eindeutig ist. Die Definitionsmenge ist also die Menge von Elementen, die man in eine Funktion einsetzen kann, sodass es genau einen Funktionswert dazu gibt

Differenzial Anstieg einer Funktion. Um den Anstieg einer Funktion an der Stelle x zu berechnen, konstruiert man eine Tangente, die die Funktion an der Stelle x berührt

Differenzialgleichung eine Gleichung der Form $\frac{d}{dt}u(t) = f(u(t))$, wobei $f(u)$ eine vorgegebene Funktion (die Rate) und $u(t)$ die gesuchte Funktion (die Lösung) ist

Differenzialgleichungssystem eine Gleichung der Form $\frac{d}{dt}u(t) = f(u(t), v(t))$, $\frac{d}{dt}v(t) = g(u(t), v(t))$, wobei f und g vorgegebene Funktionen in zwei Variablen sind (die Rate) und $(u(t), v(t))^T$ die gesuchte Funktion (die Lösung) ist

Ereignis Teilmenge des Ergebnisraums und damit eine Menge von Ergebnissen. Jeder solchen Teilmenge eines Zufallsexperiments kann eine Wahrscheinlichkeit zugeordnet werden. Insbesondere ist jedes Ergebnis selbst ein Ereignis. Ein Ereignis tritt ein, wenn das Ergebnis des Zuallsexperiments ein Element des Ereignisses ist

Ergebnis Ausgang eines Zufallsexperiments. Die Gesamtmenge aller möglichen Ergebnisse bildet den Ergebnisraum

Folge eine Menge von unendlich vielen fortlaufend nummerierten Zahlen

Funktion Abbildung zwischen zwei Mengen. Sie ordnet einem Element x des Definitionsbereichs ein Element $f(x)$ des Wertebereichs zu

Gleichgewichtspunkt eine Lösung der Differenzialgleichung $\frac{d}{dt}u(t) = f(u(t))$, die konstant $u(t) = \bar{u}$ für alle t ist. Ein Gleichgewichtspunkt berechnet sich durch $f(\bar{u}) = 0$. Bzw. eine Lösung des Differenzialgleichungssystems $\frac{d}{dt}u(t) = f(u(t), v(t))$, $\frac{d}{dt}v(t) = g(u(t), v(t))$, die konstant $u(t) = \bar{u}$, $v(t) = \bar{v}$ für alle t ist. Ein Gleichgewichtspunkt ist eine Lösung des Gleichungssystems $f(\bar{u}, \bar{v}) = 0$, $g(\bar{u}, \bar{v}) = 0$

Grundgesamtheit Menge aller Elemente, Objekte oder Individuen. Die Grundgesamtheit Ω umfasst alle möglichen Entitäten, die erfassbar wären. Meistens werden aus dieser Population nur einzelne Stichproben gemessen

infinitesimal „unendlich" klein. Der Flächeninhalt unter einer Kurve wird durch immer schmaler werdende (infinitesimal schmale) Rechtecke bestimmt

Integral Fläche zwischen dem Graphen der Funktion und der x-Achse in einem festen Intervall. Das Integral wird über die Stammfunktion F der Funktion f berechnet

Intervall Abgegrenzte und zusammenhängende Menge von reellen Zahlen, z. B. die Zahlen zwischen null und eins. Sind die Grenzen ein Teil des Intervalls, nennt man das Intervall geschlossen $[0,1]$. Ist dies nicht der Fall, ist es offen $(0,1)$ oder zumindest teilweise offen $[0,1)$ bzw. $(0,1]$

Kombinatorik Teilgebiet der Mathematik, das sich mit abzählbaren Strukturen beschäftigt

Komplexe Zahl Zahl der Form $z = a + ib$, wobei i die imaginäre Einheit ist, für die $i^2 = -1$ gilt. a heißt Realteil von z und b Imaginärteil, beides sind reelle Zahlen

Konvergenz Grenzwertverhalten. eine Folge oder Reihe konvergiert, wenn sich ihre Glieder einem Grenzwert beliebig nähern

lineare Differenzialgleichung Differenzialgleichung, bei der die Rate eine lineare Funktion $f(u(t)) = au(t)$ ist. a ist eine reelle Zahl

lineares Differenzialgleichungssystem Differenzialgleichungssystem mit der Rate $f(u(t), v(t)) = au(t) + bv(t), g(u(t), v(t)) = cu(t) + dv(t)$ für reelle Zahlen a, b, c, d. Die Rate kann mithilfe der Systemmatrix $A = \begin{pmatrix} a & b \\ c & d \end{pmatrix}$ ausgedrückt werden

logistische Differenzialgleichung die Differenzialgleichung $\frac{d}{dt} ku(t) = u(t)(K - u(t))$

Massenwirkungsgesetz Regel zur Berechnung der Rate einer chemischen Reaktion. Es besagt, dass die Rate proportional zur Konzentration der Reaktanten hoch ihrer Molarität ist

MATLAB Software zur Lösung mathematischer Probleme und zur grafischen Darstellung der Ergebnisse. MATLAB ist für die numerische Lösung von Differenzialgleichungen gut geeignet

N Anzahl der Elemente, Objekte oder Individuen. N gibt an, aus wie vielen einzelnen Elementen, Objekten oder Individuen die Grundgesamtheit besteht. Die Population an Zellen ist meist nicht in Gänze zu messen

n Anzahl der Stichprobenmessungen. n gibt an, aus wie vielen einzelnen, unabhängigen Stichprobenmessungen unser Experiment besteht. Dabei kann n die Anzahl biologischer oder technischer Replikate bedeuten

Oszillation wiederholte, schwingende (lat. *oscillare*, schaukeln) Veränderung der Zustände eines Systems

π Kreiszahl. Verhältnis zwischen Umfang und Durchmesser eines Kreises. π ist eine reelle Zahl und beträgt etwa 3,14

Plot Darstellungsform von Ergebnissen. Ein Plot ist ein Schaubild für Daten. Es kann sich um den Graphen einer Funktionsgleichung, ein Balkendiagramm oder ähnliches handeln. Das Erstellen eines Plots in diesem Zusammenhang bezeichnen wir als Plotten

R Programmiersprache speziell für Statistik. R ist plattformunabhängig und frei verfügbar unter http://www.r-project.org/

Rate (Reaktionsrate, Änderungsrate) Funktion, die die Änderung einer Konzentration in Abhängigkeit von deren momentanen Konzentration (sowie der Konzentration weiterer beteiligter Moleküle) beschreibt. Sie ist die Differenz aus Produktions- und Abbaurate

reelle Zahlen Menge an rationalen und irrationalen Zahlen. Die reellen Zahlen enthalten sowohl Zahlen mit endlich vielen Nachkommastellen, wie 23 oder $-\frac{37}{125}$ als auch solche mit unendlich vielen Nachkommastellen wie π und $\sqrt{2}$

Reihe Folge von Partialsummen. Bei der Reihe werden die Glieder einer Folge in ihrer Reihenfolge aufsummiert. Die Folge dieser Teilsummen (Partialsummen) bezeichnet man als Reihe

Stabilität Eigenschaft eines Gleichgewichtspunkts. Beschreibt, wie sich Lösungen der Differenzialgleichung zu Anfangswerten, die in der Nähe des Gleichgewichtspunkts liegen, verhalten. Der Gleichgewichtspunkt heißt stabil, wenn diese Lösungen in der Nähe des Gleichgewichtspunkts bleiben, anziehend stabil, wenn sie sich ihm nähern und instabil, wenn er nicht stabil ist

Stammfunktion Funktion, die zur Berechnung des Flächeninhalts einer anderen Funktion $f(x)$ benutzt wird. Leitet man die Stammfunktion $F(x)$ ab, so erhält man die Funktion $f(x)$

Stetigkeit Konzept der Analysis, bei dem eine kleine Änderung des Definitionswertes auch eine kleine Änderung des Funktionswertes nach sich zieht. eine Funktion ist grob gesagt stetig, wenn man ihren Graphen mit einem Stift ohne abzusetzen nachzeichnen kann

Systemmatrix Matrix, die benutzt wird, um die Rate eines linearen Differenzialgleichungssystems auszudrücken

Tangente Gerade, die in einem bestimmten Bereich die Funktion genau einmal berührt. Die Tangente wird zum Errechnen des Differenzials einer Funktion $f(x)$ herangezogen, da sie in dem Berührungspunkt mit der Funktion denselben Anstieg wie diese hat

Wertebereich Zielmenge einer Funktion. Der Wertebereich bezeichnet die Menge an Elementen, die durch eine Funktion aus dem Definitionsbereich dargestellt werden

Zufallsvariable Funktion, die Ergebnissen eines Zufallsexperiments Werte zuordnet. Trotz des Namens ist sie keine Variable, sondern ist eine Funktion. Die Funktionswerte einer Zufallsvariablen bezeichnet man auch als Realisierungen. Sind die Realisierungen reelle Zahlen, so spricht man auch genauer von einer reellen Zufallsvariable

Anhang für Häschenfreunde

Literaturverzeichnis

1. Aulbach B (2004) Gewöhnliche Differenzialgleichungen, 2. Aufl. Elsevier, Spektrum Akadem. Verl., Heidelberg.
2. Bachmann J, Raue A, Schilling M, Böhm ME, Clemens K, Kaschek D, Busch H, Gretz N, Lehmann WD, Timmer J, Klingmüller U (2011) Division of labor by dual feedback regulators controls jak2/stat5 signaling over broad ligand range. Mol Syst Biol 7:516
3. Becker V, Schilling M, Bachmann J, Ute Baumann, Raue A, Maiwald T, Timmer J, Klingmüller U (2010) Covering a broad dynamic range: information processing at the erythropoietin receptor. Science 328(5984):1404–1408
4. Bornholdt S (2005) Less is more in modeling large genetic networks. Science 310:449–450
5. Britton NF (2003) Essential mathematical biology. Springer undergraduate mathematics series, Springer, Heidelberg
6. Chicone C (2000) Ordinary differential equations with applications. Springer, New York
7. Mattozzi MD, Ziesack M, Voges M, J, Silver PA, Way JC (2013) Expression of the sub-pathways of the Chloroflexus aurantiacus 3-hydroxypropionate carbon fixation bicycle in E. coli: toward horizontal transfer of autotrophic growth. Metab Eng 16(0):130–139.
8. Fischer G, Quiring F (2012) Lernbuch Lineare Algebra und Analytische Geometrie, 2. Aufl. Studium, Springer Spektrum, Wiesbaden
9. Kal AJ, van Zonneveld AJ, Benes V, van den Berg M, Koerkamp MG, Albermann K, Strack N, Ruijter JM, Richter A, Dujon B, Ansorge W, Tabak HF (1999) Dynamics of gene expression revealed by comparison of serial analysis of gene expression transcript profiles from yeast grown on two different carbon sources. Mol Biol Cell 10(6):1859–1872
10. Lanzante JR (2005) A cautionary note on the use of error bars. J Clim 18(17):3699–3703
11. Marshall WF (2008) Modeling recursive RNA interference. PLoS Comput Biol 4(9):e1000183
12. Motulsky H (2010) Intuitive biostatistics. Oxford University Press, New York
13. Nelson DE, Ihekwaba AEC, Elliott M, Johnson JR, Gibney CA, Foreman BE, Nelson G, See V, Horton CA, Spiller DG, Edwards SW, McDowell HP, Unitt JF, Sullivan E, Grimley R, Benson N, Broomhead D, Kell DB, White MRH (2004) Oscillations in nf-κb signaling control the dynamics of gene expression. Science 306(5696):704–708
14. Raj A, van Oudenaarden A (2009) Single-molecule approaches to stochastic gene expression. Annu Rev Biophys 38:255–270

15. Rana AQ, Vaid HM, Edun A, Dogu O, Rana MA (2012), Relationship of dementia and visual hallucinations in tremor and non-tremor dominant Parkinson's disease. J Neurol Sci 323(1–2):158–161.
16. Schneider A, Klingmüller U, Schilling M (2012) Short-term information processing, long-term responses: insights by mathematical modeling of signal transduction. BioEssays 34(7):542–550
17. Shahrezaei V, Swain PS (2008) Analytical distributions for stochastic gene expression. Proc Nat Acad Sci USA 105(45):17256–17261
18. Strang G (2003) Lineare Algebra. Springer-Lehrbuch, Springer, Berlin
19. Swameye I, Müller TG, Timmer J, Sandra O, Klingmüller U (2003) Identification of nucleocytoplasmic cycling as a remote sensor in cellular signaling by databased modeling. PNAS 100:1028–1033
20. Beißbarth T, Fellenberg K, Brors B, Arribas-Prat R, Bör JM, Hauser NC, Scheideler M, Hoheisel JD, Schütz G, Poustka A, Vingron M (2000) Processing and quality control of dna array hybridization data. Bioinformatics 16:1014–1022
21. Tomlin CJ, Axelrod JD (2007) Biology by numbers: mathematical modelling in developmental biology. Nat Rev 8:331–340
22. Tyson JJ, Chen KC, Novak B (2003) Sniffers, buzzers, toggles and blinkers: dynamics of regulatory and signaling pathways in the cell. Curr Opin Cell Biol 15(2):221–231
23. Vera J, Bachmann J, Pfeifer A, Becker V, Hormiga J, Torres Diares N, Timmer J, Klingmüller U, Wolkenhauer O (2008) A systems biology approach to analyse amplification in the jak2-stat5 signaling pathway. BMC Syst Biol 2:38
24. Vera J, Rateitschak K, Lange F, Kossow C, Wolkenhauer O, Jaster R (2011) Systems biology of jak-stat signaling in human malignancies. Prog Biophys Mol Biol 106:426–434
25. Voet D, Voet JG, Pratt CW (2010) Lehrbuch der Biochemie, 2. Aufl. Wiley-VCH

Sachverzeichnis

A
Abbaurate, 183, 194, 199, 202, 222
Ableitung, 32, 46
　erste, 33, 35
　partielle, 185, 254
　spezielle, 34
　zweite, 33
Ableitungsregel, 34, 35
　Kettenregel, 3, 37
　konstanter Faktor, 35
　Produktregel, 3, 36–38
　Quotientenregel, 3, 38
　Summenregel, 35
Additionstheorem, 16
Alternativhypothese, 105, 118, 121, 124
Amplitude, 17
Änderungsrate, 194
Anfangswertproblem, 183, 196, 214, 231, 243
arithmetisches Mittel, 55
Assoziativität, 144, 150, 163
Ausgleichsrechnung, 175
AWP, 195

B
Basis, 9, 165
Bayes, Satz von, 73, 86
Beschränktheit, 25
Betrag, 27
bijektiv, 6, 10
Binomialkoeffizient, 93, 94
Binomialverteilung, 92–95, 100, 128

C
Cauchy-Folge, 3, 25, 27
Cauchy-Kriterium, Konvergenzkriterium, 3, 25
Cellulose, 20
charakteristisches Polynom, 135, 168
CI, 118
Cosinus, 3, 14, 16, 17, 242

D
Definitionsmenge, 4–6, 48
Determinante, 135, 159
deterministisch, 183, 192
DGL, 191
Diagonalgestalt, 174
Diagonalisierbarkeit, 173, 236
Diagonalmatrix, 171, 174, 233, 235
Differenzial, 29
　-quotient, 31, 33
　-rechnung, 28, 35, 45
Differenzialgleichung, 183, 190–192, 195, 212
　Lösung, 183, 191, 221, 239, 242
　lineare, 183, 196, 216, 223, 224
　logistische, 183, 197, 199, 216, 227
　nichtlineare, 227
Differenzialgleichungssystem, 184, 197, 210, 231
　entkoppeltes, 233
　lineares, 184, 232, 234, 236, 243
　nichtlineares, 251, 271

E
Eigenraum, 135, 167
Eigenvektor, 167, 240, 264
Eigenwert, 135, 240, 248
Einheitskreis, 15
Einheitsmatrix, 156
Enzymkinetik, 200
Epo, 43, 44
Ereignis, 72, 73, 75–78
Ereignisraum, 72, 76, 77
Ergebnis, 72, 75–78
Erwartungswert, 91, 95, 96, 99, 109–111, 119
Erythropoetin, 43, 44, 209
Eulersche Zahl, 5, 9
Excel, 106, 118, 126, 131
Exponent, 8, 9
Exponentialfunktion, 2, 9–10, 98, 216
exponentiell, 12, 19, 22
Extremstelle, 33, 34

F
Fakultät, 74
Falsch–negativ–Rate, 123, 124
Falsch–positiv–Rate, 123, 124
Fehler
    1. Art, 105
    2. Art, 123
    Standardfehler, 105, 119, 120, 126
Fehlerquadrate, minimale, 175
Folge, 3, 24–26
    Cauchy-, 3, 26, 27
    Null-, 25
    unendliche, 25
Folgenglied, 3, 24, 25, 28
Freiheitsgrad, 99, 100, 125, 127, 130
Funktion, 1, 47, 72, 73, 77, 78
    in zwei Variablen, 231
    lineare, 6, 8, 13, 29
    periodische, 14
    quadratische, 9, 13
    Wurzel-, 11

G
Gaußsche Glockenkurve, 96, 97
Gaußverfahren, 152
Gleichgewichtspunkt, 183, 222
    anziehend stabil, 184, 185, 223, 225, 255
    instabil, 184, 185, 223, 225, 227, 248, 255
    instabile Spirale, 185, 269, 271
    instabiler Knoten, 185, 265, 271
    neutrales Zentrum, 185, 269, 271
    Sattelpunkt, 185, 266, 271
    stabil, 185, 223, 225, 227, 248
    stabile Spirale, 185, 269, 271
    stabiler Knoten, 185, 265, 271
Gompertz-Kurve, 18, 19, 21, 23, 35, 38, 39
Grenzwert, 25, 27, 31, 41
Grundgesamtheit, 98, 99, 103, 104, 109, 113, 114, 119, 121, 127, 130

H
Hill-Funktion, 183, 206, 207
Histogramm, 53, 100, 107, 108
Homogen, 183, 192
Hypothese, 87, 104, 117, 118, 121, 130
    Alternativ-, 105, 118, 121, 124
    Null-, 105, 118, 119, 121, 123, 124, 126–128, 130
Hypothesentest, 113

I
Imaginärteil, 241
Index, 25, 28
Injektiv, 6, 10
instabiler Knoten, 185, 265, 271
instabiler Spirale, 185, 269, 271
Integral, 2–8, 39–42, 45, 47
Integralrechnung, 2, 39, 42, 48
Integrationsregel, 45, 47
    konstanter Faktor, 46
    partielle Integration, 47
    Substitutionsregel, 46
    Summenregel, 4, 46
Interquartilsabstand, 59
Intervall, 40, 48
Invertierbarkeit, 161

J
Jacobi-Matrix, 185, 254, 256, 260

K
Kettenregel, Ableitung, 3, 37
Koeffizient, 8

Sachverzeichnis

Koeffizientenmatrix, 150
  erweiterte, 150
Kombinatorik, 72, 73, 76
Kommutativität, 144, 163
Komplementärereignis, 89
komplexe Zahlen, 241
Konfidenzintervall, 104, 113, 130, 131
Konstante, 28, 35–37, 42, 183, 189
Kontingenztabelle, 129
kontinuierlich, 183, 192
Konvergenz, 24, 25, 27, 41
  absolute, 27
Konvergenzkriterium
  Cauchy-, 3, 25, 26
  Leibniz-, 27
  Majoranten-, 27
  Monotonie-, 3, 25
  Quotienten-, 28
  Sandwich-, 26
  Wurzel-, 28
Korrelation, 63

L

Laplace-Entwicklung, 162
Leibniz-Kriterium, Konvergenzkriterium, 27
LGS, 136
  homogenes, 135
  Lösbarkeit, 138
Ligand, 42–44
lineare Abbildung, 163, 166
lineare Regression, 67, 177
lineare Unabhängigkeit, 164, 165
Lineares Gleichungssystem, 135, 136, 138
  homogenes, 135
  Lösbarkeit, 138
Linearisierung, 227
Linearität, 80
  des Erwartungswertes, 73, 80
Linearkombination, 164, 239
Logarithmus, 2, 7, 11
Lösung einer DGL, 183, 191, 231, 240, 243
Lösungsvektor, 151
Lotka-Volterra-Gleichungen, 200, 251, 252, 255, 271

M

Majorante, 26
  Konvergenzkriterium, 27

makroskopisch, 183, 192
Massenwirkungsgesetz, 183, 198, 201, 209
MATLAB, 206, 222, 224, 233, 261, 264, 273
Matrix, 144
  -multiplikation, 135, 148
  -potenz, 171
  -transposition, 145
  Diagonal-, 171, 174, 233, 236
  Einheits-, 156
  inverse, 135, 156
  Übergangs-, 179
Maximum, 2, 28, 33, 34
Median, 56, 96
Michaelis-Menten
  -Gleichung, 183, 201, 205
  -Konstante, 205
minimale Fehlerquadrate, 175
Minimum, 2, 17, 28, 33, 34
Minorante, 26
Mittelwert, 91, 96–100, 108–112, 117–120, 124, 127, 128
Modell, 94, 183, 186
  in silico, 183, 187
  in vitro, 183
  in vivo, 183, 186
  mathematisches, 183, 187
Modifikation, 13, 14
Modus, 57, 96
monoton, 3, 25, 27
Monotonie, Konvergenzkriterium, 3, 25

N

Nenner, 16, 31
neutrales Zentrum, 185, 269, 271
Normalisierung, 79
Normalverteilung, 94, 96, 97, 108, 118, 121, 122, 126–128
Nullfolge, 25, 27
Nullhypothese, 105, 118, 119, 121, 123, 124, 126–128
Nullkline, 263
Nullstelle, 16
Nullvektor, 143
Nullzeile, 156

O

Oszillation, 16, 17

P
p-Wert, 104, 105, 113, 116, 122, 126
Parameter, 183, 189
Parametervektor, 176
Partialbruchzerlegung, 217
Partialsumme, 3, 26, 27
partielle Integration, 47
Passante, 29
Periode, 16, 17
Periodizität, 2
Phasendiagramm, 184, 185, 229, 262
Pivotelement, 152
Poisson-Verteilung, 94
Polynom, 2, 8, 14
    charakteristisches, 135, 168
Probability density function (pdf), 79
Produktformel, 85
Produktionsrate, 183, 194, 199, 202, 222
Produktregel, Ableitung, 3, 36, 38

Q
Quantifizierung, 106
Quantil, 57, 98, 125, 127, 128, 130
Quasi-Steady-state-Hypothese, 203
Quotient, Konvergenzkriterium, 3
Quotientenregel, Ableitung, 3, 38

R
R, 122, 125, 126, 128, 130, 131
Rate, 183, 191, 195, 201, 209
Realisierungswahrscheinlichkeit, 79
Realteil, 241
Regel von Sarrus, 160
Reihe, 3, 24, 26–28, 235
    alternierende, 27
Rekursionsgleichung, 139
Reportergen, 104
Richtungsfeld, 183, 220

S
Sandwich-Kriterium, 26
Sarrus, Regel von, 135, 160
Sattelpunkt (DGL), 34
    Gleichgewicht, 185, 266, 271
Satz von Bayes, 86
Schätzung, 109, 120

Schranke, 25, 27
Schwingung, 17
    gedämpfte, 17
    harmonische, 17
Sekante, 29–31
Separation der Variablen, 183, 215, 217
Sigmoidfunktion, 17, 19, 219
Signalweg, 208
    JAK–STAT, 43, 44, 209, 251, 256
Signifikanz, 104, 113, 117, 121–123, 126–128, 131
Signifikanzniveau, 113, 118, 123, 125, 127, 130
    α, 105
Sinus, 3, 14, 16, 17, 242
Skala, 90, 96, 106, 122
    qualitativ, 122, 129
    quantitativ, 122, 124
Spannweite, 59
Spiegelung, 10, 13, 14
Stabile Spirale, 185, 270, 271
Stabiler Knoten, 185, 265, 271
Stammfunktion, 4, 42, 45–47
Standardabweichung, 82, 96–98, 108, 109, 119, 127, 128
Standardfehler, 105, 119, 120, 126
Standardnormalverteilung, 92, 97–99
stationär, 13, 17–19, 22
Statistischer Test (Hypothesentest), 96, 100, 115, 118, 131
    Z-Test, 105, 122, 130
    χ^2-Test, 105, 122, 130, 129–131
    t-Test, 105, 122, 126, 130, 131
Stauchung, 9, 10, 13, 14
Stetigkeit, 4, 6, 8, 42, 107
Stichprobe, 74, 98, 99, 103, 105, 109–111, 113, 116, 119–122, 124, 126, 127, 130
stochastische Unabhängigkeit, 73, 83, 85
Streckung, 9, 10, 13, 14
Streuung, 96, 97, 99, 110, 112, 118, 122, 131
Student's t-Test, 124
Substitutionsregel, 46
Summenregel, Ableitung, 35
surjektiv, 6, 10
Systemmatrix, 233

T
Tangens, 16, 39
Tangente, 3, 29–32, 226

Sachverzeichnis

Teststatistik, 105, 119, 122, 125, 126, 128, 129
Transposition
    Matrix-, 145
    Vektor-, 141
t-Test, 105, 122, 124, 126, 130, 131
t-Verteilung, 99, 119, 125, 126

U

Umkehrfunktion, 6, 10, 11
Unendliche Folge, 25
Untervektorraum, 164

V

Varianz, 60, 73, 82, 105, 109–111
Vektor, 141, 232
    -transposition, 141
    Lösungs-, 150
    Null-, 143
    Parameter-, 176
Vektorraum, 163
    Unter-, 164
Verschiebung, 9, 13, 14, 22
Verteilung, 100, 119, 126
    Binomial-, 92–95, 100, 128
    χ^2-, 100, 130
    Normal-, 94, 96, 97, 100, 108, 118, 121, 122, 126–128
    Poisson-, 94
    Standardnormal-, 92, 97–99
    t-, 99, 119, 125, 126
Verteilungsfunktion, 91, 92, 107

W

Wahrscheinlichkeit, 73, 92–95, 108, 118, 119, 121
    bedingte, 73, 84
    Realisierungs-, 79
    totale, 90
Wahrscheinlichkeitsdichte, 79, 90–92, 95, 98, 108, 119
Wahrscheinlichkeitsverteilung, 95, 99, 119
Wendepunkt, 28, 33, 34
Wertebereich, 4–6, 10, 11, 48
Wurzel-Kriterium, Konvergenzkriterium, 28

Z

Zahl
    Eulersche, 5, 9
    ganze, 5
    irrationale, 5
    komplexe, 243
    natürliche, 5
    rationale, 5
    reelle, 5
Zeilen-Stufen-Form, 152
Zeilenumformung, 152
Z-Test, 105, 122, 127, 130
Zufall, 71, 104
Zufallsvariable, 77, 90–92, 97, 104–112
Zustandsvariable, 183, 189, 209
Zyklus, 14, 16, 17

GPSR Compliance

The European Union's (EU) General Product Safety Regulation (GPSR) is a set of rules that requires consumer products to be safe and our obligations to ensure this.

If you have any concerns about our products, you can contact us on ProductSafety@springernature.com

In case Publisher is established outside the EU, the EU authorized representative is:

Springer Nature Customer Service Center GmbH
Europaplatz 3
69115 Heidelberg, Germany

Batch number: 10035690

Printed by Printforce, the Netherlands